"十四五"职业教育国家规划教材

首届全国教材建设奖

全国优秀教材
二等奖

工厂电气控制设备

GONGCHANG DIANQI KONGZHI SHEBEI

（第2版）

主　　编　崔　陵
副 主 编　沈柏民　王炳荣
执行主编　沈柏民

中国教育出版传媒集团
高等教育出版社·北京

内容简介

本书是“十四五”职业教育国家规划教材，依据相关专业教学标准，并参照相关国家职业标准和职业技能鉴定规范编写。

本书采用项目教学的方法，以项目为核心，重构专业理论知识和技能训练，贯彻“做中学，做中教”的教育理念，培养学生“电气控制设备安装与维修”核心技能。本书主要内容包括砂轮机控制线路的安装、鼓风机控制线路的安装与维修、换气扇控制线路的安装与维修、小车自动往返控制线路的安装与维修、两地控制三级传送带控制线路的安装与维修、水泵电动机降压起动控制线路的安装与维修、通风机械制动控制线路的安装与维修、地铁通风换气设备控制线路的安装与维修、CA6140 型车床电气控制线路的维修、M7130 型平面磨床电气控制线路的维修、X62W 型卧式万能铣床电气控制线路的维修、T68 型卧式镗床电气控制线路的维修。

本书配有学习卡资源，请登录 Abook 网站 http://abook.hep.com.cn/sve 获取相关资源。详细说明见本书“郑重声明”页。

本书适合作为中等职业学校电气设备运行与控制等相关专业教学用书，也可作为相关工种职业技能培训与技能鉴定辅导用书。

图书在版编目（CIP）数据

工厂电气控制设备 / 崔陵主编. -- 2 版. -- 北京 : 高等教育出版社，2020.8（2023.12 重印）

电气技术应用专业

ISBN 978-7-04-054133-5

Ⅰ. ①工… Ⅱ. ①崔… Ⅲ. ①工厂-电气控制装置-中等专业学校-教材 Ⅳ. ① TM571.2

中国版本图书馆 CIP 数据核字(2020)第 088052 号

策划编辑 唐笑慧　责任编辑 唐笑慧　封面设计 张　志　版式设计 马　云
插图绘制 于　博　责任校对 高　歌　责任印制 赵义民

出版发行	高等教育出版社	网　　址	http://www.hep.edu.cn
社　　址	北京市西城区德外大街 4 号		http://www.hep.com.cn
邮政编码	100120	网上订购	http://www.hepmall.com.cn
印　　刷	北京盛通印刷股份有限公司		http://www.hepmall.com
开　　本	850mm×1168mm　1/16		http://www.hepmall.cn
印　　张	25.75	版　　次	2014 年 7 月第 1 版
字　　数	480 千字		2020 年 8 月第 2 版
购书热线	010－58581118	印　　次	2023 年12月第 9 次印刷
咨询电话	400－810－0598	定　　价	54.00 元

本书如有缺页、倒页、脱页等质量问题，请到所购图书销售部门联系调换

物 料 号　54133-B0

前言

本书是“十四五”职业教育国家规划教材。本书自第1版出版以来，得到了广大中等职业学校师生的一致好评。为贯彻落实《国家职业教育改革实施方案》等文件精神要求和党的二十大精神，适应“互联网+职业教育”的发展需求，跟随信息技术发展和产业升级，使教材内容更加贴近教学实际，与中等职业学校电气设备运行与控制专业人才培养目标相符，与行业企业的技术发展接轨，与中职学生的认知水平相洽，符合技术技能人才成长规律和学习认知特点，反映中等职业教育课程改革的最新成果，在继承第1版教材优点的基础上，广泛听取一线教师建议，对本书进行了修订。

本次修订充分借鉴国内外优秀教材的特点，依据相关专业教学标准，以项目引领、任务驱动模式编排教材内容，基本保持第1版教材的框架不变，注重整套教材的整体性和连贯性，注意教材之间的衔接关系，体现电气设备运行与控制专业的特点，开发成为中等职业学校新形态教材。本书主要做了以下改动：

1. 增加课程思政内容

党的二十大报告强调加快建设高质量教育体系。教材作为教育目标、理念、内容、方法、规律的集中体现，是教育教学的基本载体和关键支撑，是教育核心竞争力的重要体现。本次修订突出以社会主义核心价值观为引领，以理想信念教育为核心，以课程思政为抓手，牢牢抓住提高人才培养目标这个核心点，通过课程思政把理想信念、职业道德、工匠精神、奉献社会等思想政治教育元素融入课程教学内容。修订后的教学内容注重发掘自然科学技术背后的人文素质和价值关怀，使学生在学习本课程知识、运用本课程知识的过程中，能够从家国情怀和国家整体发展的角度来审视和解决问题，发挥课程育人功能，体现课程的思政效果。

2. 适度调整教材内容

根据电气设备运行与控制专业教学标准，“工厂电气控制设备”课程以“电气控制设备的安装与维修”等工作任务为主线，为学生职业发展与终身学习奠定基础。考虑到电气设备运行与控制专业面向多个职业类别的主要岗位或技术领域的素质、知识和能力要求，增强学生后劲，对接国际先进职业教育理念，突出理论和实践相统一，促进书证融通。在常用低压电器、电动机基本控制线路、机床电气控制线路维修等内容中吸收了比较成熟的新技术、新工艺、新规范等，调整了一些文字表述，使教材内容更加注重以真实生产项目、典型工作任务和案例等为载体来组织教学项目。

3. 适当整合教学资源

将近几年来编者团队开发的“工厂电气控制设备”课程数字化教学资源包、微视频等教学资源，以及高等教育出版社开发的与课程相关的资源进行整合，配套课程网站，在书中关键知识点和技能点插入二维码资源，让使用教材的师生随时可用，借助现代信息技术，增加学生的学习兴趣，提升学习效率。

本课程建议教学总学时为216学时（一学期按18周计，4/8学时/周，开设两个学期），各部分内容学时分配建议见下表。

序号	教学项目	建议学时
1	项目1　砂轮机控制线路的安装	20
2	项目2　鼓风机控制线路的安装与维修	18
3	项目3　换气扇控制线路的安装与维修	18
4	项目4　小车自动往返控制线路的安装与维修	16
5	项目5　两地控制三级传送带控制线路的安装与维修	16
6	项目6　水泵电动机降压起动控制线路的安装与维修	18
7	项目7　通风机械制动控制线路的安装与维修	20
8	项目8　地铁通风换气设备控制线路的安装与维修	16
9	项目9　CA6140型车床电气控制线路的维修	18
10	项目10　M7130型平面磨床电气控制线路的维修	12
11	项目11　X62W型卧式万能铣床电气控制线路的维修	14
12	项目12　T68型卧式镗床电气控制线路的维修	16
13	机动	14
合计		216

本书配有学习卡资源，请登录Abook网站 http://abook.hep.com.cn/sve 获取相关资源。详细说明见本书“郑重声明”页。

本书由浙江省教育科学研究院崔陵担任主编，杭州市中策职业学校沈柏民和杭州市职业教育与成人教育研究室王炳荣担任副主编，由沈柏民担任执行主编并负责统稿。参加本书修订的人员有：杭州市中策职业学校吴国良、万亮斌、童立立、陈美飞、杨勇，海宁市高级技工学校陆晓燕，海宁市职业高级中学姚忠杰，湖州市长兴县职业技术教育中心学校霍永红、王旖旎，湖州市德清县职业中等专业学校王琦英，宁波市鄞州职业教育中心学校方爱平，台州市天台县职业中等专业学校周红星、赵文赞，丽水市职业高级中学朱志明，宁波市职成教教研室林如军，金华市教育局教研室张国红，浙江华叉搬运设备有限公司朱晓靖，浙江大学附属邵逸夫医院魏昌煌等。在本书修订过程，得到了浙江省各地市中等职业教育电子电工专业教研大组和一线教师的大力支持，在此表示真挚感谢！

由于编者水平有限，书中难免存在不足之处，恳请使用本书的师生和读者批评指正，以便进一步完善本书。读者意见反馈邮箱：zz_dzyj@ pub.hep.cn。

编者

2023 年 6 月

目录

项目 1

砂轮机控制线路的安装

——手动正转控制线路的安装

项目目标

学完本项目后，你应当：

★ 熟悉常用低压开关和低压熔断器的功能、基本结构、工作原理、型号含义，熟记它们的图形符号和文字符号。

★ 会识别、检测、选用常用低压开关、低压熔断器。

★ 会根据工作任务要求安装、调试、运行砂轮机控制线路。

项目描述

在生产实际中，使用低压开关来控制三相交流异步电动机的起动与停止是最基本且应用十分广泛的控制方式，如砂轮机的控制、小型水泵的控制、小型台式钻床的控制、工业排风扇的控制，以及像 X62W 型卧式万能铣床等机床中冷却泵的控制等。

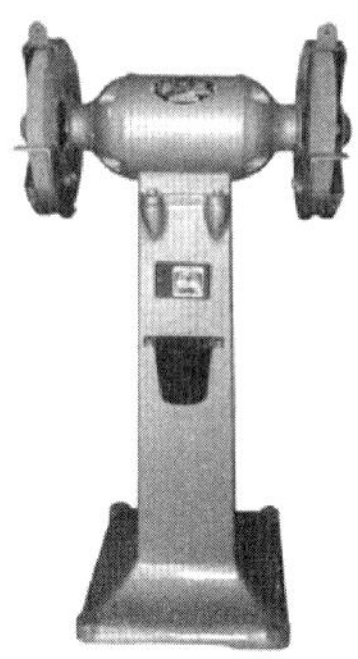

图 1-1　砂轮机

现有某企业 1#机加工车间需要安装一台砂轮机，如图 1-1 所示。电工小王、小张领到了电工车间主任分配给他们的工作任务单，见表 1-1。

表 1-1　工作任务单

某企业工作任务单　　　　编号——0001

<table>
<tr><td>工作任务</td><td colspan="3">安装 1#机加工车间砂轮机控制线路</td><td>派工日期</td><td>年　月　日</td></tr>
<tr><td>工作人员</td><td>小王、小张</td><td>工作负责人</td><td>小王</td><td>完工日期</td><td>年　月　日</td></tr>
<tr><td>签收人</td><td colspan="3"></td><td>签收日期</td><td>年　月　日</td></tr>
<tr><td>工作内容</td><td colspan="5">1. 根据现场已安装就位的砂轮机，从车间动力配电箱引出电源，通过控制线路板将电源引入砂轮机
2. 控制线路安装完成后，进行检验和通电试验，合格后交付该车间使用
3. 将相关技术资料交付车间档案室归档保存</td></tr>
<tr><td>材料申领</td><td colspan="5">此项由工作负责人填写：
工作负责人：</td></tr>
<tr><td>任务验收</td><td colspan="5">此项填写验收时设备的主要验收技术参数，由工作负责人填写：
工作负责人：</td></tr>
<tr><td>车间负责人评价</td><td colspan="5">负责人签字：　　　　年　月　日</td></tr>
</table>

项目分析

砂轮机是车工用来磨车刀的常用设备。用砂轮磨刀具时，合上电源开关，砂轮转动；磨完刀具后，断开电源开关，砂轮停转。

1. 技术要求

车间砂轮机控制系统由砂轮电动机（三相交流异步电动机）、电源和控制线路板等构成。工作负责人小王通过现场调查和查阅砂轮机使用说明书，了解到以下技术信息：

① 砂轮电动机的主要技术参数　额定功率 1.5 kW，额定工作电流 3.4 A，额定电压 380 V，额定频率 50 Hz，Y 接法，额定转速 2 840 r/min，绝缘等级 B 级，防护等级 IP23。

② 控制功能　可用低压开关直接控制砂轮机的起动与停止，当砂轮电动机、控制线路出现短路故障时，控制系统应能够立即切断砂轮机的电源，起到短路保护作用。同时还应有防止操作人员发生触电事故的安全措施。

③ 砂轮机、车间动力配电箱等相对位置及主要尺寸如图 1-2 所示。

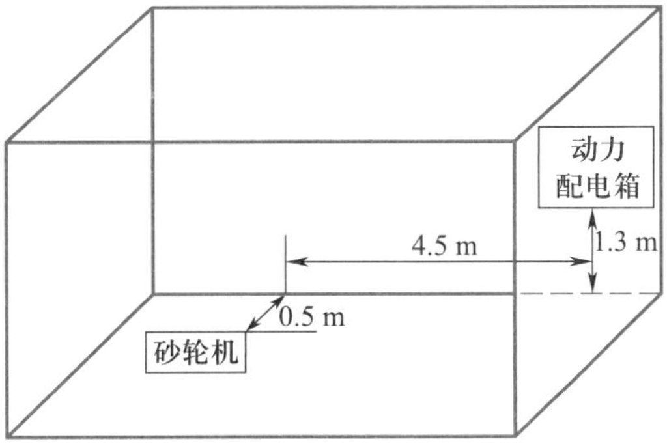

图 1-2　砂轮机、车间动力配电箱等相对位置及主要尺寸示意图

由上可知，在砂轮机控制线路设计时，其控制功能的实现可用低压开关直接控制砂轮电动机的起动与停止，同时需有短路保护功能和防触电保护措施。

2. 控制线路

考虑到控制系统的安全性、方便性和节约成本，可以采用低压断路器直接控制砂轮机，其控制线路电路图和控制线路板实物图如图 1-3 所示。它是由三相交流电源（L1、L2、L3）、低压熔断器 FU、低压断路器 QF、三相交流异步电动机 M 和保护接地线 PE 构成。砂轮机控制线路主要元器件的外形、特性与功能见表 1-2。

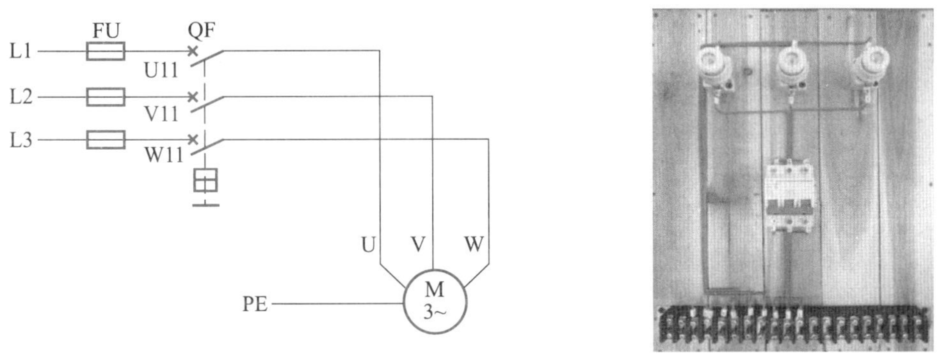

(a) 电路图　　(b) 控制线路板实物图

图 1-3　砂轮机控制线路电路图和控制线路板实物图

表 1-2　砂轮机控制线路主要元器件的外形、特性与功能

名　称	外　形	图形符号	文字符号	特性与功能
低压熔断器			FU	具有结构简单、价格低廉、更换方便等优点。主要用于控制箱、配电屏、机床设备和其他振动较大的场所，一般在交流额定电压为 500 V，额定电流为 200 A 及以下的电路中起短路保护作用

续表

名　称	外　形	图形符号	文字符号	特性与功能
低压断路器	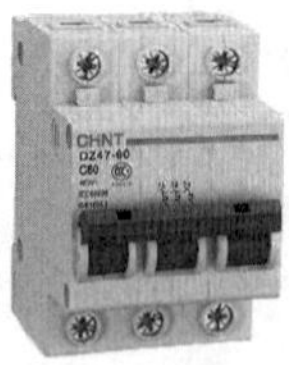	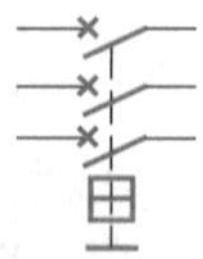	QF	低压断路器集控制和多种保护功能于一体，在正常情况下可用于不频繁地接通或断开电路，或控制电动机的运行。当电路发生短路、过载或失电压等故障时，又能自动切断故障电路，达到保护线路和电气设备的目的

砂轮机通过低压断路器控制砂轮电动机起动、停止，实现单向运转，其线路属于手动正转控制线路。这种控制线路非常简单，具有所用元器件少、安装方便、制作成本低等特点。

项目实施

任务 1　认识低压开关

任务目标

1. 知道低压电器的基本概念。

2. 熟悉常用低压开关的功能、基本结构、工作原理及型号含义，熟记它们的图形符号和文字符号。

3. 会识别、检测、选用常用低压开关。

4. 熟悉常用低压开关在电气控制设备中的典型应用。

任务准备

1. 熟悉低压电器的分类

所谓电器，是根据外界特定的信号或要求，能自动或手动接通和断开电路，断续或连续地改变电路参数，实现对电量或非电量的切换、控制、保护、检测和调节等功能的电气设备。

根据电器工作电压的高低，电器可分为高压电器和低压电器。工作在交流 50 Hz（或60 Hz）额定电压 1 200 V 及以下、直流额定电压 1 500 V 及以下的电路中，起通断、保护、控制或调节作用的电器称为低压电器。

低压电器在输配电系统和电气控制设备中应用极为广泛。常用低压电器的分类及用途见表 1-3。

表 1-3 常用低压电器的分类及用途

序号	分类方法	名称	说明及用途
1	按用途和所控制对象分	低压配电电器	主要用于低压配电系统及动力设备中，对电气线路及动力设备进行通断和保护及起转换电源或控制负载的作用，包括低压开关、低压熔断器等
		低压控制电器	主要用于电力拖动与自动控制系统中，起控制、检测和保护的作用，包括接触器、继电器、主令电器等
2	按动作方式分	自动切换电器	依靠电器本身参数的变化或外来信号的作用，自动完成接通或分断等动作，包括接触器、控制继电器等
		非自动切换电器	依靠外力（如手控）直接操作来进行切换，包括按钮、低压开关等
3	按执行机构分	有触点电器	具有可分离的动、静触点，利用触点的接触和分离来实现对电路的通断控制，包括接触器、继电器、低压开关、主令电器等
		无触点电器	没有可分离的触点，主要利用半导体器件的开关效应来实现对电路的通断控制，包括接近开关、固态继电器等
4	按工作环境分	一般用途电器	一般环境和工作条件下使用，如在正常环境下使用的接触器、控制继电器等
		特殊用途电器	特殊环境和工作条件下使用，如防腐、防尘类低压电器，防爆类低压电器，高海拔类低压电器等

阅读材料　中国电器之都

浙江温州乐清市柳市镇，有“中国电器之都”的美誉，是中国生产规模最大、市场占有率最高、产品种类最齐全的工业电器生产基地，有多家“中国民营企业500强”或“中国机械500强”企业。

2. 认识低压断路器

(1) 功能与分类

① 功能

低压断路器又称自动空气开关或空气断路器，简称断路器。它是低压配电线路和工厂电气控制设备中常用的配电电器，集控制和多种保护功能于一体，既能在正常情况下不频繁地接通或断开电路以及控制小容量电动机的运行，又能在电路发生短路、过载或失电压等故障时，自动切断故障电路，达到保护线路和电气设备的目的。

低压断路器具有操作安全、安装使用方便、工作可靠、动作值可调、分断能力较强、兼有多种保护、动作后不需要更换元件等优点，因此得到了广泛应用。

② 分类

低压断路器的分类见表1-4。

表1-4 低压断路器的分类

分类方法	类　别
按灭弧介质分类	有空气断路器和真空断路器等
按保护性能分类	有非选择型和选择型两类
按操作方式分类	有人力操作式、动力操作式和储能操作式等
按极数分类	有单极式、二极式、三极式和四极式
按安装方式分类	有固定式、插入式、抽屉式等
按用途分类	有配电用断路器、电动机保护用断路器、漏电保护式断路器和其他负载(如照明)用断路器等

(2) 外形与符号

常用低压断路器的外形如图1-4所示。

低压断路器外形结构

(a) DZ5系列塑壳式

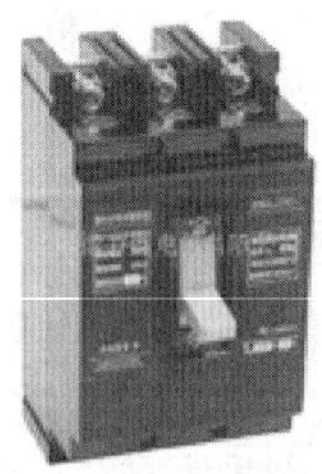

(b) DZ15系列塑壳式

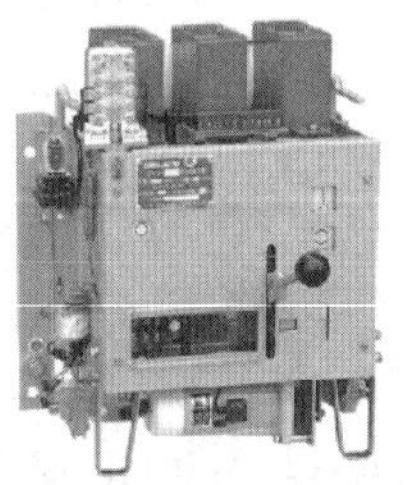

(c) DZ15系列万能式

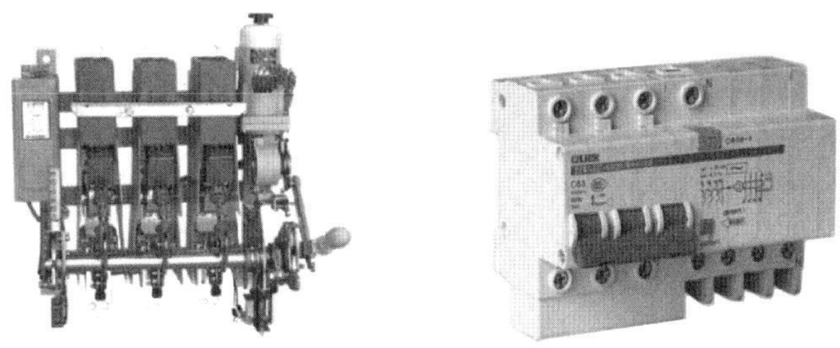

(d) DZ16系列万能式　　(e) DZ47系列带漏电保护式

图 1-4　常用低压断路器外形

低压断路器的图形符号和文字符号如图 1-5 所示。

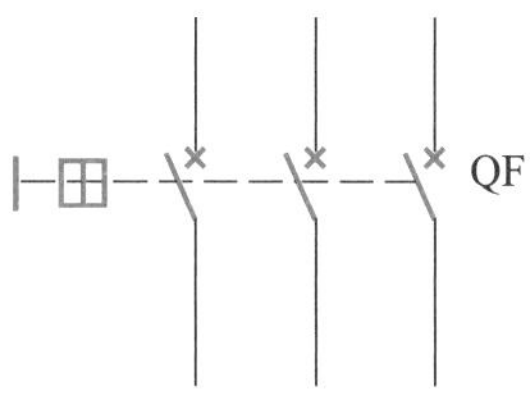

图 1-5　低压断路器的图形符号和文字符号

（3）型号与含义

低压断路器有很多型号，其中以 DZ 系列最为常用，DZ 系列低压断路器的型号与含义如下：

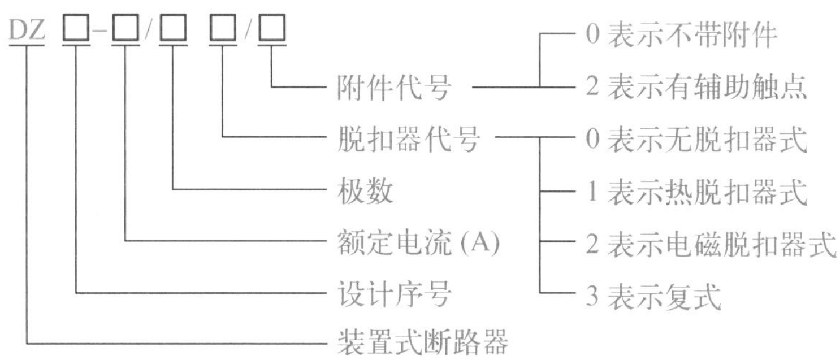

（4）结构与工作原理

① 结构

电气控制设备中常用 DZ 系列塑壳式低压断路器，如 DZ5、DZ15 系列。下面以 DZ5-20 系列低压断路器为例介绍低压断路器的结构和工作原理。

DZ5-20 系列低压断路器的结构如图 1-6 所示。它主要由触点系统、灭弧装置、操作机构、热脱扣器、电磁脱扣器等组成。由加热元件和双金属片等构成热脱扣器，起过载保护作用，配有电流调节装置便于调节动作电流；由线圈和铁心等构成电磁脱扣器，起短路保护作用，有一个电流调节装置，可调节瞬时脱扣整定电流。

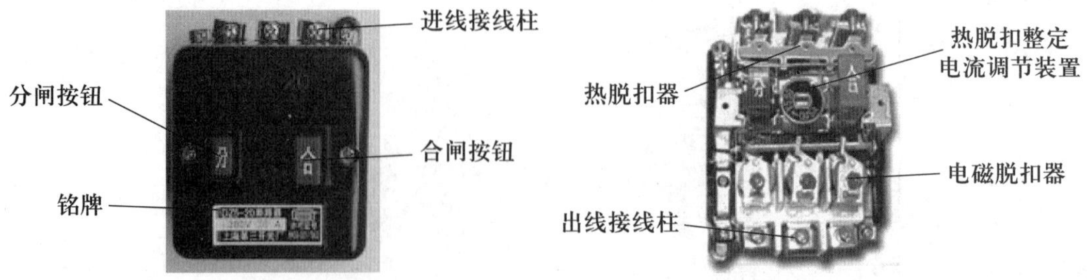

(a) 外形结构　　(b) 内部结构

图 1-6　DZ5-20 系列低压断路器的结构

② 工作原理

DZ5-20 系列低压断路器有 3 对主触点、1 对辅助动合触点(常开触点)和 1 对辅助动断触点(常闭触点)。

使用时，低压断路器的 3 对主触点串接在被控制的三相主电路中，用以接通和分断主电路中的大电流。按下绿色接通“合”按钮，开关处于接通状态，接通电路；按下红色断开“分”按钮，开关处于断开状态，分断电路。

断路器中的热脱扣器作过载保护用，其整定电流的大小可由电流调节装置调节。当电路发生过载时，过载电流使热元件产生大量的热量，双金属片受热弯曲，通过杠杆推动搭钩与锁扣脱开，动、静触点分断，从而切断线路，达到保护电气控制设备的目的。

断路器中的电磁脱扣器作短路保护用，它也有一个电流调节装置，用以调节瞬时脱扣整定电流(一般出厂时,电磁脱扣器的瞬时脱扣整定电流整定为 10 倍的断路器额定电流)。当电路发生短路故障时，短路电流超过电磁脱扣器的瞬时脱扣整定电流，电磁脱扣器产生足够大的吸力将衔铁吸合，通过杠杆的作用，使动、静触点分断，从而切断线路，达到保护电气设备的目的。

有的断路器装有欠电压脱扣器，起欠电压和失电压(零电压)保护作用。具有欠电压脱扣器的断路器，在欠电压脱扣器两端无电压或电压过低时不能接通电路。

(5) 技术参数

低压断路器的技术参数主要有额定电压、额定电流、额定短路分断能力等。DZ5-20 系列低压断路器的主要技术参数见表 1-5。

(6) 选用方法

选用低压断路器时，应熟悉断路器的产品种类、型号规格、基本功能和特性，特别是要熟悉各种产品的额定电流、额定电压、分断短路电流能力和工作条件与安装条件(可参考低压断路器的使用手册或说明书)。低压断路器的选用原则如下：

① 断路器的额定电压和额定电流应不小于线路、设备正常工作电压和计算负载电流。

② 热脱扣器的整定电流应等于所控制负载的额定电流。

③ 电磁脱扣器的瞬时脱扣整定电流应大于负载正常工作时可能出现的峰值电流。用于控制电动机的断路器，其瞬时脱扣整定电流可按 $I_Z \geqslant KI_{st}$ 选取（式中，K 为安全系数，可取1.5~1.7；I_{st} 为电动机的起动电流）。

④ 欠电压脱扣器的额定电压应等于线路的额定电压。

⑤ 断路器的极限通断能力应不小于电路最大短路电流。

表 1-5　DZ5-20 系列低压断路器的主要技术参数

型　　号	额定电压/V	主触点额定电流/A	极数	脱扣器形式	热脱扣器整定电流/A（括号内为整定电流调节范围）	电磁脱扣器瞬时动作整定电流/A
DZ5-20/330 DZ5-20/230	380（交流） 220（直流）	20	3 2	复式	0.15（0.10~0.15） 0.20（0.15~0.20） 0.30（0.20~0.30） 0.45（0.30~0.45） 0.65（0.45~0.65） 1.00（0.65~1.00） 1.50（1.00~1.50） 2.00（1.50~2.00） 3.00（2.00~3.00） 4.50（3.00~4.50） 6.50（4.50~6.50） 10.00（6.50~10.00） 15.00（10.00~15.00） 20.00（15.00~20.00）	为热脱扣器整定电流的8~12倍（出厂时整定于10倍）
DZ5-20/320 DZ5-20/220	380（交流） 220（直流）	20	3 2	电磁脱扣器式		
DZ5-20/310 DZ5-20/210	380（交流） 220（直流）	20	3 2	热脱扣器式		
DZ5-20/300 DZ5-20/200	380（交流） 220（直流）	20	3 2	无脱扣器		

工程应用　　低压断路器的选用举例

用低压断路器控制一型号为 Y132S-4 的三相交流异步电动机，该电动机的额定功率为 5.5 kW，额定工作电压为 380 V，额定工作电流为 11.6 A，起动电流为额定电流的 7 倍，试选择断路器的型号与规格。

解 （1）确定断路器的类型：根据电动机的额定工作电压、电流及对保护的要求，初步确定选用DZ5-20型低压断路器。

（2）确定热脱扣器整定电流：根据电动机的额定工作电流，查表1-5，选择热脱扣器的整定电流为15 A，相应的整定电流调节范围为10~15 A。

（3）检验电磁脱扣器的瞬时脱扣整定电流：电磁脱扣器的瞬时脱扣整定电流应为$I_Z=10\times15\ A=150\ A$，$KI_{st}=1.7\times7\times11.6\ A=138\ A$。满足$I_Z\geqslant KI_{st}$，符合要求。

（4）确定低压断路器的型号规格，根据以上分析与计算，应选用DZ5-20/330型低压断路器。

3. 认识组合开关

（1）功能与分类

组合开关又称转换开关，具有结构紧凑、体积小、触点对数多、接线方式灵活、操作方便、使用寿命长等特点。

组合开关的种类很多，常用的有HZ5、HZ10、HZ15等系列。常用于交流50~60 Hz额定电压380 V及以下或直流220 V及以下的电气控制线路中，用于手动不频繁地接通和分断电路、换接电源和负载，或控制5 kW以下小容量三相交流异步电动机的直接起动、停止和正反转控制，但每小时的转接次数不能超过15~20次。

（2）外形与符号

组合开关的外形如图1-7所示。

(a) HZ10系列　(b) HZ5系列　(c) HZ12系列

图1-7 组合开关外形

组合开关的图形符号和文字符号如图1-8所示。

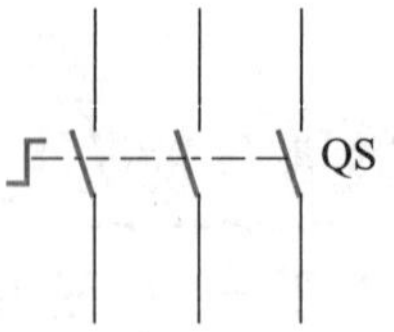

图1-8 组合开关的图形符号和文字符号

（3）型号与含义

常用的 HZ10 系列组合开关的型号与含义如下：

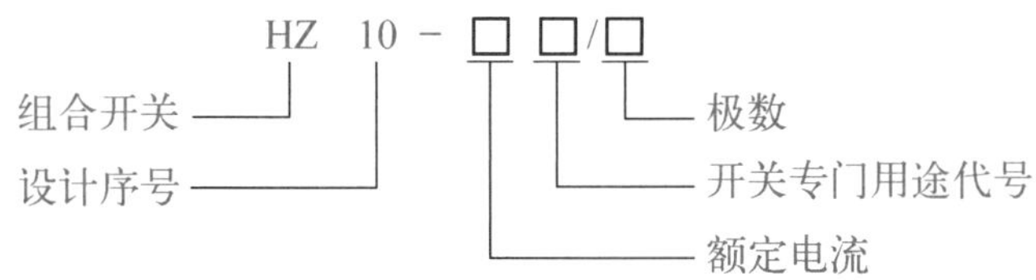

（4）结构

常用的 HZ10-10/3 型组合开关的结构如图 1-9 所示。组合开关的静触点装在绝缘垫板上，并附有接线柱用于与电源及负载相接，动触点装在能随转轴转动的绝缘垫板上，手柄和转轴能沿顺时针或逆时针方向转动 90°，带动 3 个动触点分别与静触点接触或分离，实现接通或分断电路的目的。

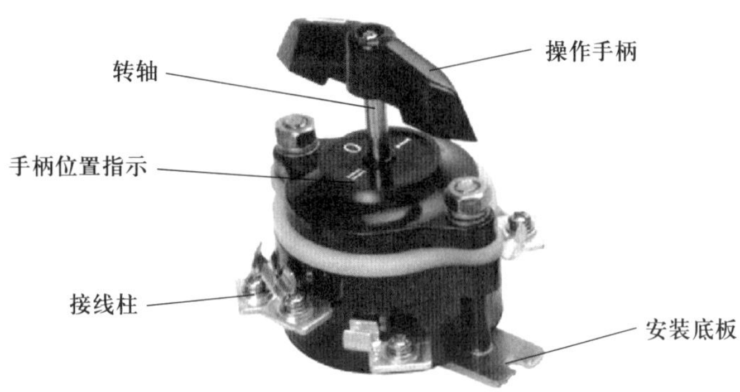

图 1-9　组合开关结构

组合开关中由于采用了扭簧储能结构，能快速闭合及分断开关，使开关的闭合和分断速度与手动操作速度无关。

（5）技术参数

HZ10 系列组合开关主要技术参数见表 1-6。

表 1-6　HZ10 系列组合开关主要技术参数

型　号	极数	额定电流/A	额定电压/V		380 V 时可直接控制电动机的功率/kW
HZ10-10	2，3	6，10	直流 220	交流 380	1
HZ10-25	2，3	25			3.3
HZ10-60	2，3	60			5.5
HZ10-100	2，3	100			—

（6）选用方法

组合开关选用时，除应满足组合开关的工作条件和安装条件外，其主要技术参数的选用方法如下：

① 应根据电源种类、电压等级、所需触点数、接线方式和负载容量等进行

选用。

② 用于直接控制三相交流异步电动机的起动和正、反转时，组合开关的额定电流一般取电动机额定电流的1.5~2.5倍。

③ 用作电源开关时，组合开关的额定电流应大于隔离电路中各负载电流的总和。

任务操作

器材准备： 组合开关(HZ5、HZ10、HZ12等系列)、低压断路器(DZ5、DZ10、DW10等系列)等低压开关若干只。(上述器材的铭牌应用胶布盖住,并编号。)

1. 选择工具、仪表

应根据任务操作要求选配尖嘴钳、钢丝钳、螺丝刀及工具袋等常用电工工具和万用表、兆欧表等仪表，见表1-7。选配完成后，应对工具、仪表进行检查，以判断工具、仪表是否符合使用要求，并熟悉工具、仪表使用方法。

表1-7 工具、仪表清单

类 别	名 称	图 形	数量	备 注
常用电工工具	尖嘴钳	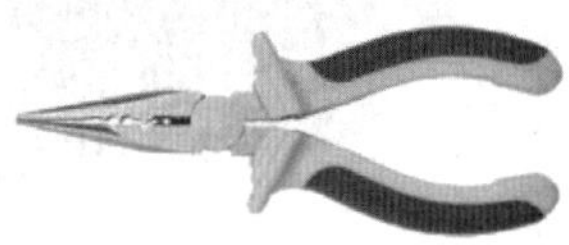	1把	可根据现场要求自行选择
	螺丝刀	 一字形  十字形	1套	
	钢丝钳	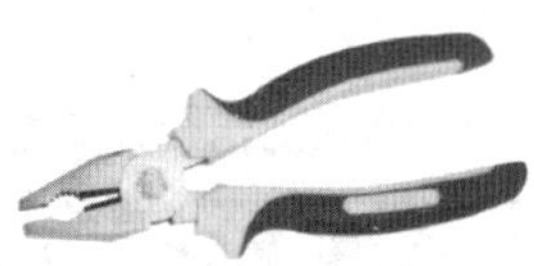	1把	
	斜口钳		1把	
	电工工具袋	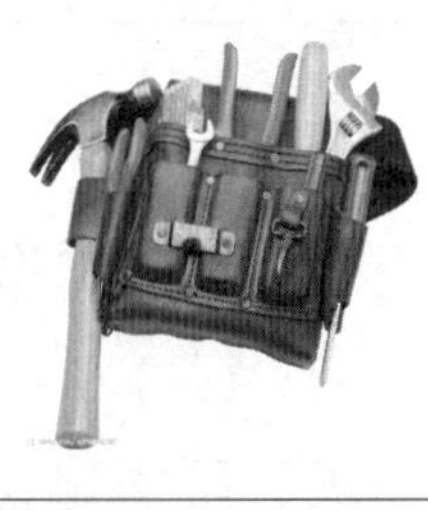	1套	

续表

类　　别	名　　称	图　　形	数量	备　　注
测量仪表	万用表	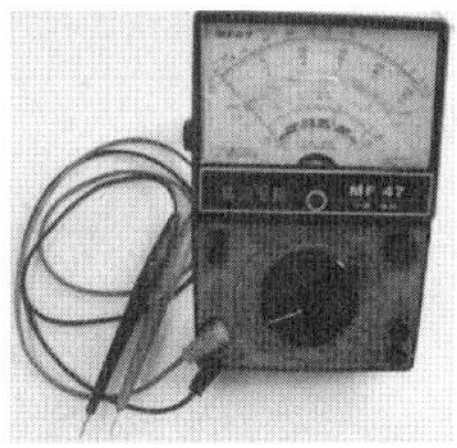 指针式　 数字式	1 只	可根据现场要求自行选择
	兆欧表	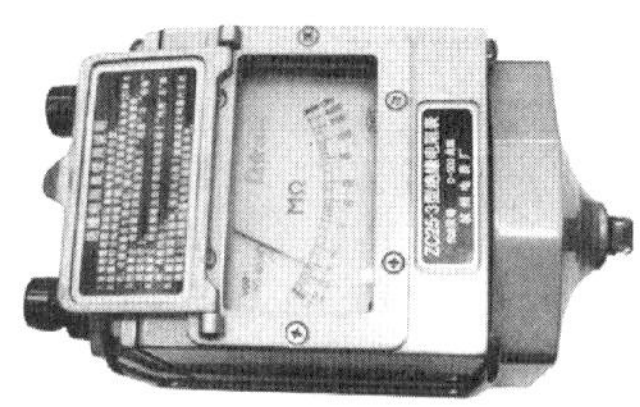 规格：500 V、0～500 MΩ	1 只	
记录工具		铅笔、签字笔、直尺、橡皮等	1 套	

2. 识别低压开关

识别所给低压开关的名称，记录型号与规格，解释型号含义，画出图形符号和文字符号，并记录在表 1-8 中。

表 1-8　识别低压开关

序号	图　　形	名　　称	型号与规格	型号含义	图形符号	文字符号
1	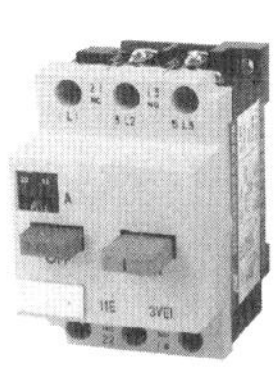					
2						

3. 识读使用手册(说明书)

根据所给低压开关的说明书，熟悉该电器的适用范围、主要技术参数、安装与使用方法等，并记录在表 1-9 中。

表 1-9 识读低压开关使用手册(说明书)

序号	名　　称	适 用 范 围	主要技术参数	安装与使用方法
1				
2				

4. 认识低压开关部件

仔细观察低压开关，熟悉其结构及工作原理，并将主要部件的名称和作用填入表 1-10 中。

表 1-10 认识低压开关部件

部 件 名 称	部 件 作 用

5. 检测低压开关

将操作手柄扳到合闸位置、分闸位置，分别用万用表测量各对触点的接触情况。再用兆欧表测量组合开关每两相触点之间的绝缘电阻和对外壳绝缘电阻，初步判断其质量，并将结果填入表 1-11 中。

表 1-11 检测低压开关

文字符号	名　　称	检测示意图		操作步骤及数据
QF	低压断路器	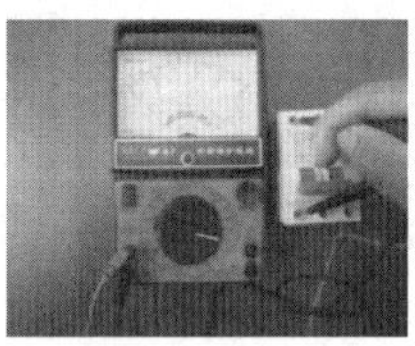 分闸状态	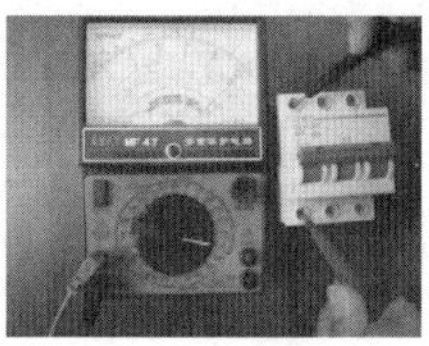 合闸状态	将万用表置于 $R\times1$ 挡并调零，在分闸、合闸状态下分别检测 3 对接线柱间的电阻值 结果：
QS	组合开关	 分闸状态	 合闸状态	将万用表置于 $R\times1$ 挡并调零，在分闸、合闸状态下分别检测 3 对接线柱间的电阻值 结果：

续表

文字符号	名　　称	检测示意图	操作步骤及数据
QS	组合开关	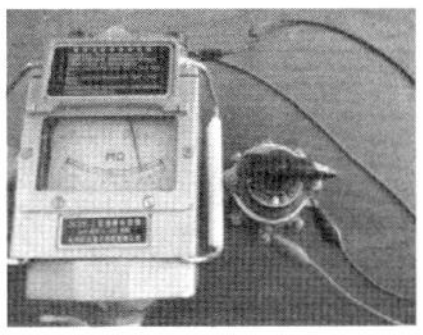 分闸状态 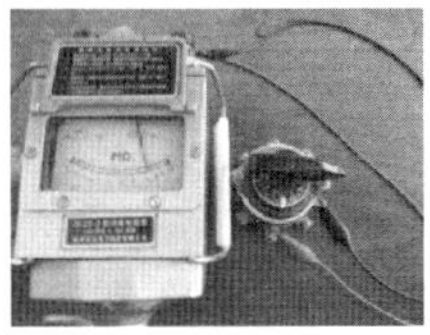 合闸状态	1. 校验兆欧表 2. 在分闸、合闸状态下，分别测量相与相之间、相与外壳之间的绝缘电阻值 结果：

如果有条件，可到电气设备市场观察各类低压开关或通过网络查找低压开关的相关资料，并将低压开关的型号与规格、主要技术参数等抄录下来，同学之间可以相互交流资料（本书以后所述的各种低压电器均可按上述要求进行查找）。

任务评价

任务评价表见表 1-12。

表 1-12　任务评价表

任　　务	评 价 标 准	配分	扣分
选择工具、仪表	（1）工具选择错误　每个扣 2 分 （2）仪表选择错误　每个扣 3 分	10	
识别低压开关	（1）识别低压开关名称有误　每个扣 5 分 （2）型号含义说明有误　每个扣 5 分 （3）符号画错　每个扣 5 分	20	
认识低压开关部件	主要部件的名称、作用说明有误　每项扣 3 分	15	
识读使用手册（说明书）	（1）主要技术参数说明有误　每项扣 5 分 （2）适用范围说明有误　每项扣 5 分 （3）安装与使用方法说明有误　每项扣 5 分	15	
检测低压开关	（1）仪表选择、检查有误　扣 10 分 （2）仪表使用不规范　扣 10 分 （3）检测方法及结果不正确　扣 10 分 （4）损坏仪表或不会检测　该项不得分	40	
技术资料归档	技术资料不完整或不归档　酌情扣 3~5 分 注：本项从总分中扣除		

续表

<table>
<tr><th>任　务</th><th colspan="6">评 价 标 准</th><th>配分</th><th>扣分</th></tr>
<tr><td>职业素养</td><td colspan="7">要求在任务操作过程中穿工作服、绝缘鞋等防护装备；遵守安全操作规程，杜绝安全事故；爱惜实训设备、器材，不浪费材料，工具、仪表、器材等摆放规范，符合职业岗位要求；任务操作结束后，工具、仪表、材料、废料分类处置，实训工位干净整洁。违反上述要求酌情扣 5~40 分，情节严重者，可判本次任务操作训练为 0 分，甚至取消本次任务操作资格</td><td></td></tr>
<tr><td>定额时间</td><td colspan="7">40 min　　每超时 5 min(不足 5 min 以 5 min 计)扣 5 分</td><td></td></tr>
<tr><td>备注</td><td colspan="7">除定额时间外，各项目的最高扣分不应超过配分数</td><td></td></tr>
<tr><td>开始时间</td><td></td><td>结束时间</td><td></td><td>实际时间</td><td></td><td colspan="2">成绩</td><td></td></tr>
<tr><td colspan="9">学生自评：
学生签名：　　　　年　月　日</td></tr>
<tr><td colspan="9">教师评语：
教师签名：　　　　年　月　日</td></tr>
</table>

任务 2 认识低压熔断器

◆ 任务目标

1. 熟悉常用低压熔断器的功能、基本结构、工作原理及型号含义，熟记其图形符号和文字符号。

2. 会识别、选用常用低压熔断器。

3. 熟悉低压熔断器在电气控制设备中的典型应用。

任务准备

1. 功能

低压熔断器属于保护电器，在低压配电网络和电气控制设备中常用作短路保护。使用时，其熔体串联在被保护电路中，当电路发生短路故障时，通过的电流达到或超过某一规定值时，以其自身产生的热量使熔体熔断，从而自动分断电路，起到短路保护作用。它具有结构简单、价格便宜、动作可靠、使用维护方便等优点。

2. 外形与符号

常用的低压熔断器的外形如图 1-10 所示。

熔断器外形结构 1

熔断器外形结构 2

(a) RC1A系列瓷插式

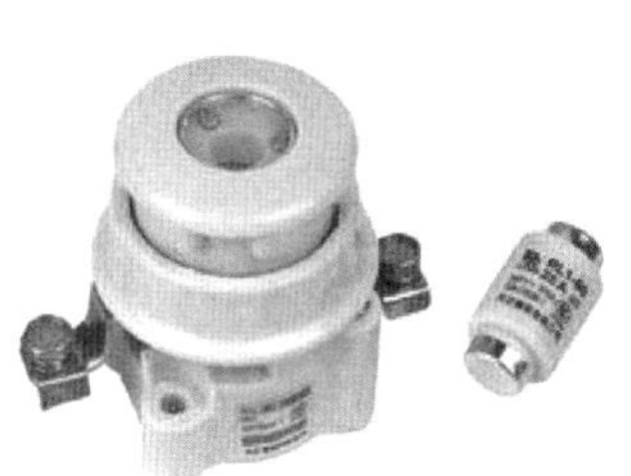

(b) RL系列螺旋式

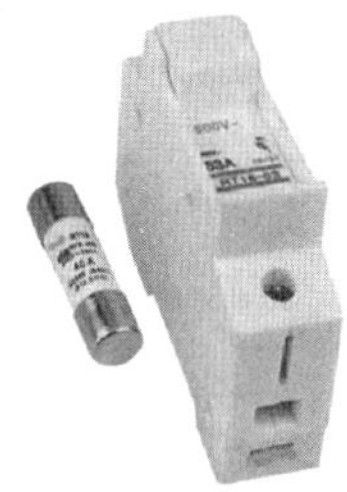

(c) RT18系列有填料封闭管式

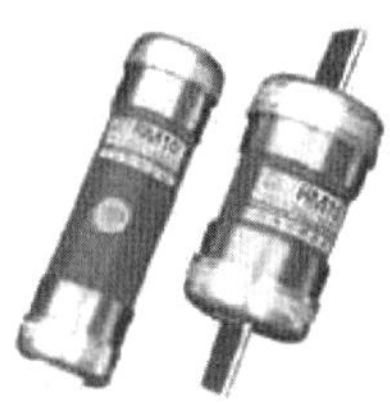

(d) RM10系列无填料封闭管式

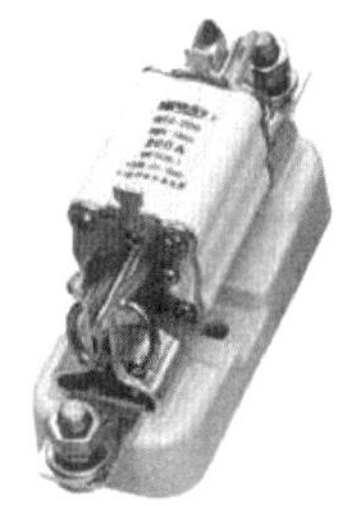

(e) RT0系列有填料封闭管式

图 **1-10** 常用低压熔断器外形

低压熔断器的图形符号和文字符号如图 1-11 所示。

图 **1-11** 低压熔断器的图形符号和文字符号

3. 型号与含义

低压熔断器的型号与含义如下：

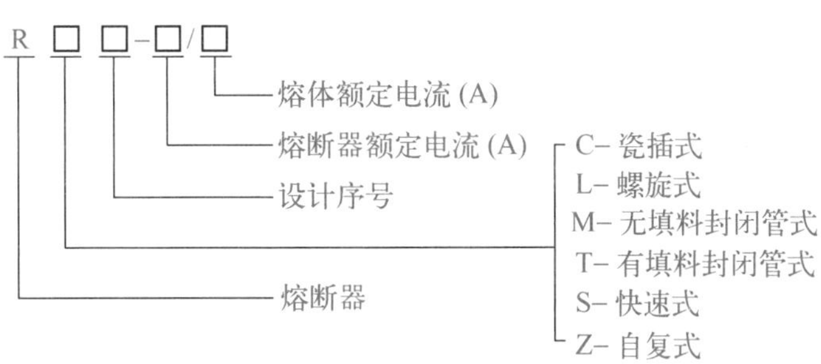

4. 结构与分类

低压熔断器的类型虽然很多，但主要由熔体、安装熔体的熔管和熔座三部分组成。熔体是熔断器的核心部分，常做成丝状、片状或栅状。制作熔体的材料通常有两种，一种是由铅、铅锡合金或锌等低熔点金属材料制成，多用于小电流电路；另一种是由银、铜等较高熔点的金属制成，多用于大电流电路。熔管是熔体的保护外壳，用耐热绝缘材料制成，在熔体熔断时兼有灭弧作用。熔座是熔断器的底座，作用是固定熔管和外接引线。

常用低压熔断器的结构、特点和应用场合如下：

(1) RC1A 系列瓷插式熔断器

RC1A 系列瓷插式熔断器的结构如图 1-12 所示。

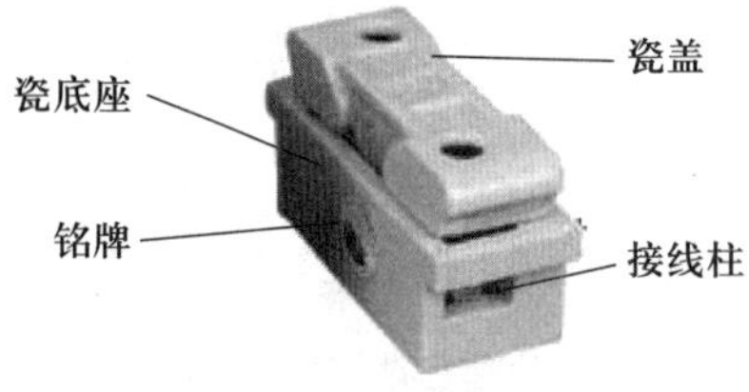

(a) 外形结构

(b) 内部结构

图 1-12 RC1A 系列瓷插式熔断器结构

该系列熔断器由瓷底座、瓷盖、动触点、静触点及熔丝 5 部分组成，具有结构简单、价格低廉、更换方便等优点。使用时将瓷盖插入瓷底座，拔下瓷盖即可更换熔丝。由于该系列熔断器采用半封闭结构，熔丝熔断时有声光现象，在易燃易爆的工作场所严禁使用，同时它的极限分断能力较差。

该系列熔断器主要用于 50 Hz 交流额定电压 380 V 及以下、额定电流 100 A 及以下的低压线路末端或分支线路中，作为线路或电气设备的短路保护，在照明和电热器电路中，一定程度上可起到过载保护作用。

(2) RL 系列螺旋式熔断器

RL 系列螺旋式熔断器的结构如图 1-13 所示。

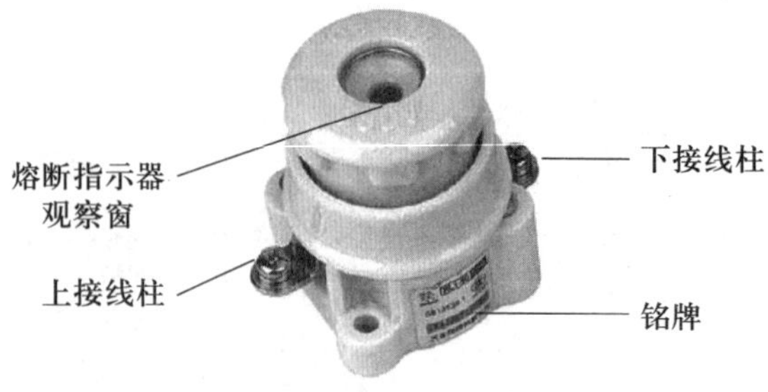

(a) 外形结构

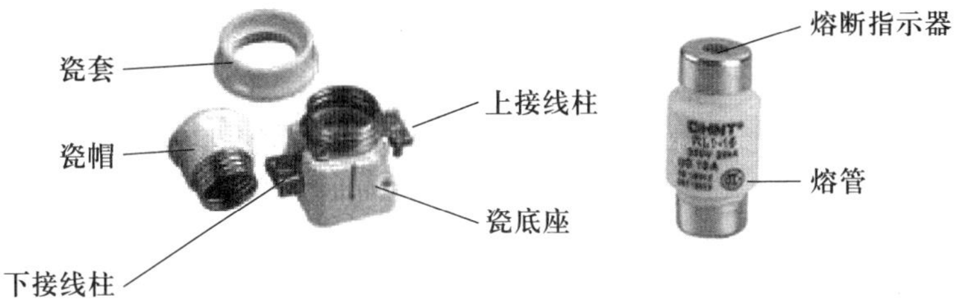

(b) 内部结构

图 1-13 RL 系列螺旋式熔断器结构

该系列熔断器由熔管、瓷帽、瓷套、上接线柱、下接线柱及瓷底座等组成。熔管内装有石英砂、熔丝和带小红点的熔断指示器，石英砂用于增强灭弧性能。它具有分断能力较强、结构紧凑、体积小、安装面积小、更换熔体方便、工作安全可靠、熔丝熔断后有明显指示的特点。当从瓷帽玻璃窗口观测到带小红点的熔断指示器自动脱落时，表示熔丝已熔断。

该系列熔断器主要适用于控制箱、配电屏、机床设备及振动较大的场所，一般在交流额定电压为 500 V、额定电流为 200 A 及以下的电路中作为短路保护。

5. 技术参数

低压熔断器的主要技术参数有额定电压、额定电流、分断能力和时间-电流特性等。

（1）额定电压

额定电压是指能保证熔断器长期正常工作的电压。如果熔断器的实际工作电压大于其额定电压，熔体熔断时可能会发生电弧不能熄灭的危险情况。

（2）额定电流

额定电流是指能保证熔断器长期正常工作的电流，是由熔断器各部分长期工作时的允许温升所决定的。

（3）分断能力

分断能力是在规定的使用和性能条件下，熔断器能分断的预期电流值，常用极限分断电流值表示。

（4）时间-电流特性

时间-电流特性是在规定的工作条件下，表征流过熔体的电流与熔体熔断时间关系的曲线，也称保护特性或熔断特性，它是一种反时限特性曲线，如图 1-14 所示，即熔断时间随着电流的增大而迅速缩短。另外，在时间-电流特性曲线中有一个熔断电流与不熔断电流的分界线，与此相对应的电流称为最小熔化电流或临界电流，用 I_{Rmin} 表示。往往以 1~2 h 内能熔断的最小电

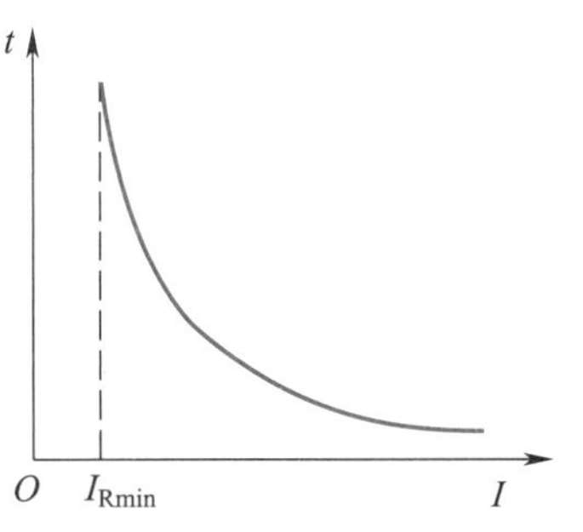

图 1-14 熔断器的时间-电流特性曲线

流作为熔断电流。

指点迷津　　熔断器熔体的熔断电流与熔断时间的关系

熔断器熔体的熔断时间随着电流的增大而缩短，即熔断器熔体通过的电流越大，熔断时间越短。根据对熔断器的要求，熔体在额定电流 I_N 下绝对不应熔断，所以最小熔化电流 I_{Rmin} 必须大于额定电流 I_N。熔断器熔体的熔断电流 I_S 与熔断时间 t 的关系见表1-13。

表1-13　熔断器熔体的熔断电流与熔断时间的关系

熔断电流 I_S/A	$1.25I_N$	$1.6I_N$	$2.0I_N$	$2.5I_N$	$3.0I_N$	$4.0I_N$	$8.0I_N$	$10.0I_N$
熔断时间 t/s	∞	3 600	40	8	4.5	2.5	1	0

可见，熔断器对过载反应很不灵敏，当发生轻度过载时，熔断器将持续很长时间才能熔断，有时甚至不能熔断。因此，除在照明、电热器电路中外，熔断器一般不宜作过载保护，主要用作短路保护。

常用低压熔断器的主要技术参数见表1-14。

表1-14　常用低压熔断器的主要技术参数

类　别	型　号	额定电压/V	额定电流/A	熔体额定电流等级/A
瓷插式熔断器	RC1A	380	5	2，4，5
			10	2，4，6，10
			15	6，10，15
			30	15，20，25，30
			60	30，40，50，60
			100	60，80，100
螺旋式熔断器	RL1	500	15	2，4，6，10，15
			60	20，25，30，35，40，50，60
			100	60，80，100
			200	100，125，150，200
	RL2	500	25	2，4，6，10，15，20，25
			60	25，35，50，60
			100	80，100

指点迷津　　熔断器额定电流与熔体额定电流的区别

熔断器的额定电流与熔体的额定电流是两个不同的概念。熔体的额定电流是指在规定的工作条件下，长时间通过熔体而熔体不会熔断的最大电流值。通常，一个额定电流等级的熔断器可以配用若干个不同额定电流等级的熔体，但应保证熔体的额定电流值不能大于熔断器的额定电流值。如型号为 RL1-60 的熔断器，其额定电流为 60 A，它可以配用额定电流为20 A、25 A、30 A、35 A、40 A、50 A、60 A 的熔体。

6. 选用方法

熔断器选用时，除应满足熔断器的工作条件和安装条件外，其主要技术参数的选用方法如下：

（1）选择熔断器类型

熔断器的类型应根据使用环境、负载性质、短路电流的大小和熔断器的使用范围来选择，使熔断器符合安装条件(室内或室外)及被保护设备和线路的技术要求。对于容量较大的照明电路，可选用 RT 系列有填料封闭管式熔断器或 RC1A 系列瓷插式熔断器；对短路电流相当大的电路或有易燃气体环境，应选用 RT0 系列有填料封闭管式熔断器；在机床电气控制线路中，一般选用 RL 系列螺旋式熔断器；用于半导体功率元件及晶闸管元件的保护时，应选用 RS 或 RLS 系列快速熔断器。

（2）选择熔断器额定电压和额定电流

熔断器的额定电压应不小于线路的工作电压；熔断器的额定电流应不小于所装熔体的额定电流；熔断器的分断能力应大于电路中可能出现的最大短路电流。

（3）选择熔体额定电流

① 用于照明和电热电器等负载电流比较平稳，没有冲击电流的短路保护，熔体额定电流应等于或稍大于所有负载工作电流之和。

② 用于单台不经常起动且起动时间不长的电动机短路保护时，熔体额定电流 $I_{RN} \geq (1.5 \sim 2.5) \times$ 电动机额定电流 I_N。

③ 用于多台直接起动电动机短路保护时，熔体额定电流 $I_{RN} \geq (1.5 \sim 2.5) \times$ 容量最大一台电动机额定电流 I_{Nmax} + 其余电动机额定电流总和 $\sum I_N$。

系数大小的选取方法是：电动机功率越大，系数选取值越大；相同功率时，起动电流较大，系数应选得较大。

工程应用　　　　熔断器的选用实例

某机床所用三相交流异步电动机的型号为 Y112M-4，该电动机的额定功率为 4 kW，额定电压为 380 V，额定电流为 8.8 A；该电动机的工作方式为不频繁起动，若用熔断器作为该电动机的短路保护，试选择熔断器的型号与规格。

解 （1）确定熔断器的类型：由于该电动机是在机床内使用，所以可选用 RL1 系列螺旋式熔断器。

（2）确定熔体的额定电流：熔体额定电流 $I_{RN}=(1.5\sim2.5)\times8.8\ A=13.2\sim22\ A$。

查熔断器技术参数表，可选用熔体的额定电流为 20 A。

（3）确定熔断器的额定电流和额定电压：查熔断器技术参数表可知，可选用 RL1-60/20 型熔断器。

任务操作

器材准备： 多种规格 RC1A、RL1 等系列熔断器若干只。

1. 选择工具、仪表

由学生根据任务操作要求自行选定。

2. 识别低压熔断器

识别所给低压熔断器的名称，记录型号与规格，解释型号含义，画出图形符号和文字符号，并记录在表 1-15 中。

表 1-15　识别低压熔断器

序号	图　形	名称	型号与规格	型号含义	图形符号	文字符号
1						
2						

3. 识读使用手册（说明书）

根据所给低压熔断器的说明书，熟悉该电器的适用范围、主要技术参数、安装与使用方法等。

4. 认识低压熔断器部件

先从外部观察，然后拆开低压熔断器外壳，仔细观察其结构，熟悉其主要部件的名称、作用及工作原理。

5. 检测熔断器

从外观检查低压熔断器结构是否完整、有无破损和熔体有无熔断；用万用表测量熔断器、熔体等，判断熔体是否完好，并将结果填入表 1-16 中。

表 1-16　检测低压熔断器

检测方法	检测项目		检测结果
外观检查	结构是否完整		
	有无破损		
	熔断指示器是否脱落		
	熔体是否熔断		
万用表检测	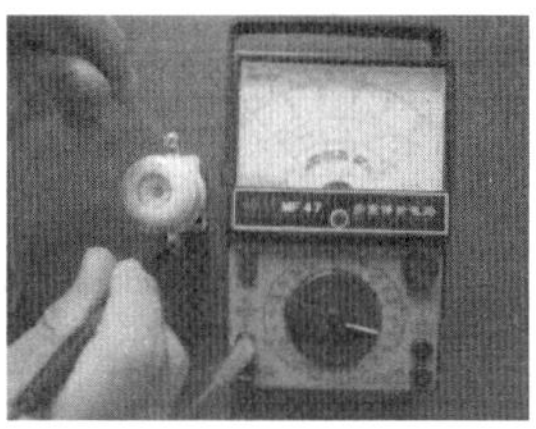 熔断器接线柱间电阻	 熔体电阻	
检测结论			

6. 更换熔体

对已熔断的熔体，根据指导教师提出的要求选配熔体，并进行更换。

指点迷津　　**操作注意事项**

① 仪表测量时应注意仪表的使用规范。

② 对 RC1A 系列低压熔断器，更换熔丝时，熔丝缠绕方向一定要正确，安装过程中不得损伤熔丝。

③ 对 RL 等系列低压熔断器，熔管不能倒装，以免无法观察到熔体熔断指示器。

④ 更换后应用万用表检查熔断器各部分接触是否良好。

任务评价

任务评价表可参考表 1-12。

任务3 绘制砂轮机控制线路电路图

任务目标

1. 知道电路图的基本概念。
2. 熟悉电气符号国家标准。
3. 会绘制砂轮机控制线路电路图。

任务准备

由于工厂各种生产机械的工作性质和加工工艺有所不同，因而它们对电动机的控制要求也不同，工厂电气设备控制要使电动机能够按照生产机械的要求正常、安全地运转，必须配备一定的电气元件，组成一定的控制线路。

对于比较复杂的电气设备控制线路，将电气装置和元器件的实际图形画出来是非常麻烦的，也没有必要，此时可将这些电气装置和元器件用国家标准规定的电气图形符号表示出来，并在它们的旁边标上该电气元件的文字符号(项目代号)，画出电路图来分析它们的作用、线路的构成和工作原理等。

1. 认识砂轮机控制线路电路图

电路图是一种工程图，是用来描述电气控制设备的结构、工作原理和技术要求的图纸。它是根据生产机械运动形式对电气控制系统的要求，采用国家统一规定的电气图形符号和文字符号，按照电气设备和电器的工作顺序排列，详细表示电路、设备或成套装置的全部基本组成和连接关系，但不涉及电气元件的结构尺寸、材料选用、安装位置和实际配线方法的一种简图。

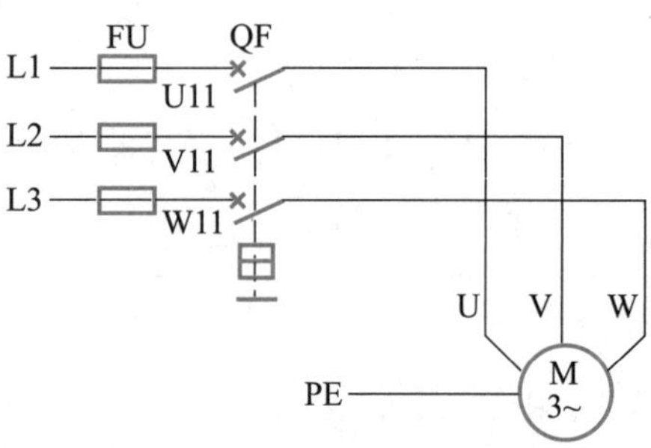

图1-15 砂轮机控制线路电路图

图1-15所示为砂轮机控制线路的电路图，它能充分表达电气设备和元器件的用途、作用和线路的工作原理，是电气控制线路安装、调试、运行和维修的理论依据。

使用时，向上扳动低压断路器的操作手柄，三相交流异步电动机带动砂轮开始转动；使用完毕后，向下扳动操作手柄，三相交流异步电动机停止转动。当电动机或电源电路出现短路故障时，低压断路器会自动跳闸断开电路，起到短路保护作用。

2. 认识电气符号的国家标准

在电路图中，必须采用国家统一规定的电气图形符号和文字符号来表示电气元件的不同种类、规格及安装方式。常用的电气符号有文字符号、图形符号和电路标号3种。图形符号应采用国家标准GB/T 4728.1~13—2008、2018《电气简图用图形符号》中所规定的图形符号；文字符号应采用GB/T 20939—2007《技术产品及技术产品文件结构原则　字母代码　按项目用途和任务划分的主类和子类》中所规定的文字符号。常用电器、电动机的图形符号和文字符号见附录。

（1）文字符号

文字符号是用来表示电气设备、装置、元器件种类及功能的字母代码，分为基本文字符号、辅助文字符号两种。

① 基本文字符号

基本文字符号有单字母符号和双字母符号两种。

单字母符号是用拉丁字母将各种电气设备、电气元件分为23大类，每大类用一个专用字母符号表示，如“C”表示电容器类，“R”表示电阻类，“M”表示电动机类，“K”表示接触器、继电器类。

双字母符号是由一个表示种类的单字母符号后面加一个字母组成，如“QF”表示断路器，其中“Q”为断路器、隔离开关、接地开关等的单字母符号。

② 辅助文字符号

辅助文字符号是用来表示电气设备、装置、元器件及线路的功能、状态和特征，通常由英文单词的前一两个字母构成，如“RD”表示红色，“PE”表示保护接地。

在电气图中，文字符号组合的一般形式为：

基本文字符号+辅助文字符号+数字符号

例如，FU2表示该电路中的第二个熔断器，KT1表示该电路中的第一个时间继电器。

③ 特殊用途文字符号

在电气图中，一些特殊用途的接线端子、导线等通常采用专用的文字符号表示，称为特殊用途文字符号。例如，交流系统电源的第一相、第二相、第三相，分别用文字符号L1、L2、L3表示；交流系统设备的第一相、第二相、第三相，分别用文字符号U、V、W表示；接地、保护接地、不接地保护分别用文字符号E、PE、PU表示。

（2）图形符号

图形符号是表示设备或概念的图形、标记或字符等的总称。图形符号是电气图最基本的符号。

① 图形符号的构成要素

a. 一般符号+限定符号　图1-16所示是将表示开关的一般符号与断路器功能符号结合，便构成断路器图形符号。

(a) 开关的一般符号　　(b) 断路器图形符号

图1-16　图形符号的构成要素

b. 符号要素+一般符号　图1-17所示的保护接地图形符号由表示保护的符号要素与接地的一般符号组成。

(a) 保护接地　　(b) 符号要素　　(c) 接地符号

图1-17　保护接地图形符号

② 图形符号的分类

电气图形符号种类繁多，有导线和连接器件、无源元件、开关、控制和保护装置等11类，可参考国家标准GB/T 4728.1~13—2008、2018《电气简图用图形符号》。

此外，还有一些其他符号，如机械控制、操作件和操作方法、非电量控制、接地、接机壳和等电位、理想电路元件(电压源与电流源)、电路故障和绝缘击穿等。

③ 图形符号表示的状态

图形符号所表示的状态是在无电压、无外力作用时电气设备或电气元件所处的状态。例如，继电器和接触器在线圈不通电时或无外力作用时，其动合触点在断开位置，其动断触点在闭合位置；断路器和隔离开关在断开位置；带零位的手动开关在零位；不带零位的手动控制开关处于图中规定的位置。

对事故、备用、报警等开关应表示在设备正常使用时的位置，如在特定位置时，应在图上说明。

④ 图形符号的布置

国家标准对图形符号的绘制尺寸没有作统一规定，实际绘图时可按实际情况，以便于理解的尺寸绘制。图形符号的布置一般为水平或垂直位置。

任务操作

正确、规范地绘制砂轮机控制线路电路图，并写出各元器件的名称与作用。绘制电路图时，图线要横平竖直，线间间隔均匀，电动机外壳必须接地。

任务评价

任务评价表见表 1-17。

表 1-17　任务评价表

任　务	评价标准		配分	扣分
图线绘制	（1）图线不横平竖直	每处扣 2 分	20	
	（2）图线间隔不均匀	每处扣 2 分		
元器件符号	（1）元器件图形符号不正确	每个扣 5 分	20	
	（2）元器件文字符号不正确	每个扣 5 分		
	（3）电动机符号不正确	扣 5 分		
	（4）不画电动机保护接地线	扣 5 分		
电路标号	（1）电源线标号不正确	扣 5 分	20	
	（2）电路标号不正确	每处扣 5 分		
	（3）电动机电源端子线不正确	每项扣 5 分		
	（4）书写不规范	每处扣 2 分		
图面	（1）图面不整洁	扣 5 分	10	
	（2）图样不清晰	扣 5 分		
器件作用	主要器件作用不正确	酌情扣 5~10 分	30	
定额时间	30 min，每超时 5 min（不足 5 min 以 5 min 计）扣 5 分			
备注	除定额时间外，各项目的最高扣分不应超过配分数			
开始时间		结束时间		实际时间		成绩	

学生自评：

学生签名：　　　　年　月　日

教师评语：

教师签名：　　　　年　月　日

任务 4　砂轮机控制线路的安装

任务目标

会安装、调试、运行砂轮机控制线路。

任务准备

布置图、接线图和原理图一样，同属电气图，是电气控制线路安装、调试、运行、维修的基本依据。

1. 认识砂轮机控制线路布置图

布置图是根据电器及元件在控制板上的实际安装位置，采用简化的外形符号(如正方形、矩形、圆形等)绘制的一种简图。它并不表达各电器及元件的具体结构、作用、接线情况以及工作原理，但可清晰地表达出电器及元件的布置和安装位置。布置图中各电器及元件的文字符号必须与电路图和接线图中的标注相一致。砂轮机控制线路的布置图如图1-18所示。

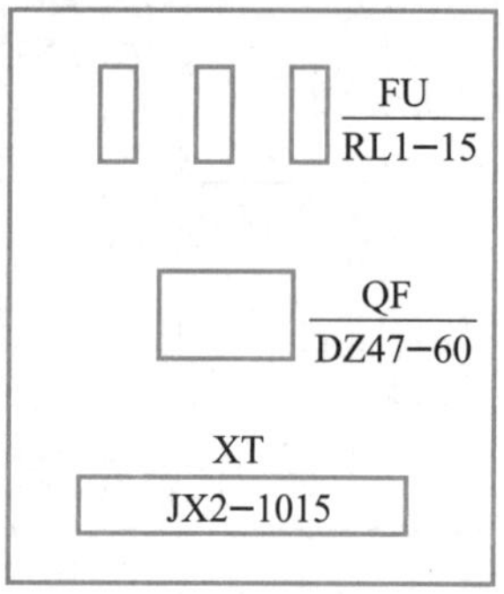

图1-18 砂轮机控制线路布置图

2. 认识砂轮机控制线路接线图

接线图是根据电气设备和电器及元件的实际位置及安装情况绘制的，只用来表示电气设备和电器及元件之间的位置、配线方式和接线方式，而不明显表示电器动作原理和电器及元件之间的控制关系。它是电气施工的主要图样，主要用于安装接线、线路检查和故障维修。识读接线图应遵循以下原则：

① 应分析清楚接线图中示出的电气设备和电器及元件的相对位置、文字符号、端子号、导线号、导线类型、导线截面积、屏蔽和导线绞合等内容。

② 所有电气设备和电器及元件是按其所在的实际位置绘制在图样上，且同一元件的各零部件应根据其实际结构，使用与电路图相同的图形符号画在一起，并用点画线框上；其文字符号以及接线端子的标号应与电路图中的标注相一致，以便对照检查接线。

③ 接线图中的导线有单根导线、导线组(或线扎)、电缆等，用连续线和中断线表示。当导线走向相同时可以合并，并用线束表示，到达接线端子排或电气元件的连接点后再分别画出。在用线束表示导线组、电缆时，可用加粗的线条表示；在不引起误解的情况下也可采用部分加粗。此外，导线及套管的型号、相数和规格等应标注清楚。

砂轮机控制线路的接线图如图1-19所示。

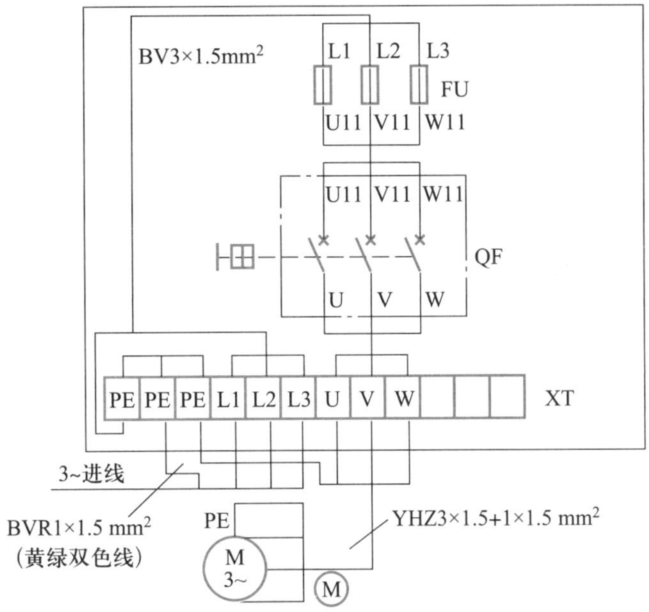

图 1-19　砂轮机控制线路的接线图

任务操作

1. 选配与检查工具、仪表

根据工作任务的要求，除尖嘴钳、螺丝刀(螺钉旋具)、钢丝钳、电工工具袋等通用电工工具和万用表、兆欧表等常用测量仪表外，其他电工常用工具、测量仪表和安装工具可按表 1-18 进行选配，并检查所选配的工具、仪表是否齐全、完好，型号规格是否符合工作任务的要求，熟悉工具、仪表的使用方法。

表 1-18　工具、仪表清单

类　别	名　称	图　形	数量
常用电工工具	验电笔	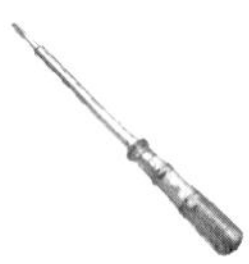 普通验电笔 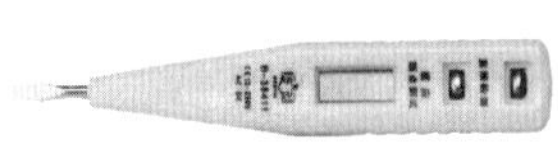 数显验电笔	1 支
	剥线钳	 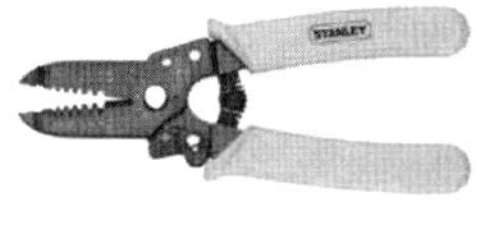	1 把
	电工刀	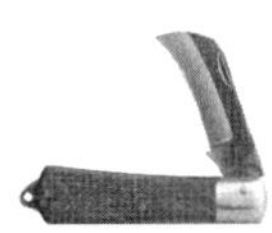	1 把

续表

类　别	名　称	图　形	数量
常用电工工具	钢卷尺		1把
测量仪表	钳形电流表	 数字式  指针式	1只
安装工具	电锤 手提电钻	 电锤  手提电钻	1把
	钢锯	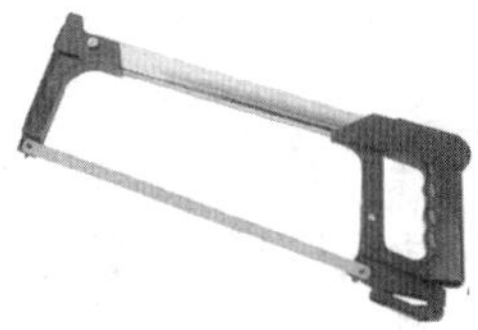	1把
	梯子 （直梯、人字梯）	 人字梯 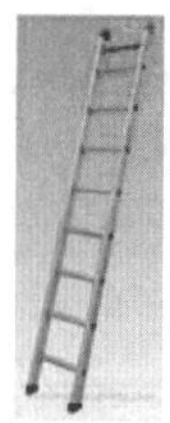 直梯	各1把
	锤子	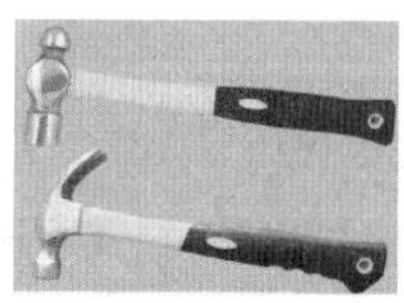	1把
	弯管弹簧	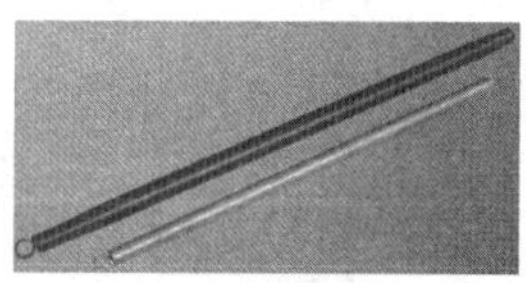	1套
	PVC管子剪刀	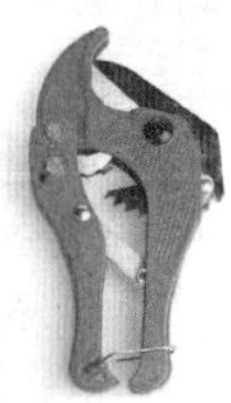	1把

续表

类　别	名　称	图　形	数量
绘图工具	主要有绘图纸、绘制铅笔、直尺、橡皮等		1 套
检查要求	1. 选配的工具、仪表是否齐全 2. 选配的工具、仪表规格是否满足现场需求 3. 选配的工具、仪表结构是否完整、技术性能是否符合安装现场要求		

2. 选配与检测安装器材

（1）选配安装器材

根据工作任务的要求，按表 1-19 所列的器材清单配齐安装所需的器材。

表 1-19　安装器材清单

器材名称	型　号	规　格	数　量
低压断路器	DZ47-60	380 V、60 A、整定电流 5 A	1 只
螺旋式熔断器	RL1-15	500 V、15 A、配 10 A 熔体	3 套
接线端子排	JX2-1015	500 V、10 A、15 节	1 条
控制板		600 mm×500 mm×20 mm	1 块
电源电路塑料铜线		BV1.5 mm^2（红、绿、黄各一圈）	若干
异形塑料管		ϕ3 mm	若干
保护接地塑料铜线		BVR1.5 mm^2（黄绿双色）	若干
PVC 电线管		ϕ16 mm	3 根
塑料管卡		与 ϕ16 mm PVC 管相配套	若干
金属电线管及管夹		ϕ16 mm	1 根
木螺钉		自定	若干
塑料膨胀螺栓		自定	若干

（2）检测安装器材

清点所选配的安装器材是否齐全，检测安装器材是否符合现场安装的要求，并将检测结果填写在表 1-20 中。

表 1-20 检测安装器材

<table>
<tr><th colspan="4">安装器材的外观检查</th></tr>
<tr><th>代号</th><th>名　称</th><th>外　形</th><th>检查要领与检查结果</th></tr>
<tr><td rowspan="2">QF</td><td rowspan="2">低压断路器</td><td rowspan="2">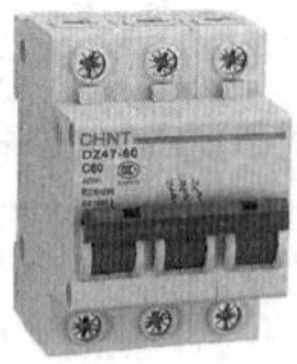</td><td>1. 核对规格型号、使用手册(说明书)中技术参数、安装条件等是否符合现场安装要求
2. 检查外观是否完整，有无缺损
3. 进行分合闸操作，观察动作是否灵活</td></tr>
<tr><td>检查结果：</td></tr>
<tr><td rowspan="2">FU</td><td rowspan="2">螺旋式熔断器</td><td rowspan="2"></td><td>1. 核对规格型号、使用手册(说明书)中技术参数、安装条件等是否符合现场安装要求
2. 检查外观是否完整，有无缺损
3. 旋转瓷帽，检查瓷帽与瓷圈配合情况
4. 检查所配熔体规格是否符合要求</td></tr>
<tr><td>检查结果：</td></tr>
<tr><td rowspan="2">XT</td><td rowspan="2">接线端子排</td><td rowspan="2"></td><td>1. 核对规格型号、技术参数、安装条件是否符合现场安装要求
2. 检查外观是否完整，有无缺损
3. 检查端子排节数是否足够
4. 检查端子排各节间排列是否紧密，接线螺钉垫片是否齐全</td></tr>
<tr><td>检查结果：</td></tr>
<tr><td colspan="2" rowspan="2">控制板</td><td rowspan="2">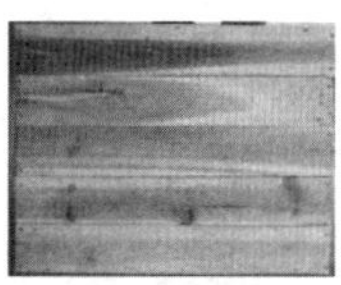</td><td>1. 检查外观是否完整，有无缺损
2. 检查板面是否平整</td></tr>
<tr><td>检查结果：</td></tr>
<tr><td colspan="2" rowspan="2">电源电路和保护接地塑料铜线</td><td rowspan="2">
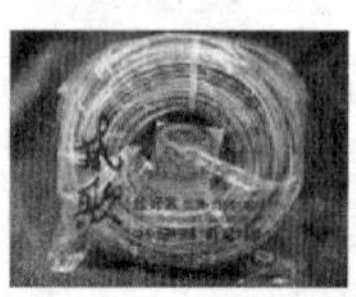</td><td>1. 检查是否有产品合格证，核对技术参数、安装条件是否符合要求
2. 检查外观是否完整，有无缺损
3. 检查导线颜色是否符合要求</td></tr>
<tr><td>检查结果：</td></tr>
</table>

续表

安装器材的外观检查			
代号	名　　称	外　　形	检查要领与检查结果
	异形塑料管	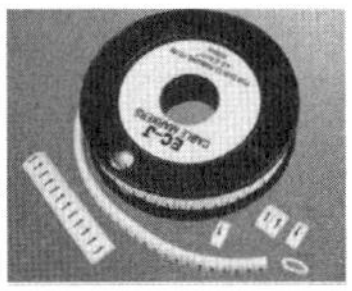	1. 检查是否有产品合格证，核对异形塑料管是否符合安装要求 2. 检查外观是否完整，有无缺损、压扁
			检查结果：
	PVC 电线管		1. 检查是否有产品合格证，核对技术参数、安装条件是否符合现场安装要求 2. 检查外观是否完整，有无缺损、压扁
			检查结果：
	PVC 电线管接头、管夹等配件	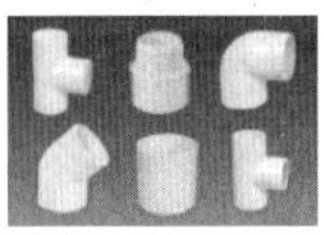	1. 检查是否有产品合格证，核对技术参数、安装条件是否符合现场安装要求 2. 检查外观是否完整，有无缺损、压扁
			检查结果：
	金属电线管及管夹	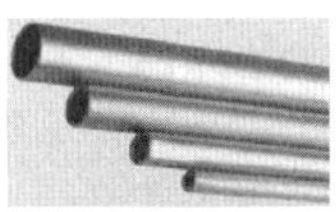 	1. 检查是否有产品合格证，核对技术参数、安装条件是否符合现场安装要求 2. 检查外观是否完整，有无缺损、压扁
			检查结果：
	木螺钉	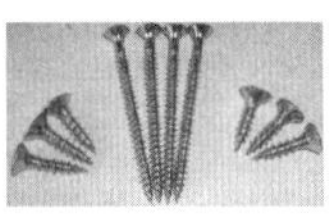	1. 检查规格是否符合现场安装要求 2. 检查材质是否符合现场安装要求
			检查结果：
	膨胀螺栓	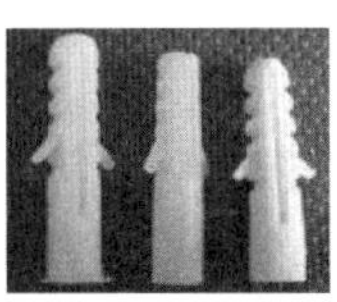	1. 检查规格是否符合现场安装要求 2. 检查材质是否符合现场安装要求
			检查结果：

续表

<table>
<tr><th colspan="4">安装器材的仪表检测</th></tr>
<tr><th>代号</th><th>名　称</th><th colspan="2">检测要领、检测图示与检测结果</th></tr>
<tr><td rowspan="3">QF</td><td rowspan="3">低压断路器</td><td colspan="2">在“分”“合”闸状态下，用万用表电阻挡分别检测 3 对触点上、下接线柱间的电阻值</td></tr>
<tr><td colspan="2">
分闸状态

合闸状态</td></tr>
<tr><td>检测结果</td><td></td></tr>
<tr><td rowspan="3">FU</td><td rowspan="3">螺旋式熔断器</td><td colspan="2">用万用表电阻挡检查上、下接线柱间的电阻值</td></tr>
<tr><td colspan="2"></td></tr>
<tr><td>检测结果</td><td></td></tr>
<tr><td rowspan="3">XT</td><td rowspan="3">接线端子排</td><td colspan="2">用万用表电阻挡检查各节接线柱间的电阻值</td></tr>
<tr><td colspan="2"></td></tr>
<tr><td>检测结果</td><td></td></tr>
</table>

3. 识读布置图和接线图

（1）识读布置图

根据图 1-18 所示的砂轮机控制线路布置图，明确低压熔断器、低压断路器和接线端子排的安装位置。

（2）识读接线图

根据图 1-19 所示的砂轮机控制线路接线图，分析接线图中电气设备及元件的相对位置、文字符号、端子号、导线号、导线类型、导线截面积等内容，完成表 1-21。

表 1-21　砂轮机控制线路接线图的识读

序号	导线类型	导线号/端子号	导线类型	导线截面积/mm^2
1	电源进线	L1、L2、L3、PE		
2	FU 进线			
3	FU 出线、QF 进线			
4	QF 出线至 XT			
5	电动机 M 电源线			

4. 安装砂轮机控制线路板

(1) 安装电气元件

电气元件的安装是根据布置图和电气元件的安装与使用要求，通过在控制板上画线来确定安装位置。再用螺钉或导轨进行固定，并按电路图上的文字符号在各电气元件的醒目处贴上文字符号标志，如图 1-20 所示。低压开关与低压熔断器的安装与使用要求可参考知识链接。

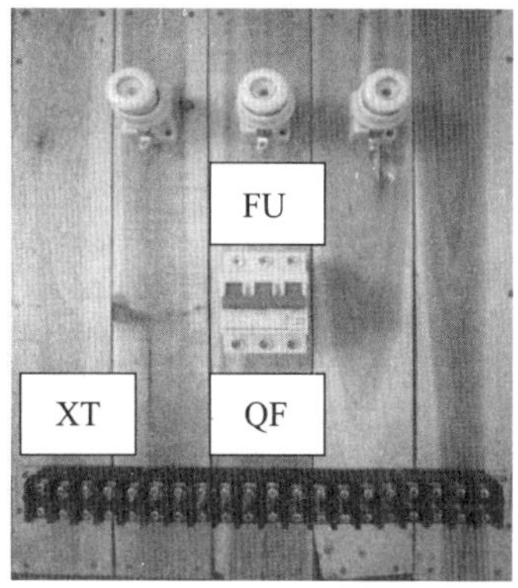

图 1-20　元器件安装位置示意图

砂轮机控制线路板上电气元件的安装步骤与要领见表1-22。

表 1-22　砂轮机控制线路板上电气元件安装步骤与要领

步骤	操作内容	过程示意图	安装要领
1	熔断器安装	 熔断器的固定  安装完成后的 3 只熔断器	1. 各电气元件之间的距离要适当，既要节省板面，又要方便走线和投入动作及检修 2. 安装电气元件时应按定位、打孔、固定 3 个步骤进行 3. 固定电气元件时，应在螺钉上加装平垫圈和弹簧垫圈 4. 紧固电气元件时应用力均匀，紧固程度适当。在紧固熔断器、断路器等易损器件时，应用手按住器件一边轻轻摇动，一边用螺丝刀轮流对角旋紧螺钉，直到手感摇不动后再适当旋紧一些即可

续表

<table>
<tr><th>步骤</th><th>操作内容</th><th>过程示意图</th><th>安装要领</th></tr>
<tr><td>2</td><td>低压断路器安装</td><td>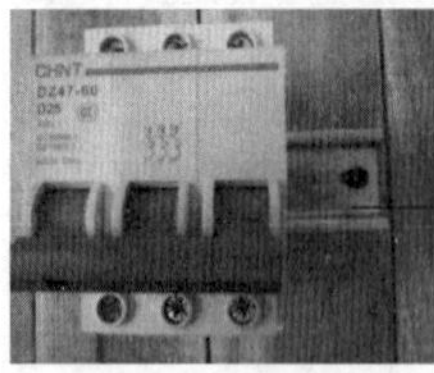</td><td rowspan="3">5. 低压熔断器的受电端应朝向控制板的外侧，对于螺旋式熔断器，其受电端为底座上的下接线柱
6. 低压断路器的电源进线端应朝上，电源出线端靠近接线端子排
7. 各电气元件离控制板边缘在10 mm以上
8. 低压断路器中间相电源进线接线柱与中间一个低压熔断器电源出线端应对齐，低压断路器中间相电源出线端接线柱与接线端子排接线柱对齐</td></tr>
<tr><td>3</td><td>接线端子排安装</td><td></td></tr>
<tr><td colspan="3">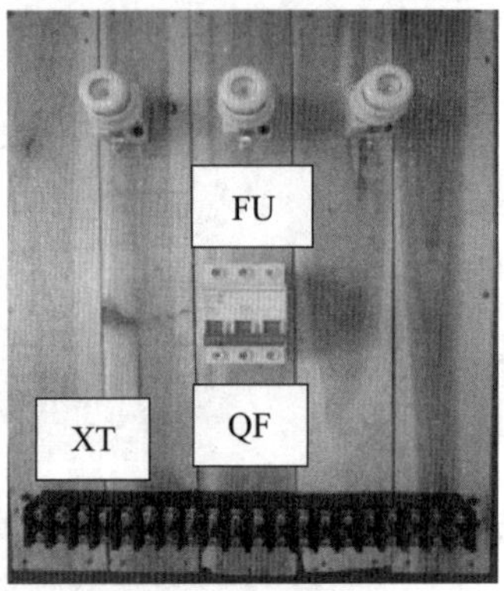安装完成后的控制线路板</td></tr>
</table>

知识链接

低压断路器与低压熔断器的安装与使用要求

常用低压断路器和低压熔断器在安装与使用前，应仔细阅读其使用手册(说明书)中的相关内容，明确它们的正常工作条件及安装条件(如安装地点、环境温度、相对湿度、振动情况等)是否符合要求。低压断路器与低压熔断器的安装与使用要求见表1-23。

表1-23 低压断路器与低压熔断器的安装与使用要求

名称	安装与使用要求
低压断路器	1. 必须垂直安装于配电板，任何方向元件偏差不超过5°，电源引线应接到上端，负载引线应接到下端 2. 用作电源总开关或电动机的控制开关时，在电源进线侧必须加装开启式负荷开关或熔断器等作为隔离开关，以形成明显的断开点 3. 使用前应将脱扣器工作面的防锈油脂擦干净；各脱扣器动作值一经调整好，不允许随意变动，以免影响其动作值

续表

名称	安装与使用要求
低压断路器	4. 使用过程中若遇分断短路电流，应及时检查触点系统，若发现有电灼伤，应及时修理并更换 5. 断路器上的积尘应定期清除，并定期检查各脱扣器动作值，给操作机构添加润滑剂
低压熔断器	1. 熔断器应完好无损，安装时应保证熔体和夹头以及夹头和夹座接触良好，并具有额定电压、电流值标志 2. 瓷插式熔断器应垂直安装。螺旋式熔断器的电源进线应接在底座中心端的接线端子上，用电设备接线应接在螺旋壳的接线端子上 3. 熔断器安装时应做到下一级熔体规格比上一级熔体规格小，各级熔体相互配合 4. 严禁在三相四线制线路的中性线上安装熔断器 5. 安装熔丝时，应保证接触良好，在螺栓上沿顺时针方向缠绕，注意不损伤熔丝 6. 熔断器兼做隔离器件使用时，应安装在控制开关的电源进线端；若仅作短路保护用，应安装在控制开关的出线端 7. 熔体熔断后，应分析原因并排除故障，然后再更换新的熔体；更换熔体或熔管时，必须切断电源，不允许带负载操作，以免发生电弧灼伤；更换熔体时，不能轻易改变熔体的规格，更不能使用铜丝或铁丝代替熔体

（2）电气布线

砂轮机控制线路板电气布线可采用板前明线布线，其电气布线步骤见表1-24。电气布线工艺标准可参考指点迷津。

表1-24　砂轮机控制线路板电气布线步骤

步骤	操作内容	操作方法与布线示意图
1	低压熔断器FU与低压断路器QF间三相电源U11、V11、W11号导线装接	如图中粗实线所示，一般先连接中间相V11号导线，然后以V11号导线为基准，按左右对称布局连接U11、W11号导线 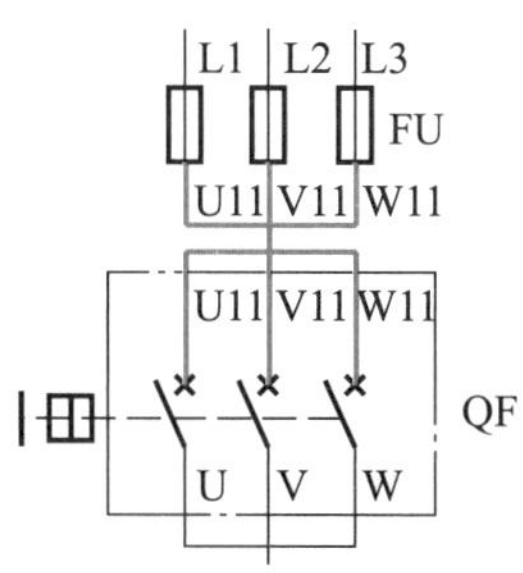 

续表

步骤	操 作 内 容	操作方法与布线示意图
2	低压断路器 QF 与接线端子排 XT 间三相负载 U、V、W 号导线连接	如图中粗实线所示，一般先连接中间相 V 号导线，然后以 V 号导线为基准，按左右对称布局连接 U、W 号导线 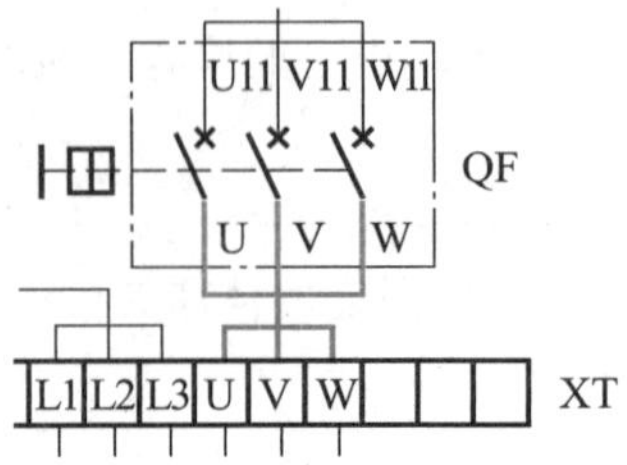 
3	接线端子排 XT 与低压熔断器 FU 之间三相电源进线 L1、L2、L3 号导线连接	如图中粗实线所示，一般先连接中间相 L2 号导线，然后以 L2 号导线为基准，按左右对称布局连接 L1、L3 号导线 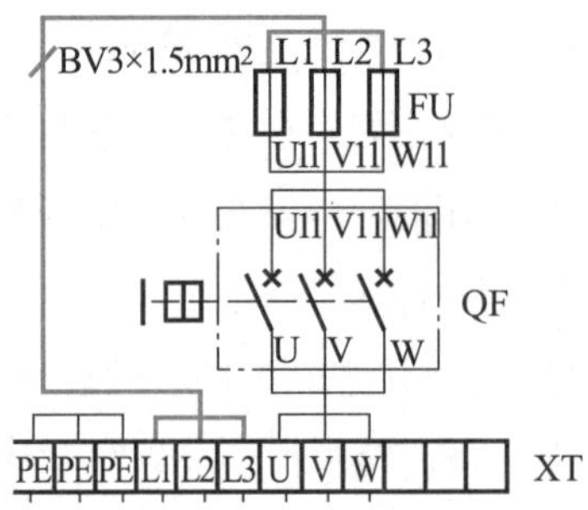 

指点迷津　　板前明线布线工艺标准

① 布线通道要尽可能少，单层密排，紧贴控制板面布线。

② 同一平面的导线应高低一致或前后一致，不得交叉。非交叉不可时，该根导线应在电气元件接线柱(或接线桩,下同)处引出时，就水平架空跨越，但走线必须合理。

③ 布线应横平竖直，分布均匀。

④ 布线变换走向时，应垂直转向。

⑤ 布线时严禁损伤线芯和导线的绝缘层。

⑥ 在每根剥去绝缘层导线的两端套上编码套管。所有从一个接线端子到另一个接线端子的导线必须连续，中间应无接头。

⑦ 导线与接线端子连接时，不得压绝缘层，不得反圈，露铜不得过长。

⑧ 同一元件、同一回路的不同接点的导线间距应保持一致。

⑨ 同一个接线柱上的连接导线不得多于两根，每节接线端子排一般只允许接一根导线。

(3) 检查电气布线

电气布线完成后，必须根据电路图或接线图进行检查。检查方法有目测检查法或仪表检查法两种；检查的目的是判断电气布线的质量，防止错接、漏接和错编、漏编线号等情况的出现，使电气布线达到通电运行的质量要求。

① 目测检查法

目测检查法就是根据电路图或接线图，从电源输入端(接线端子排 XT 的 L1、L2、L3)处开始，逐段核对接线及接线柱处线号是否正确，有无漏接、错接之处；检查导线接点是否符合工艺要求，压接是否牢固；检查有无压导线绝缘层；同时注意接点接触是否良好，以避免带负载运行时产生闪络现象。

② 仪表检查法

仪表检查法也是根据电路图或接线图，从电源输入端(接线端子排 XT 的 L1、L2、L3)处开始，使用仪表逐段检查线路的电阻值，以判断接线是否正确，有无漏接、错接之处。使用万用表电阻挡、兆欧表检测砂轮机控制线路板电气布线，其操作过程见表 1-25。若检测的电阻值与正确的电阻值不符，则应根据电路图或接线图检查是否有错接、漏接、短路等情况。

表 1-25　使用仪表检测电气布线的操作过程

检查状态	检查过程		正确电阻值	检查结果
	序号	测量任务与示意图		
断路状态 (断开 QF)	1	用万用表测量 L1-L1、L2-L2、L3-L3 间电阻值 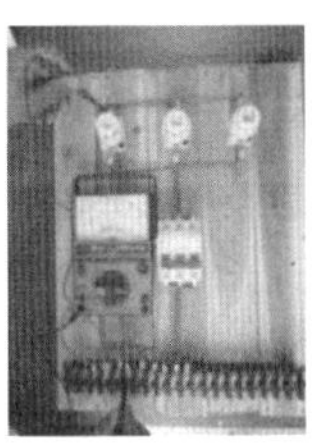 L1-L1间  L2-L2间 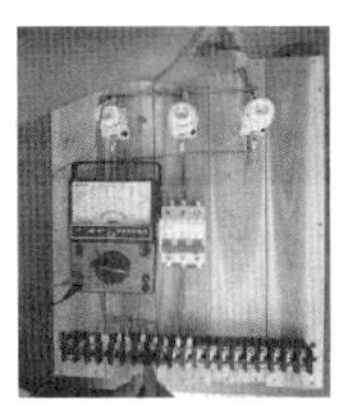 L3-L3间	0	
	2	用万用表测量 U11-U11、V11-V11、W11-W11 间电阻值 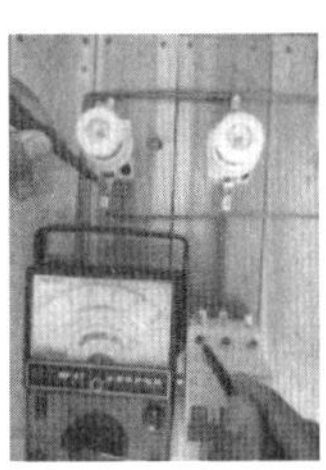 U11-U11间 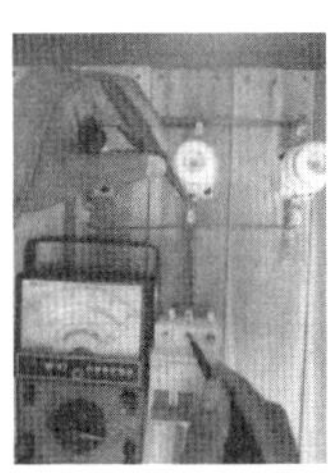 V11-V11间 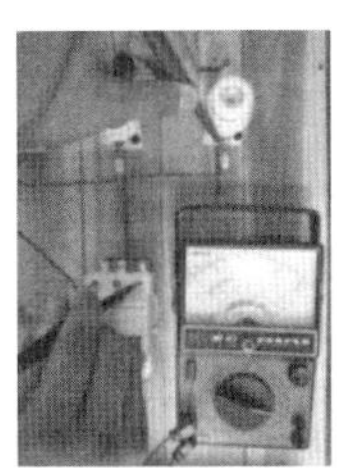 W11-W11间	0	

续表

检查状态	检查过程		正确电阻值	检查结果
	序号	测量任务与示意图		
断路状态（断开 QF）	3	用万用表测量 U-U、V-V、W-W 间电阻值 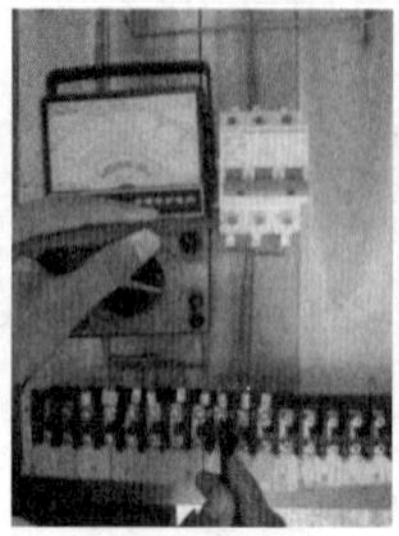 U-U间 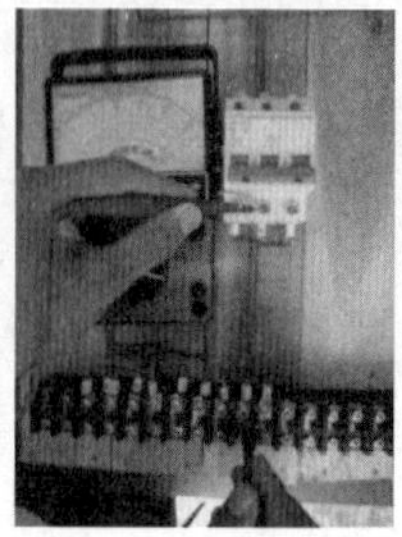 V-V间 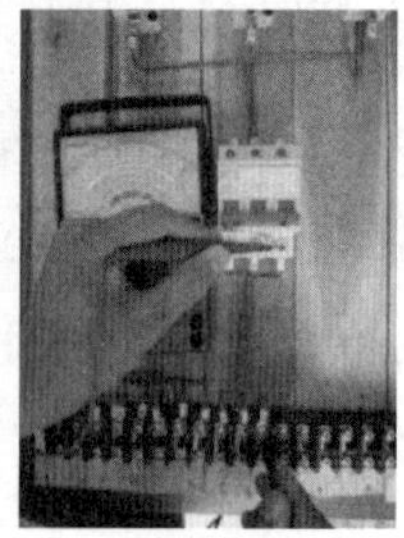 W-W间	0	
	4	用兆欧表测量各段接线相与相间绝缘电阻值 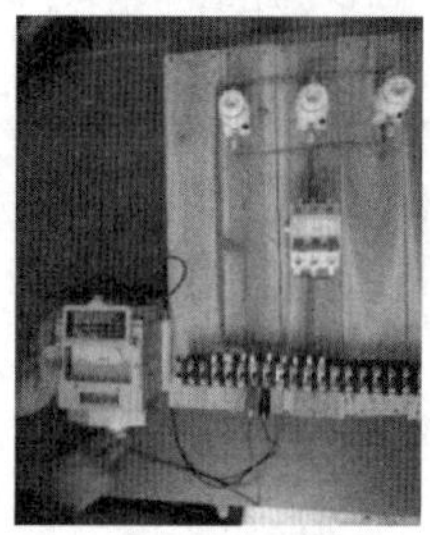	∞	
通路状态（合上 QF）	1	用万用表测量接线端子排上 L1-U、L2-V、L3-W 间电阻值  L1-U间 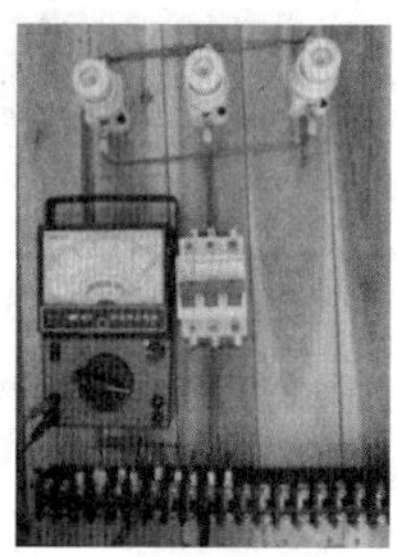 L2-V间 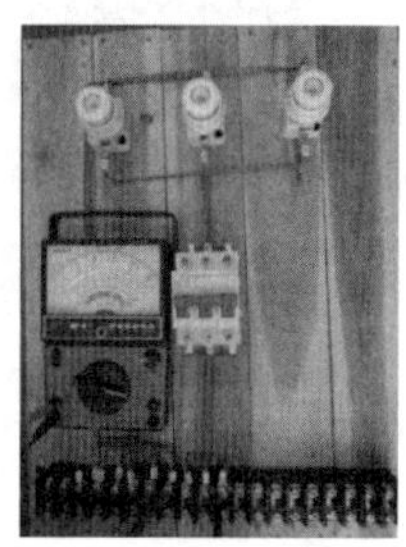 L3-W间	0	
	2	用兆欧表测量 L1、L2、L3 相与相间绝缘电阻值 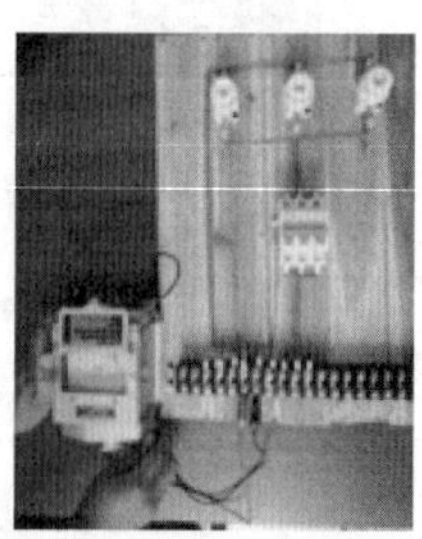	∞	

（4）检验电气布线

检验电气布线是指在自检合格后，由指导教师或工作负责人对电气布线进行最后检查，只有经指导教师或工作负责人检验合格后的控制线路板才允许固定在安装位置上。

5. 敷设电线管及穿线

敷设电线管是根据砂轮机安装位置，确定电源线路走向，电线管、控制板、支持点的位置，如图 1-21 所示，同时做好线路敷设前的各项准备工作。

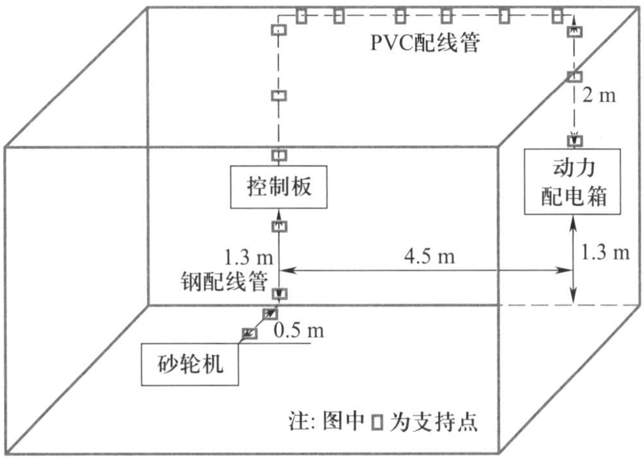

图 1-21　砂轮机电源线路走向，电线管、控制板、支持点位置示意图

从图 1-21 可以看出，砂轮机电源线路先穿 PVC 塑料电线管从车间动力配电箱引出后，垂直向上至天花板，水平走向至砂轮机前，沿墙向下通过控制板后，穿钢管沿墙向下至砂轮机。

敷设电线管及穿线的安装要求如下：

① 电线管的施工安装应按工艺要求进行，整个管路应连成一体并可靠接地。

② 管内导线不得有接头，导线穿管不要损伤导线的绝缘层，导线穿好后管口应套上护圈。

砂轮机电源线敷设电线管及穿线步骤与方法见表 1-26。

表 1-26　砂轮机电源线敷设电线管及穿线步骤与方法

步骤	操作内容	操作过程与要领
1	在墙上画出管线走向及支持点位置	按图 1-21 所示，进行画线和确定管线支持点。画线可用木工墨斗弹线或借助长直尺用粉笔画线
	明敷的电线管应用管卡支持，PVC 塑料电线管和钢电线管支持点的确定方法如下： 1. PVC 塑料电线管支持点确定方法 考虑到管卡支持点设置的工艺要求，PVC 塑料电线管的始端、终端、转角及与接线盒或配电箱的边缘处均应安装管卡，其余的管卡应均匀分布。PVC 塑料电线管支持点间的最大间距应符合下表所列的要求	

续表

步骤	操作内容	操作过程与要领
1		（见下）

PVC 塑料电线管标称外径/mm	13~19	25~50	50 以上
管壁厚度小于 2.5 mm 时，管卡最大距离/m	1.0	1.5	2.0

2. 钢电线管支持点确定方法

钢电线管沿墙、跨柱或穿越楼板敷设时，配管支持点间的距离应均匀，不同管径的管子支持点的距离不同。钢电线管明敷时支持点间的最大间距应符合下表所列的要求，而支持点管卡件与终端、转弯中点、电气设备及接线盒边缘的距离为 150~500 mm

管子类型	管径(标称直径)/mm				
	DN15~DN20	DN25~DN32	DN40	DN50	DN65~DN100
钢管/m	1.5	2.0	2.5	2.5	3.5
电线管/m	1.0	1.5	2.0	2.0	—

步骤	操作内容	操作过程与要领
2	量取、切断 PVC 塑料电线管	1. 按实际管线安装所需的长度及材料长度量取管线 2. 用适当的方法切断管线

PVC 塑料电线管的切断方法：

(1) 管径为 40 mm 及以下时，可采用专用截管器(专用剪刀)将其切断，再用截管器的刀背对切口倒角

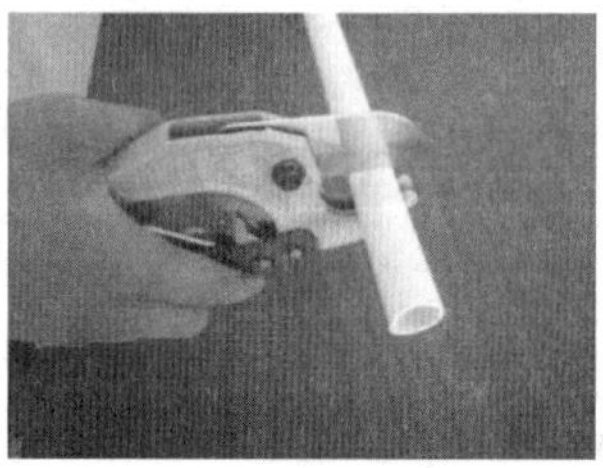

用专用剪刀切断

(2) 管径为 40 mm 及以上时，可采用钢锯或专用切割机将其割断。割断后应将管口修理平齐、光滑

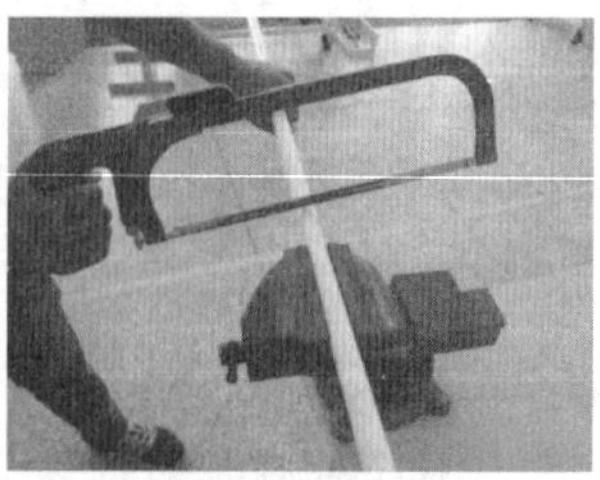

用钢锯切断

续表

<table>
<tr><th>步骤</th><th>操作内容</th><th>操作过程与要领</th></tr>
<tr><td rowspan="2">3</td><td>弯制 PVC 塑料电线管</td><td>（1）按实际管线安装要求弯制
（2）弯曲角度符合要求</td></tr>
<tr><td colspan="2">（1）冷煨法　对管径在 40 mm 以下的 PVC 塑料电线管，可采用冷煨法使管子弯曲。其方法是首先用一根和管子直径相匹配的弯管弹簧穿入要被弯曲的管子内；再用手或其他硬物进行弯曲，弯曲的角度要小些，待弯管回弹后可达到要求，最后将弯管弹簧从被弯的管子内取出
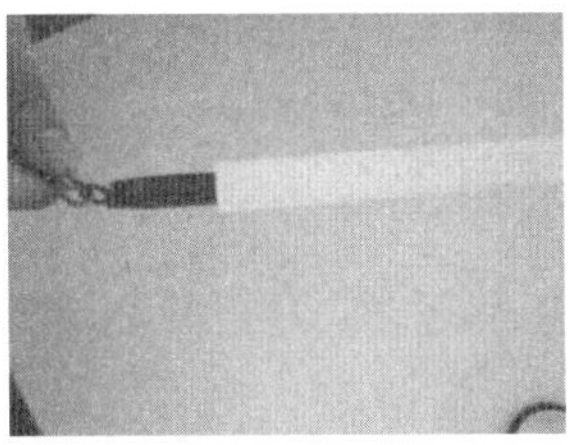
将弯管弹簧穿入管子
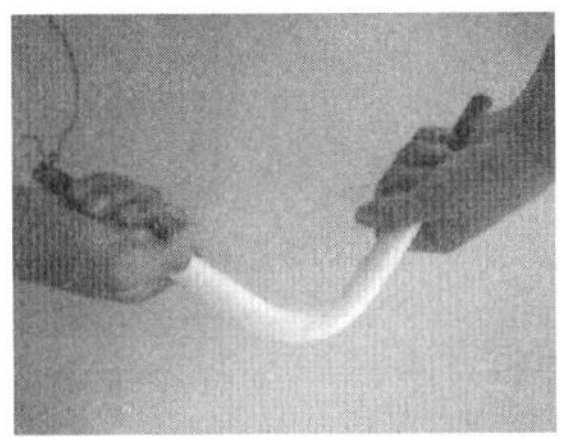
用手进行弯曲
（2）热煨法　对直径在 40 mm 及以上的 PVC 塑料电线管，可采用热煨法使管子弯曲。一是采用灌沙加热法：在被弯管内灌入干燥的沙子，摇实后两端封闭，再用喷灯加热其需弯曲部分，弯曲成形后固定，当管子完全冷却后倒出沙子即可完成；二是采用直接加热法：先用喷灯、电烘箱等将管子加热，使管子呈柔软状态，再插入橡胶棒，手工进行弯曲，成形后放入冷水中定形
注意：PVC 塑料电线管明敷时的弯曲半径不能小于管径的 6 倍，暗敷时的弯曲半径不能小于管径的 10 倍。无论哪种情形，弯曲角度都不应小于 90°，特殊情况下才能采用 90°弯头</td></tr>
<tr><td rowspan="2">4</td><td>PVC 塑料电线管的连接</td><td>（1）选择合适的管接头
（2）清理 PVC 管的端口并涂上胶水，将涂胶水的端口插入接头内，几秒后即可连接好</td></tr>
<tr><td colspan="2">PVC 塑料电线管常用管接头连接法，这种方法适用于两根相同外径或不同外径 PVC 塑料电线管的连接，具有连接简单、效率高的特点，其连接过程如下
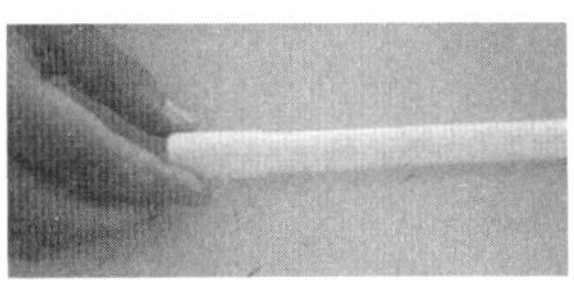
将管子涂胶水后套入管接头一端
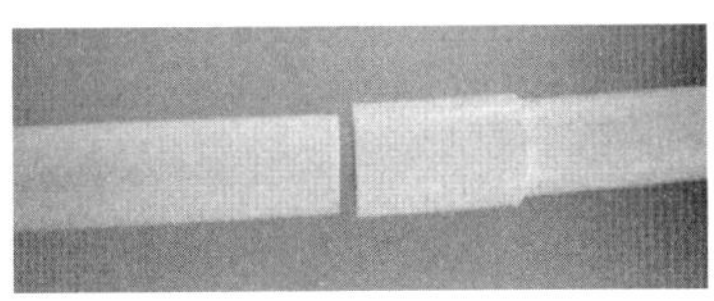
将另一段管子涂胶水后套入管接头另一端
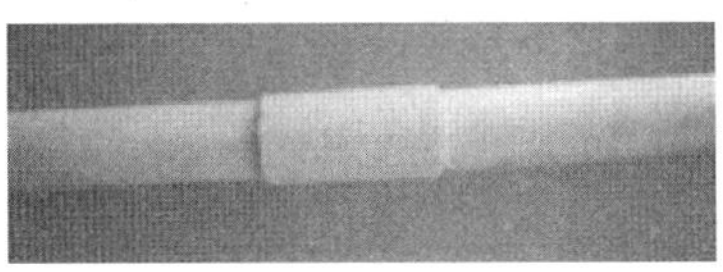
连接后的PVC塑料电线管
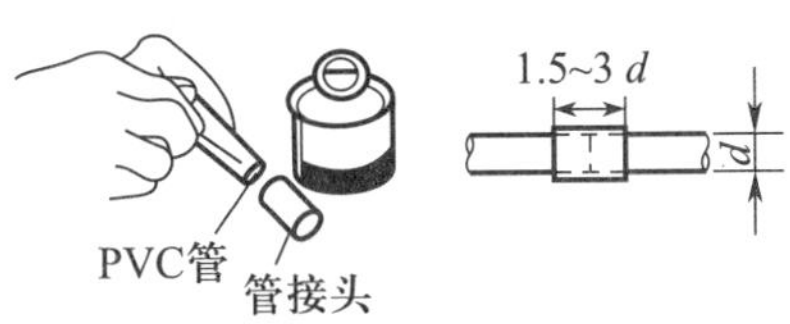

示意图</td></tr>
</table>

续表

<table>
<tr><th>步骤</th><th>操作内容</th><th>操作过程与要领</th></tr>
<tr><td rowspan="2">5</td><td>PVC 塑料电线管与配电箱连接</td><td>（1）将 PVC 塑料电线管管端涂上过氯乙烯胶，套上入盒接头
（2）插入配电箱，接上入盒锁扣</td></tr>
<tr><td colspan="2">PVC 塑料电线管与接线盒、配电箱连接时，一般采用配套的定形塑料制品。暗敷时还可采用 PVC 塑料电线管直接插入敲落孔，然后在接口处用塑料卡口入盒接头或钢制弹簧卡等连接件，以防止管子从盒(箱)中脱出。明敷时一般采用接线盒上承插套筒接头，在管端涂上过氯乙烯胶密封固定
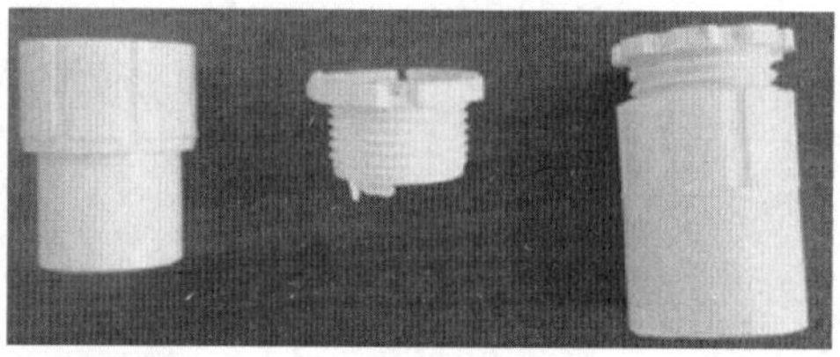
入盒接头 入盒锁扣 线盒接头
另一种常用的方法是通过线盒接头使 PVC 塑料电线管和线盒或配电箱相连接，这种连接方法安装简单，效率高
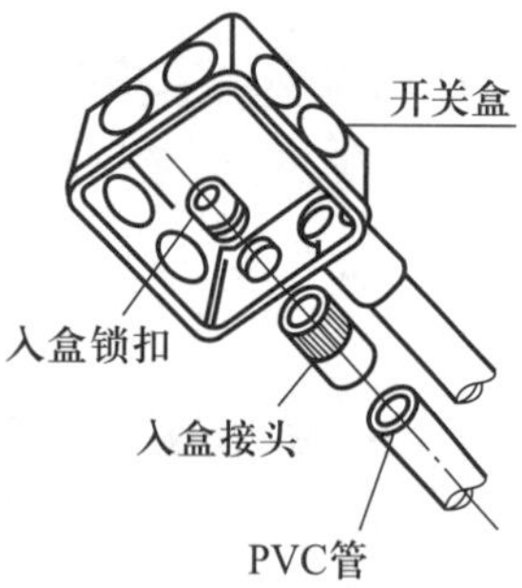

连接示意图
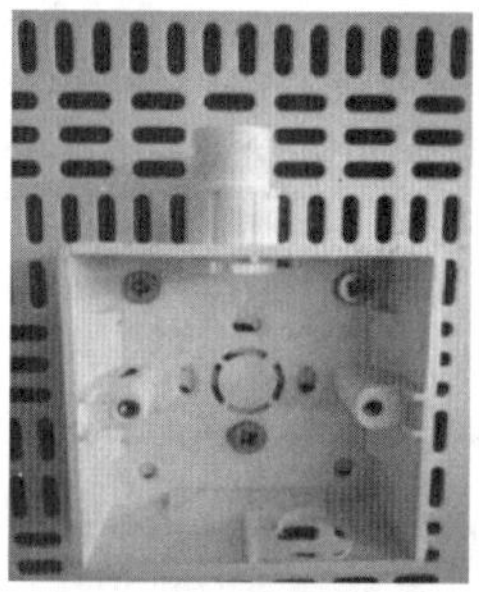
与线盒连接实物图

与配电箱连接实物图</td></tr>
<tr><td rowspan="2">6</td><td>PVC 塑料电线管的固定</td><td>（1）在墙上打孔，插入塑料膨胀螺栓
（2）将管卡用螺钉固定，并调整管卡方向</td></tr>
<tr><td colspan="2">PVC 塑料电线管固定时，管卡中心必须保持在一条线上才能使管线安装得横平竖直，同时固定 PVC 塑料电线管的管卡要设计合理，直线距离均匀。考虑到管卡设置的工艺要求，PVC 塑料电线管的始端、终端、转角及与接线盒或配电箱的边缘处均应安装管卡

电线管转弯时

电线管入盒时</td></tr>
</table>

续表

<table>
<tr><th>步骤</th><th>操作内容</th><th>操作过程与要领</th></tr>
<tr><td rowspan="2">7</td><td>钢电线管的切割、套丝和弯曲</td><td>（1）按实际安装所需的长度及材料长度量取钢电线管
（2）用适当的方法切断钢电线管
（3）对钢电线管内壁除锈
（4）弯制钢电线管</td></tr>
<tr><td colspan="2">（1）钢管加工前必须进行除锈、防腐处理。钢管内壁除锈可用圆形钢丝刷，来回拉动将管内铁锈除净。钢管外壁可用钢丝刷或电动除锈机除锈。同时对非镀锌钢管内、外壁涂一层防腐漆
（2）钢管的切断可用钢锯、管子切割机或割管器进行，严禁采用电、气焊切割钢管。钢管切口应与管轴线垂直，切口应锉平，管口应刮光
（3）钢管的套丝，对厚壁管采用铰板套丝；薄壁钢管采用圆丝板套丝。套丝后应使螺纹表面光洁、无裂纹
（4）钢管弯曲常用的 3 种方法：一是采用弯管器或滑轮弯管器直接进行弯制的冷弯法；二是采用氧气-乙炔加热管子后进行弯制的热弯法；三是采用电动或液压弯管机弯管法。钢管弯曲的角度应不小于 90°，管子弯曲处的弯扁度不得大于管外径的 0.1 倍</td></tr>
<tr><td rowspan="2">8</td><td>钢电线管的固定</td><td>根据所画管线，用管卡固定钢电线管</td></tr>
<tr><td colspan="2">（1）钢管的固定方式和固定钢管的构件应根据建筑结构特点进行选用。固定钢管的管卡件有管子卡（俗称骑马襻）、管卡（俗称 U 字螺钉）及 U 形槽管卡（又称双板管卡）等
（2）钢管沿墙、跨柱或穿越楼板敷设时，配管固定点间的距离应均匀，不同管径的管子固定点的距离不同，而固定点管卡件与终端、转弯中点、电气设备及接线盒边缘的距离为 150～500 mm</td></tr>
<tr><td rowspan="2">9</td><td>钢电线管的接地</td><td>在钢电线管上焊接接地线，并与接地点可靠连接</td></tr>
<tr><td colspan="2">钢电线管必须进行良好的接地，这是电气设备保护接地或保护接零的重要组成部分。因此，施工时必须把管子可靠地连接成一体。对采用管接头连接的钢管，还必须在管接头两侧的钢管上焊接跨接地线。开关箱或插座接线盒等与钢管连接也应焊上跨接地线
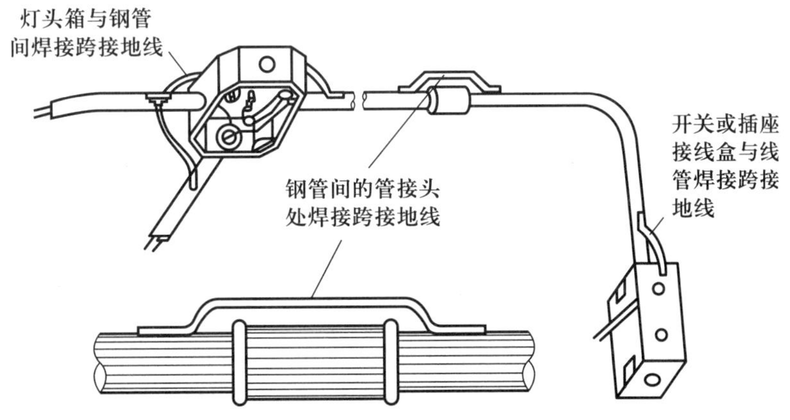

对镀锌钢管或可挠金属电线保护管的跨接地线应采用专用接地线卡跨接，不采用熔焊连接</td></tr>
</table>

续表

<table>
<tr><th>步骤</th><th>操 作 内 容</th><th>操作过程与要领</th></tr>
<tr><td rowspan="2">10</td><td colspan="2">电线管的穿线</td></tr>
<tr><td colspan="2">1. 穿线的操作步骤
（1）穿线前的准备工作
在钢管、PVC 塑料电线管配管安装完成后，在穿线前，应对管内进行一次清扫，以清除尘埃、杂物和湿气。常采用空气清除法或人工扫除法。同时，还要清除管口的毛刺，以免穿线时碰伤导线
（2）将引线穿入电线管
引线一般采用 $\phi1.2$ mm 或 $\phi1.6$ mm 的镀锌低碳钢丝或采用刚度硬的弹簧钢丝。引线的一端弯成一个小圆弯，以防止在配管的弯曲处和管接头处被卡住
如果管线较长且弯曲较多，一般可在配管时就将引线穿入管中；也可采用从管路两端分别穿入引线，在估计两根引线已达相交距离后，再用手转动其中一根引线，或两人在两端同时逆向转动两根引线，以使两根引线互相绞结，钩紧后，由一端拉出，再换上整根引线穿入管中
（3）放线
根据管子的长度和所需的根数进行放线，并留有一定的余量，然后将这些导线的线头剥去绝缘层，以备与引线的绑扎
（4）导线与引线的绑扎
导线与引线的绑扎必须牢靠，以防在穿线时脱开。对于多根导线，为防止在绑扎处外径增大而造成穿线困难甚至被卡住，一般应将导线错开后绑扎，拉线头子的缠绕绑法如下。绑好后可用胶布缠包，外涂滑石粉，以使绑扎处结牢、径小、光滑
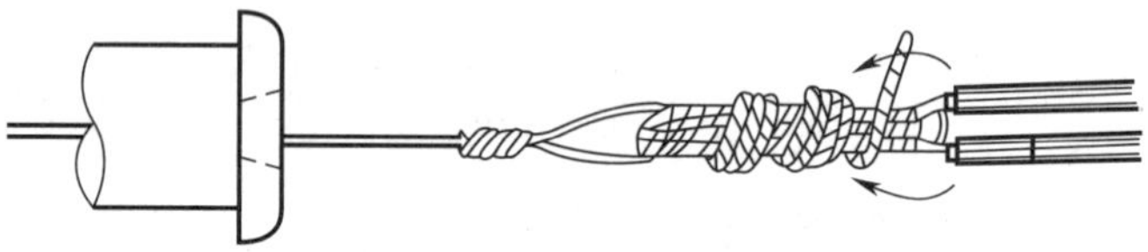
双根导线平齐绑法
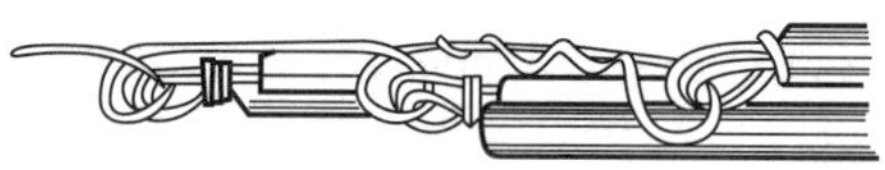
双根导线错开绑法
（5）穿线
在较短的电线管内穿入导线时，先将导线线头剥去绝缘层并接后包绝缘胶带，然后理顺导线并将导线穿入电线管
在较长的电线管内穿线时，应在管子两端口各有一人，一人负责将导线束慢慢送入管内，另一人负责慢慢抽出引线钢丝，要求步调一致
PVC 塑料电线管线路一般使用单股硬导线，单股硬导线有一定的硬度，可直接穿入管内。在线路穿线中，如遇月弯不能穿过时，可卸下月弯，待导线穿过后再安装；最后将塑料电线管连接好</td></tr>
</table>

续表

步骤	操作内容	操作过程与要领
10	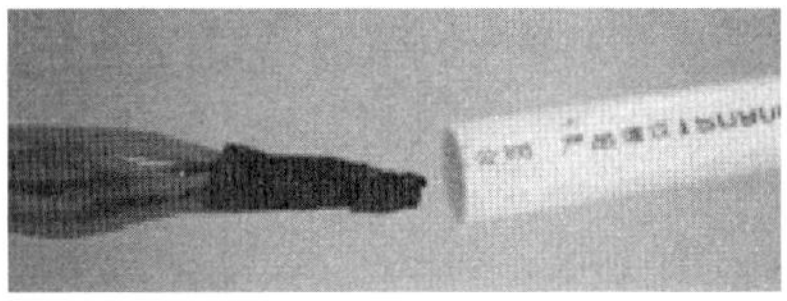 将导线线头并接后包绝缘胶带 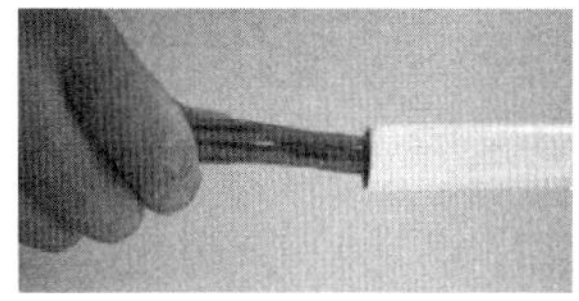 穿入电线管 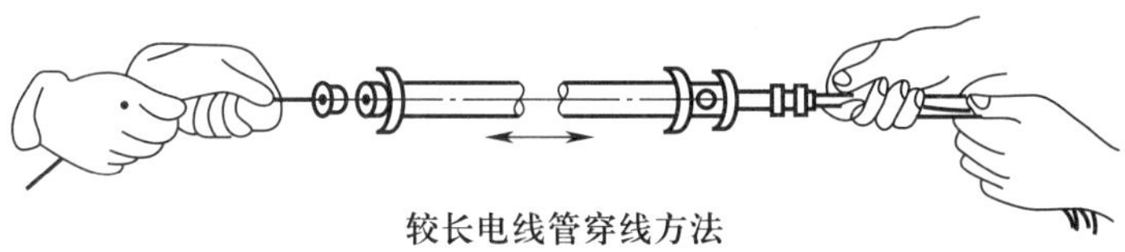 较长电线管穿线方法 2. 穿线的注意事项 （1）穿线时，为减小导线与管壁的摩擦力，可以在导线上抹上少量的滑石粉给予润滑 （2）为防止管口对导线绝缘层的损伤，应在管口套上尼龙或木制护圈，或将管口制成喇叭口 （3）穿管的导线必须使用绝缘导线 （4）配管中的导线不得有接头。若导线要进行连接，则其接头应做在接线盒内或配电箱内，以便检修 （5）在导线垂直穿管时，为减轻导线的自重对线路安全造成的影响，应在每隔一定的距离内，在管口处或接线盒中加装固定装置。这个距离一般规定为：导线截面积为 50 mm^2 及以下时为 30 m；70~95 mm^2时，为 20 m；120~240 mm^2时，为 18 m （6）导线共管敷设的原则。在钢管、PVC 塑料电线管配线施工中，同一交流电路的各相导线必须穿在同一根钢管内，但有些导线可以穿在一根管内，有些导线却不允许穿在同一根管内，可按电气安装规程执行

6. 固定控制线路板

先在墙上打定位孔，安装好膨胀螺栓后将控制线路板固定在墙上。控制线路板必须安装在操作时能看到砂轮机的地方，以保证操作安全。

7. 连接控制线路板至砂轮机的电源线和保护接地线

将砂轮机电源线和接地线从控制线路板上引出，接到砂轮机的电动机上，要求连接可靠，符合工艺要求。必须注意的是，砂轮机和控制开关的金属外壳以及连接成一体的钢电线管，应按规定要求将接地线连接到保护接地的专用端子上。

8. 检查安装质量并测量绝缘电阻

① 按电路图或接线图从电源端开始，逐段核对接线及接线端子处线号是否正确，有无漏接、错接之处。检查导线接点是否符合要求，压接是否牢固。同时注意接点接触是否良好，以避免带负载运行时产生闪络现象。

② 用万用表检查线路的通、断情况。检查时，应选用合适的电阻挡，并进行调零，

以防发生短路故障。可将万用表表笔依次搭接在U、L1，V、L2，W、L3线端上，读数应为0。

③ 用兆欧表检查线路的绝缘电阻，应不小于1 MΩ。

9. 通电试验

经检查合格后，将砂轮机控制线路三相电源线接入车间动力配电箱中，并进行通电试运转。

① 为保证人身安全，在通电试运转时，要认真执行安全操作规程的有关规定，一人监护，另一人操作。试运转前，应再次检查与通电试运转有关的电气设备是否有不安全的因素存在，若查出应立即整改，然后才能通电试运转。

② 通电试运转前，必须征得工作负责人(指导教师)的同意，并由工作负责人接通三相电源，同时在现场监护。

③ 工作人员合上电源开关后，先用验电笔检查熔断器FU、断路器QF进出线端，当验电笔氖管发亮时说明电源已接通。再用验电笔检查砂轮机外壳是否带电，若验电笔氖管发亮，则必须排除砂轮机漏电故障后，才能开启砂轮机。

④ 开启砂轮机，观察砂轮机运转是否正常，若有卡阻及噪声过大等现象，必须立即切断砂轮机电源。同时观察砂轮机的运转方向，若与砂轮机上转动方向的箭头相反，可在切断电源后，将引入砂轮机的三根电源线中的任意两根对调接线。

⑤ 当砂轮机运行平稳后，用钳形电流表测量三相电流是否平衡。

⑥ 通电试运转完成后，先让砂轮机停转，再切断电源。

⑦ 整理现场。

10. 交付验收，投入使用

由相关负责人对所安装的砂轮机控制线路进行验收，验收合格后即可投入使用，并将所有技术资料归档。

指点迷津　　砂轮机控制线路安装注意事项

① 导线的数量可按敷设方式和管路长度来确定，电线管的直径应根据导线的总截面积来确定，导线的总截面积不应大于电线管有效截面积的40%，其最小标称直径为12 mm。

② 砂轮机使用的电源电压必须与铭牌上规定的相一致。

③ 接线时，必须先接负载端，后接电源端；先接接地线，后接三相电源相线。

④ 通电试车时，必须先用验电笔检测砂轮机和电气元件金属外壳是否带电，若带电，则必须先排除故障后，才能再次通电。

任务评价

任务评价表见表 1-27。

表 1-27　任务评价表

任　务	评价标准		配分	扣分
识读电路图	（1）元件名称、作用有误 （2）电路工作原理不熟悉	每个扣 1 分 酌情扣 1~2 分	2	
选择工具、仪表	（1）错选、漏选工具、仪表 （2）工具、仪表使用不熟练	每个扣 1 分 每个扣 1~2 分	3	
选配器材、装前检查	（1）器材选配不合理 （2）漏检或错检 （3）技术参数不符合安装要求	每个扣 0.5 分 每个扣 1 分 每个扣 2 分	5	
绘制布置图、接线图	（1）布置图绘制不合理 （2）接线图绘制错误	酌情扣 1~2 分 酌情扣 2~3 分	5	
安装电气元件	（1）元件不按布置图安装 （2）元件安装不牢固 （3）元件安装不整齐、不匀称、不合理 （4）损坏元件	扣 10 分 每个扣 2 分 每个扣 3 分 扣 10 分	10	
控制线路板布线、接线	（1）不按电路图、接线图布线 （2）布线不符合工艺要求 （3）接点有松动、露铜过长、反圈等 （4）损伤导线绝缘层或线芯 （5）编码套管套装不正确或漏套 （6）漏接接地线 （7）布线接线程序错误	扣 20 分 每根扣 3 分 每个扣 1 分 每根扣 5 分 每处扣 1 分 扣 10 分 扣 10 分	20	
敷设电线管及穿线	（1）不按规定布置管路 （2）管路制作尺寸不合理、有偏差 （3）管路固定点不合理、不牢固 （4）穿线不规范、损伤导线绝缘层	每处扣 2 分 每处扣 1~2 分 每处扣 1~2 分 每处扣 1~2 分	10	
固定控制线路板	（1）控制线路板固定不牢固 （2）控制线路板固定尺寸有偏差	扣 2~3 分 扣 2 分	5	

续表

<table>
<tr><th>任务</th><th colspan="6">评价标准</th><th>配分</th><th>扣分</th></tr>
<tr><td>连接电动机电源线和保护接地线</td><td colspan="6">（1）电源线连接不规范、不牢固 扣2~3分
（2）保护接地线连接不规范、不牢固 扣2~3分
（3）漏接保护接地线 扣5分</td><td>10</td><td></td></tr>
<tr><td>检查安装质量</td><td colspan="6">（1）仪表使用不规范、不熟练 每次扣2分
（2）绝缘电阻值不合格 扣2分</td><td>5</td><td></td></tr>
<tr><td>通电试车</td><td colspan="6">（1）配错熔体规格 扣10分
（2）验电操作不规范 扣10分
（3）通电试车操作不规范 扣10分
（4）通电试车不成功 每次扣10分</td><td>20</td><td></td></tr>
<tr><td>技术资料归档</td><td colspan="6">（1）工作任务记录单不填写或填写不完整 酌情扣3~5分
（2）技术资料不完整或不归档 酌情扣3~5分</td><td>5</td><td></td></tr>
<tr><td>职业素养</td><td colspan="7">要求在任务操作过程中穿工作服、绝缘鞋等防护装备；遵守安全操作规程，杜绝安全事故；爱惜实训设备、器材，不浪费材料，工具、仪表、器材等摆放规范，符合职业岗位要求；任务操作结束后，工具、仪表、材料、废料分类处置，实训工位干净整洁。违反上述要求酌情扣5~40分，情节严重者，可判本次任务操作训练为0分，甚至取消本次任务操作资格</td><td></td></tr>
<tr><td>定额时间</td><td colspan="7">480 min，每超时5 min（不足5 min以5 min计）扣1分</td><td></td></tr>
<tr><td>备注</td><td colspan="7">除定额时间外，各项目的最高扣分不应超过配分数</td><td></td></tr>
<tr><td>开始时间</td><td></td><td>结束时间</td><td></td><td>实际时间</td><td></td><td colspan="2">成绩</td><td></td></tr>
</table>

学生自评：

学生签名：　　　　年　月　日

教师评语：

教师签名：　　　　年　月　日

项目 2

鼓风机控制线路的安装与维修

——正转控制线路的安装与维修

项目目标

学完本项目后，你应当：

★ 熟悉常用按钮、接触器、热继电器的功能、基本结构、工作原理、型号含义，熟记它们的图形符号和文字符号。

★ 会识别、检测、选用常用按钮、接触器、热继电器。

★ 熟悉电动机正转(点动、连续、点动与连续)控制线路的功能、特点、工作原理，了解其在工程技术中的典型应用。

★ 会绘制和识读鼓风机控制线路电路图、布置图和接线图。

★ 熟悉板前明配线电动机基本控制线路的安装步骤和工艺规范标准。

★ 熟悉电气控制线路故障维修的一般步骤和方法。

★ 会根据工作任务要求安装、调试、运行和维修鼓风机控制线路。

项目描述

在生产实际中，常用按钮、接触器来控制三相交流异步电动机的连续运转与停止，如生产线上的货物传送带电动机的控制、鼓风机电动机的控制、机床上主轴电动机的控制等。

现有某企业 2#机加工车间需要安装一台鼓风机，如图 2-1 所示。电工小张领到了电工车间主任分配给他的工作任务单，工作任务单见表 2-1。

图 2-1　鼓风机

表 2-1 工作任务单

某企业工作任务单 编号——0002

<table>
<tr><td>工作任务</td><td colspan="3">安装 2#机加工车间鼓风机控制线路板</td><td>派工日期</td><td>年 月 日</td></tr>
<tr><td>工作人员</td><td>小张</td><td>工作负责人</td><td>小张</td><td>完工日期</td><td>年 月 日</td></tr>
<tr><td>签收人</td><td colspan="3"></td><td>签收日期</td><td>年 月 日</td></tr>
<tr><td>工作内容</td><td colspan="5">1. 安装鼓风机控制线路板，能够远距离控制鼓风机的连续运转与停止
2. 根据现场已安装就位的鼓风机，用电缆从车间动力配电箱引出电源，通过控制线路板将电源引入鼓风机
3. 控制线路安装完成后，进行检验和通电试验，合格后交付该车间使用
4. 将相关技术资料交付车间档案室归档保存</td></tr>
<tr><td>材料申领</td><td colspan="5">此项由工作负责人填写：

工作负责人：</td></tr>
<tr><td>任务验收</td><td colspan="5">此项填写验收时设备的主要验收技术参数，由工作负责人填写：

工作负责人：</td></tr>
<tr><td>车间负责人评价</td><td colspan="5">负责人签字： 年 月 日</td></tr>
</table>

项目分析

鼓风机广泛应用于厂矿企业、隧道、地下车库、高级民用建筑等场所的通风和消防高温排烟。需要鼓风机运转时，按下起动按钮，鼓风机连续运转，按下停止按钮，鼓风机就停止运转。

1. 技术要求

车间鼓风机控制系统由鼓风电动机、电源和控制线路板等构成。工作负责人小张通过现场调查和阅读鼓风机使用说明书，了解到以下技术信息：

① 鼓风电动机的主要技术参数 额定功率 4 kW，额定工作电流 8.2 A，额定电压 380 V，额定频率 50 Hz，Y 接法，额定转速 2 890 r/min，绝缘等级 B 级，防护等

级 IP23。

② 控制功能　能够远距离控制鼓风机的连续运转与停止。当鼓风电动机、控制线路出现短路故障或当鼓风机过载时，控制系统应能够立即切断鼓风机的电源，起到短路和过载保护作用；当鼓风机电源电压过低或失电压时，能够自动停止鼓风机的运行，当电源再次来电时，鼓风机不能自行起动运转，必须人工按下起动按钮才能起动运转。

由上可知，鼓风机的控制不能采用低压开关来直接控制，否则无法实现控制功能的要求。应采用按钮、接触器来控制，同时应具有短路、过载、失电压与欠电压保护功能和漏电保护措施。

2. 控制线路

考虑到控制系统的安全性、方便性和可靠性，可以采用按钮、接触器控制鼓风机，其控制线路电路图和控制线路板实物图如图 2-2 所示。它是由三相电源 L1、L2、L3、低压断路器 QF、低压熔断器 FU1 和 FU2、交流接触器 KM、热继电器 FR、按钮 SB1 和 SB2、三相交流异步电动机 M 构成。

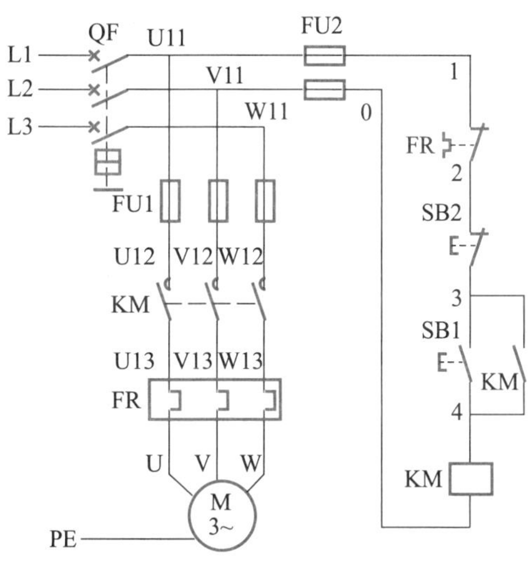

(a) 电路图

(b) 控制线路板实物图

图 2-2　鼓风机控制线路电路图和控制线路板实物图

鼓风机的连续运转是通过按钮、接触器控制电动机作单向连续运转和停止来实现的，其线路属于接触器自锁正转控制线路。

项目实施

任务 1 认识按钮

任务目标

1. 熟悉按钮的功能、基本结构、工作原理及型号含义，熟记其图形符号和文字符号。

2. 会识别、检测、选用常用按钮。

3. 熟悉常用按钮在电气控制设备中的典型应用。

任务准备

主令电器是用来接通或断开控制电路，以发出指令或作程序控制的开关电器。常用的主令电器有按钮、位置开关、万能转换开关和主令控制器等。本任务主要介绍按钮。

1. 功能与分类

（1）功能

按钮是一种人力操作并具有弹簧储能复位功能的控制开关，是一种常用的主令电器。其触点允许通过的电流较小，一般不超过 5 A。因此，按钮一般不直接控制主电路（大电流电路）的通断，而是在控制电路（小电流电路）中发出指令或信号，控制接触器、继电器、起动器等电器，再由它们去控制主电路的通断、功能转换或电气联锁。

（2）分类

按钮按不受外力作用（静态）时触点的分合状态，分为起动按钮（即动合触点）、停止按钮（即动断触点）和复合按钮（即动合、动断触点组合在一起的按钮）。对起动按钮而言，按下按钮时触点闭合，松开按钮后触点自动断开复位；停止按钮则是按下按钮时触点分断，松开后触点自动闭合复位；复合按钮是当按下按钮时，所有的触点都改变状态，即动合触点要闭合，动断触点要断开。但是，这两对触点的变化是有先后次序的，按下按钮时，动断触点先断开，动合触点后闭合；松开按钮时，动合触点先复位（断开），动断触点后复位（闭合）。

2. 外形与符号

常用按钮的外形如图 2-3 所示。

(a) LA118F（LA18）系列　(b) LA10系列(防爆式)　(c) LA118J(LA10)系列

(d) BS系列 (压扣式)　(e) LA19系列　(f) LA18系列

(g) LAY3系列　(h) LAY5系列　(i) 钥匙式

图 2-3　常用按钮外形

常用按钮的图形符号和文字符号如图 2-4 所示，其中图 2-4(d)、(e)为不同类型和用途的按钮图形符号和文字符号。

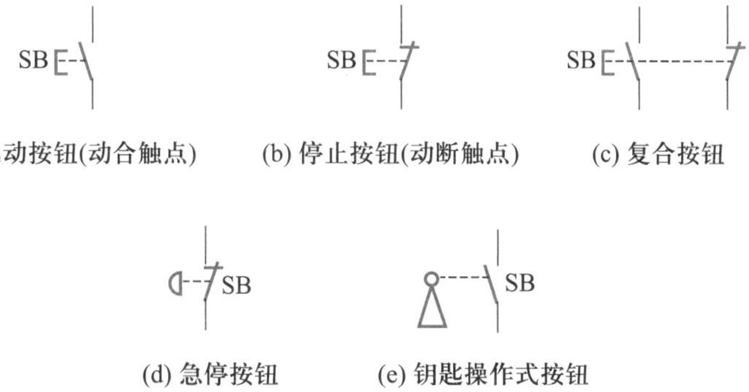

(a) 起动按钮(动合触点)　(b) 停止按钮(动断触点)　(c) 复合按钮

(d) 急停按钮　(e) 钥匙操作式按钮

图 2-4　常用按钮的图形符号和文字符号

3. 型号与含义

按钮的型号与含义如下：

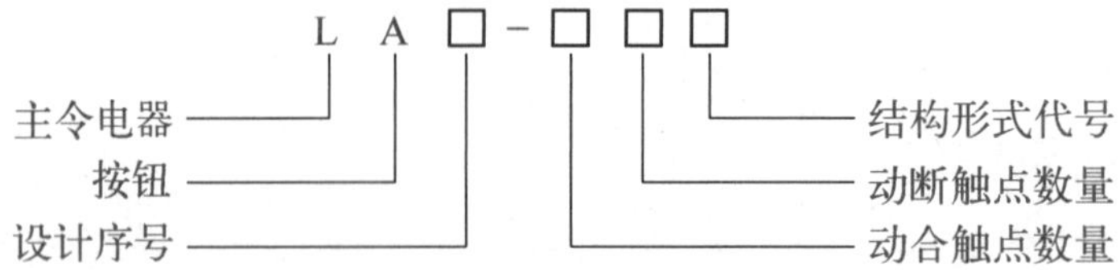

4. 结构与工作原理

按钮一般由按钮帽、复位弹簧、桥式动触点、静触点、支柱连杆及外壳等部分组成，其结构如图 2-5 所示。

(a) 外形结构 (LA19系列)

(b) 内部结构 (LA10−3H)

图 2-5 按钮结构示意图

5. 技术参数

常用按钮的主要技术参数见表 2-2。

表 2-2　常用按钮的主要技术参数

型　　号	额定电压/V	额定电流/A	结构形式	触点对数		按钮数	按钮颜色
				动合	动断		
LA2			元件	1	1	1	黑或绿或红
LA10-2K			开启式	2	2	2	黑或绿或红
LA10-3K			开启式	3	3	3	黑、绿、红
LA10-2H			保护式	2	2	2	黑或绿或红
LA10-3H			保护式	3	3	3	黑、绿、红
LA18-22J			元件(紧急式)	2	2	1	红
LA18-44J	500	5	元件(紧急式)	4	4	1	红
LA18-22Y			元件(钥匙式)	2	2	1	黑
LA18-44Y			元件(钥匙式)	4	4	1	黑
LA18-66X			元件(旋钮式)			1	黑
LA19-11J			元件(紧急式)	1	6	1	红
LA19-11D			元件(带指示灯)	1	1		红或绿或黄或蓝或白

6. 选用方法

按钮的选用除应满足其工作条件和安装条件外，其主要技术参数的选用方法如下：

① 根据使用场合选用按钮开关的种类。如嵌装在操作面板上的按钮可选用开启式；需显示工作状态的选用光标式；为防止无关人员误操作，在重要场所宜用钥匙操作式；在有腐蚀性气体场合应用防腐式。

② 根据用途选用合适的形式。

③ 根据控制电路需要，确定不同按钮数，如选用单联按钮、双联按钮或三联按钮等。

④ 按工作状态指示和工作情况要求，选用按钮和指示灯的颜色。例如，起动按钮可选用白、灰或黑色，优先选用白色，也允许选用绿色；急停按钮应选用红色；停止按钮可选用黑、灰或白色，也允许选用红色。

任务操作

器材准备：各系列按钮若干只。

1. 选择工具、仪表

工具、仪表由学生根据任务操作要求自行选择。

2. 识别按钮

识别所给按钮的名称，记录型号与规格，解释型号含义，画出图形符号和文字符号，并记录在表2-3中。

表2-3 识别按钮

序号	图形	名称	型号与规格	型号含义	图形符号	文字符号
1						
2						
3						
4						

3. 识读使用手册(说明书)

根据所给按钮的说明书，熟悉该电器的适用范围、主要技术参数、安装与使用方法等。

4. 认识按钮部件

从外部仔细观察其结构，熟悉主要部件的名称、作用及工作原理。

5. 检测按钮

在静态位置，用万用表测量各触点接线柱之间的电阻值，以判断触点形式(动断触点、动合触点)；在按下按钮时，测量各对触点接线柱之间的电阻值，初步判断其触点质量，并记录在表2-4中。

表 2-4　检 测 按 钮

型　号	检测状态	检测结果
LA18	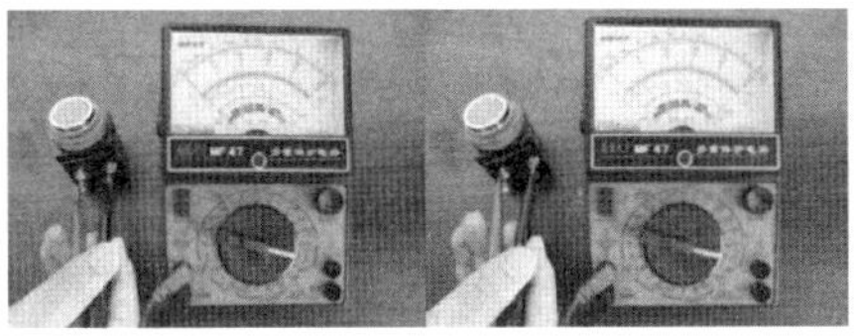 动合触点　动断触点 静态位置	动合触点：
		动断触点：
	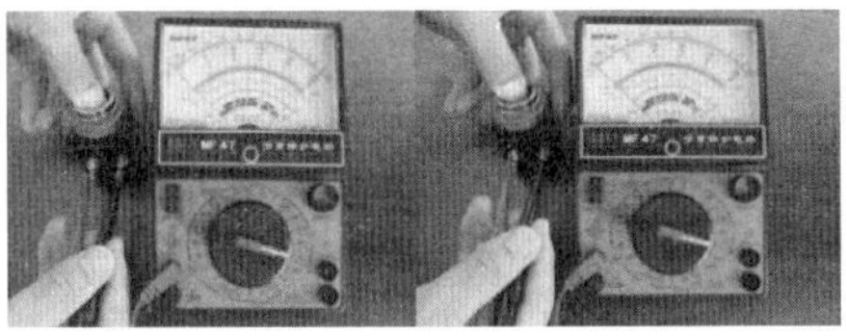 动合触点　动断触点 按下状态	动合触点：
		动断触点：
LA18-44Y	 动合触点　动断触点 静态位置	动合触点：
		动断触点：
	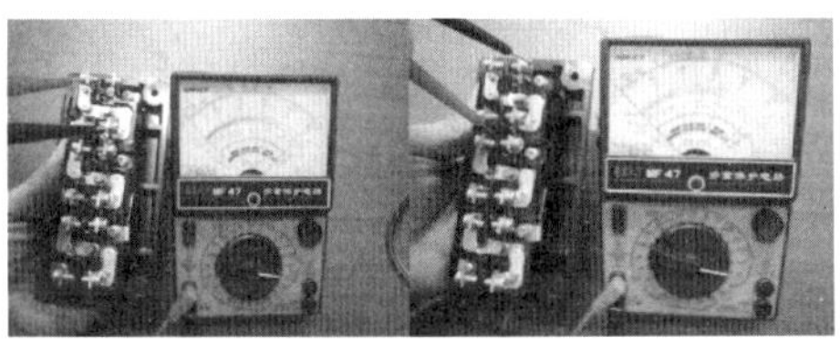 动合触点　动断触点 按下状态	动合触点：
		动断触点：

任务评价

任务评价表可参考表 1-12。

任务2 认识接触器

任务目标

1. 熟悉常用接触器的功能、基本结构、工作原理及型号含义，熟记其图形符号和文字符号。

2. 会识别、检测、选用常用接触器。

3. 熟悉接触器在电气控制设备中的典型应用。

任务准备

低压开关和按钮的触点动作都是通过手动操作的，属于非自动切换电器，而接触器触点的动作是在电磁力作用下，利用衔铁的吸合和反作用弹簧力作用下的释放，带动其触点的闭合和分断，来实现电路的接通和断开，属于自动切换电器。因此，接触器是工厂电气控制设备中一种重要的低压电器，其主要控制对象是电动机，还可以控制电热设备、电焊机、电容器等其他负载。

接触器的优点是能实现远距离自动操作，具有欠电压和失电压自动释放保护功能，控制容量大，工作可靠，操作频率高，使用寿命长，适用于远距离频繁接通和断开交、直流主电路及大容量的控制电路。

接触器按主触点通过电流的种类，可分为交流接触器和直流接触器两种。

1. 交流接触器

(1) 外形与符号

交流接触器的种类较多，电磁式交流接触器应用最广，其产品系列、品种最多，结构和工作原理基本相同，常用交流接触器的外形如图2-6所示。

交流接触器的图形符号和文字符号如图2-7所示。

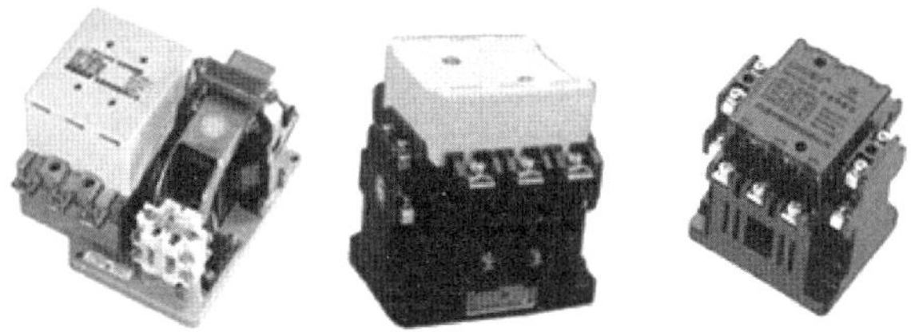

(a) CJ10系列

(b) CJ20系列

(c) CJ12系列

(d) CJ19系列

(e) CJ40系列

图 2-6　常用交流接触器外形

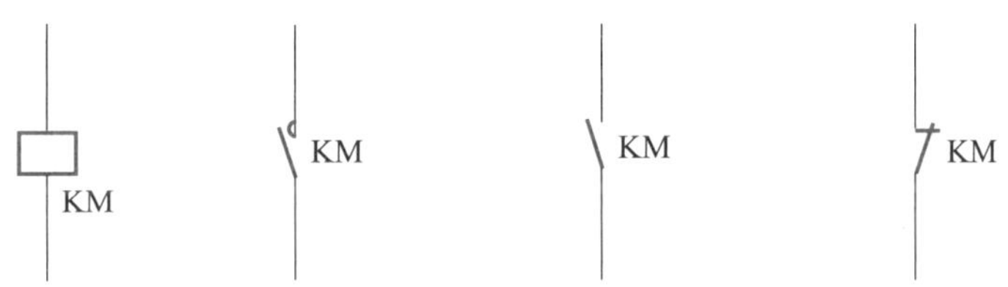

(a) 线圈　(b) 主触点　(c) 辅助动合触点　(d) 辅助动断触点

图 2-7　交流接触器的图形符号和文字符号

（2）型号与含义

CJ10 系列交流接触器型号与含义：

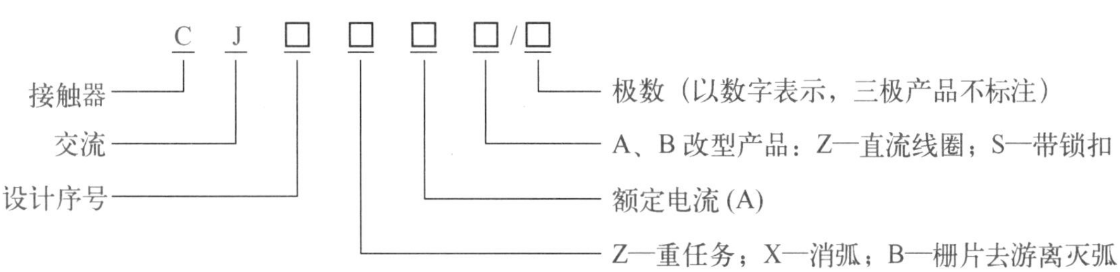

(3) 分类

交流接触器的分类方法不尽相同。按照一般的分类方法，大致有以下几种。

① 按主触点极数分

可分为单极、双极、三极、四极和五极接触器。单极接触器主要用于单相负载，如照明负载、电焊机等；双极接触器用于绕线转子异步电动机的转子回路中，起动时用于短接起动电阻；三极接触器用于三相负载，如在电动机的控制及其他场合，使用最为广泛；四极接触器主要用于三相四线制的照明线路，也可用来控制双回路电动机负载；五极交流接触器用来组成自耦补偿起动器或控制双速笼型异步电动机等，以变换绕组接法。

② 按灭弧介质分

可分为空气式接触器、真空式接触器等。依靠空气绝缘的接触器适用于一般负载，而采用真空绝缘的接触器常用在煤矿、石油、化工企业及电压为660 V和1 140 V的一些特殊的场所等。

③ 按负载种类分

一类(AC1)：控制无感或微感负载，如白炽灯、电阻炉等。

二类(AC2)：用于绕线转子异步电动机的起动和停止。

三类(AC3)：用于笼型异步电动机的起动和停止。

四类(AC4)：用于笼型异步电动机的起动、反接制动、反转和点动。

(4) 结构与工作原理

① 结构

交流接触器主要由电磁系统、触点系统、灭弧装置及辅助部件等组成。从图2-8所示的外部结构图中可以观察到交流接触器的铭牌，3对主触点接线柱，线圈接线柱，辅助动合、动断触点，灭弧罩以及固定孔(导轨固定槽)等。

交流接触器外形结构

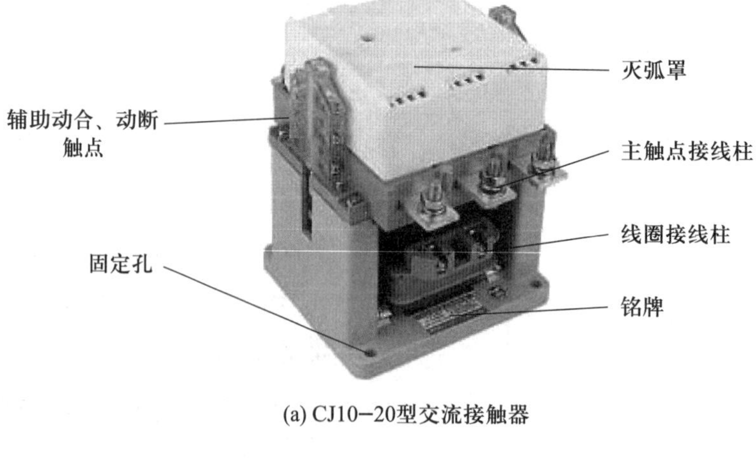

(a) CJ10-20型交流接触器

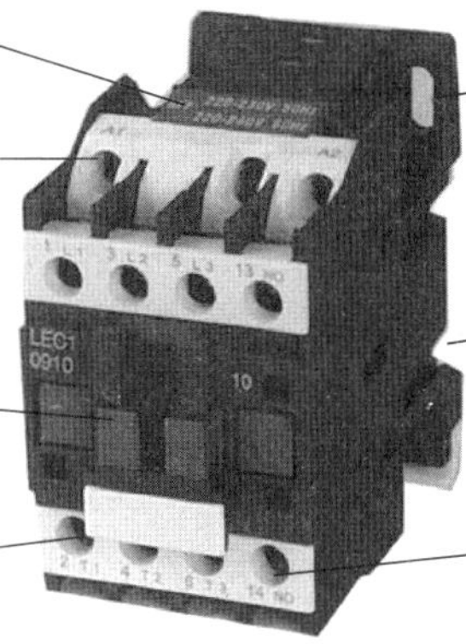

(b) CJX2系列交流接触器

图 2-8 交流接触器外部结构

交流接触器的内部结构图如图 2-9 所示，从图中可以看出，交流接触器的电磁系统主要由线圈、静铁心和动铁心(衔铁)三部分组成。其作用是通过电磁线圈的通电或断电，使动铁心和静铁心吸合或释放，从而带动动触点与静触点闭合或分断，实现接通或断开电路的目的。

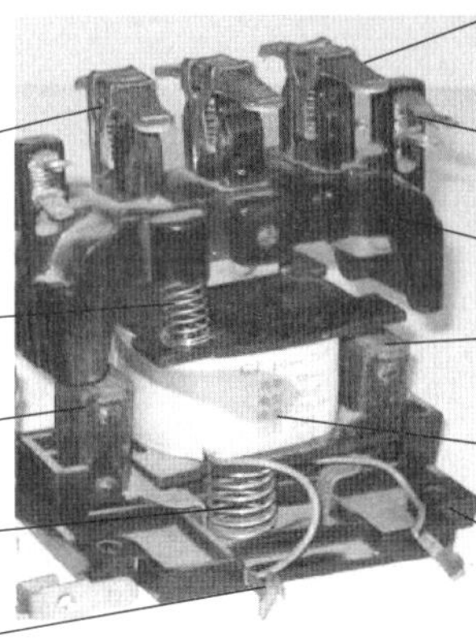

图 2-9 交流接触器内部结构

a. 电磁系统

交流接触器的电磁系统结构如图 2-10 所示。从图中可以看出，其静铁心在下、动铁心在上，线圈装在静铁心上。动铁心直接带动桥式动触点上下运动，动铁心与线圈之间有反作用弹簧，静铁心与线圈之间有缓冲弹簧。

铁心是交流接触器发热的主要部件，静、动铁心一般用 E 形硅钢片叠压而成，以减少铁心的磁滞与涡流损耗，避免铁心过热。另外，在 E 形铁心的中柱端面留有 0.1~0.2 mm 的气隙，以减小剩磁影响，避免线圈断电后动铁心粘住不能释放。静铁心的两个端面上嵌有短路环，如图 2-11 所示，用于消除电磁系统的振动和噪声。

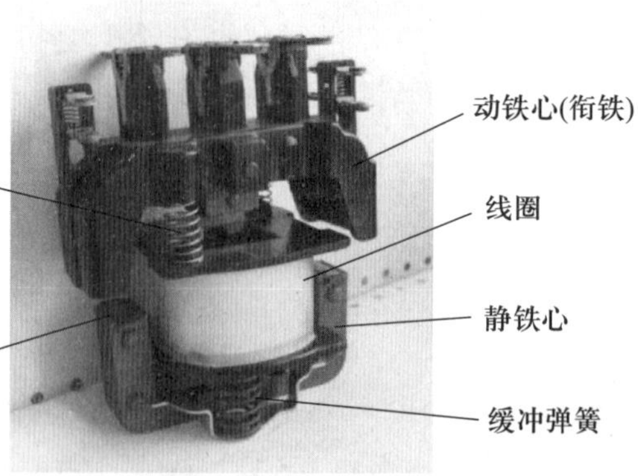

图 2-10 交流接触器电磁系统结构

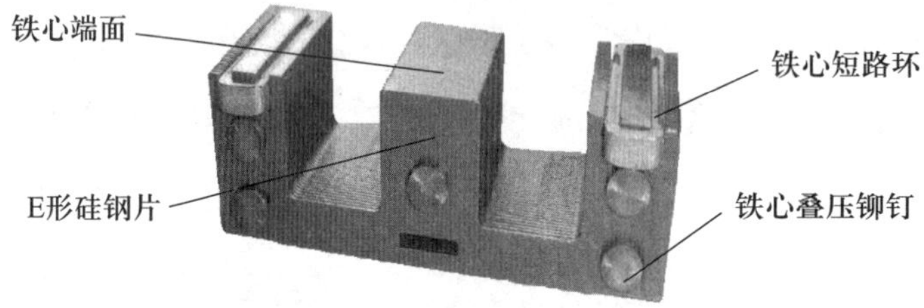

图 2-11 交流接触器铁心短路环

交流接触器的线圈做成粗且短的圆筒形，且在线圈和铁心之间留有空隙，以增强铁心的散热效果。交流接触器就是利用电磁系统中线圈的通电或断电，使静铁心吸合或释放衔铁，从而带动动触点与静触点的闭合或分断，实现电路的接通或断开。

CJ10 系列交流接触器的衔铁运动方式有两种，对于额定电流为 40 A 及以下的接触器，采用动铁心直线运动的螺管式，如图 2-12(a)所示；对于额定电流为 60 A 及以上的接触器，采用动铁心绕轴转动的拍合式，如图 2-12(b)所示。

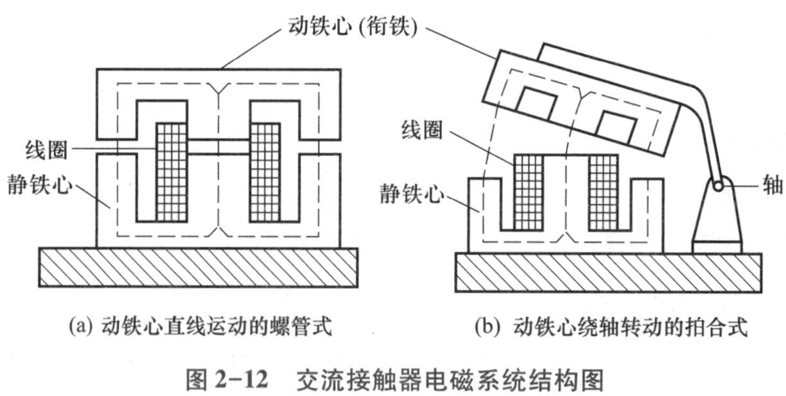

图 2-12 交流接触器电磁系统结构图

b. 触点系统

交流接触器的触点按通断能力分为主触点和辅助触点，如图 2-13 所示。

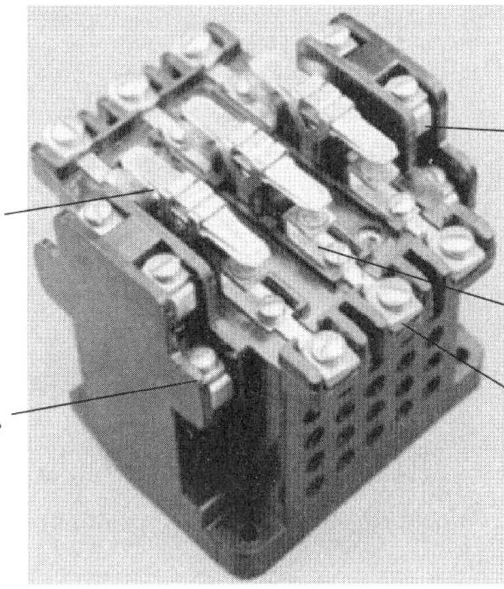

图 2-13 交流接触器触点系统示意图

交流接触器的主触点用以通、断电流较大的主电路，一般由 3 对接触面较大的动合触点组成。辅助触点用以通、断电流较小的控制电路，一般由两对动合触点和两对动断触点组成。当线圈通电时，动断触点先断开，动合触点随后闭合，中间有一个很短的时间差。当线圈断电后，动合触点先恢复断开，随后动断触点恢复闭合，中间也存在一个很短的时间差。这个时间差虽短，但对分析线路的控制原理却很重要。

交流接触器的触点按接触形式可分为点接触式、线接触式和面接触式 3 种，如图 2-14 所示。其中面接触式能够通过的电流最大，点接触式则最小。

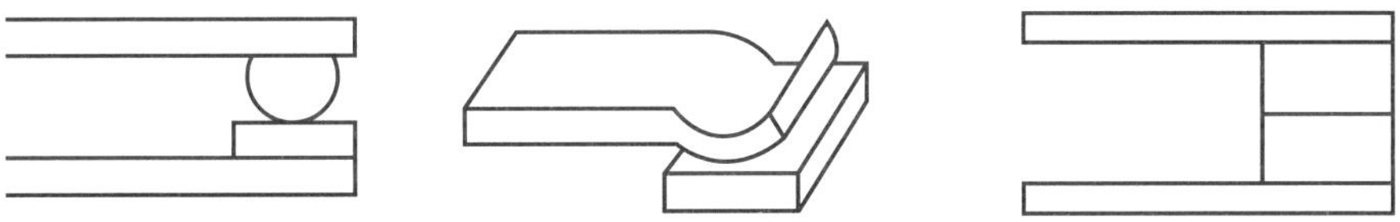

(a) 点接触式 (b) 线接触式 (c) 面接触式

图 2-14 接触器触点的 3 种形式

按触点的结构形式可分为桥式触点和指形触点两种，如图 2-15 所示。CJ10 系列交流接触器一般采用双断点桥式触点。其动触点由紫铜片冲压而成，在触点桥的

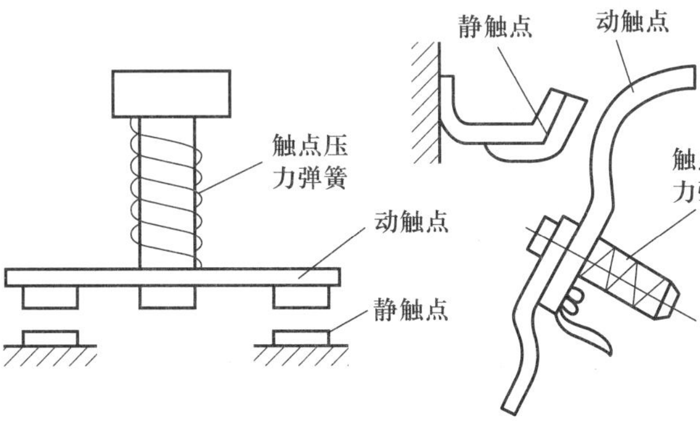

(a) 双断点桥式触点 (b) 指形触点

图 2-15 接触器触点的结构形式

两端镶有银基合金制成的触点块，以避免接触点由于产生氧化铜而影响其导电性能。静触点一般用黄铜板冲压而成，一端镶焊触点块，另一端为接线柱。在触点上装有压力弹簧，用以减小接触电阻及消除开始接触时产生的有害振动。

c. 灭弧装置

交流接触器在断开大电流或高电压电路时，在动、静触点之间会产生很强的电弧。电弧会灼伤触点，缩短触点的使用寿命，同时会使电路切断的时间延长，甚至造成弧光短路或引起火灾事故。因此触点间的电弧应尽快熄灭。

交流接触器的灭弧装置的作用是熄灭触点分断时产生的电弧，以减轻对触点的灼伤，保证可靠地分断电路。交流接触器常用双断口结构电动力灭弧装置、纵缝灭弧装置、栅片灭弧装置等，如图 2-16 所示。对于容量较小的交流接触器，如 CJ10-10 型，一般采用双断口结构的电动力灭弧装置；对于额定电流在 20 A 及以上的 CJ10 系列交流接触器，常采用纵缝灭弧装置；对于容量较大的交流接触器，多采用栅片灭弧装置。图 2-17 所示为 CJ10-20 型交流接触器灭弧罩的结构。

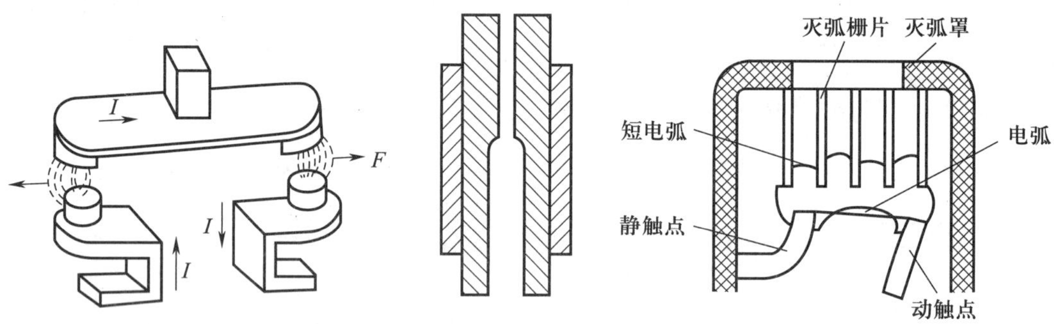

(a) 双断口结构电动力灭弧装置　(b) 纵缝灭弧装置　(c) 栅片灭弧装置

图 2-16　交流接触器常用的灭弧装置

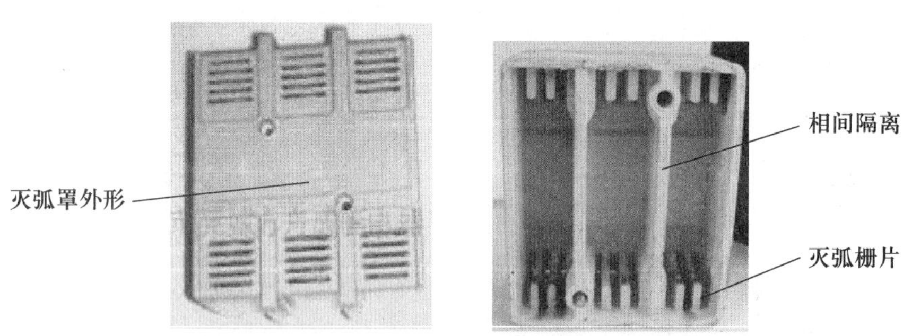

图 2-17　CJ10-20 型交流接触器灭弧罩结构

指点迷津　　**接触器不能取下灭弧罩运行**

接触器切忌在取下灭弧罩或灭弧罩破损的情况下进行带负载接通与分断操作，否则会造成电气触点烧损，严重时将发生电弧相间短路，引起较大的破坏性事故。若电气检修时需要观察主触点的开、闭状态，必须先将输出端负载接线端卸掉，使接触器在无负载情况下动作。

d. 辅助部分

交流接触器辅助部分主要有反作用弹簧、缓冲弹簧、触点压力弹簧、传动机构、接线柱等。反作用弹簧安装在衔铁和线圈之间，其作用是线圈断电后，推动衔铁释放，带动触点复位；缓冲弹簧安装在静铁心和线圈之间，其作用是缓冲衔铁在吸合时对静铁心和外壳的冲击力，保护外壳；触点压力弹簧安装在动触点上面，其作用是增加动、静触点之间的压力，从而增大接触面积，以减少接触电阻，防止触点过热损伤；传动机构的作用是在衔铁或反作用弹簧的作用下，带动动触点与静触点接通或分断。

② 工作原理

图 2-18 所示为交流接触器控制电动机运转的工作原理示意图，电动机通过接触器的 3 对主触点接入三相电源中，接触器线圈与起动按钮串联后接入电源中。当按下起动按钮时，交流接触器的线圈通电，线圈中流过的电流产生磁场，使铁心磁化产生足够大的吸力，克服反作用弹簧的反作用力，将衔铁吸合，通过传动机构带动 3 对主触点和辅助动合触点闭合，辅助动断触点断开。当线圈断电或电压下降时，

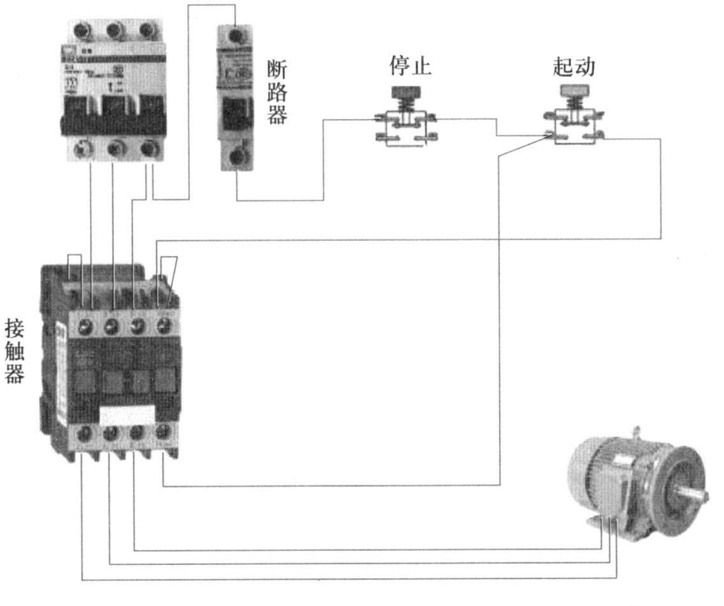

图 2-18　交流接触器控制电动机运转的工作原理示意图

交流接触器工作原理

电磁吸力过小，衔铁在反作用弹簧的作用下复位，带动各触点复位。

指点迷津　　交流接触器线圈的额定电压

交流接触器线圈如图 2-19 所示，其铭牌标有额定电压、频率、匝数、线径等额定参数。

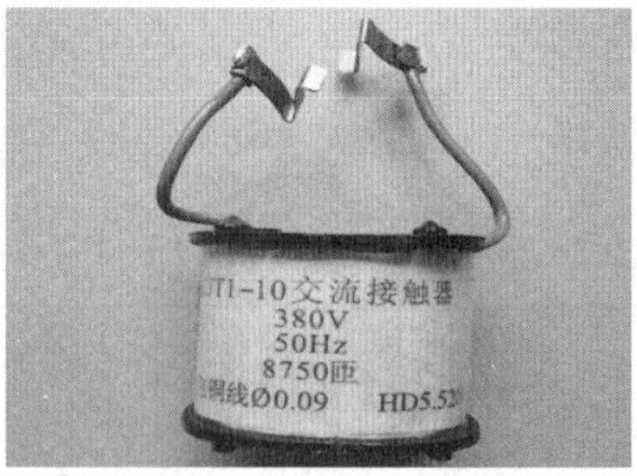

图 2-19　交流接触器线圈

交流接触器线圈的额定电压可分为 36 V、110 V、127 V、220 V、380 V 等等级，当控制线路简单、使用电器较少时，可直接选用 380 V 或 220 V 的电压。若控制线路较复杂、使用的电器个数超过 5 个时，可选用 36 V、110 V、127 V 的电压，以保证安全，但需要增加一个控制变压器。

常用的 CJ10 等系列交流接触器在 85%~105%的额定电压下，能保证可靠地吸合。当线圈电压过高时，由于磁路趋于饱和，线圈电流会显著增大；当线圈电压过低时，电磁吸力将不足，衔铁吸合不上，线圈电流会达到额定电流的十几倍，因此，线圈电压过高或过低都会造成接触器线圈过热而烧毁。

当交流接触器线圈电压低于额定电压的 85%时，由于电磁吸力不足，将使动、静铁心自动分开，使其主触点断开，从而切断主电路，使电动机等电气设备自动断电。因此，使用交流接触器控制电动机等电气设备时，控制线路就具有欠电压、失电压保护功能。

2. 直流接触器

直流接触器主要用于远距离接通和分断额定电压为 440 V、额定电流为 1 600 A 及以下的直流电力线路中，并适用于直流电动机的频繁起动、停止、换向及反接制动控制。

（1）外形与符号

直流接触器的种类较多，常见直流接触器的外形如图 2-20 所示。

(a) CZ0系列　　(b) CZ17系列　　(c) CZ18系列

图 2-20　常见直流接触器外形

直流接触器的图形符号和文字符号与交流接触器相同。

（2）型号与含义

直流接触器的型号与含义如下：

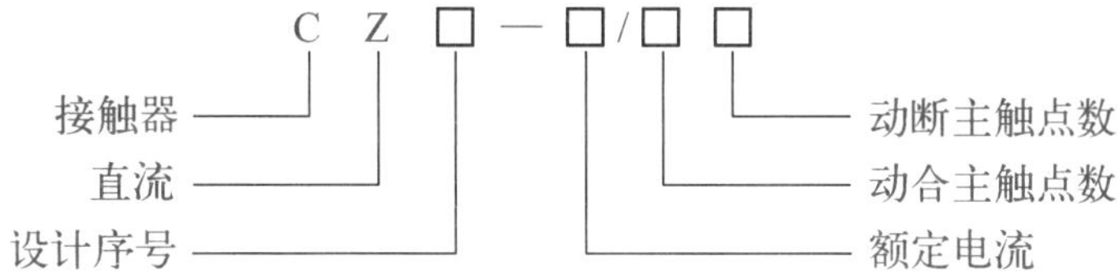

（3）结构与工作原理

直流接触器主要由电磁系统、触点系统、灭弧装置三大部件组成。图 2-21 所示为某型号直流接触器的外部结构。

① 电磁系统

直流接触器的电磁系统主要由线圈、铁心和衔铁三部分组成，如图 2-22 所示。其作用是通过电磁线圈的通电或断电，使衔铁和铁心吸合或释放，从而带动动触点与静触点闭合或分断，实现接通或断开电路的目的。

由于直流接触器线圈中通过的是直流电，铁心中不会产生涡流和磁滞损耗而发热，因此铁心可用整块铸钢或铸铁制成，铁心端面也无需装设短路环。但在磁路中常垫有非磁性垫片，以减少剩磁的影响，保证线圈断电后衔铁能够可靠释放。另外，直流接触器的线圈匝数比交流接触器的多，电阻大，铜损耗大，所以以线圈本身发热为主。为使线圈散热良好，常将线圈做成长又薄的圆筒形。

图 2-21　某型号直流接触器外部结构

图 2-22　直流接触器电磁系统结构

② 触点系统

直流接触器的触点按通断能力分为主触点和辅助触点，如图 2-23 所示。从图中可以看出，由于主触点接通和断开的电流较大，一般采用滚动接触的指形触点，以延长触点的使用寿命；辅助触点的通断电流较小，采用双断点桥式触点，可有若干对。

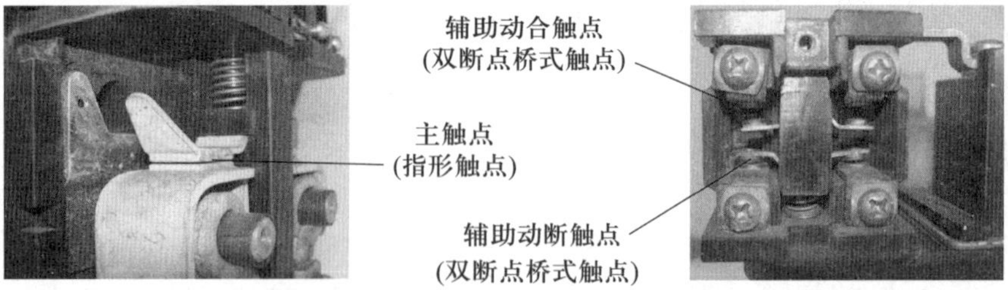

图 2-23　直流接触器触点系统

③ 灭弧装置

由于直流接触器主触点在分断较大的直流电流时会产生强烈的电弧，而且直流电弧不像交流电弧有自然过零点，因此，在同样的电气参数下，熄灭直流电弧比熄灭交流电弧要困难，一般采用磁吹式灭弧结合其他方法灭弧，其灭弧装置结构如图2-24 所示。

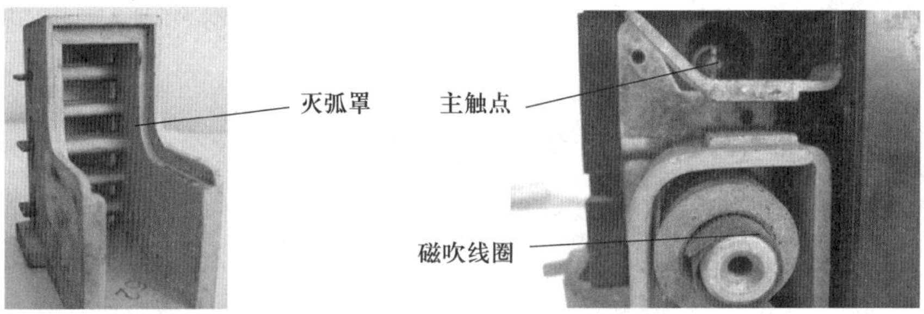

图 2-24　直流接触器灭弧装置结构

直流接触器的工作原理与交流接触器相同。

3. 接触器的技术参数

接触器的主要技术参数有触点额定电压、额定电流、触点对数、线圈额定电压等。常用的 CJ10(CJT1)系列交流接触器的主要技术参数见表 2-5。

表 2-5　CJ10(CJT1)系列交流接触器的技术参数

<table>
<tr><th rowspan="2">型　号</th><th rowspan="2">触点额定电压/V</th><th colspan="2">主触点</th><th colspan="2">辅助触点</th><th colspan="2">线圈</th><th colspan="2">可控制三相异步电动机最大功率/kW</th><th rowspan="2">额定操作频率/(次/h)</th></tr>
<tr><th>额定电流/A</th><th>对数</th><th>额定电流/A</th><th>对数</th><th>电压/V</th><th>功率/(V·A)</th><th>220 V</th><th>380 V</th></tr>
<tr><td>CJ10-10</td><td rowspan="4">380</td><td>10</td><td rowspan="4">3</td><td rowspan="4">5</td><td rowspan="4">2 动合
2 动断</td><td rowspan="4">36、110、220、380</td><td>11</td><td>2.2</td><td>4</td><td rowspan="4">≤600</td></tr>
<tr><td>CJ10-20</td><td>20</td><td>22</td><td>5.5</td><td>10</td></tr>
<tr><td>CJ10-40</td><td>40</td><td>32</td><td>11</td><td>20</td></tr>
<tr><td>CJ10-60</td><td>60</td><td>70</td><td>17</td><td>30</td></tr>
</table>

4. 接触器选用方法

接触器选用时，除应满足其工作条件和安装条件外，其主要技术参数的选用方法如下：

（1）选择接触器的类型

根据接触器所控制的电动机及负载电流类别选用接触器的类型。通常交流负载选择交流接触器，直流负载选择直流接触器。如果控制系统中主要是交流负载，直流负载容量较小，也可选择交流接触器控制直流负载，但触点的额定电流应适当选大些。

（2）选择接触器主触点的额定电压

接触器主触点的额定电压应大于或等于所控制负载的额定工作电压。

（3）选择接触器主触点的额定电流

接触器主触点的额定电流应大于或等于负载工作电流。如果接触器是用来控制电动机的频繁起动、正反转等场合，应将接触器主触点额定电流降低一个等级使用。

（4）选择接触器吸引线圈的额定电压

当控制线路比较简单、使用电器较少时，可直接选用 380 V 或 220 V 电压的线圈。若控制线路较复杂、使用电器的个数超过 5 个时，可选用 36 V 或 110 V 电压的线圈，以保证安全。

（5）选择接触器触点的数量和种类

接触器触点数量和种类应满足控制线路的要求。

任务操作

器材准备：CJ10（CJT1）、CJ20、CJ40、CJX1（3TB 和 CJTF）、CJX2、CJX8（B）、CZ0 等系列接触器，并编号。

1. 选择工具、仪表

工具、仪表由学生根据任务操作需要自行选择。

2. 识别接触器

识别所给接触器，记录型号与规格，解释型号含义，画出图形符号和文字符号，并记录在表 2-6 中。

表 2-6　识别接触器

序　号	名　　称	型号与规格	型 号 含 义	图 形 符 号	文 字 符 号
1					
2					
3					

3. 识读使用手册(说明书)

根据所给接触器的使用手册(说明书)，熟悉接触器的适用范围、主要技术参数、安装与使用方法等。

4. 认识接触器的部件

从外观上观察接触器的结构，然后打开灭弧罩，仔细观察其结构，熟悉主要部件的名称、作用及工作原理。

5. 检测交流接触器

分别使交流接触器在自由释放状态(静态)和吸合状态(人为按下触点架)，用万用表测量各对触点的接触情况及线圈的直流电阻，分辨动合触点和动断触点。再用兆欧表测量每两相触点间的绝缘电阻，并初步判断其质量。将结果填入表 2-7 中。

表 2-7 检测交流接触器

<table>
<tr><th>检测项目</th><th>检 测 图 示</th><th colspan="3">检测步骤及结果</th></tr>
<tr><td rowspan="3">线圈直流电阻值</td><td rowspan="3"></td><td colspan="3">万用表选择 $R\times100$ 挡并调零，测量线圈直流电阻值。若所测得的电阻值在 1~2 kΩ 之间，则可视为正常；若电阻值为∞，则可视为线圈断路；若电阻值接近 0，可视为线圈短路</td></tr>
<tr><td colspan="3">检测数据：</td></tr>
<tr><td colspan="3">检测结果：</td></tr>
<tr><td rowspan="4">主触点电阻值</td><td rowspan="4">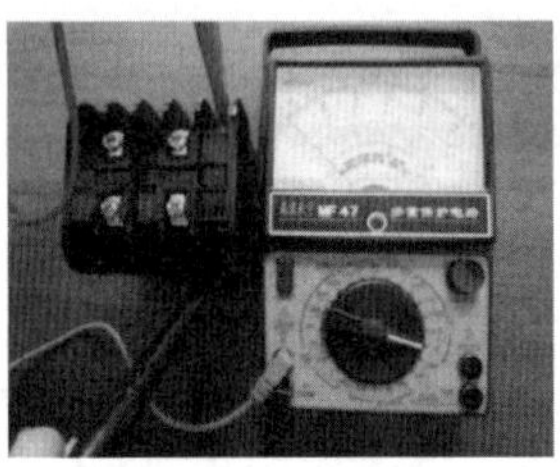
释放状态</td><td colspan="3">万用表选择 $R\times1$ 挡并调零，测量 3 对主触点接线柱之间的电阻值。若所测得的电阻值接近 0，说明主触点已粘连，应更换</td></tr>
<tr><td>L1-T1(1-2)</td><td>L2-T2(3-4)</td><td>L3-T3(5-6)</td></tr>
<tr><td></td><td></td><td></td></tr>
<tr><td colspan="3">检测结果：</td></tr>
<tr><td rowspan="4">主触点电阻值</td><td rowspan="4">
吸合状态</td><td colspan="3">万用表选择 $R\times1$ 挡，按下触点架，测量 3 对主触点接线柱之间的电阻值。若所测得的电阻值接近∞，说明主触点接触不良，应更换</td></tr>
<tr><td>L1-T1(1-2)</td><td>L2-T2(3-4)</td><td>L3-T3(5-6)</td></tr>
<tr><td></td><td></td><td></td></tr>
<tr><td colspan="3">检测结果：</td></tr>
</table>

续表

<table>
<tr><th>检测项目</th><th>检测图示</th><th colspan="6">检测步骤及结果</th></tr>
<tr><td rowspan="4">辅助触点电阻值</td><td rowspan="4">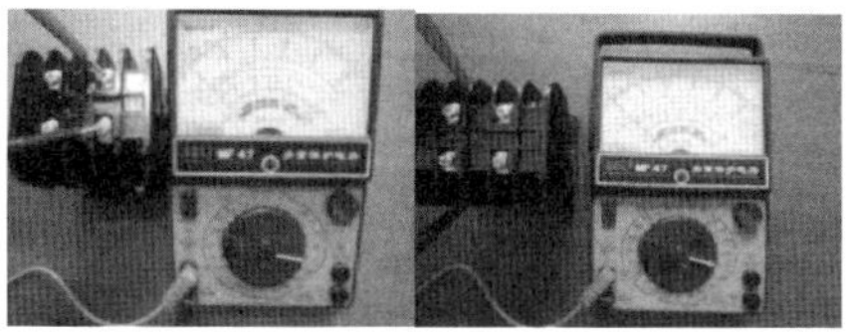
辅助动断触点　辅助动合触点
释放状态</td><td colspan="6">万用表选择 $R\times1$ 挡，测量辅助动合、动断触点接线柱之间的电阻值。在释放状态，动合触点电阻值应为∞，动断触点电阻值应接近 0，否则应更换</td></tr>
<tr><td colspan="3">动合触点</td><td colspan="3">动断触点</td></tr>
<tr><td colspan="3"></td><td colspan="3"></td></tr>
<tr><td colspan="6">检测结果：</td></tr>
<tr><td rowspan="4">辅助触点电阻值</td><td rowspan="4">
辅助动断触点　辅助动合触点
吸合状态</td><td colspan="6">万用表选择 $R\times1$ 挡，按下触点架，测量辅助动合、动断触点接线柱之间的电阻值。在吸合位置，动合触点电阻值应接近 0，动断触点电阻值应为∞，否则应更换</td></tr>
<tr><td colspan="3">动合触点</td><td colspan="3">动断触点</td></tr>
<tr><td colspan="3"></td><td colspan="3"></td></tr>
<tr><td colspan="6">检测结果：</td></tr>
<tr><td rowspan="5">相间绝缘电阻值</td><td rowspan="5">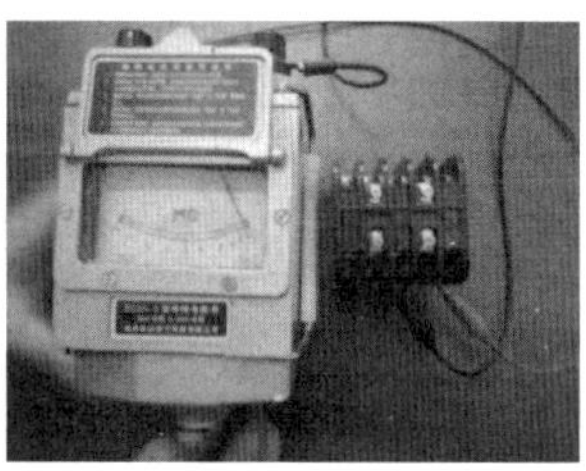</td><td colspan="6">先校验兆欧表，再测量接触器在释放位置和吸合位置时，L1-L2、L2-L3、L3-L1 间绝缘电阻值</td></tr>
<tr><td colspan="2">L1-L2</td><td colspan="2">L2-L3</td><td colspan="2">L3-L1</td></tr>
<tr><td colspan="2"></td><td colspan="2"></td><td colspan="2"></td></tr>
<tr><td colspan="2"></td><td colspan="2"></td><td colspan="2"></td></tr>
<tr><td colspan="6">检测结果：</td></tr>
<tr><td>检测结论</td><td colspan="7"></td></tr>
<tr><td>检测注意事项</td><td colspan="7">（1）仪表测量时应注意仪表的使用规范
（2）手动按下接触器触点架时，用力要均匀，以防损坏接触器
（3）拆开接触器灭弧罩时，要轻拿轻放，以防止损坏灭弧罩
（4）接触器灭弧罩拆下后，必须重新装回后才能再次使用，切不可在没有灭弧罩或灭弧罩损坏的情况下运行</td></tr>
</table>

任务评价

任务评价表可参考表1-12。

任务3 认识热继电器

任务目标

1. 熟悉常用热继电器的功能、基本结构、动作原理及型号含义，熟记其图形符号和文字符号。

2. 会识别、检测、选用常用热继电器。

3. 熟悉热继电器在电气控制设备中的典型应用。

任务准备

电动机在运行过程中，如果长期过载运行或起动、停止操作频繁或缺相运行，都有可能使电动机定子绕组中的电流增大，超过其额定值。这将引起定子绕组过热，使温度持续升高。若温度超过允许温升，就会造成绝缘损坏，缩短电动机的使用寿命，严重时甚至会烧毁电动机的定子绕组。因此，对电动机必须采用过载保护措施，最常用的过载保护电器就是热继电器。

1. 功能与分类

（1）功能

热继电器是继电器的一种，它是利用流过热继电器的电流所产生的热效应而反时限动作的自动保护电器。热继电器主要与接触器配合使用，用作电动机的过载保护、断相保护、电流不平衡运行保护及其他电气设备发热状态的控制。

（2）分类

热继电器按动作方式可分为双金属片式、热敏电阻式和易熔合金式3种。双金属片式利用双金属片受热弯曲去推动执行机构动作；热敏电阻式利用电阻值随温度变化而变化的特性制成；易熔合金式利用过载电流发热使易熔合金达到某一温度时，合金熔化而动作。

热继电器按极数来分，有单极、两极和三极结构 3 种类型，每种类型按发热元件的额定电流又有不同的规格和型号。其中三极结构热继电器，又可分为不带断相保护装置和带断相保护装置两种类型。

热继电器按复位形式又可分为自动复位式（触点动作后能自动返回原位）和手动复位式两种。

2. 外形与符号

常见热继电器的外形如图 2-25 所示。

(a) JR36系列

(b) JR20系列

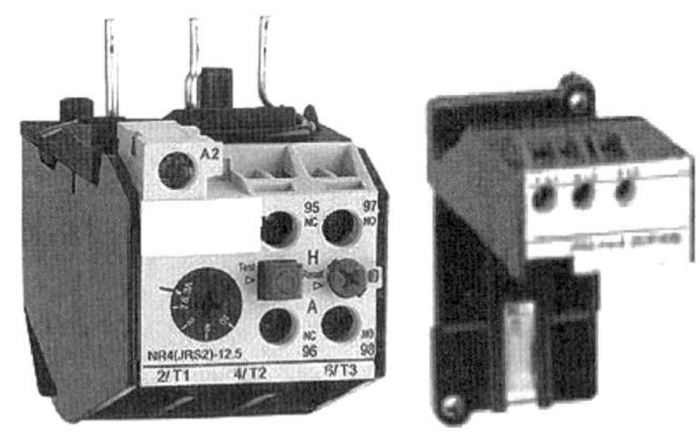

(c) JRS2 (3UA) 系列

(d) T系列

(e) 电子式

图 2-25　常见热继电器外形

热继电器的图形符号和文字符号如图 2-26 所示。

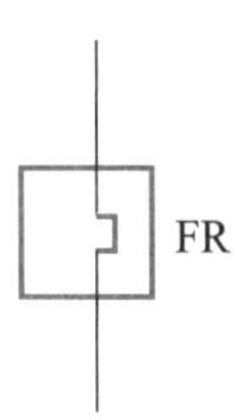

(a) 热元件

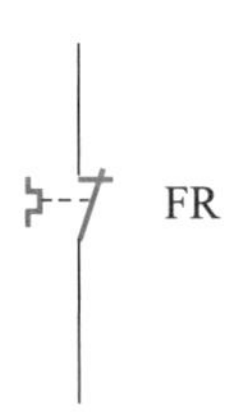

(b) 动断触点

图 2-26　热继电器的图形符号和文字符号

3. 型号与含义

常用 JR 系列热继电器的型号与含义如下：

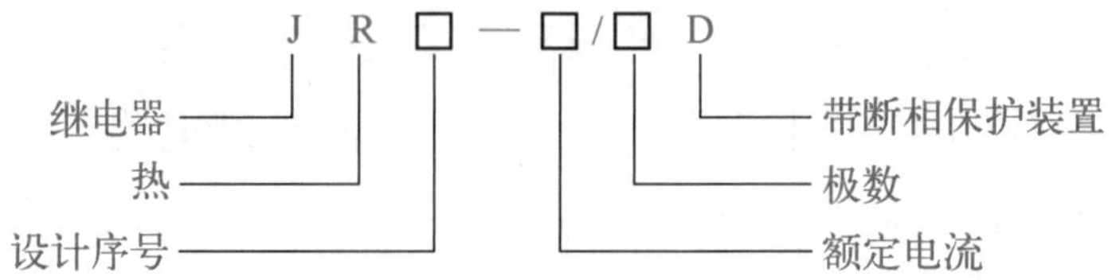

如 JR16B-20/3D 型表示额定电流为 20 A，设计序号为 16，改型为 B，带有断相保护装置的三相结构热继电器。JR16B 系列热继电器的替代产品是 JR36 系列，其外形和安装尺寸完全一致。

常用 JRS 系列热继电器的型号与含义如下：

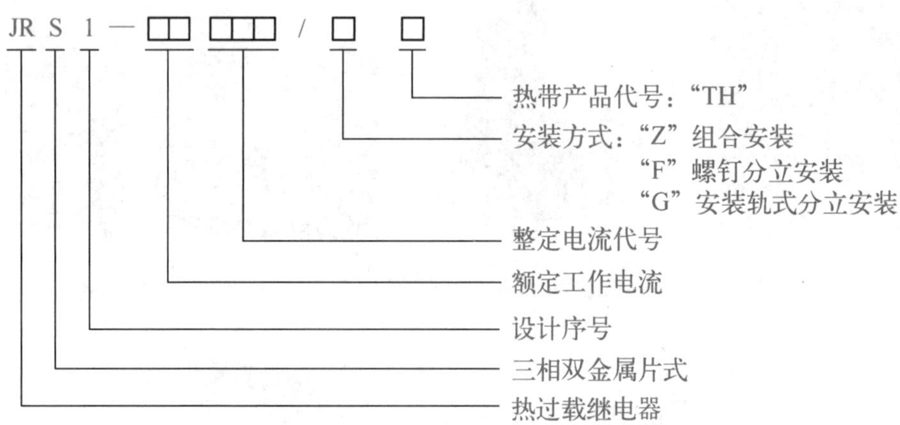

4. 结构与动作原理

（1）结构

图 2-27 所示为三极双金属片热继电器的结构，它主要由热元件、传动机构、动断与动合触点、电流整定装置和复位按钮等组成。其热元件由双金属片和绕在外面的电阻丝组成。双金属片由两种热膨胀系数不同的金属片复合而成。

热继电器外形结构

(a) JR36系列

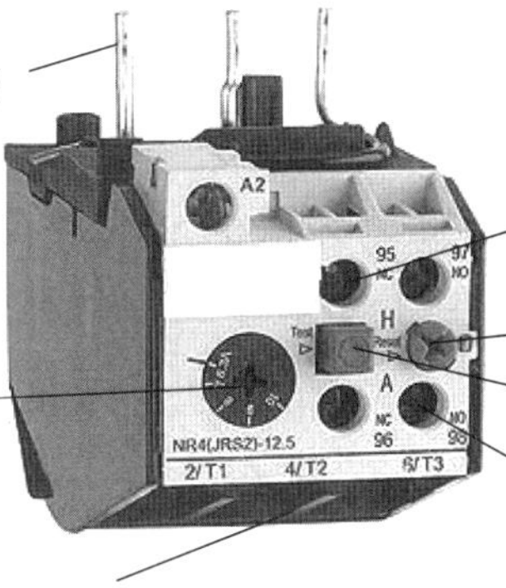

(b) JRS2 (3UA) 系列

图 2–27　三极双金属片热继电器结构

热继电器（JR36 系列）的内部结构如图 2–28 所示。

图 2–28　热继电器内部结构

（2）动作原理

热继电器必须与接触器配合使用，常见的双金属片式热继电器是利用流过热继电器的电流所产生的热效应而反时限动作的。

热继电器安装时，需要将其热元件串联在主电路中，动断触点串联在控制电路中。当电动机过载时，流过双金属片上电阻丝的电流超过热继电器的整定电流，电阻丝发热量增大，温度升高，由于两块金属片的热膨胀系数不同而使双金属片弯曲，通过传动机构推动动断触点断开，分断控制电路，再通过接触器切断主电路，实现对电动机的过载保护。

指点迷津　　热继电器的复位方式与整定电流调节

（1）热继电器的复位方式

热继电器的复位机构有手动复位和自动复位两种形式，可根据使用要求通过复位调节旋钮（螺钉）来自由调整选择。一般热继电器出厂时，设置为手动复位方式的状态。自动复位时间一般不大于5 min，手动复位时间不大于2 min。

（2）热继电器整定电流调节

热继电器的整定电流大小可通过旋转整定电流调节旋钮来调节。热继电器的整定电流是指热继电器连续工作而不动作的最大电流。超过整定电流，热继电器将在负载未达到其允许的过载极限之前动作。

实践证明，三相异步电动机的缺相运行是导致电动机过热烧毁的主要原因之一。对于定子绕组接成Y形的电动机，普通两极或三极结构的热继电器均能实现断相保护；而定子绕组接成Δ形的电动机，必须采用三极结构带断相保护装置的热继电器才能实现断相保护功能。

指点迷津　　热继电器在电动机控制线路中不能作为短路保护器件使用

由于热继电器双金属片受热膨胀的热惯性及传动机构收到信号到动作的惰性，热继电器从电动机过载到触点动作需要一定的时间。这就是说，即使电动机严重过载甚至短路，热继电器也不会瞬时动作，因此热电器不能作为电动机的短路保护。但也正是这个热惯性及传动机构传递信号的惰性，保证了热继电器在电动机起动或短时过载时不会动作，从而满足了电动机的运行要求。

5. 技术参数

热继电器的主要技术参数有额定电流、热元件额定电流及电流调节范围等。JR36系列热继电器主要技术参数见表2-8。JRS2系列热继电器主要技术参数见表2-9。

表2-8　JR36系列热继电器主要技术参数

型　　号	额定电流/A	热元件等级	
		热元件额定电流/A	电流调节范围/A
JR36-20	20	0.35	0.25~0.35
		0.5	0.32~0.5
		0.72	0.45~0.72

续表

型　号	额定电流/A	热元件等级	
		热元件额定电流/A	电流调节范围/A
JR36-20	20	1. 1	0. 68~1. 1
		1. 6	1~1. 6
		2. 4	1. 5~2. 4
		3. 5	2. 2~3. 5
		5	3. 2~5
		7. 2	4. 5~7. 2
		11	6. 8~11
		16	10~16
		22	14~22
JR36-32	32	16	10~16
		22	14~22
		32	20~32
JR36-63	63	22	14~22
		32	20~32
		45	28~45
		63	40~63

表 2-9　JRS2 系列热继电器主要技术参数

额定电流/A	12. 5	25	32	63
额定电压/V	660			
额定频率/Hz	50 或 60			
极数	3			
工作环境温度/℃	−5~+40			
整定电流调节范围/A	0. 1~0. 16	0. 1~0. 16	4~6. 3	0. 1~0. 16
	0. 16~0. 25	0. 16~0. 25	6. 3~10	0. 16~0. 25
	0. 25~0. 4	0. 25~0. 4	10~16	0. 25~0. 4
	0. 32~0. 5	0. 4~0. 63	12. 5~20	0. 4~0. 63
	0. 4~0. 63	0. 63~1	16~25	0. 63~1

续表

整定电流调节范围/A	0.63~1	0.8~1.25	20~32	0.8~1.25
	0.8~1.25	1~1.6	25~36	1~1.6
	1~1.6	1.25~2		1.25~2
	1.25~2	1.6~2.5		1.6~2.5
	1.6~2.5	2~3.2		2~3.2
	2~3.2	2.5~4		2.5~4
	2.5~4	3.2~5		3.2~5
	3.2~5	4~6.3		4~6.3
	4~6.3	5~8		5~8
	5~8	6.3~10		6.3~10
	6.3~10	8~12.5		8~12.5
	8~12.5	10~16		10~16
	10~14.5	12.5~20		12.5~20
		16~25		16~25
				20~32
				25~40
				32~45
				40~47
				50~63
可组合的接触器型号	CJX1-09~12	CJX1-16~22	CJX1-32	CJX1-45~63
过载保护次数/次	1 000			

6. 选用方法

热继电器的选用除应满足其工作条件和安装条件外，主要根据所保护电动机的额定电流来确定热继电器的规格和热元件的电流等级，选用方法如下：

① 根据接触器系列选择热继电器的系列。每一系列的热继电器一般只能和相适应系列的接触器配套使用。例如，JR36 系列热继电器与 CJT1 系列接触器配套使用；JR20 系列热继电器与 CJ20 系列接触器配套使用；T 系列热继电器与 B 系列接触器配套使用；3UA 系列热继电器与 3TB、3TF 系列接触器配套使用等。

② 根据电动机的额定电流选择热继电器的规格。一般应使热继电器的额定电流略大于电动机的额定电流。

③ 根据需要的整定电流值选择热元件的编号和电流等级。一般情况下，热元件的整定电流为电动机额定电流的 0.95~1.05 倍。但对电动机所拖动的冲击性负载或起动时间较长及所拖动设备不允许停电的场合，其整定电流值可取电动机额定电流的 1.1~1.5 倍。如果电动机的过载能力较差，其整定电流可取电动机额定电流的 0.6~0.8。同时，整定电流应留有一定的上下限调整范围。

④ 根据电动机定子绕组的连接方式选择热继电器的结构形式。对定子绕组接成 Y 形的电动机可选用普通三极结构的热继电器，而作 Δ 形联结的电动机应选用三极结构带断相保护装置的热继电器。

此外，各系列热继电器各有特点，其共同特点是均有 3 种安装方式，即独立安装式(通过螺钉固定)、导轨安装式(在标准安装轨道上安装)和接插安装式(直接挂接在与其配套的接触器上)，因此，在选择热继电器时，还需要根据安装场所的实际情况选择相应的热继电器的安装方式。

工程应用　　热继电器的选用举例

某机床所用三相交流异步电动机的型号为 Y132M1-6，定子绕组为 Δ 接法，额定功率为4 kW，额定电压为 380 V，额定电流为 8.8 A；该电动机的工作方式为不频繁起动，若用热继电器作为该电动机的过载保护，试选择热继电器的型号与规格。

解　(1) 根据电动机的额定电流为 8.8 A，查表 2-8 可知，应选择额定电流为 20 A 的热继电器，其整定电流可取电动机的额定电流 8.8 A，热元件的电流等级选用 11 A，其调节范围为 6.8~11.0 A。

(2) 由于电动机的定子绕组为 Δ 接法，应选用三极结构带断相保护装置的热继电器。

因此，应选用型号为 JR36-20/3D 的热继电器，热元件的额定电流选用 11 A，整定电流为 8.8 A。

任务操作

器材准备：JR36、JR20、JRS2(3UA)、T 等系列热继电器，并编号。

1. 选择工具、仪表

工具、仪表由学生根据任务操作需要自行选择。

2. 识别热继电器

识别所给热继电器，记录型号与规格，解释型号含义，画出图形符号和文字符号，并记录在表 2-10 中。

表 2-10 识别热继电器

<table>
<tr><th>序 号</th><th>名 称</th><th>型号与规格</th><th>型 号 含 义</th><th>图 形 符 号</th><th>文 字 符 号</th></tr>
<tr><td>1</td><td></td><td></td><td></td><td rowspan="2"></td><td rowspan="2"></td></tr>
<tr><td>2</td><td></td><td></td><td></td></tr>
</table>

3. 识读使用手册(说明书)

根据所给热继电器的使用手册(说明书)，熟悉该热继电器的适用范围、主要技术参数、安装与使用方法等。

4. 认识热继电器部件

先从外部仔细观察其结构，然后打开后盖板，熟悉主要部件的名称、作用及动作原理。

5. 检测热继电器

分别使热继电器在正常状态和动作状态(人为按下复位按钮)或测试状态，用万用表测量动合、动断触点的接触情况和热元件的通断情况，并将结果填入表 2-11 中。

表 2-11 检测热继电器

<table>
<tr><th>检测项目</th><th>检 测 图 示</th><th>检测步骤及结果</th></tr>
<tr><td rowspan="3">动合触点
电阻值</td><td rowspan="3">
正常状态

测试状态</td><td>万用表选择 $R\times1$ 挡并调零，测量动合触点电阻值。正常时应为 ∞，若接近于 0，则可视为触点粘连，应更换；当按下复位按钮(或测试状态)时，触点间电阻值应为 0，若测得电阻值接近于 ∞，可视为触点接触不良，应更换</td></tr>
<tr><td>检测数据：</td></tr>
<tr><td>检测结果：</td></tr>
</table>

续表

<table>
<tr><th>检测项目</th><th>检 测 图 示</th><th colspan="3">检测步骤及结果</th></tr>
<tr><td rowspan="3">动断触点
电阻值</td><td rowspan="3">
正常状态

测试状态</td><td colspan="3">万用表选择 $R\times1$ 挡，测量动断触点电阻值。正常时应接近于 0，若为∞，则可视为触点接触不良，应更换；当按下复位按钮（或测试状态）时，触点间电阻值应为∞，若测得电阻值接近于 0，可视为触点粘连，应更换</td></tr>
<tr><td colspan="3">检测数据：</td></tr>
<tr><td colspan="3">检测结果：</td></tr>
<tr><td rowspan="4">热元件通
断情况</td><td rowspan="4"></td><td colspan="3">万用表选择 $R\times1$ 挡，测量 3 组热元件的电阻值。正常时应接近于 0，若为∞，则可视为热元件断路，应更换</td></tr>
<tr><td>第一相</td><td>第二相</td><td>第三相</td></tr>
<tr><td></td><td></td><td></td></tr>
<tr><td colspan="3">检测结果：</td></tr>
<tr><td>检测结论</td><td colspan="4"></td></tr>
<tr><td>检测注意
事项</td><td colspan="4">（1）仪表测量时应注意仪表的使用规范
（2）手动按下热继电器复位按钮时，用力要轻，以防损坏热继电器</td></tr>
</table>

6. 调节整定电流值和复位方式

根据指导教师所给的电动机技术参数，将热继电器的整定电流调节到规定值，并将复位方式调整到手动复位方式。

任务评价

任务评价表可参考表 1-12。

任务 4 鼓风机控制线路的安装

任务目标

1. 会绘制、识读点动正转控制线路、接触器自锁正转控制线路电路图、接线图和布置图。

2. 会分析点动正转控制线路、接触器自锁正转控制线路工作原理。

3. 会安装、调试、运行鼓风机控制线路。

任务准备

在项目 1 中，用低压断路器控制砂轮电动机的控制线路具有所用电气元件少、线路简单的优点，其缺点是操作劳动强度大、安全性差且不便于实现远距离控制和自动控制。

对于需要频繁起动、停止和远距离控制的三相交流异步电动机，如果用主令电器(按钮)和自动控制电器(接触器)来控制，不仅可以实现远距离控制和自动控制，而且还能进行频繁起动和停止操作。

1. 认识点动正转控制线路

(1) 点动正转控制线路的构成

所谓点动控制，是指当用手按动按钮开关时，三相交流异步电动机直接起动运转，只要手一松开按钮，三相交流异步电动机就立即停止运转。

图 2-29 所示为点动控制线路电路图，它由三相交流电源 L1、L2、L3 与低压断路器 QF 组成电源电路；熔断器 FU1、交流接触器 KM 的 3 对主触点和三相交流异步电动机 M 组成主电路；而由熔断器 FU2、起动按钮 SB 和交流接触器 KM 的线圈组成控制电路。

电动机点动控制

显然，合上低压断路器 QF，电动机 M 并不能通电运转，只有再按下起动按钮 SB，使接触器 KM 线圈通电，接触器 KM 的主触点闭合，才能使电动机 M 通电起动运转；若松开按钮 SB，接触器 KM 线圈立即断电，其主触点复位断开，电动机将立即断电停转。可见，电动机的运转不再由低压断路器手动直接控制，而是由按钮和

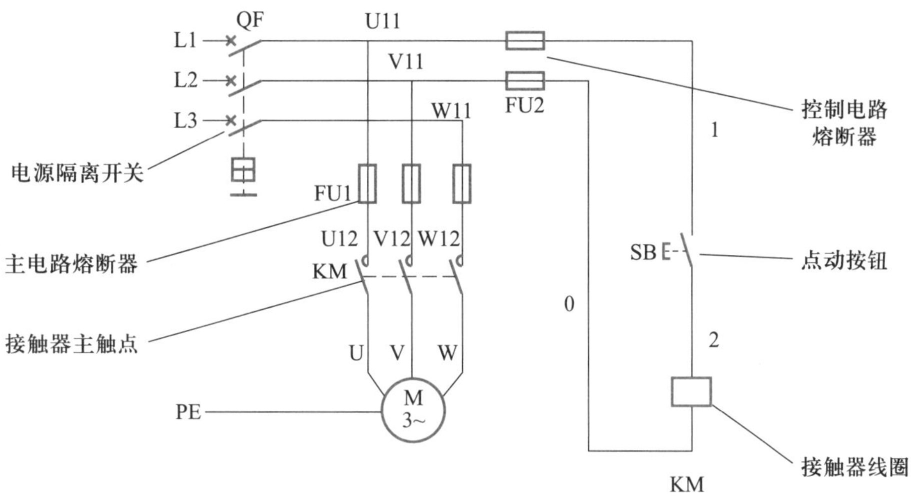

图 2-29　点动正转控制线路电路图

接触器配合来实现自动控制。

（2）点动正转控制线路的工作原理

在图 2-29 的点动正转控制线路中，低压断路器 QF 用作电源隔离开关；熔断器 FU1、FU2 分别作主电路、控制电路的短路保护；起动按钮 SB 控制接触器 KM 的线圈通电、断电；接触器 KM 的主触点控制电动机 M 的起动与停止。

根据电路图，点动正转控制线路的工作原理如下：先合上电源隔离开关 QF。

起动：按下 SB ⟶KM 线圈通电⟶KM 主触点闭合⟶电动机 M 起动运转。

停止：松开 SB ⟶KM 线圈断电⟶KM 主触点断开⟶电动机 M 停转。

停止使用时，断开电源隔离开关 QF。

2. 认识接触器自锁正转控制线路

（1）接触器自锁正转控制线路的构成

在生产实践中，许多生产机械需要按下起动按钮后使电动机能够连续运转，以实现工件的连续加工，提高生产效率和经济效益。例如，为了实现水泵电动机、鼓风机、X62W 型万能铣床主轴电动机、T68 型镗床主轴电动机等的连续运转控制，常采用图 2-30 所示的接触器自锁正转控制线路电路图。这种控制线路与点动正转控制线路的主电路相同，但在控制电路中增加了一只停止按钮 SB2，在起动按钮 SB1 的两端并联了接触器 KM 的一对辅助动合触点。

（2）接触器自锁正转控制线路的工作原理

该控制线路的工作原理如下：先合上电源隔离开关 QF。

起动控制：

按下 SB1→ KM 线圈通电 → { KM 主触点闭合；KM 自锁触点闭合自锁 } → 电动机 M 连续运转

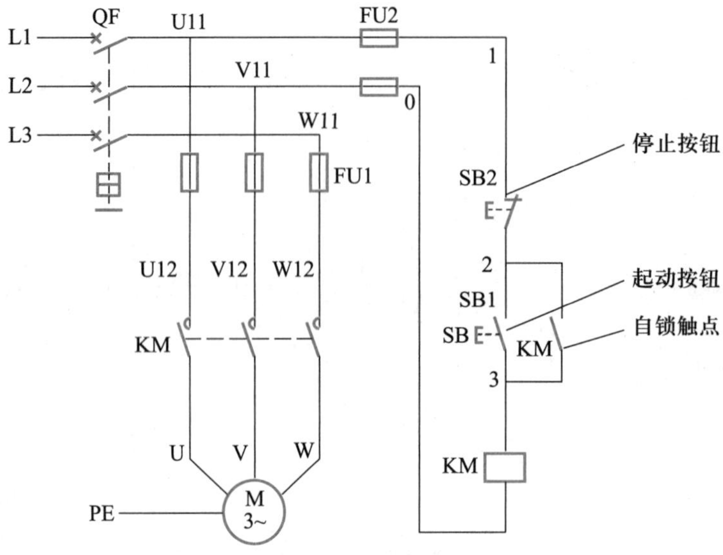

图 2-30 接触器自锁正转控制线路电路图

停止控制：

按下 SB2→ KM 线圈断电 ─┬→ KM 主触点分断 ──┬→ 电动机 M 断电停转
　　　　　　　　　　　　└→ KM 自锁触点分断 ─┘

由以上分析可见，当松开起动按钮 SB1 后，SB1 的动合触点虽然恢复分断，但由于接触器 KM 的辅助动合触点(自锁触点)已闭合，它将 SB1 短接，使控制电路仍保持接通状态，接触器 KM 线圈仍通电，其主触点始终处于吸合状态，电动机 M 实现了连续运转。

像这种当松开按钮后，接触器通过自身的辅助动合触点使其线圈保持通电的作用称为自锁；与起动按钮并联起自锁作用的辅助动合触点称为自锁触点；这种控制线路就称为接触器自锁控制线路。

指点迷津　　接触器自锁正转控制线路的保护作用

（1）短路保护作用

短路保护是指当电动机或主电路发生短路故障时，熔断器 FU1 能及时熔断，切断电源，以防短路故障进一步扩大。在一般的电气控制线路中，都会设置熔断器作短路保护。

（2）欠电压保护作用

所谓“欠电压”是指线路电压低于电动机应加的额定电压。“欠电压保护”是指当线路电压下降到某一数值时，电动机能自动脱离电源停转，以免电动机在欠电压状态下长时间运行造成损坏的一种保护措施。上述接触器自锁正转控制线路就可避免电动机在欠电压状态下长时间运行。因为当线路电压下降到一定值(一般指低于额定电压85%以下）时，接触器的线圈两端电压也同样下降，从而使接触器线圈产生的磁通减弱，产生的电磁吸力小于反作用弹簧的作用力，动铁心被迫释放，主触点、自锁触点同时分断，自动断开主电路和控制电路，电动机便断电停转，达到了欠电压保护的目的。

（3）失电压（零压）保护作用

失电压保护是指由于外界原因引起突然断电时，能自动切断电动机电源；当重新恢复供电时，保证电动机不能自行起动的一种保护措施。接触器自锁控制线路可以起到失电压保护功能。因为控制线路断电时，接触器的自锁触点、主触点已分断，主电路、控制电路已断开；重新恢复供电时，接触器不能自行吸合，只有重新按下起动按钮才能吸合，使电动机运转，这样就能保证人身及设备的安全。

3. 认识具有过载保护的接触器自锁正转控制线路

在接触器自锁正转控制线路中，除了由熔断器FU1作短路保护，由接触器KM作欠电压和失电压保护外，还应有电动机的过载保护。

过载保护是指当电动机出现过载时能自动切断电动机电源，使电动机停转的一种保护措施。最常用的过载保护器件是热继电器。具有过载保护的接触器自锁正转控制线路电路图如图2-31所示。

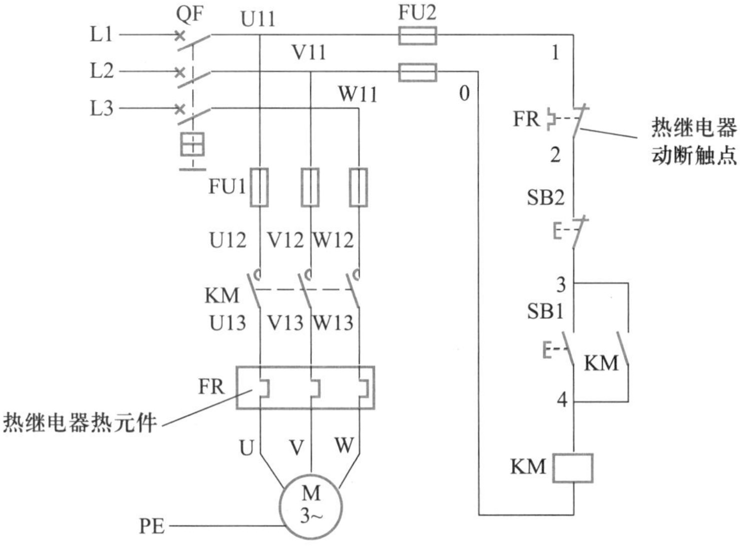

图2-31 具有过载保护的接触器自锁正转控制线路电路图

图2-31所示的控制线路是在接触器自锁正转控制线路的基础上，增加了一只热继电器FR。热继电器FR的热元件串接在三相主电路中，动断触点串接在控制电路中。当电动机在运行过程中由于过载或其他原因使流过电动机的电流超过额定电流值时，经过一定时间后，串接在主电路中的热元件因受热而发生弯曲。通过传动机构使串接在控制电路中的动断触点分断，切断控制电路，使接触器KM线圈断电。

其主触点和自锁触点分断，电动机 M 断电停转，达到了过载保护的目的。

该控制线路的工作原理与接触器自锁正转控制线路相同。

任务操作

1. 绘制鼓风机控制线路电路图

在进行鼓风机控制线路安装前，必须先绘制控制线路电路图。绘制控制线路电路图的基本原则、电路图标号方法和注意事项如下：

（1）认识绘制电路图的基本原则

电气设备控制线路电路图一般分电源电路、主电路和辅助电路三部分绘制。绘制电气控制线路电路图的基本原则见表 2-12。

表 2-12 绘制电气控制线路电路图的基本原则

电路名称	电路定义	绘制原则
电源电路	是指电气控制线路电源的引入电路	应画成水平线，三相交流电路相序 L1、L2、L3 自上而下依次画出，中性线 N 和保护接地线 PE 依次画在相线之下。直流电源的“+”端画在上边，“-”端画在下边。电源隔离开关也应水平画出
主电路	是指受电的动力装置及控制、保护电器的支路等，它由主电路熔断器、接触器的主触点、热继电器的热元件以及电动机等组成。主电路通过电动机的工作电流，电流较大	一般画在电路图的左侧并垂直电源电路，三相交流电路相序 L1、L2、L3 自左向右依次画出
辅助电路	一般包括控制主电路工作状态的控制电路、显示主电路工作状态的指示电路、提供机械设备局部照明的照明电路等。由主令电器的触点、接触器线圈及辅助触点、继电器线圈及触点、指示灯和照明灯等组成。辅助电路所通过的电流较小，一般不超过 5A	辅助电路要跨接在两相电源线之间，一般按控制电路、指示电路、照明电路的顺序依次垂直画在主电路的右侧，且电路中与下边电源线相连的耗能元件（线圈、指示灯等）要画在电路图的下方，各电气元件的触点要画在耗能元件与上边电源线之间。为识读方便，一般按自左到右、自上到下的排列来表示操作顺序

（2）控制线路电路图的标号方法

在电气图中，为表示电路种类、特征而标注的文字符号和数字符号统称电路标号，也称为电路线号。其作用是便于安装接线和有故障时查找线路。

① 使用电路标号应遵循的原则

a. 电路标号按照“等电位”原则进行标注，即电路中连接在一点的所有导线因具有同一电位而标注相同的电路标号。

b. 由电气设备的线圈、绕组、电阻、电容、各类开关、触点等电气元件分隔开的线段，应视为不同的线段，标注不同的电路标号。

c. 在一般情况下，电路标号由3位或3位以下的数字组成。

以个位代表相别，如三相交流电路的相别分别用1、2、3表示；以个位奇、偶数区别电路的极性，如直流电路的正极侧用奇数表示、负极侧用偶数表示。

以标号的十位数字的顺序区分电路中的不同线段。

在直流电路中，以标号中的百位数字来区分不同供电电源的电路，如直流电路中A电源的正、负极电路标号用“101”和“102”表示；B电源的正、负极电路标号用“201”和“202”表示。若电路中共用一个电源，则可以省略百位数。

在交流电路中，当要表明电路中的相别或某些主要特征时，可在数字标号的前面或后面增注文字符号，文字符号用大写字母表示，并与数字标号并列。如第一相电路按1、11、12、…顺序标号；第二相电路按2、21、22、…顺序标号；第三相电路按3、31、32、…顺序标号。

机床电气控制电气图中，电路标号实际上是导线的线号。

② 主电路标号方法

主电路标号法由文字符号和数字标号两部分组成。文字符号用来标明一次电路中电气元件和线路的种类和特征，如三相电动机绕组用U、V、W表示，则绕组的首端就用U1、V1、W1表示，尾端就用U2、V2、W2表示。

数字标号可用来区别同一文字标号电路中的不同线段。例如，在电动机控制线路中的主电路，三相交流电源用L1、L2、L3表示，经过电源开关QF后，按相序用U11、V11、W11标号，然后按从上到下、从左到右的顺序，每经过一个电气元件后，编号要递增，如U12、V12、W12，U13、V13、W13等。

单台三相交流电动机（或设备）的3根引线，按相序依次编号为U、V、W，对多台电动机的引出线的编号，为了不致引起误解和混淆，可在字母前用不同的数字加以区别，如1U、1V、1W，2U、2V、2W等。

③ 辅助电路标号方法

无论是直流还是交流辅助电路，辅助电路一般采用以下两种标号方法。

a. 以电气元件为界，其两侧的不同线段标号分别按个位数的奇偶性来依次标注。电气元件一般包括接触器线圈、继电器线圈、电阻器、电容器、照明灯和电铃等。当电路比较复杂、电路中不同线段较多时，标号可连续递增到两位奇偶数，如11、12、13等。

b. 在电力拖动控制线路中，“1”通常标在控制电路的上方，然后按电路从上到下、从左到右的顺序，以自然序数递增，每经过一个触点，标号依次递增，电位相同的导线标号相同；电路负载元件下方一般用偶数号从“0”开始编号。

（3）绘制电路图的注意事项

① 电源电路、主电路、辅助电路要分开绘制。

② 各电气元件的触点位置均应按电路未通电或电气元件未受外力作用时的常态位置画出。同样，分析线路的工作原理时，应从各触点的常态位置出发。

③ 应尽可能减少线条和避免线条交叉。对有直接电联系的交叉导线连接点，要用小黑圆点表示；无直接电联系的交叉导线则不画小黑圆点。

④ 电路图中，不画各电气元件的实际外形图，采用国家统一规定的电气图形符号画出。

⑤ 电路图中，同一电气元件的不同部分按其在电路中所起的作用不同而画在不同的电路中，但它们的动作是相互关联的，因此，必须标注相同的文字符号。对于相同的电气元件较多时，需要在各电气元件的文字符号后面加注不同的数字，以示区别，如 FU1、FU2 等。

⑥ 电路图中各个接点可用字母或数字进行编号，称为电路标号。

图 2-32 所示为鼓风机控制线路电路图绘制示意图，该图就是按电气控制线路电路图绘制原则绘制的，图中注明了绘制电路图的一些要点。

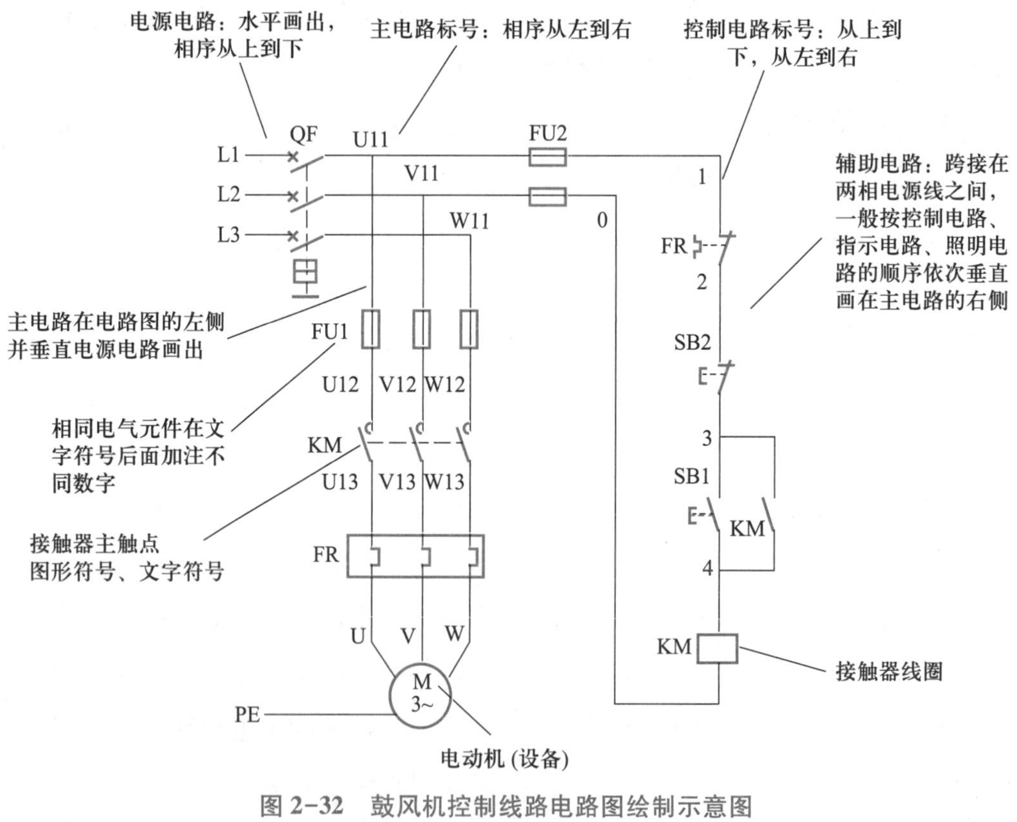

图 2-32　鼓风机控制线路电路图绘制示意图

2. 识读鼓风机控制线路电路图

安装鼓风机控制线路前，还应识读鼓风机控制线路电路图，其目的是熟悉控制线路的工作原理，明确控制线路所用电气元件及其作用，为准备安装工具、仪表和选配安装器材打下基础。

指点迷津　　识读电气控制线路电路图的步骤与方法

识读电气控制线路电路图的基本步骤为：先识读主电路，后识读控制电路；根据控制电路各分支中控制元件的动作情况，研究控制电路如何对主电路进行控制。

(1) 识读主电路的步骤及方法

① 分析用电设备

识读主电路时，首先要分析清楚主电路中有哪几个用电设备(如电动机)，它们类别、用途、接线方式及一些不同的要求等。

图2-33所示的鼓风机控制线路主电路中，用电设备是一台三相交流异步电动机M。

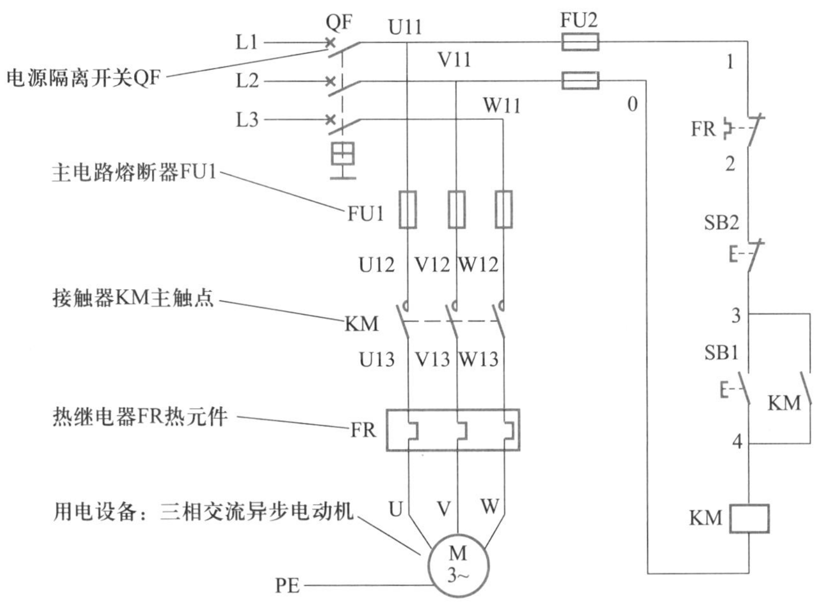

图2-33　鼓风机控制线路中主电路识读示意图

② 分析主电路中的用电设备与控制元件的对应关系

分析清楚主电路中的用电设备是采用什么控制元件来进行控制的，是用哪几个控制元件控制。

实际电路中对用电设备的控制方式有多种，有的用电设备只用低压开关直接控制，有的用电设备用起动器控制，有的用电设备用接触器或其他继电器控制，有的用电设备用程序控制器控制等。

图 2-33 所示的鼓风机控制线路中，三相交流异步电动机 M 由熔断器 FU1、接触器 KM 主触点和热继电器 FR 的热元件控制。

③ 分析主电路中各控制元件的作用

图 2-33 所示的鼓风机控制线路的主电路中，熔断器 FU1 是电动机 M 的短路保护器件，接触器 KM 主触点控制电动机 M 电源的接通与分断，热继电器 FR 的热元件用于电动机过载保护和缺相保护。

④ 分析电源

应分析清楚电源控制开关元件，了解电源的种类和电压等级。

控制线路的电源有交流电源和直流电源两类。直流电源的电压等级有 660 V、220 V、110 V、24 V、12 V 等；交流电源的等级有 660 V、380 V、220 V、110 V、36 V、24 V、12 V 等，其频率为 50 Hz。

图 2-33 所示的鼓风机控制线路主电路使用的是交流 380 V 电源，由低压断路器 QF 控制；控制电路使用交流 380 V 电源。

（2）识读控制电路的步骤和方法

识读控制电路时，一般先根据主电路中接触器（中间继电器）主触点的文字符号，到控制电路中去找与之相应的吸引线圈，再进一步分析清楚电动机的控制方式。这样可将控制电路图划分为若干部分，每一部分控制一台电动机。另外，控制电路一般是依照生产工艺的要求，按电气元件动作的先后顺序，自上而下、从左到右的形式并联排列的。因此，识读时也应自上而下、从左到右，一个环节一个环节进行识读与分析。

① 分析控制电路的电源

识读控制电路时，应分析清楚控制电路的电源种类和电压等级。

控制电路电源有直流和交流两类。三相交流异步电动机基本控制线路的控制电路常采用交流电源，其电压一般为 380 V 或 220 V，频率为 50 Hz；而机床电气控制线路中由于所用的接触器、继电器比较多，其控制电路的交流电源有 127 V、110 V、36 V 等多种，需要用控制变压器进行降压。控制电路的直流电源电压等级有 220 V、110 V、24 V、12 V 等。

若控制电路的电源引自三相电源的两根相线，则电压为 380 V；若引自三相电源的一根相线和一根中性线，则电压为 220 V；若引自控制变压器，则电压有 127 V、110 V、36 V 等多种。

图 2-34 所示的鼓风机控制线路中，控制电路电源电压为 380 V，它就是跨接在三相电源的两根相线上。

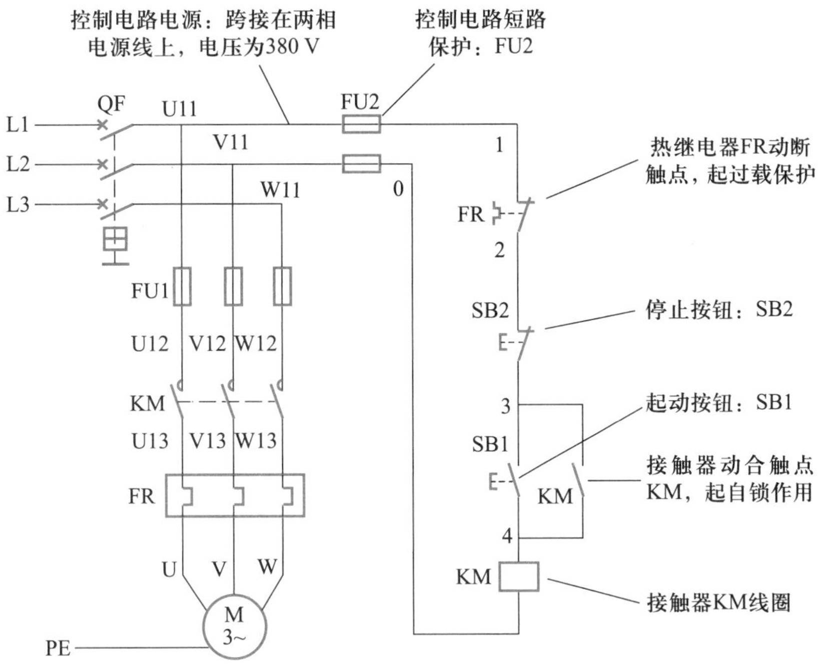

图 2-34　鼓风机控制线路中控制电路识读示意图

② 分析控制元件的作用、控制关系

识读控制电路时，应分析清楚控制电路中每个控制元件的作用、各控制元件对主电路用电设备的控制关系，这是看懂控制线路图的关键所在。

控制电路是一个大回路，而在大回路中经常包含若干个小回路，在每一个小回路中有一个或多个控制元件。一般情况下，主电路中用电设备越多，则控制电路的小回路和控制元件也就越多。

图 2-34 所示的鼓风机控制线路中，其控制电路比较简单，由热继电器的动断触点 FR，按钮 SB1、SB2 的动合、动断触点，接触器 KM 的线圈、辅助动合触点构成。其中 FR 动断触点是在电动机过载时，切断控制电路电源，使接触器 KM 线圈断电后释放，切断主电路，保护电动机 M；起动按钮 SB1 控制电动机 M 的起动；停止按钮 SB2 控制电动机 M 的停止；接触器 KM 的辅助动合触点起自锁作用，能使电动机 M 连续运转。

（3）识读其他辅助电路的步骤及方法

在一些机床电气控制线路电路图中，常有照明电路、指示灯电路等辅助电路。识读这些辅助电路比较简单，可参考控制电路的识读方法。

3. 选配工具、仪表

根据任务操作的要求，自行选配工具、仪表。检查所选配的工具、仪表是否齐全、完好，型号规格是否符合工作任务的要求，并熟悉工具、仪表的使用方法。

4. 选配安装器材

根据鼓风机的主要技术参数、控制线路电路图及安装场所的要求，选配安装所需的器材，列出安装器材清单，见表 2-13。

表 2-13 安装器材清单

器材符号	名称	型号	规格	数量
QF				
KM				
FR				
FU1				
FU2				
SB1、SB2				
XT				

5. 申领、检测安装器材

（1）申领安装器材

作为安装人员，在列出安装器材清单后，在工作任务单“材料申领”项目中填写所需申领的安装器材，并向企业相关部门申领安装器材，做到器材齐备。

（2）检测安装器材

检测所申领的安装器材，是保证所安装的控制线路质量的基础。要求能保证所安装的器材质量可靠、符合现场要求，否则应予以更换。

6. 安装电气元件

绘制鼓风机控制线路布置图(可参考图 2-35)，在控制线路板上安装电气元件，并贴上醒目的文字符号。按钮、接触器、热继电器的安装与使用要求可参考知识链接。

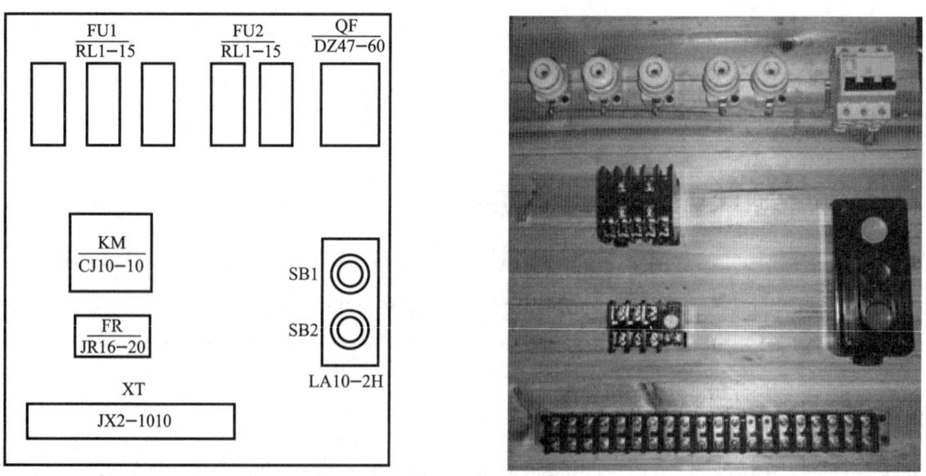

(a) 布置图　　(b) 实物图

图 2-35 鼓风机控制线路布置图

知识链接

常用按钮、接触器、热继电器的安装与使用要求

常用按钮、接触器、热继电器在安装与使用前，应仔细阅读其使用手册(说明书)中的相关内容，明确它们的正常工作条件及安装条件(如安装地点、环境温度、相对湿度、振动情况等)是否符合要求。常用按钮、接触器、热继电器的安装与使用要求见表 2-14。热继电器出线端连接导线的选用见表 2-15。

表 2-14　常用按钮、接触器、热继电器的安装与使用要求

名　称	安装与使用要求
按钮	(1) 按钮安装在面板上时，应布置整齐，排列有序，如根据电动机起动的先后顺序，从左到右或从上到下排列 (2) 同一机床运动部件有几种不同工作状态时(如万能铣床工作台的上下、前后、左右运动等)，应使每一对相反状态的按钮安装成一组 (3) 按钮应安装牢固，安装按钮的金属板或金属按钮盒应可靠接地 (4) 由于按钮的触点间距较小，如有油污等则极易发生短路故障，所以应注意保持触点间的清洁 (5) 光标按钮一般不宜用于需长期通电显示处，以免塑料外壳过度受热变形，使更换灯泡困难 (6) “停止”按钮必须用红色；“急停”按钮必须用红色蘑菇形；“起动”按钮可用绿色
接触器	(1) 一般应安装在垂直面上，倾斜度不得超过 5°；若有散热孔，则应将有孔的一面放在垂直方向上，以利散热，并按规定留有适当的飞弧空间，以防飞弧烧坏相邻电器 (2) 安装和接线时，注意不能将零件失落或掉入接触器内部。安装孔的螺钉应装有弹簧垫圈和平垫圈，并拧紧螺钉以防振动松脱 (3) 安装完后应检查接线是否正确无误，在主触点不带电的情况下手动操作触点架几次，然后测量接触器的动作值和释放值，所测数值应符合产品规定值 (4) 用于可逆转换的交流接触器，为保证联锁可靠，除应装电气联锁外，还应加装机械联锁机构
热继电器	(1) 必须按产品说明书中规定的方式安装。所处的环境温度应与电动机所处环境温度基本相同。当与其他电器安装在一起时，应注意将热继电器安装在其他电器的下方，以免动作特性受到其他电器发热的影响 (2) 安装时应清除触点表面的尘污，以免接触电阻过大 (3) 热继电器出线端的连接导线应按表 2-15 规定选用。这是因为导线的粗细和材料将影响热元件端接点传导到外部热量的多少。导线过细，轴向导热性差，热继电器可能会提前动作；反之，导线过粗，轴向导热快，热继电器可能会滞后动作

续表

名　称	安装与使用要求
热继电器	（4）应整定热继电器的整定电流 （5）应将复位方式按需求调节好。热继电器在出厂时均调整为手动复位方式，如果需要自动复位，只要将复位螺钉沿顺时针方向旋转3~4圈，并稍微拧紧即可 （6）使用期间应定期用布擦净尘埃和污垢，若发现双金属片上有锈斑，应用清洁棉布蘸汽油轻轻擦净，切忌用砂纸打磨

表2-15　热继电器出线端连接导线的选用

热继电器的额定电流/A	连接导线截面积/mm^2	连接导线种类
10	2.5	单股铜芯塑料导线
20	4	单股铜芯塑料导线
60	16	多股铜芯塑料导线

7. 电气布线

（1）识读鼓风机控制线路接线图

由于控制线路接线图是根据电气控制线路电路图绘制的，所以识读控制线路接线图前一是应熟悉电气控制线路电路图；二是应熟悉布线规律，即熟悉接线图中各元件的实际位置和接线图的布线规律，特别要分析清楚同向并行导线的线束表示方法和分支导线的引出处；三是要注意识读顺序。分析接线图时，一般先看主电路接线，后看控制电路接线。分析主电路接线可按电流流向顺序，从电源引入处开始，自上而下，依次经过哪些控制元件后到达用电设备。分析控制电路接线可以从某一台电动机控制回路的某一电源出发，从上到下、从左到右，按照线号，根据假定的电流方向经过哪些控制元件的触点或线圈到另一电源处。另外还应注意所用元件的型号、规格、数量和布线方式、高度等重要资料，特别要注意所用导线的型号、规格。

从图2-36所示的鼓风机控制线路接线图识读示意图中可以看出。电源隔离开关QF、熔断器FU1、FU2、交流接触器KM、热继电器FR、接线端子排XT是固定在控制线路板内的，控制按钮SB1、SB2和电动机M是安装在控制线路板外的（为模拟安装方便，将控制按钮盒安装在控制线路板上）。控制线路板外电气元件（设备）的连接线必须通过接线端子排XT与控制线路板内的电气元件进行连接。主电路的电气元件FU1、KM、FR在一条直线上，接线图上的端子标号与电气控制线路电路图中的线号相同。控制电路中，接触器的自锁触点并排在主触点旁边。

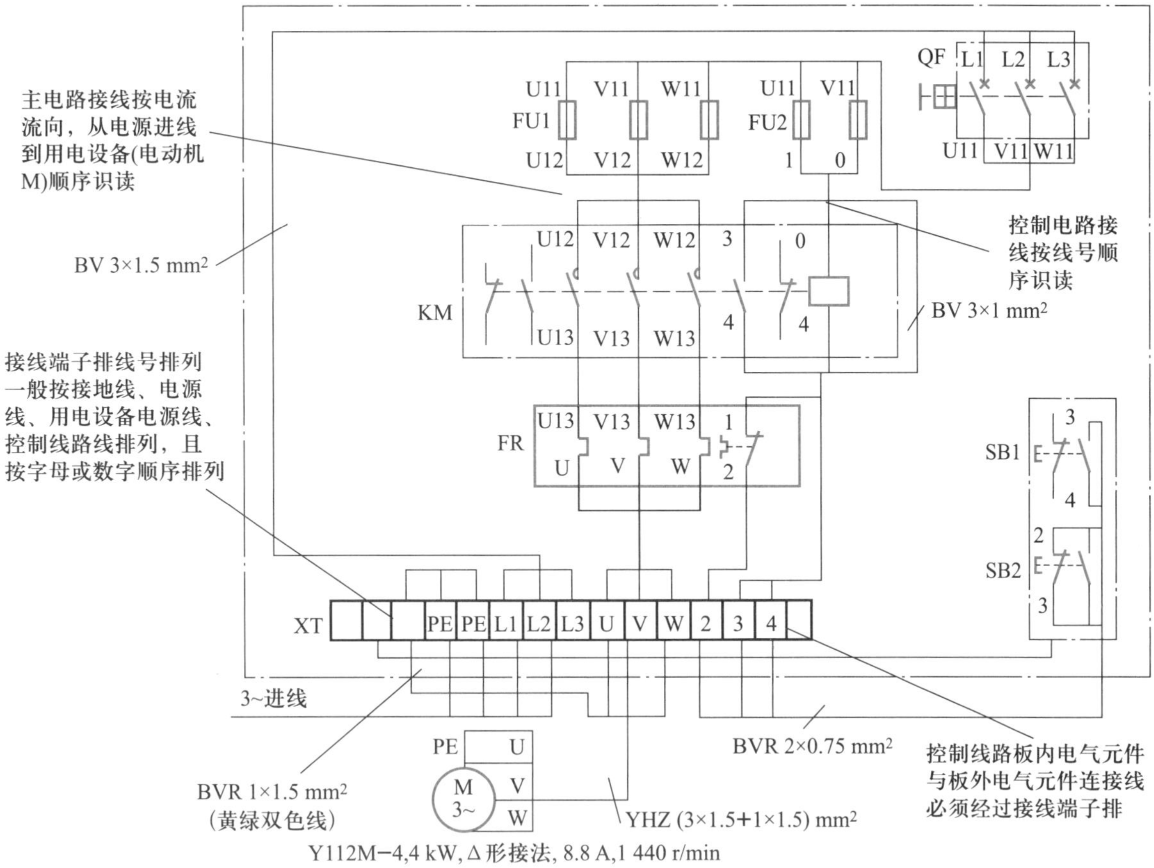

图 2-36　鼓风机控制线路接线图识读示意图

（2）控制电路电气布线

鼓风机控制线路板中控制电路电气布线步骤见表 2-16。

表 2-16　鼓风机控制线路板中控制电路电气布线步骤

步骤	操作内容	操作方法与布线过程示意图
1	“2” 号线装接	（1）先从热继电器 FR 动断触点的一个接线柱上引出 “2” 号线接到接线端子排 XT “2” 号接线柱上 （2）从端子排 XT “2” 号接线柱用软线接到按钮 SB2 动断触点的 “2” 号接线柱上 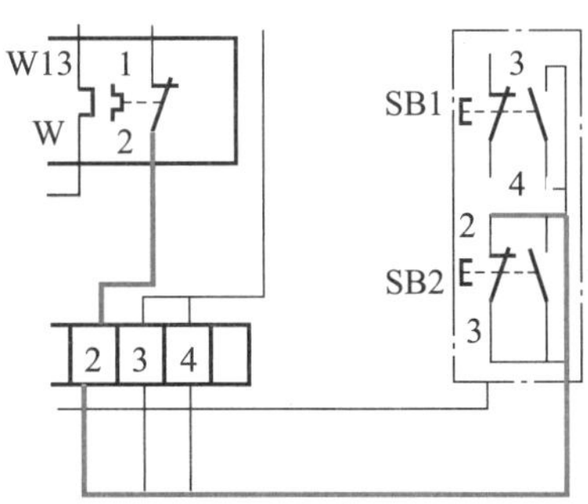

续表

步骤	操作内容	操作方法与布线过程示意图
2	“4”号线装接	（1）从接触器KM线圈“4”号接线柱上引出“4”号线接到接线端子排XT的“4”号接线柱上 （2）从接触器KM其中一对动合触点的下接线柱引出“4”号线接到KM线圈的“4”号接线柱上 （3）从端子排XT“4”号接线柱用软线接到按钮SB1动合触点的“4”号接线柱上 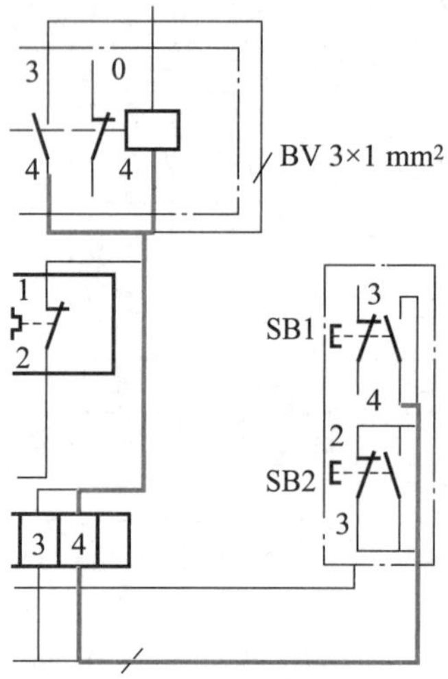
3	“3”号线装接	（1）从接触器KM同一对动合触点的上接线柱引出“3”号线接到接线端子排XT的“3”号接线柱上 （2）从端子排XT的“3”号接线柱用软线接到按钮SB2动断触点的“3”号接线柱上 （3）再从SB2动断触点“3”号接线柱上引线接到按钮SB1动合触点“3”号接线柱上 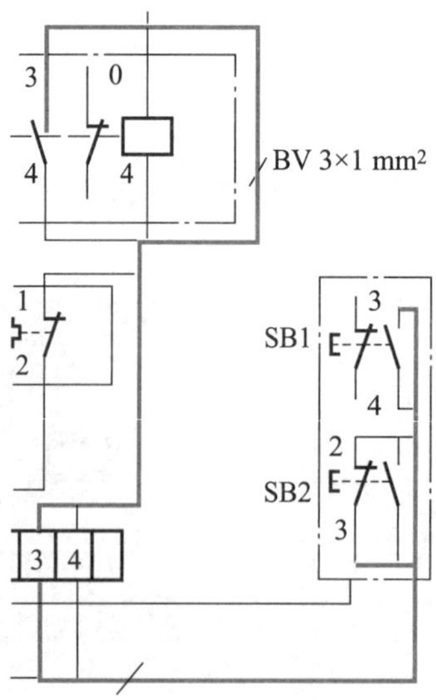

续表

步骤	操作内容	操作方法与布线过程示意图
4	“1” 号线装接	从左侧 FU2 下端“上接线柱”引出“1”号线，绕过接触器接到热继电器 FR 的动断触点的“1”号接线柱上 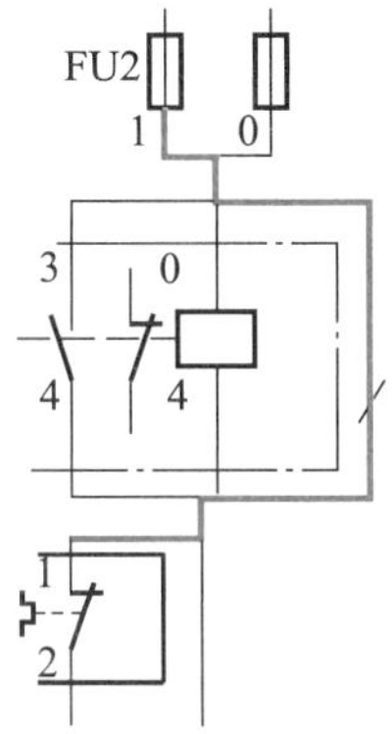 
5	“0” 号线装接	从右侧 FU2 下端“上接线柱”引出“0”号线接到接触器 KM 线圈的“0”号接线柱上 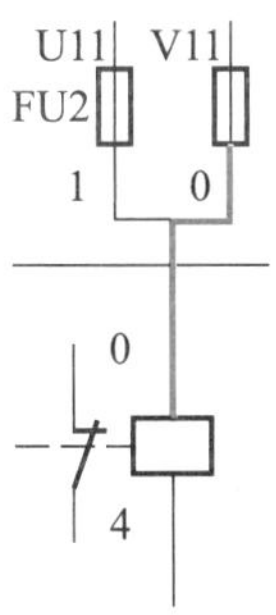 
6	“U11”“V11” 号线装接	（1）从 FU1 上端“下接线柱”引出“U11”号线，接到 FU2 上端的“U11”号“下接线柱”上 （2）从 FU1 上端“下接线柱”引出“V11”号线，接到 FU2 上端的“V11”号“下接线柱”上 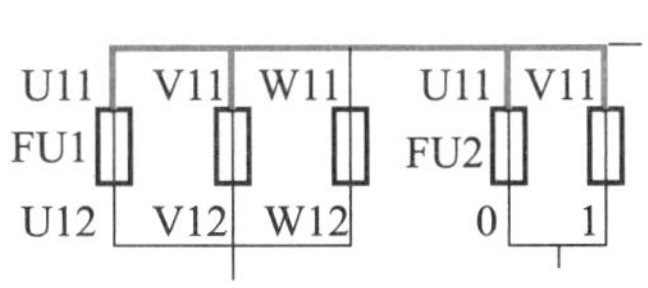 

续表

步骤	操作内容	操作方法与布线过程示意图
	控制电路布线完成后的控制线路板	

(3) 主电路布线

鼓风机控制线路板中主电路电气布线步骤见表 2-17。

表 2-17 鼓风机控制线路板中主电路电气布线步骤

步骤	操作内容	操作方法与布线示意图
1	“U11”“V11”“W11”号线装接	(1) 先从 QF 的下接线柱引“V11”号线到熔断器 FU1 的“V11”号接线柱上 (2) 从 QF 的下接线柱引“U11”号线到熔断器 FU1 的“U11”号接线柱上 (3) 从 QF 的下接线柱引“W11”号线到熔断器 FU1 的“W11”号接线柱上 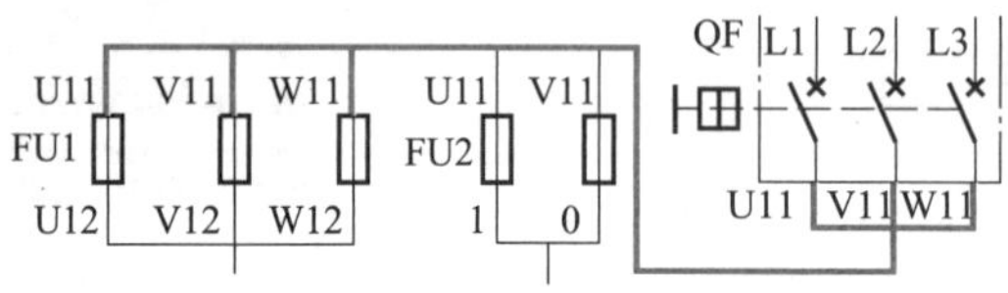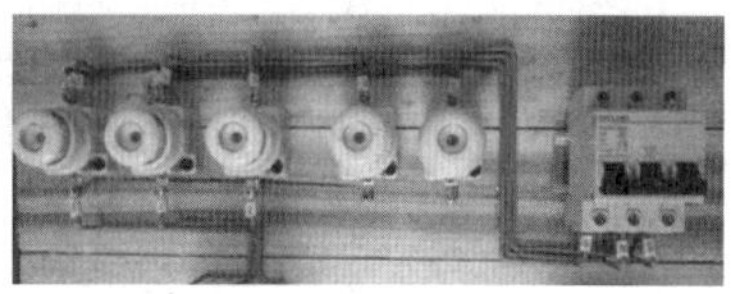
2	“U12”“V12”“W12”号线装接	(1) 先从 FU1 的下接线柱引“V12”号线到接触器 KM 的“V12”号接线柱上 (2) 从 FU1 的下接线柱引“U12”号线到接触器 KM 的“U12”号接线柱上 (3) 从 FU1 的下接线柱引“W12”号线到接触器 KM 的“W12”号接线柱上 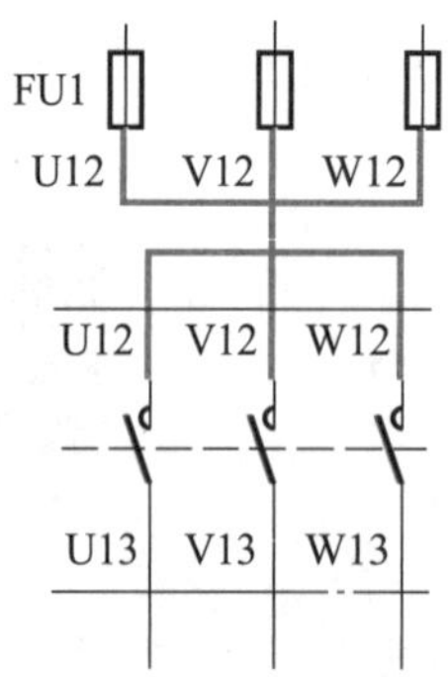

续表

步骤	操作内容	操作方法与布线示意图
3	“U13”“V13”“W13”号线装接	（1）先从 KM 的下接线柱引“V13”号线到热继电器 FR 的“V13”号接线柱上 （2）从 KM 的下接线柱引“U13”号线到热继电器 FR 的“U13”号接线柱上 （3）从 KM 的下接线柱引“W13”号线到热继电器 FR 的“W13”号接线柱上 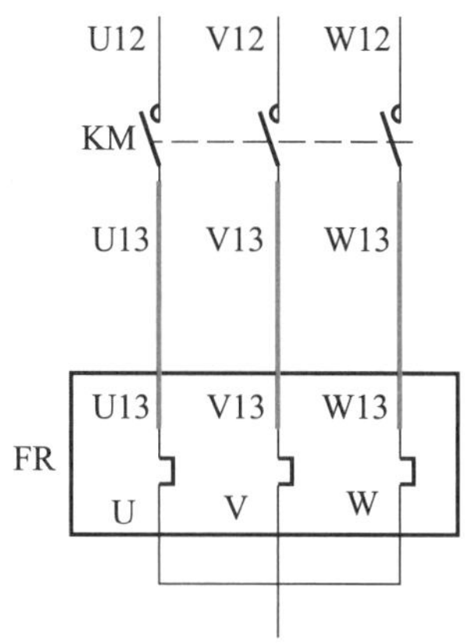
4	“U”“V”“W”号线装接	（1）先从 FR 的下接线柱引“V”号线到接线端子排的“V”接线柱上 （2）从 FR 的下接线柱引“U”号线到接线端子排的“U”接线柱上 （3）从 FR 的下接线柱引“W”号线到接线端子排的“W”接线柱上 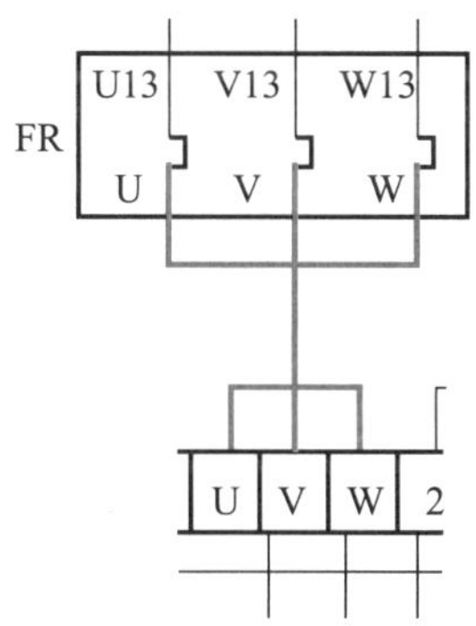
5	“L1”“L2”“L3”号线装接	（1）先从 QF 上接线柱引“L2”号线到接线端子排 XT“L2”号接线柱上 （2）从 QF 上接线柱引“L1”号线到接线端子排 XT“L1”号接线柱上 （3）从 QF 上接线柱引“L3”号线到接线端子排 XT“L3”号接线柱上

续表

步骤	操作内容	操作方法与布线示意图
5	“L1”“L2”“L3”号线装接	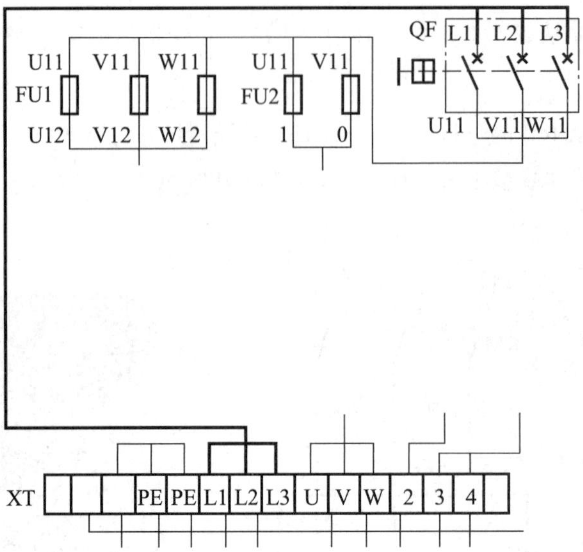 
6	“PE”线装接	从电动机等电气设备、电气元件的外壳上“⏚”处引“PE”线到接线端子排“PE”接线柱
	主电路布线完成后的控制线路板	

指点迷津 板前明线布线工艺要求

板前明线布线的顺序一般是：先接控制电路，后接主电路；先接串联电路，后接并联电路；并且按照从上到下、从左到右的顺序连接；对于电气元件的进出线，则必须按上面为进线，下面为出线，左边为进线，右边为出线的原则接线，以免造成元件被短接、接错或漏接。

板前明线布线时的工艺要求如下：

① 布线通道应尽量少，同路并行导线按主、控电路分类集中，单层密排，紧贴控制线路板布线。

② 同一平面的导线应高低一致或前后一致，导线间不得交叉。非得交叉时，可在导线从接线端子或接线柱引出时，就水平架空跨越，做到走线合理。

③ 应做到横平竖直，导线分布均匀，变换走向时应垂直。

④ 布线时不得损伤线芯和绝缘。

⑤ 布线应以接触器为中心，由里向外，由低到高，先控制电路、后主电路的顺序进行，做到前面布线不会妨碍后面布线。

⑥ 导线两端须套上编码套管，从一个端子或接线柱引出的导线到另一端子或接线柱的导线中间不允许有接头。

⑦ 导线与端子或接线柱连接时，不得压住绝缘层、反圈、露铜过长。

⑧ 同一端子或接线柱上连接的导线数量不得多于两根。

⑨ 同一电气元件、同一电路的不同接点的导线间距离应保持一致。

⑩ 控制电路接线完成后，先检查控制电路布线有无错误，待确认布线正确后再对主电路布线。

8. 检查电气布线

电气布线安装完成后，必须按要求进行检查。检查电气布线可按电路图、接线图进行，一般分为查号检查法、万用表检查法等两种检查方法。

（1）查号检查法

查号检查法是最常规的检查方法，特别对检查主电路布线和比较简单的控制电路布线比较有效。使用该方法主要是顺着电路的电流方向，逐相、逐段检查是否有掉线、错线，是否有漏编、错编等现象，以及检查各电气元件上所在接线端子（接头、接点）的接线是否符合工艺要求等。同时，还应检查电气设备及电气元件金属外壳上的接地线接线是否正确、牢固。

① 主电路检查方法

主电路可从接线端子排“L1”“L2”“L3”开始，按“L1、L2、L3”—“U11、V11、W11”—“U12、V12、W12”—“U13、V13、W13”—“U、V、W”线号顺序检查。

② 控制电路检查方法

控制电路可从控制电路的电源引线“U11”号线开始，按1—2—3—4—0线号顺序检查。

（2）万用表检查法

万用表检查法是在不通电时，用手动模拟各电器的操作、动作，使用万用表检查主电路、控制电路的通断情况。

使用万用表检查鼓风机控制线路的步骤和方法见表 2-18。

表 2-18 使用万用表检查鼓风机控制线路的步骤和方法

步骤	检 查 内 容	检查示意图与检查方法
1	检查主电路	 常态时  按下接触器触点架时 （1）万用表选择 $R\times1$ 挡并调零 （2）在不接电源时，合上电源隔离开关 QF，将万用表表笔搭接在接线端子排 L1-U、L2-V、L3-W 两接线柱间 （3）按下接触器触点架，使其主触点闭合，应分别检测到电阻值为 0。 （4）当松开接触器时，应分别检测到电阻值为∞
		检测结果：
2	检查控制电路	（1）万用表选择 $R\times100$ 挡并调零 （2）在不接电源、不合上电源隔离开关 QF 的状态下，将万用表表笔搭接在熔断器 FU1 的上接线柱“U11”“V11”两端，应检测到电阻值为∞ （3）按下起动按钮，应检测到接触器 KM 线圈的直流电阻值 （4）按下接触器 KM 触点架，应检测到接触器 KM 线圈的直流电阻值 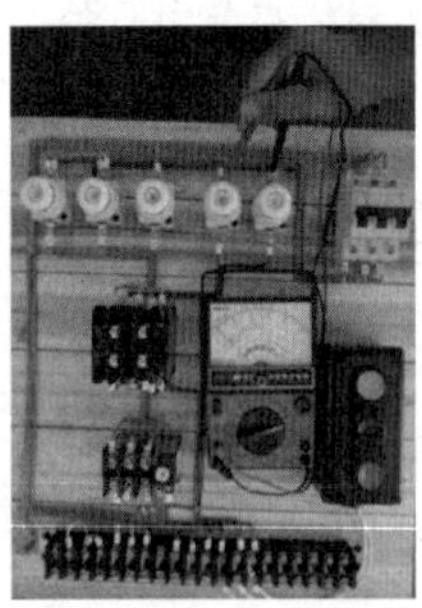 常态时 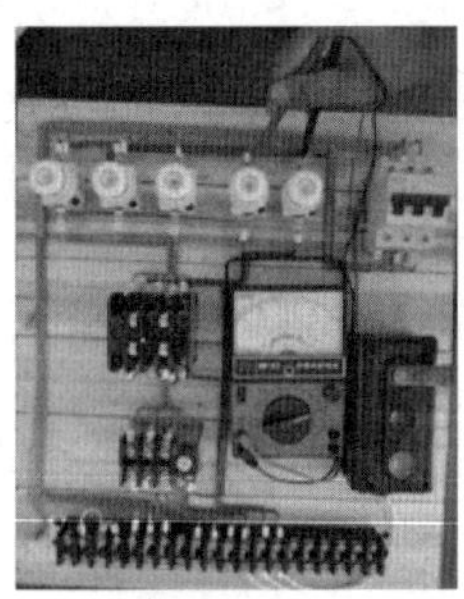 按下按钮时  按下接触器触点架时
		检测结果：
注	对于多支路的控制电路，可按控制线路的工作原理，逐条支路进行检测、判断	

9. 检测绝缘电阻

用兆欧表检查主、控电路的绝缘电阻值，应不小于 1 MΩ，其检测方法如图 2-37 所示。

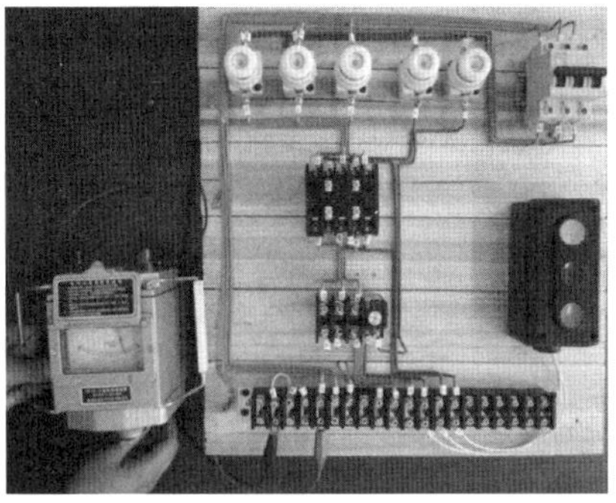

(a) 检测主电路绝缘电阻

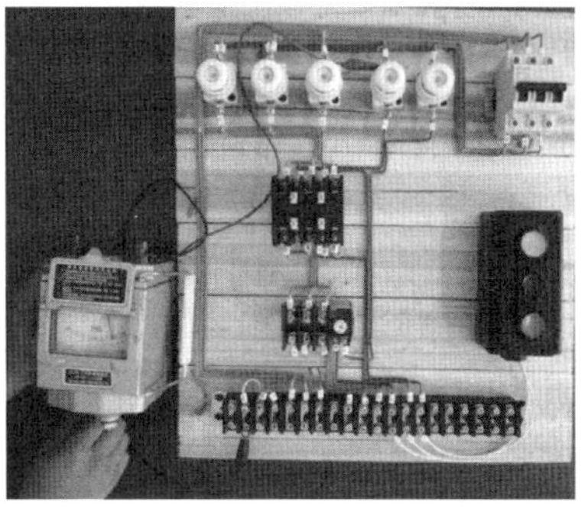

(b) 检测控制电路绝缘电阻

图 2-37　主、控电路绝缘电阻检测方法

10. 通电试车

通电试车分为空载试车和有载试车两个步骤。为保证通电试车时的人身和设备的安全，通电试车应遵守安全用电操作规程，由一人监护，一人操作。其中空载试车是指不接用电设备(电动机)，其主要目的是检测控制线路动作是否正常、电动机的电源电压是否平衡等；若正常，再接上电动机进行有载通电试车，并检查电动机的三相电流是否平衡。通电试车示意图如图 2-38 所示。

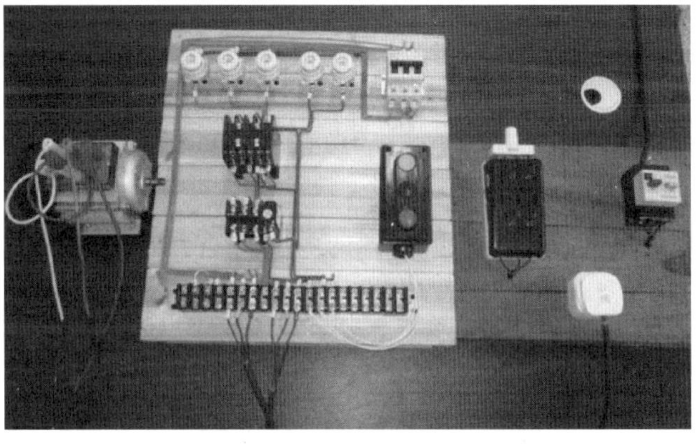

图 2-38　通电试车示意图

鼓风机控制线路通电试车过程见表 2-19。

表 2-19　鼓风机控制线路通电试车过程

步骤	试车内容	操作过程、操作方法、操作示意图	要求
1	验电	 （1）从动力配电箱引入电源到控制线路板中接线端子排 XT 的 L1、L2、L3 和 PE 处	电源接线应牢固、可靠
		 （2）接通电源后，用验电笔检测带金属外壳的电气设备或电气元件是否带电 检测结果：	验电笔不亮
		  （3）接通电源后，用验电笔或万用表检测接线端子排 XT、电源隔离开关 QF 上接线柱处三相电源是否正常 检测结果：	
		 电源隔离开关下接线柱验电   熔断器FU1上、下接线柱验电	验电笔发光，且亮度相同；相间电压为 380 V

续表

<table>
<tr><th>步骤</th><th>试车
内容</th><th>操作过程、操作方法、操作示意图</th><th>要求</th></tr>
<tr><td>1</td><td>验电</td><td>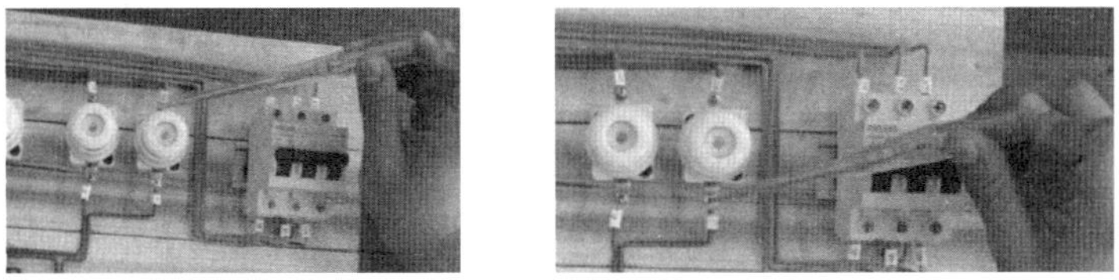
熔断器FU2上、下接线柱验电
（4）合上电源开关 QF，用验电笔或万用表检测电源隔离开关 QF 下接线柱、熔断器 FU1 与 FU2 上、下接线柱电源是否正常
检测结果：</td><td></td></tr>
<tr><td rowspan="4">2</td><td rowspan="4">空载
试车</td><td>（1）按下起动按钮 SB1，观察接触器 KM 是否吸合
</td><td>接触器 KM 应吸合</td></tr>
<tr><td>（2）待接触器 KM 吸合后，用验电笔或万用表检测接线端子排 XT 处 U、V、W 三相电源是否正常
</td><td>验电笔发光，且亮度相同；相间电压为 380 V</td></tr>
<tr><td>（3）按下停止按钮 SB2，观察接触器 KM 是否释放
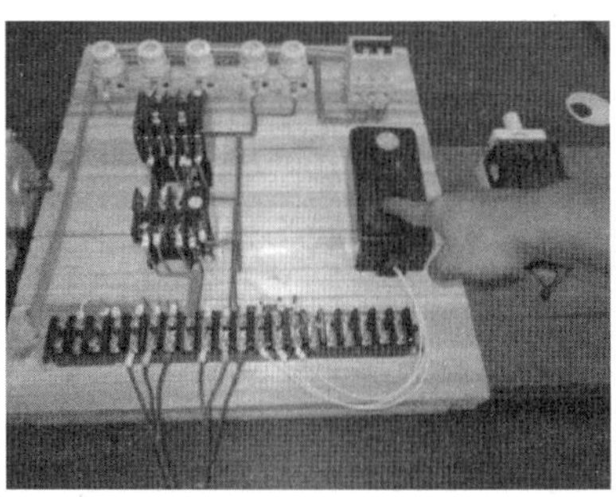</td><td>接触器 KM 应释放</td></tr>
<tr><td colspan="2">试车结果：</td></tr>
</table>

续表

步骤	试车内容	操作过程、操作方法、操作示意图	要求
3	有载试车	（1）从控制线路板接线端子排XT处引出U、V、W电源线和接地线PE连接到鼓风机电源线和接地端	接线牢固、可靠
		（2）按下起动按钮SB1，观察鼓风机是否起动运行，运转方向是否符合要求	鼓风机应按规定方向起动运转
		（3）用验电笔检测鼓风机外壳是否带电	验电笔应不亮
		（4）待鼓风机运转平稳后，用钳形电流表检测鼓风机三相电流 	三相电流应平衡，且与铭牌上额定电流相近
		（5）按下停止按钮SB2，观察鼓风机是否停止运转	鼓风机应停转
		试车结果：	
4	断电	当鼓风机停止运转后，切断电源隔离开关QF和断开配电箱电源开关；先拆除三相电源线和接地线，再拆除电动机电源线和接地线	
注意事项	在空载试车时，若发现鼓风机三相电源电压不平衡，则应查明原因后才能进行有载试车。 在有载试车时，若发现鼓风机旋转方向相反，则可按下停止按钮，切断电源后，将接线端子排引入鼓风机的电源线中任意两相对调接线，即可改变鼓风机旋转方向		

指点迷津　　通电试车工艺要求

通电试车工艺要求如下：

① 试车前检查　通电试车前，应确保控制线路正确、可靠，同时清理工作台，穿好绝缘鞋。检查与通电试车相关的电气设备是否存在不安全因素，若有应立即整改，才能试车。同时应仔细检查熔断器所配熔体、热继电器的整定电流是否符合要求。

② 连接电源　先从配电箱引入电源，合上电源隔离开关，用验电笔检测带金属外壳的用电设备及电气元件外壳是否带电，若带电，则必须查明原因后才能进行

下面操作。

③ 空载试车　是指不接用电设备(电动机)通电试车，先接通三相电源 L1、L2、L3，用万用表或验电笔检测接线端子排、电源隔离开关进线端是否有电，电压是否正确；然后合上电源隔离开关，用万用表或验电笔检查电源隔离开关出线端、熔断器进出线端是否有电。正常后按下起动按钮，观察电气元件的动作情况是否正常(动作是否灵活、有无卡阻及噪声过大等现象)，检测电动机电源进线端电压是否正常。

④ 有载试车　在空载试车成功后，可接上用电设备(电动机)再通电试车，观察用电设备运行情况是否正常等。观察过程中若发现异常现象，应立即停车。当用电设备运行平稳后，用钳形电流表测量用电设备三相电流是否平衡。

⑤ 通电试车完毕，先按下停止按钮，待电动机停转后切断电源。

任务评价

任务评价表见表 2-20。

表 2-20　任务评价表

任　务	评价标准		配分	扣分
识读电路图	(1) 元件名称、作用不清楚或有误 (2) 控制线路工作原理不熟悉或有误	每个扣 1 分 酌情扣 1~2 分	5	
选配工具、仪表	(1) 错选、漏选工具、仪表 (2) 工具、仪表使用方法不熟悉	每个扣 1 分 每个扣 1~2 分	5	
选配安装器材	(1) 器材选配不合理 (2) 型号规格及数量不符合要求	每个扣 0.5 分 每个扣 1 分	5	
申领、检测安装器材	(1) 申领安装器材不符合要求 (2) 检测安装器材有误 (3) 不会检测安装器材	每个扣 1 分 每个扣 2 分 扣 10 分	10	
安装电气元件	(1) 不按布置图安装 (2) 元件安装不牢固 (3) 元件安装不整齐、不匀称、不合理 (4) 损坏元件	扣 10 分 每只扣 2 分 每只扣 3 分 扣 10 分	10	

续表

<table>
<tr><th>任　务</th><th colspan="5">评 价 标 准</th><th>配分</th><th>扣分</th></tr>
<tr><td>电气布线</td><td colspan="5">（1）接线图识读有误　酌情扣 3~5 分
（2）不按电路图、接线图布线　扣 20 分
（3）布线不符合工艺要求　每根扣 1 分
（4）接点有松动、露铜过长、反圈、压绝缘层等　每个扣 1 分
（5）损伤导线绝缘层或线芯　每根扣 1 分
（6）编码套管套装不正确　每处扣 1 分
（7）漏接接地线　扣 10 分
（8）布线接线程序错误　扣 10 分</td><td>25</td><td></td></tr>
<tr><td>检查电气布线</td><td colspan="5">（1）检查方法不够规范合理　酌情扣 1~2 分
（2）检查结果不正确　扣 10 分</td><td>10</td><td></td></tr>
<tr><td>检测绝缘电阻值</td><td colspan="5">（1）兆欧表使用不规范、不熟练　酌情扣 2~3 分
（2）绝缘电阻值不合格　扣 2 分</td><td>5</td><td></td></tr>
<tr><td>通电试车</td><td colspan="5">（1）熔断器配错熔体规格　扣 3 分
（2）热继电器整定电流整定不合理　扣 3 分
（3）不会整定热继电器整定电流　扣 5 分
（4）验电操作不规范　扣 10 分
（5）通电试车操作不规范　扣 10 分
（6）通电试车不成功　每次扣 10 分</td><td>20</td><td></td></tr>
<tr><td>技术资料归档</td><td colspan="5">（1）工作任务记录单不填写或填写不完整　酌情扣 3~5 分
（2）技术资料不完整或不归档　酌情扣 3~5 分</td><td>5</td><td></td></tr>
<tr><td>职业素养</td><td colspan="6">要求在任务操作过程中穿工作服、绝缘鞋等防护装备；遵守安全操作规程，杜绝安全事故；爱惜实训设备、器材，不浪费材料，工具、仪表、器材等摆放规范，符合职业岗位要求；任务操作结束后，工具、仪表、材料、废料分类处置，实训工位干净整洁。违反上述要求酌情扣 5~40 分，情节严重者，可判本次任务操作训练为 0 分，甚至取消本次任务操作资格</td><td></td></tr>
<tr><td>定额时间</td><td colspan="6">240 min，每超时 5 min（不足 5 min 以 5 min 计）扣 1 分</td><td></td></tr>
<tr><td>备注</td><td colspan="6">除定额时间外，各项目的最高扣分不应超过配分数</td><td></td></tr>
<tr><td>开始时间</td><td></td><td>结束时间</td><td></td><td>实际时间</td><td></td><td>成绩</td><td></td></tr>
</table>

续表

学生自评：   学生签名：　　　　　年　　月　　日
教师评语：   教师签名：　　　　　年　　月　　日

任务 5 鼓风机控制线路的维修

任务目标

1. 熟悉电气控制线路维修的一般方法。
2. 会维修鼓风机控制线路。

任务准备

生产机械电气控制线路经常会出现各种各样的故障，将导致生产机械不能正常工作，不但影响生产效率，严重时会造成人身或设备事故。因此，发生故障后，电气维修人员必须采取正确的维修方法和步骤，及时、熟练、准确、迅速、安全地查出故障并加以排除，尽快使电气设备恢复正常工作。

1. 电气故障维修步骤

电气故障维修一般步骤如下：

调查故障现象	当电气设备发生故障后，切忌盲目动手维修。在维修前，应通过问、看、听、摸、闻等方法来了解电气设备故障前、后的运行情况和故障发生后出现的异常现象，根据故障现象来初步判断故障发生的部位，为准备维修工具、器材等提供条件
确定故障范围	对简单的电气设备控制线路，可采取每个电气元件、每根连接导线逐一检查的方法找到故障点；对复杂的电气设备控制线路，应根据电气设备的工作原理和故障现象，采用逻辑分析法结合外观检查、通电试验、仪表测量等方法来确定故障可能发生的范围
查找故障点	选择合适的维修方法查找故障点。常用的查找方法有：直观法、电压测量法、电阻测量法、短接法、试灯法、波形测试法等。查找故障点必须在确定的故障范围内，顺着检修思路逐点检查，直到找出故障点或故障元件
排除故障	针对不同的故障情况和部位，采取正确方法修复故障。对更换的新元件要注意使用相同型号、规格，并进行性能检测，确认性能完好后才可替换。在故障排除中，还要注意避免损坏周围的电气元件、导线等，防止故障扩大或产生新故障
通电试车资料归档	在故障修复后，应根据电气设备的操作方法重新通电试车，检查电气设备各项操作是否符合技术要求，并对设备进行复原；同时填写维修记录单，将相关技术资料归档

2. 电气故障调查方法

电气故障调查方法通常有“问、看、听、摸、闻”5 种。

①“问” 向电气设备的操作人员询问电气设备故障发生前后运行情况、故障发生后的症状等。例如，询问故障发生时是否有烟雾、跳火、异常声响和气味、异常振动，有无误操作等情况；故障发生前有无过载情况、频繁起动和停止等情况；电气设备使用年限、有无保养或改动控制线路；故障是偶尔发生还是经常发生；故障前有无其他人员维修等。

②“看” 观察故障发生后电气设备是否有明显的外部征兆，如熔断器内熔体是否熔断，各种信号灯的指示情况，保护电器是否有脱扣动作，接线是否有脱落、触点是否烧蚀或熔焊、线圈有无过热烧毁等情况。

③“听” 在电气设备还能运行和在不会扩大故障范围、不会损坏电气设备的前提下，通电试车，细听电动机、变压器、接触器及各种继电器运行时的声音是否正常，特别是要发现特殊的异常声音。

④“摸” 将电气设备通电运行一段时间后切断电源，然后用手触摸电动机、变压器及继电器线圈等有无明显的温升，是否有局部过热现象。若过热，则应检查其产生的原因，并排除。

⑤“闻” 在切断电源的前提下，打开电气设备的控制箱，闻电气设备中各电气

元件、电动机等有无异常气味，若有则表明该电气元件或电动机可能过热或烧毁。

3. 电气故障查找方法

查找电气故障时，应根据故障现象，分析故障可能的原因，有针对性地采用直观检查法、通电试验法、测量法、逻辑分析法等方法，准确地查找故障点、部位或元件。电气设备控制线路故障点查找法见表2-21。

表2-21　电气设备控制线路故障点查找方法

方　法	操作说明
直观检查法	通过问、看、听、摸、闻等直观方法，了解故障前后的运行情况和故障发生后出现的异常现象，以便根据故障现象判断出故障发生的部位，进而准确地排除故障
通电试验法	经外观检查未发现故障点时，可根据故障现象，结合控制线路电路图分析故障原因。在不扩大故障范围、不损伤电气和机械设备的前提下，直接进行通电试验，或拆除用电设备（从控制线路板接线端子排上卸下）通电试验，以分清故障可能在电气部分还是在机械等其他部分；是在电动机上还是在控制设备上；是在主电路上还是在控制电路上（如接触器吸合电动机不运转，则故障在主电路中；若接触器不吸合，则故障在控制电路中） 一般情况下，先检查控制电路，其具体方法是：操作某一开关或按钮时，控制电路中相关的接触器、继电器是否按规定的动作顺序进行工作。若依次动作至某一电气元件时，发现动作不符合要求，即说明该电气元件或相关电路有问题，再在此电路中进行逐项分析和检查，一般便可发现故障；当控制电路故障排除恢复正常后再接通主电路，检查对主电路的控制效果，观察主电路的工作情况有无异常
测量法	测量法是维修人员在检修电气设备故障时用来确定故障点的一种行之有效的检查方法。常用的测试工具和仪表有验电笔、万用表、钳形电流表、兆欧表、校验灯等，主要通过对电路进行带电或断电时有关参数（如电压、电阻、电流等）的测量，来判断电气元件的好坏、设备的绝缘情况及线路的通断情况等 在用测量法检查故障点时，一定要保证各测量工具和仪表完好，使用方法正确，同时还应注意防止感应电、回路电及其他并联支路的影响，以免产生误判 常用的测量方法有：温度测量法、电压测量法、电阻测量法和短接法等
逻辑分析法	根据电气设备控制线路中主电路所用电气元件的文字符号、图形符号及控制要求，找到相应的控制电路。在此基础上，结合故障现象和工作原理，进行认真的分析排查，就可迅速判断故障发生的可能范围 当故障可疑范围较大时，不必按部就班地逐级进行检查，可在故障范围的中间某一环节进行检查，以便迅速判断究竟故障发生在哪一部分，从而缩小故障范围，提高检修速度 逻辑分析法特别适用于复杂控制线路的故障检查

4. 电阻测量法

利用仪表测量控制线路上某点或某个元件的通、断情况，来确定电气故障点的方法称为电阻测量法。这种方法主要用万用表电阻挡对控制线路通断或元件好坏进行判断，可分为电阻分阶测量法和电阻分段法测量法两种。电阻测量法测量电路中的故障点具有简单、直观的特点。

下面以具有过载保护的接触器自锁正转控制线路中“按下起动按钮 SB1，接触器 KM 不能吸合”电气故障检测为例介绍电阻测量法。

（1）电阻分阶测量法

电阻分阶测量法就是将万用表一支表笔固定接触在控制电路的一端（一般为 0 号线端），另一支表笔逐阶测量其他线号点间的电阻值，当测量某相邻两阶的电阻值不正常时，则说明该跨接点为故障点。其测量方法和步骤如下：

① 测量前，先选择万用表合适倍率的电阻挡（R×100 或 R×1 k 挡），并调零。

② 断开电源开关，用验电笔验电，确保控制电路断电状态下才可进行测量。

③ 取下控制电路熔断器熔体，按下起动按钮 SB1 不放，按图 2-39 所示的测量方法，依次测量 0-4、0-3、0-2、0-1 各两点之间的电阻值。

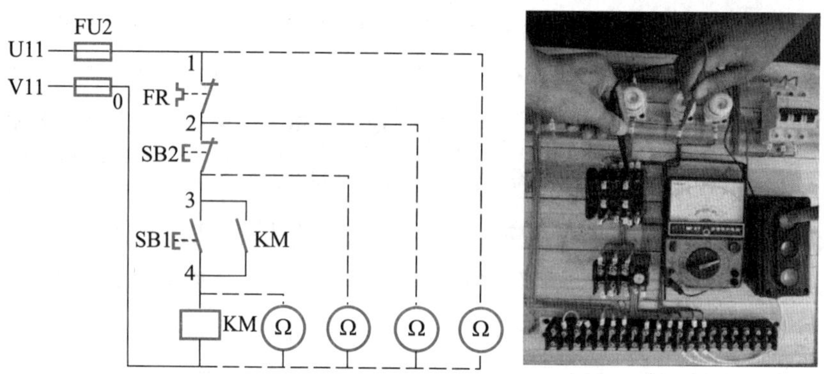

图 2-39　电阻分阶测量法示意图

④ 根据测量结果，判断出故障点，见表 2-22。

表 2-22　测量结果与故障点判断

故障现象	测试状态	0-4	0-3	0-2	0-1	故障点
按下起动按钮 SB1，接触器 KM 不能吸合	按下 SB1 不放	∞	–	–	–	0-4 线号间接触器 KM 线圈断路或接线松脱
		R	∞	–	–	3-4 线号间 SB1 动合触点接触不良或接线松脱

续表

故障现象	测试状态	0-4	0-3	0-2	0-1	故障点
按下起动按钮 SB1，接触器 KM 不能吸合	按下 SB1 不放	*R*	*R*	∞	-	2-3 线号间 SB2 动断触点接触不良或接线松脱
		R	*R*	*R*	∞	1-2 线号间 FR 动断触点接触不良或接线松脱

注：表中 *R* 表示两个线号间所测得的接触器线圈电阻值。

（2）电阻分段测量法

电阻分段测量法是用万用表测量相邻线号间电阻值，当测量到某相邻两点的电阻值很大时，则说明该两点间即为故障点。其测量方法与步骤如下：

① 断开电源开关，用验电笔验电，确保控制电路断电状态下才可进行测量。

② 取下控制电路熔断器熔体，按下起动按钮 SB1 不放，按图 2-40 所示的测量方法，用万用表 *R*×1 挡逐一测量 1-2、2-3、3-4 线号间的电阻值，若测得阻值为 0 表示线路和两点间的电气元件触点正常；若测得阻值很大，表示对应点间的连接线或电气元件触点可能接触不良或已开路。

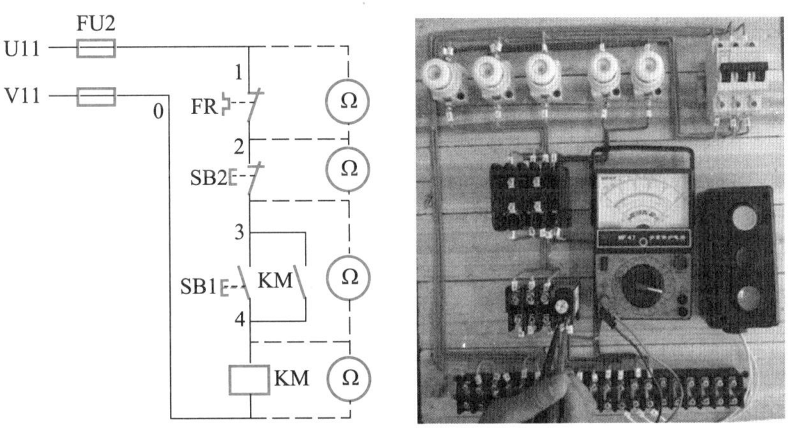

图 2-40 电阻分段测量法示意图

③ 按图 2-40 所示的测量方法，用万用表 *R*×100 或 *R*×1 k 挡测量 4-0 线号间接触器 KM 线圈的直流电阻值，若阻值超过接触器线圈直流电阻值很多，表示连接线或接触器线圈已断开。

④ 根据测量结果，判断出故障点，见表 2-23。

表 2-23　测量结果与故障点判断

故障现象	测试状态	1-2	2-3	3-4	4-0	故障点
按下起动按钮 SB1，接触器 KM 不能吸合	按下 SB1 不放	∞	-	-	-	1-2 线号间 FR 动断触点接触不良或接线松脱
		0	∞	-	-	2-3 线号间 SB2 动断触点接触不良或接线松脱
		0	0	∞	-	3-4 线号间 SB1 动合触点接触不良或接线松脱
		0	0	0	∞	4-0 线号间接触器 KM 线圈断路或接线松脱

指点迷津　　使用电阻测量法的注意事项

① 测量前一定要切断控制线路电源并验电，确认无电后才能测量。

② 若所测量电路与其他电路有并联，须将该电路与其他电路先断开，否则测量电阻值不准确。

③ 测量高电阻值电气元件时，要将万用表的电阻挡转换到合适挡位。

④ 测量时，可将电阻分阶测量法和分段测量法结合应用，以便迅速查明故障点。

5. 电压测量法

电压测量法就是通过检测控制线路各接线点之间的电压来判断故障的方法。可分为电压分阶测量法和电压分段测量法两种。测量时，应先将万用表转换开关置于合适的电压挡位（视控制电路、主电路的电源种类和电压值而定）。

下面以具有过载保护的接触器自锁正转控制线路中“按下起动按钮 SB1 时，接触器 KM 不能吸合”故障为例介绍电压测量法。

（1）电压分阶测量法

电压分阶测量法与电阻分阶测量法类似，就是将万用表一支表笔固定接触在控制电路的一端（一般为 0 号线端），另一支表笔逐阶测量其他线号间的电压，当测量某相邻两阶的电压值突然为 0 时，则说明该跨接点为故障点。

电压分阶测量法示意图如图 2-41 所示，其测量方法与步骤如下：

① 测量前，先将万用表的转换开关置于交流电压 500 V 挡。

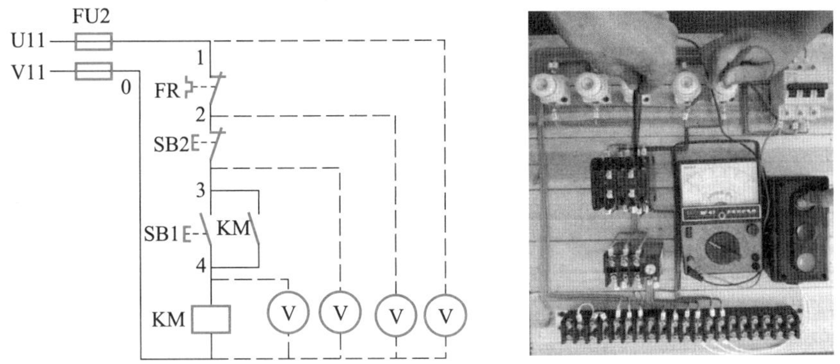

图 2-41　电压分阶测量法示意图

② 先测 U11、V11 两点间的电压，若电压为 380 V，则说明控制电路的电源电压正常，否则应先检查控制电路电源是否正常。

③ 按下起动按钮 SB1 不放，先后测 0-1、0-2、0-3、0-4 线号间的电压，若某处电压为 0，则说明该处有故障，其测量结果与故障点判断见表 2-24。

表 2-24　测量结果与故障点判断

故障现象	测试状态	0-1	0-2	0-3	0-4	故障点
按下起动按钮 SB1，接触器 KM 不能吸合	按下 SB1 不放	0	-	-	-	熔断器 FU2 熔体熔断或接触不良
		380 V	0	-	-	1-2 线号间 FR 动断触点接触不良或接线松脱
		380 V	380 V	0	-	2-3 线号间 SB2 动断触点接触不良或接线松脱
		380 V	380 V	380 V	0	3-4 线号间 SB1 动合触点接触不良或接线松脱
		380 V	380 V	380 V	380 V	0-4 线号间接触器 KM 线圈断路或接线松脱

（2）电压分段测量法

电压分段测量法就是分段测量两个线号间的电压值，当测量某相邻两线号间的电压值突变为控制电路电压时，则说明该跨接点为故障点。

电压分段测量法示意图如图 2-42 所示，其测量步骤及方法如下：

① 测量前，先将万用表转换开关置于交流电压 500 V 挡。

② 接通电源，先测量 0 和 1 点之间的电压是否为 380 V，若为 380 V 则说明控制

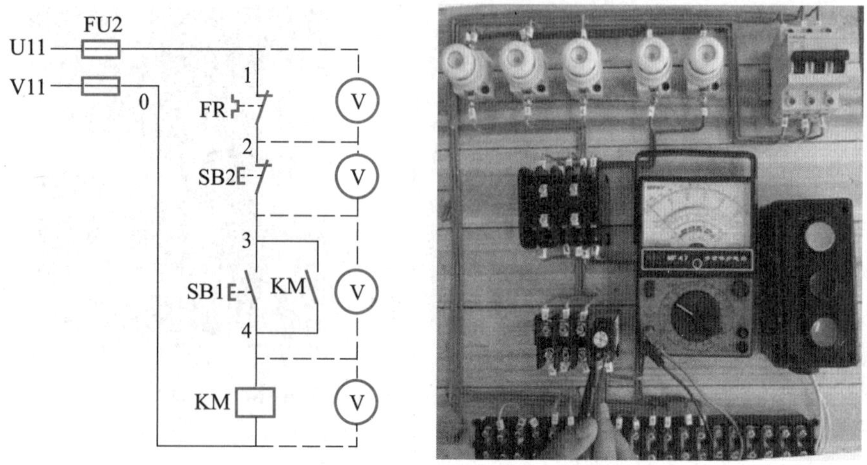

图 2-42 电压分段测量法示意图

电路电源正常，否则应先检查控制电路电源是否正常。

③ 按下起动按钮 SB1 不放，先分别测量 1-2、2-3、3-4、4-0 线号之间的电压。根据测量结果即可找出故障点。其可能的故障点推断方法是：若某两线号间电压为 380 V（控制电路电源电压值），其他线号间电压为 0，则说明这两线号间的触点接触不良或接线松脱，见表 2-25。但对接触器的线圈，最好用万用表测量其直流电阻值，以判断线圈是否断路或接线松脱等故障。

表 2-25 测量结果与故障点判断

故障现象	测试状态	1-2	2-3	3-4	4-0	故障点
按下起动按钮 SB1，接触器 KM 不能吸合	按下 SB1 不放	380 V	0	0	0	1-2 线号间热继电器 FR 动断触点接触不良或接线松脱
		0	380 V	0	0	2-3 线号间停止按钮 SB2 动断触点接触不良或接线松脱
		0	0	380 V	0	3-4 线号间起动按钮 SB1 动合触点接触不良或接线松脱
		0	0	0	380 V	4-0 线号间接触器 KM 线圈断路或接线松脱

知识链接

电气元件常见故障及处理方法

常用的低压断路器、低压熔断器、接触器、热继电器、按钮等电气元件的常见故障及处理方法见表 2-26。

表 2-26　电气元件常见故障及处理方法

元件名称	故障现象	可 能 原 因	处 理 方 法
低压断路器	不能合闸	(1) 欠电压脱扣器无电压或线圈损坏 (2) 储能弹簧变形 (3) 反作用弹簧力过大 (4) 机械不能复位再扣	(1) 检查电压或更换线圈 (2) 更换储能弹簧 (3) 重新调整 (4) 调整再扣接触面到规定值
	电流达到整定值，断路器不动作	(1) 热脱扣器双金属片损坏 (2) 电磁脱扣器的衔铁与铁心距离太大或电磁线圈损坏 (3) 主触点熔焊	(1) 更换双金属片 (2) 调整衔铁与铁心的距离或更换新断路器 (3) 检查原因并更换触点
	起动电动机时断路器立即分断	(1) 电磁脱扣器瞬时动作整定值过小 (2) 电磁脱扣器损坏	(1) 调高整定值至规定值 (2) 更换脱扣器
	断路器闭合后，经一定时间自行分断	热脱扣器整定值过小	调高整定值至规定值
	断路器温升过高	(1) 触点压力过小 (2) 触点表面磨损或接触不良 (3) 两个导电零件连接螺钉松动	(1) 调整触点压力或更换弹簧 (2) 更换触点或修整接触器 (3) 重新拧紧
低压熔断器	电路接通瞬间，熔体熔断	(1) 熔体电流等级选择过小 (2) 负载侧短路或接地 (3) 熔体安装时受机械损伤	(1) 更换熔体 (2) 排除负载故障 (3) 更换熔体
	熔体未见熔断，但电路不通	熔体或接线座接触不良	重新连接

续表

元件名称	故障现象	可能原因	处理方法
按钮	触点接触不良	(1) 触点烧损 (2) 触点表面有尘垢 (3) 触点弹簧失灵	(1) 修整触点或更换产品 (2) 清理触点表面 (3) 更换产品
	触点间短路	(1) 塑料受热变形，导致接线螺钉相碰而短路 (2) 杂物或油污在触点间形成短路	(1) 更换产品，并查明发热原因 (2) 清洁按钮内部
接触器	触点过热	(1) 动、静触点间的电流过大(触点容量选择不当或带故障运行；系统电压过高或过低；用电设备超负荷运行等) (2) 动、静触点间的接触电阻过大(触点压力不足；触点表面接触不良)	(1) 更换接触器；检查系统电源电压是否正常；检查设备是否超负荷 (2) 更换触点压力弹簧；修整触点表面等
	触点磨损	(1) 电磨损 (2) 机械磨损	更换新触点，若磨损过快，应查明原因，排除故障
	触点熔焊	(1) 接触器容量选择不当，负载电流超过触点容量 (2) 触点压力过小 (3) 线路过载，使通过触点的电流过大	(1) 选择合适的接触器 (2) 更换和调整触点压力弹簧 (3) 查明原因后更换新触点
	铁心噪声大	(1) 衔铁与铁心的接触面接触不良或衔铁歪斜 (2) 短路环损坏 (3) 机械方面原因	(1) 修整铁心接触面 (2) 更换短路环 (3) 消除机械原因
	衔铁吸不上	(1) 线圈引出线连接处脱落、线圈断线或烧毁 (2) 电源电压过低 (3) 机械部分卡阻	(1) 更换线圈 (2) 查电压过低原因 (3) 消除机械原因

续表

元件名称	故障现象	可 能 原 因	处 理 方 法
接触器	衔铁不能释放	（1）触点熔焊 （2）机械部分卡阻 （3）反作用弹簧损坏 （4）铁心端面有油污 （5）E 形铁心的防剩磁间隙过小导致剩磁过大	（1）更换触点 （2）消除机械原因 （3）更换反作用弹簧 （4）清除铁心端面油污 （5）调整剩磁间隙
	线圈过热或烧毁	（1）线圈匝间短路（线圈绝缘损坏或受机械损伤，形成匝间短路或局部对地短路） （2）铁心与衔铁闭合时有间隙 （3）线圈两端电压过高或过低	（1）更换线圈 （2）调整铁心与衔铁间的间隙 （3）检查线圈电源电压，保证线圈电压符合参数要求
热继电器	热元件烧断	（1）负载侧电流过大或短路 （2）动作频率过高	（1）排除故障，更换热继电器 （2）更换参数合适的热继电器
	热继电器不动作	（1）热继电器的额定电流值选择不合适 （2）整定值偏大 （3）动断触点接触不良 （4）热元件烧断或脱焊 （5）动作机构卡阻 （6）导板脱出	（1）按所保护设备额定电流重新选择 （2）合理调整整定值 （3）消除触点接触不良因素 （4）更换热继电器 （5）消除卡阻原因 （6）重新调整并调试
	动作不稳定，时快时慢	（1）内部机构某些部件松动 （2）双金属片变形 （3）通电电流波动太大 （4）接线螺钉松动	（1）将这些部件加以固定 （2）更换双金属片 （3）检查电源电压或所保护设备 （4）拧紧接线螺钉
	主电路断相	（1）热元件烧断 （2）接线螺钉松动或脱落	（1）更换热元件或热继电器 （2）将接线螺钉紧固
	控制电路不通	（1）动断触点烧坏或接触不良 （2）可调整式旋钮转到了不合适的位置 （3）动作后没有复位	（1）更换触点或簧片或热继电器 （2）调整旋钮或螺钉 （3）按动复位按钮

续表

元件名称	故障现象	可 能 原 因	处 理 方 法
热继电器	动作太快	（1）整定值偏小 （2）电动机起动时间太长 （3）连接导线太细 （4）操作频率太高 （5）可逆转换（正反转）太频繁 （6）安装环境温度与电动机所处环境温差太大	（1）合理调整整定值 （2）按起动时间的要求，选择具有合适的可返回时间的热继电器或在起动过程中将热继电器短接 （3）选择合适的连接导线 （4）更换合适的型号 （5）可改用其他保护形式 （6）按两地温差选用配置合适的热继电器

任务操作

由指导教师在主电路、控制电路中各设一处故障。

1. 观察故障现象

以“按下起动按钮 SB1，鼓风机不能起动”故障为例进行介绍。

观察故障现象可以通过询问设备使用人员、现场调查、通电试车等方法来了解。除出现短路故障等情况外，在排除影响通电试车的因素后，都可通过通电试车法来观察故障现象。通电试车法通常有不带负载试车法和带负载试车法两种。

不带负载试车法就是从接线端子排处拆下用电设备的电源线，然后通电试车，主要是观察控制线路中接触器等电气元件的动作情况。若电气元件动作正常，则再用万用表测量接线端子排处用电设备电源电压是否正常，若不正常，则故障在主电路，否则为电动机及其电源连接线故障；若电气元件动作不正常，则故障在控制线路中。不带负载试车观察故障现象的步骤如下：

① 从控制线路板接线端子排处拆下鼓风机电源线。

② 用万用表、兆欧表检查主、控电路是否存在短路故障和绝缘不良现象。

③ 检查控制线路板及电源是否存在影响空载通电试车的因素，若有，应排除这些因素，否则不得进行通电试车。

④ 合上电源隔离开关 QF，用验电笔确认电气元件外壳是否带电、确认电源隔离开关 QF 和熔断器 FU1 接线柱电源是否正常。若电气元件外壳带电，切不可进行通电试车，必须先排除漏电故障后，才能进行通电试车。

⑤ 按下起动按钮 SB1，观察接触器动作情况，测量接线端子排 U、V、W 处鼓

风机电源电压是否正常，并将故障现象记录在表 2-27 的维修记录单中。

表 2-27　维修记录单

______号

设备型号		设备名称		设备编号	
故障日期		检修人员		操作人员	
故障现象					
分析故障原因(范围)					
故障部位					
故障修复措施					
引起故障原因					
负责人评价	负责人签字：　　　年　　月　　日				

带负载试车法必须排除影响电气设备正常工作的因素后才能进行，通过观察接触器、用电设备工作情况，用逻辑分析法判断故障部位，其试车步骤与不带负载试车法基本相同。

本任务操作中，发现除“鼓风机不能起动”现象外，在通电进行空载试车时还发现“接触器 KM 不能吸合”的故障现象。

2. 选配维修工具、仪表、器材、资料

根据所观察到的鼓风机故障现象，正确选配维修工具、仪表、器材及资料。

① 常用电工工具　验电笔、螺钉旋具、尖嘴钳、斜口钳、剥线钳、电工刀等。

② 常用电工仪表　万用表、钳形电流表、500 V 级兆欧表等。

③ 技术资料　鼓风机控制线路电路图、布置图、接线图、维修记录单等。

④ 其他器材　绝缘胶带、常用配件、劳保用品等。

以上工器具由学生根据任务操作需要自行选配。

3. 分析故障范围

根据故障现象，分析引起“鼓风机不能起动，接触器 KM 不能吸合”的故障原因，可能是接触器 KM 机械卡阻、控制电路出现断路等故障造成不能吸合。因此，可在切断电源的情况下，用螺丝刀轻轻按下接触器触点架，检查接触器是否存在卡阻现象。当排除此种可能性后，可以初步确定故障范围在控制电路中。

通过分析鼓风机控制线路电路图，故障可能为熔断器 FU2 熔体熔断、FR 等电气元件触点接触不良、接触器 KM 线圈开路、控制电路接线松脱等，如图 2-43 所示，并将分析结果填入表 2-27 的维修记录单中。

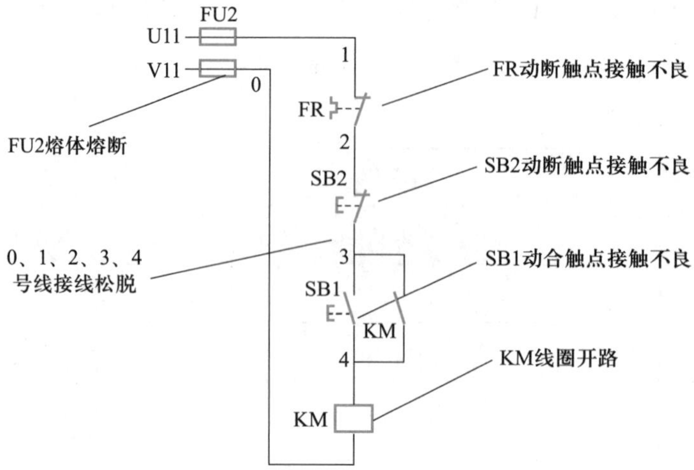

图 2-43 接触器 KM 不能吸合故障范围

4. 用测量法查找故障部位

本任务操作要求采用电阻测量法查找故障部位，可先切断控制线路板电源，再将万用表置于倍率合适的电阻挡，然后进行测量，测量步骤与方法见表 2-28(以按下按钮 SB1,接触器 KM 不能吸合为例)，并将故障部位填入表 2-27 的维修记录单中。

表 2-28 鼓风机控制线路故障部位查找步骤与方法

序号	测量步骤、测量方法、测量示意图	正确结果	检测结果
1	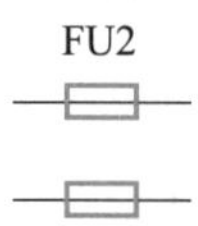  用万用表 $R\times1$ 挡测量熔断器 FU2 “U11-1” 和 “V11-0” 线号间的电阻值	0	
2	  用万用表 $R\times1$ 挡测量热继电器 FR 动断触点 “1-2” 线号间的电阻值	0	

续表

序号	测量步骤、测量方法、测量示意图	正确结果	检测结果
3	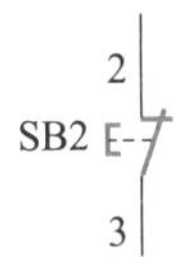  用万用表 $R\times1$ 挡测量停止按钮 SB2 动断触点“2-3”线号间的电阻值	0	
4	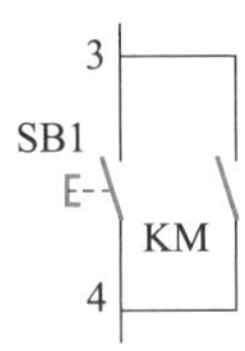  按下起动按钮 SB1，用万用表 $R\times1$ 挡测量其动合触点“3-4”线号间的电阻值	0	
5	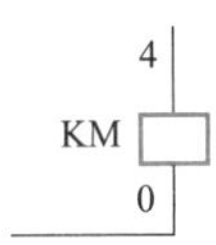  用万用表 $R\times100$ 或 $R\times1\ \text{k}$ 挡测量 KM 线圈两端“4-0”线号间的电阻值	1～2 kΩ	
故障部位			

在实际维修工作中，确定故障点仅仅是维修工作过程中的一环，由于出现故障不是千篇一律的，即使是同一种故障现象，发生故障的部位也不一定相同。因此，采用以上介绍的步骤和方法时，不宜生搬硬套，而应按不同的故障现象灵活选用故障查找方法，力求迅速、准确地找出故障部位，查明故障原因，及时、正确地排除故障。

5. 修复故障

根据故障部位的情况，采取正确的维修方法迅速排除故障，并将故障修复措施填入表 2-27 的维修任务单中。

在维修中，对于损坏的电气元件，可用相同型号与规格的电气元件代换；对于接线松脱、接点损坏等情况，可用同规格的导线代换。

6. 通电试车

维修完毕后，先进行空载通电试车或局部空载校验。即合上电源开关 QF，按下起动按钮 SB1，观察接触器 KM 动作情况，测量鼓风机电源电压是否正常。

当空载试车合格后，可以进行有载通电试车。即切断电源重新连接鼓风机的电源线，在监护人的监护下，合上电源隔离开关 QF，按下起动按钮 SB1，观察接触器 KM 动作情况和鼓风机的运行情况是否正常，运转方向是否符合要求，再用钳形电流表测量鼓风机三相电流是否平衡等。

7. 分析引起故障的原因

作为维修人员，最重要的是要分析引起故障的原因，必须消除产生故障的原因，才能有效地避免重复发生同类故障。

8. 交付使用

经试车合格后，整理维修现场，填写维修记录单并存档，然后交付使用。

指点迷津　　鼓风机控制线路电气故障维修注意事项

① 维修前可向指导教师领取鼓风机控制线路电路图、布置图、接线图及相关技术资料，熟悉鼓风机控制线路中各电气元件的作用和线路工作原理。

② 观察故障现象应认真、仔细、全面，特别应注意故障现象中的细微区别；发现异常情况应立即切断电源，并向指导教师报告。

③ 工具、仪表使用要规范，避免造成错误判断。

④ 故障分析思路、方法要正确、有条理，应将故障范围尽量缩小。

⑤ 用验电笔检测故障时，必须检查验电笔是否符合使用要求。

⑥ 带电维修及通电试车时，必须有指导教师(或工作负责人)在现场监护，以确保用电安全。

知识链接

鼓风机控制线路常见故障现象、原因分析及检查方法

鼓风机控制线路常见故障现象、原因分析及检查方法见表 2-29。

表 2-29　鼓风机控制线路常见故障现象、原因分析及检查方法

故障现象		原因分析	查找故障部位的方法
按下起动按钮 SB1，鼓风机不能起动	接触器 KM 吸合，电动机发出“嗡嗡”声	故障原因可能为电源电路、主电路或电动机本身故障： （1）电源缺相 （2）电源隔离开关 QF 一相断路 （3）熔断器 FU1 有一相熔体熔断 （4）接触器 KM 主触点一相接触不良 （5）热继电器 FR 热元件一相断路 （6）鼓风机电动机定子绕组断路或绕组匝间短路 （7）鼓风机电动机定子、转子气隙中灰尘、油泥过多，将转子抱住 （8）鼓风机电动机轴承损坏、转子扫膛	（1）用验电笔或万用表检查电源电路 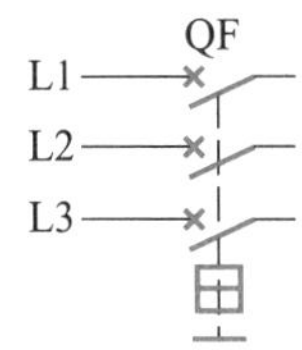 （2）检查主电路中 QF、FU1、KM、FR 等电气元件(除电阻测量法、电压测量法外，还可在卸下鼓风机电源线的条件下，用验电笔查找故障部位，即从三相电源进线端开始逐相、逐点测量各点是否有电。若有电，则故障在控制电路；若某点无电，则故障点在主电路中有电与没电两点间) 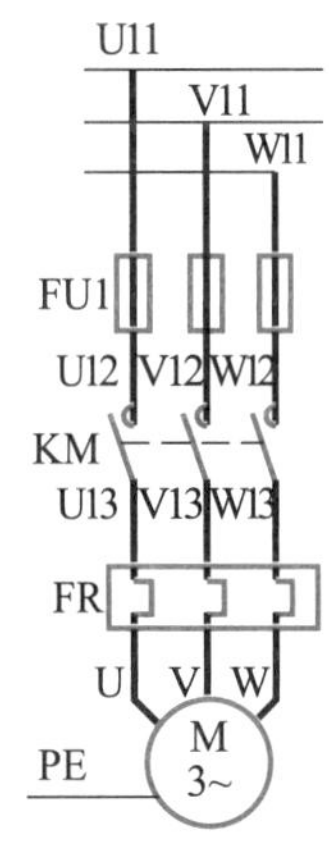 （3）检查电动机 （可用钳形电流表测量电动机三相电流是否平衡；切断电源，用万用表测量绕组是否断路；转动电动机转子，检查旋转是否灵活）

续表

<table>
<tr><th colspan="2">故障现象</th><th>原因分析</th><th>查找故障部位的方法</th></tr>
<tr><td rowspan="3">按下起动按钮SB1，鼓风机不能起动</td><td rowspan="3">接触器KM不能吸合</td><td rowspan="3">（1）电源电路故障
①电源隔离开关QF触点接触不良或损坏
②电源连接线松脱
（2）控制电路故障
①熔断器FU2熔体熔断
②热继电器FR动断触点接触不良或动作后未复位
③停止按钮SB2动断触点接触不良
④起动按钮SB1动合触点接触不良
⑤接触器KM线圈断路或损坏
（3）接触器机械卡阻</td><td>（1）电源电路检查可参考上例故障</td></tr>
<tr><td>（2）控制电路检查
（除电阻测量法外，还可用验电笔查找故障部位：合上电源隔离开关QF，用验电笔按1—2—3—4—0顺序逐点检查控制电路中各点是否带电，故障点应在有电与没电两点之间）
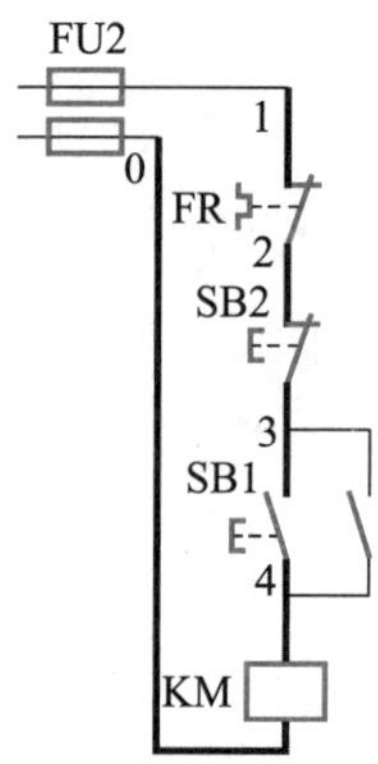
</td></tr>
<tr><td>（3）切断电源后，用螺丝刀轻轻按下接触器触点架，判断是否有卡阻现象
注：当发生热继电器故障时，应检查鼓风机是否过载</td></tr>
<tr><td colspan="2">按下起动按钮SB1，鼓风机运转，松开按钮后鼓风机即停转</td><td>（1）接触器KM自锁触点接触不良
（2）自锁触点接线松脱</td><td>切断电源后，按下接触器触点架，用万用表电阻挡测量“3-4”线号间的电阻值；若电阻为∞，说明自锁触点KM接触不良
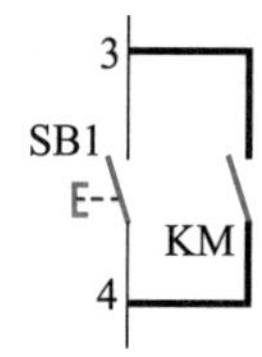
</td></tr>
</table>

续表

故障现象	原因分析	查找故障部位的方法
按下停止按钮 SB2，鼓风机不能停转	故障原因是接触器 KM 不能释放 （1）停止按钮 SB2 触点熔焊或卡住 （2）接触器 KM 可动部分卡住 （3）接触器 KM 铁心接触面有油污，上、下粘住 （4）接触器 KM 主触点熔焊	（1）切断电源后，按下 SB2 后用万用表电阻挡检查其通断情况  （2）切断电源后，用万用表电阻挡检查接触器主触点通断情况 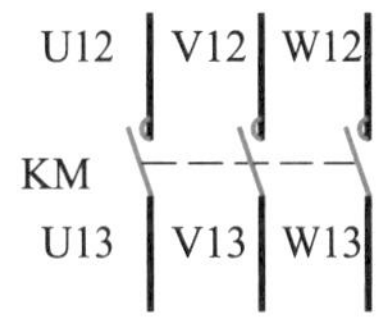
按下起动按钮 SB1，鼓风机运转，接触器 KM 有异常响声	（1）电源电压过低 （2）接触器铁心接触面有异物，使铁心接触不严密 （3）接触器铁心上短路环断裂	用万用表交流电压 500 V 挡测量 FU2 上电压，观察是否正常。若正常，则为接触器故障，可拆下接触器进行检查

任务评价

任务评价表见表 2-30。

表 2-30　任务评价表

任　务	评价标准	配分	扣分
观察故障现象	（1）故障现象观察不正确　扣 10 分 （2）故障现象描述有误　酌情扣 3~5 分 （3）故障现象观察不到位　酌情扣 3~5 分	10	
工具、仪表、器材、资料选配与使用	（1）工具、仪表、器材及资料选配不当　每个扣 1 分 （2）工具、仪表使用不规范　每次扣 3 分 （3）损坏工具、仪表　扣 10 分	10	

续表

任务	评价标准	配分	扣分
分析故障范围	（1）故障范围分析思路不清晰　扣10分 （2）故障范围太大　扣5分 （3）不能确定故障范围　扣10分	15	
查找故障部位	（1）故障检查方法不正确、不规范　扣10分 （2）故障部位判断错误　每个扣10分	20	
故障排除	（1）停电不验电　扣5分 （2）排故思路不清晰　每个故障点扣5分 （3）排故方法不正确　每个故障点扣5分 （4）不能排除故障　每个故障点扣10分 （5）通电试车不成功　扣25分	30	
分析故障的原因	（1）分析故障原因不正确　扣5分 （2）不会分析故障原因　扣10分	10	
技术资料归档	（1）维修记录单不填写或填写不完整　酌情扣3~5分 （2）技术资料不完整或不归档　酌情扣3~5分	5	
其他	（1）产生新故障不能自行修复　每个扣10分 （2）产生新故障能自行修复　每个扣5分 （3）损坏鼓风机、电气元件　扣10分 注：本项从总分中扣除		
职业素养	要求在任务操作过程中穿工作服、绝缘鞋等防护装备；遵守安全操作规程，杜绝安全事故；爱惜实训设备、器材，不浪费材料，工具、仪表、器材等摆放规范，符合职业岗位要求；任务操作结束后，工具、仪表、材料、废料分类处置，实训工位干净整洁。违反上述要求酌情扣5~40分，情节严重者，可判本次任务操作训练为0分，甚至取消本次任务操作资格		
定额时间	40 min，每超时5 min（不足5 min以5 min计）扣5分		
备注	除定额时间外，各项目的最高扣分不应超过配分数		

开始时间		结束时间		实际时间		成绩	

学生自评：

学生签名：　　　　年　　月　　日

教师评语：

教师签名：　　　　年　　月　　日

任务 6　认识连续与点动混合正转控制线路

任务目标

1. 熟悉连续与点动混合正转控制线路的构成和工作原理。
2. 会绘制连续与点动混合正转控制线路电路图。
3. 熟悉连续与点动混合正转控制线路在电气控制设备中的典型应用。

任务准备

电气控制设备正常工作时，一般需要电动机处在连续运转状态。但在试车或调整刀具与工件的相对位置时，又需要电动机能点动控制，如 T68 型镗床主轴电动机、CA6140 型车床刀架快速移动电动机等就有这样的控制要求。实现这种工艺要求的是连续与点动混合正转控制线路。

1. 连续与点动混合正转控制线路的构成

图 2-44 所示为连续与点动混合正转控制线路电路图。该控制线路是在起动按钮 SB1 的两端并接了一个复合按钮 SB2 来实现连续与点动混合正转控制。其中按钮 SB2 的动断触点与接触器 KM 的自锁触点串接。

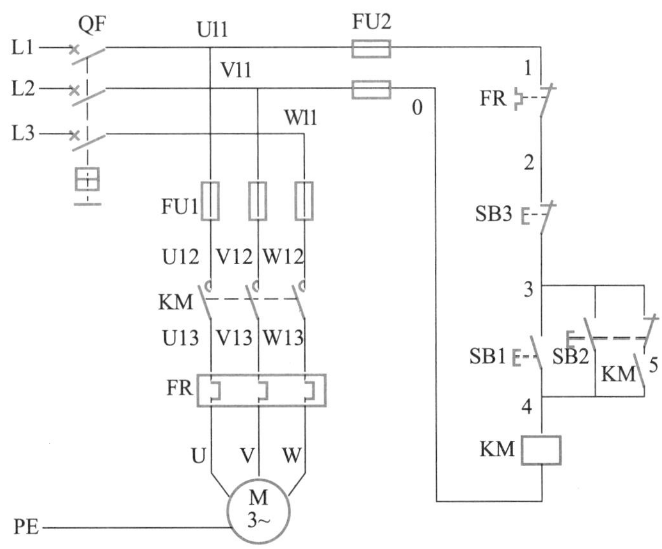

图 2-44　连续与点动混合正转控制线路电路图

2. 连续与点动混合正转控制线路的工作原理

图 2-44 所示连续与点动混合正转控制线路的工作原理如下：合上电源隔离开关 QF。

（1）连续运转控制

起动：

按下 SB1→KM 线圈通电→{KM 主触点闭合；KM 自锁触点闭合自锁}→电动机 M 连续运转

停止：

按下 SB3→KM 线圈断电→{KM 主触点分断；KM 自锁触点分断解除自锁}→电动机 M 断电停转

（2）点动运转控制

起动：

按下SB2→{SB2 动断触点先分断，切断自锁电路；SB2 动合触点后闭合→KM线圈通电→{KM 自锁触点闭合，但此时起不到自锁作用；KM 主触点闭合→电动机 M 通电起动运转}}

停止：

松开SB2→{SB2 动合触点先恢复分断→KM 线圈断电；SB2 动断触点后恢复闭合(此时KM自锁触点已分断)}→{KM自锁触点分断；KM主触点分断}→KM断电停转

任务操作

1. 认识连续与点动混合正转控制线路的构成

根据图 2-44 所示的连续与点动混合正转控制线路电路图，认识各电气元件的名称、符号。

2. 识读连续与点动混合正转控制线路电路图

根据图 2-44 所示的连续与点动混合正转控制线路电路图，先识读主电路，后识读控制电路。分析用电设备与控制元件的对应关系、主电路中各控制元件的作用、电源的种类和电压等级；分析控制电路的电源种类和电压等级、控制元件的作用和控制关系。

3. 分析连续与点动混合正转控制线路的工作原理

根据图 2-44 所示的连续与点动混合正转控制线路电路图，分析电动机连续运转控制与点动运转控制的工作原理，说明连续与点动混合正转控制线路在电气控制设备中的典型应用。

4. 绘制连续与点动混合正转控制线路电路图

正确绘制连续与点动混合正转控制线路电路图。

任务评价

任务评价表见表 2-31。

表 2-31　任务评价表

<table>
<tr><th>任务</th><th colspan="5">评价标准</th><th>配分</th><th>扣分</th></tr>
<tr><td>认识控制线路的构成</td><td colspan="5">（1）元件名称认识有误　每个扣 1 分
（2）元件图形符号、文字符号认识有误　每个扣 1 分</td><td>10</td><td></td></tr>
<tr><td>识读控制线路电路图</td><td colspan="5">（1）主、控电路电源种类和电压等级分析有误　各扣 2 分
（2）主电路中各控制元件的作用分析有误　每个扣 2 分
（3）控制电路中各控制元件的作用分析有误　每个扣 2 分</td><td>30</td><td></td></tr>
<tr><td>分析控制线路的工作原理</td><td colspan="5">（1）连续运转控制工作原理分析有误　酌情扣 5~10 分
（2）点动运转控制工作原理分析有误　酌情扣 5~10 分
（3）说明在电气控制设备中的典型应用有误　酌情扣 2~3 分</td><td>30</td><td></td></tr>
<tr><td>绘制控制线路电路图</td><td colspan="5">（1）图线不横平竖直、间隔不均匀　每处扣 1 分
（2）元件图形符号、文字符号不正确　每处扣 2 分
（3）电路标号不正确、书写不规范　每处扣 1 分
（4）图面不整洁、图样不清晰　扣 2 分
（5）控制线路功能不齐全　酌情扣 5~20 分</td><td>25</td><td></td></tr>
<tr><td>技术资料归档</td><td colspan="5">技术资源不完整或不归档　酌情扣 3~5 分</td><td>5</td><td></td></tr>
<tr><td>职业素养</td><td colspan="6">要求在任务操作过程中穿工作服、绝缘鞋等防护装备；遵守安全操作规程，杜绝安全事故；爱惜实训设备、器材，不浪费材料，工具、仪表、器材等摆放规范，符合职业岗位要求；任务操作结束后，工具、仪表、材料、废料分类处置，实训工位干净整洁。违反上述要求酌情扣 5~40 分，情节严重者，可判本次任务操作训练为 0 分，甚至取消本次任务操作资格</td><td></td></tr>
<tr><td>定额时间</td><td colspan="6">40min，每超时 5min（不足 5min 以 5min 计）扣 5 分</td><td></td></tr>
<tr><td>备注</td><td colspan="6">除定额时间外，各项目的最高扣分不应超过配分数</td><td></td></tr>
<tr><td>开始时间</td><td></td><td>结束时间</td><td></td><td>实际时间</td><td></td><td>成绩</td><td></td></tr>
<tr><td colspan="8">学生自评：
学生签名：　　　年　　月　　日</td></tr>
<tr><td colspan="8">教师评语：
教师签名：　　　年　　月　　日</td></tr>
</table>

项目3

换气扇控制线路的安装与维修

——正反转控制线路的安装与维修

项目目标

学完本项目后，你应当：

★ 能绘制和识读三相异步电动机正反转控制线路电路图、布置图和接线图。

★ 熟悉三相异步电动机正反转控制线路工作原理。

★ 会根据工作任务要求安装、调试、运行和维修换气扇控制线路。

项目描述

电动机正转控制线路只能让电动机朝一个方向旋转，带动的生产机械也只能朝一个方向运动。但在生产实际中，像生产车间换气扇的通风换气、生产机械运料小车的往返运动、机床工作台的前进与后退及X62W型万能铣床主轴的顺铣与逆铣、起重机吊钩的上升与下降等，都要求电动机能够实现正、反转控制。

图3-1　换气扇

现有某企业需要安装一台换气扇，以实现车间送风与排风功能，如图3-1所示。电工小张领到了电工车间主任分配给他的工作任务单，见表3-1。

表 3-1 工作任务单

某企业工作任务单 编号——0003

<table>
<tr><td>工作任务</td><td colspan="3">安装 1#机加工车间换气扇控制线路</td><td>派工日期</td><td>年 月 日</td></tr>
<tr><td>工作人员</td><td>小张</td><td>工作负责人</td><td>小张</td><td>完工日期</td><td>年 月 日</td></tr>
<tr><td>签收人</td><td colspan="3"></td><td>签收日期</td><td>年 月 日</td></tr>
<tr><td>工作内容</td><td colspan="5">1. 根据现场已安装就位的换气扇，要求从车间动力配电箱引出电源，通过控制线路板将电源引入换气扇
2. 要求换气扇操作方便，有完善的保护措施
3. 控制线路安装完成后，进行检验和通电试验，合格后交付该车间使用
4. 将相关技术资料交付车间档案室归档保存</td></tr>
<tr><td>材料申领</td><td colspan="5">此项由工作负责人填写：
工作负责人：</td></tr>
<tr><td>任务验收</td><td colspan="5">此项填写验收时设备的主要验收技术参数，由工作负责人填写：
工作负责人：</td></tr>
<tr><td>车间负责人评价</td><td colspan="5">负责人签字： 年 月 日</td></tr>
</table>

项目分析

换气扇是车间用来通风换气的常用设备，需要通风时，按下通风起动按钮，换气扇转动，向外排出污浊空气；需要换气时，按下换气起动按钮，换气扇反转，向车间送入新鲜空气。

1. 技术要求

车间换气扇控制系统由换气扇电动机、电源、控制线路板和操作按钮等构成。工作负责人小张通过现场调查和查阅换气扇使用说明书，了解到以下技术信息：

① 换气扇电动机的主要技术参数　额定功率 4 kW，额定频率 50 Hz，额定电压 380 V，额定工作电流 8.8 A，Δ 接法，额定转速 2 880 r/min，绝缘等级 B 级，防护等级 IP13。

② 控制功能　由于换气扇安装位置较高，需要在墙面上安装控制线路板，设通风、换气(正、反转)按钮直接控制换气扇电动机的正、反转，以达到操作方便的目的。当换气扇、控制线路出现短路故障时，控制系统应能够立即切断换气扇的电源，起到短路保护作用。同时还应有防止操作人员发生触电事故的安全措施。

2. 控制线路

考虑到操作方便，可以采用三相异步电动机正反转控制线路直接控制换气扇，其控制线路电路图和控制线路板实物图如图 3-2 所示。它是由三相交流电源(L1、L2、L3)，低压熔断器 FU1 和 FU2，低压断路器 QF，交流接触器 KM1 和 KM2，正反转起停按钮 SB1、SB2、SB3 和三相交流异步电动机 M 构成。

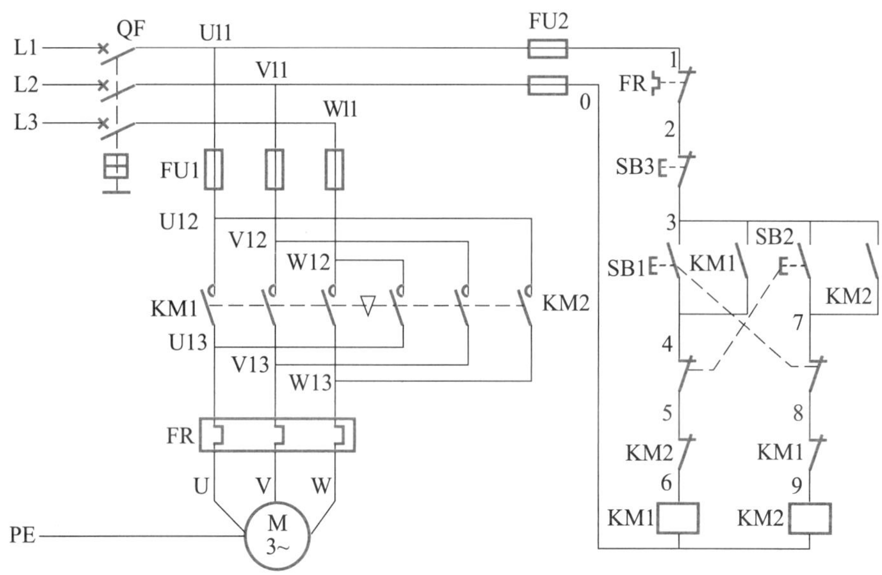

(a) 电路图

(b) 控制线路板实物图

图 3-2　换气扇控制线路电路图和控制线路板实物图

要改变换气扇的旋转方向就是要改变电动机的旋转方向。当改变通入三相交流异步电动机定子绕组的三相电源相序，即把接入电动机三相电源进线中的任意两相对调接线，电动机就会反转。其原理就是当两相电源线调换后，三相电源所产生的旋转磁场也改变方向，转子导体中所受的电磁力形成的电磁转矩也随之改变方向，从而达到改变电动机转向的目的。

项目实施

任务 1 接触器联锁正反转控制线路的安装与维修

任务目标

1. 会识读、绘制接触器联锁正反转控制线路电路图、布置图和接线图。
2. 会分析接触器联锁正反转控制线路中各电气元件的作用和工作原理。
3. 会安装、调试、运行和维修接触器联锁正反转控制线路。
4. 熟悉接触器联锁正反转控制线路在电气控制设备中的典型应用。

任务准备

在实际生产中，常用按钮、接触器来控制电动机的正反转。

1. 接触器联锁正反转控制线路的构成

图 3-3 所示为接触器联锁正反转控制线路电路图。该控制线路中采用了两只接触器，即正转用接触器 KM1 和反转用接触器 KM2，它们分别由正转按钮 SB1 和反转按钮 SB2 控制。从主电路中可以看出，这两个接触器的主触点所接通的电源相序不同，接触器 KM1 按 L1-L2-L3 相序接线，接触器 KM2 则按 L3-L2-L1 相序接线。相应地有两条控制回路，一条是由按钮 SB1 和接触器 KM1 线圈等组成的正转控制回路；另一条是由按钮 SB2 和接触器 KM2 线圈等组成的反转控制回路。

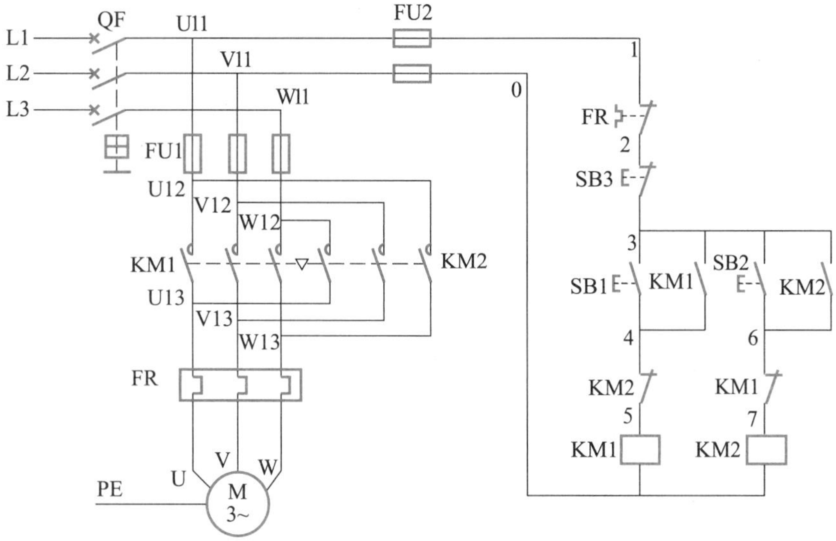

图 3-3　接触器联锁正反转控制线路电路图

2. 接触器联锁正反转控制线路的工作原理

该线路的工作原理如下：合上电源隔离开关 QF。

（1）正转控制

按下 SB1→KM1 线圈通电 →
- → KM1 自锁触点闭合自锁
- → KM1 主触点闭合
- → KM1 联锁触点分断，对 KM2 联锁

（KM1 自锁触点闭合自锁、KM1 主触点闭合）→ 电动机 M 起动连续正转

（2）反转控制

先使电动机停转：

按下 SB3→KM1 线圈断电 →
- → KM1 自锁触点分断解除自锁
- → KM1 主触点断开
- → KM1 联锁触点复位，解除对 KM2 的联锁

（KM1 自锁触点分断解除自锁、KM1 主触点断开）→ 电动机 M 断电停转

再使电动机反转：

按下 SB2→KM2 线圈通电 →
- → KM2 自锁触点闭合自锁
- → KM2 主触点闭合
- → KM2 联锁触点分断，对 KM1 联锁

（KM2 自锁触点闭合自锁、KM2 主触点闭合）→ 电动机 M 起动连续反转

（3）停止控制

停止时，按下停止按钮 SB3，控制电路断电，接触器 KM1 或 KM2 主触点分断，电动机 M 断电停转。

指点迷津　　接触器联锁控制

从控制线路工作原理分析可以得出：接触器 KM1 和 KM2 的主触点绝不允许同时闭合，否则将造成两相电源(L1 相和 L3 相)短路事故。为了避免两个接触器 KM1 和 KM2 线圈同时通电动作，在正、反转控制回路中分别串接了对方接触器的一对辅助动断触点。这样，当一只接触器线圈通电动作时，会通过其辅助动断触点将另一只接触器控制回路切断，使另一只接触器线圈不能通电；同时，若一只接触器的主触点熔焊，由于其串接在另一只接触器控制回路中的辅助动断触点断开，即使按下另一只接触器的起动按钮，同样也不能使另一只接触器线圈通电，有效地保证了两个接触器线圈不能同时通电动作。

接触器之间这种相互制约的作用称为接触器联锁(或互锁)。实现联锁作用的辅助动断触点称为联锁触点(或互锁触点)，联锁符号用“▽”表示。

因此，接触器联锁正反转控制线路具有工作安全可靠的特点，但操作不方便。因为电动机从一个旋转方向转变为另一个旋转方向时，必须先按下停止按钮后，才能按另一个旋转方向的起动按钮，否则由于接触器的联锁作用，不能实现反方向旋转。

任务操作

1. 选配工具、仪表及器材

根据安装与维修图 3-3 所示的接触器联锁正反转控制线路的任务要求(电动机主要技术参数由指导教师给定)，列出工具、仪表及器材清单。

2. 申领、检测安装器材

在列出安装器材清单后，向指导教师申领安装器材，做到器材齐备，并检测所安装的器材。

3. 绘制布置图、接线图

根据图 3-3 所示的接触器联锁正反转控制线路电路图，在绘图纸上正确绘制布置图、接线图，并交指导教师检查。

指点迷津　　接触器联锁正反转控制线路布置图、接线图

接触器联锁正反转控制线路布置图如图 3-4 所示，其接线图如图 3-5 所示。

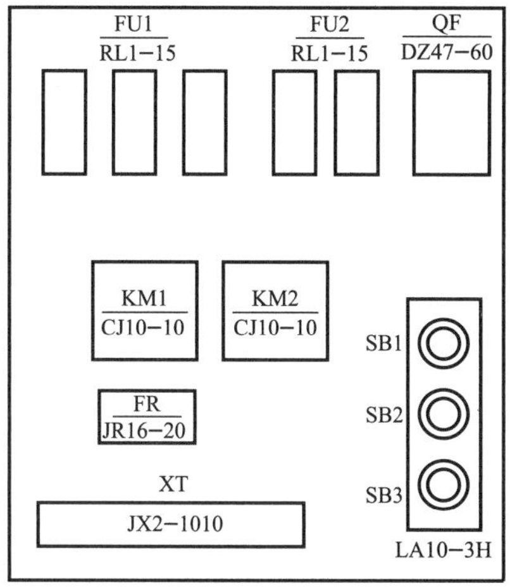

图 3-4　接触器联锁正反转控制线路布置图

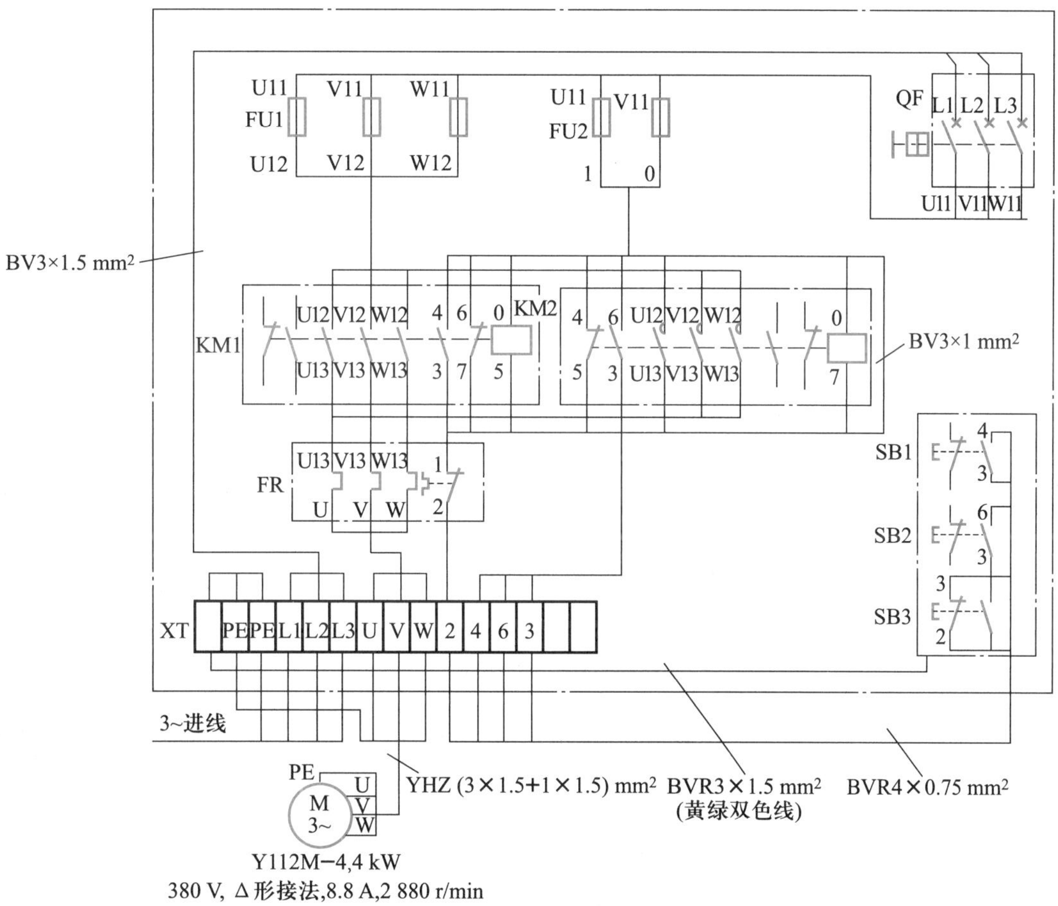

图 3-5　接触器联锁正反转控制线路接线图

4. 安装电气元件

按所绘制的布置图，在电气控制线路板上规范地安装除电动机以外的电气元件，并贴上醒目的文字符号。

5. 电气布线

按所绘制的接线图，在电气控制线路板上进行板前明线布线和套编码套管。

6. 检查电气布线

要求在不通电时，手动模拟各电器的操作、动作，使用万用表检查主电路、控制电路的通断情况，其检查步骤和方法见表 3-2。

表 3-2　接触器联锁正反转控制线路的检查步骤和方法

步骤	检查内容	检查示意图与检查方法
1	主电路检查	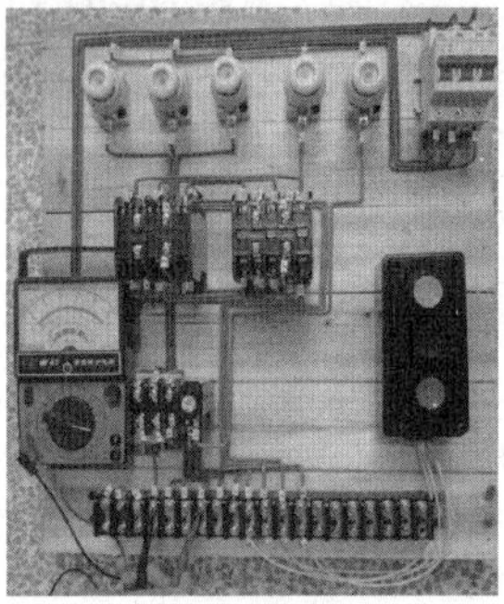 正常状态  按下接触器触点架 （1）万用表选择 $R\times1$ 挡并调零 （2）在不接电源时，合上电源隔离开关 QF，将万用表表笔搭接在接线端子排 L1-U、L2-V、L3-W 接线柱间 （3）按下接触器 KM1 或 KM2 触点架，使其主触点闭合，应分别检测到电阻值为 0 （4）当松开接触器触点架时，应分别检测到电阻值为∞ 检测结果：
2	控制电路检查	 按下起动按钮  按下接触器  同时按下起动按钮 （1）万用表选择 $R\times100$ 挡并调零 （2）在不接电源、不合上电源隔离开关 QF 的状态下，将万用表表笔搭接在熔断器 FU1 的 U11、V11 两端，按下正转起动按钮 SB1 或反转起动按钮 SB2，应检测到接触器 KM1 或 KM2 线圈的直流电阻值

续表

步骤	检查内容	检查示意图与检查方法	
2	控制电路检查	（3）手动按下接触器 KM1 或 KM2 的触点架，应检测到接触器 KM1 或 KM2 线圈直流电阻值 （4）同时按下起动按钮 SB1 和 SB2，应检测到接触器 KM1 和 KM2 线圈并联后的直流电阻值 （5）同时手动按下接触器 KM1 和 KM2 的触点架，检测到的电阻值为∞	
		检测结果：	

7. 检测绝缘电阻

用兆欧表测量控制线路各相之间和对地绝缘电阻，要求不小于 1 MΩ。

8. 安装电动机，连接电动机电源线及保护接地线

9. 通电试车

经指导教师检查，确保无误后才能通电试车。通电试车时，可先按下正转起动按钮 SB1，观察接触器、电动机运转情况，正常后可按下停止按钮 SB3，待电动机停转后，再按下反转起动按钮 SB2，再观察电动机的运行情况，如此反复操作 2~3 次。

通电试车完毕后，停转、切断电源。先拆除三相电源线，再拆除电动机电源线。

指点迷津　　安装注意事项

① 安装电气元件时，断路器、熔断器的受电端子应安装在控制线路板的外侧，并使熔断器的受电端为下接线柱；元件排列要整齐、匀称、间距合理，且便于元件的更换；紧固电气元件时，用力要均匀，紧固程度要适当，做到电气元件安装牢固，又不使其损坏。

② 电气布线时，要做到布线横平竖直、整齐、分布均匀、紧贴安装面、走线合理；套编码套管要正确；严禁损伤线芯和导线绝缘；接点应牢固，不得松动，不得压绝缘层，不得反圈，露铜不得过长等。

③ 接触器主触点和辅助动断触点接线必须正确，否则将导致电动机旋转方向不正确或造成主电路两相电源短路事故。

④ 热继电器的整定电流应按实际电动机的额定电流及工作方式进行整定。

⑤ 通电试车时，操作顺序必须正确无误。

10. 线路维修

参考项目 2 任务 5 中的检修步骤、方法和注意事项，由指导教师在主电路和控制电路中人为设置自然电气故障各两处进行维修，并填写维修记录单。

指点迷津　　接触器联锁正反转控制线路故障维修步骤和方法

（1）故障维修步骤和方法

① 用试验法观察故障现象。主要注意观察电动机的运行情况、接触器的动作情况和线路的工作情况等，如发现异常，应立即切断电源检查。

② 用逻辑分析法缩小故障范围，并在电路图上用虚线标出故障部位的最小范围。

③ 用测量法准确、迅速地找出故障点。

④ 根据故障点的不同情况，采用正确的修复方法，迅速排除故障。

⑤ 排除故障后通电试运转。

（2）接触器联锁正反转控制线路的常见故障现象、原因分析及检查方法

接触器联锁正反转控制线路的常见故障现象、原因分析及检查方法见表 3-3。

表 3-3　接触器联锁正反转控制线路的常见故障现象、原因分析及检查方法

故障现象		原因分析	查找故障部位的方法
按下起动按钮 SB1(或 SB2)，电动机不能起动	接触器 KM1（或 KM2）均能吸合	按下 SB1(或 SB2)时，接触器 KM1(或 KM2)能够吸合，说明控制电路正常，故障应在主电路上，其可能原因有： （1）熔断器 FU1 有一相熔体熔断 （2）接触器 KM1(或 KM2)主触点一相接触不良 （3）热继电器 FR 热元件一相断路 （4）电动机故障或连接线松脱 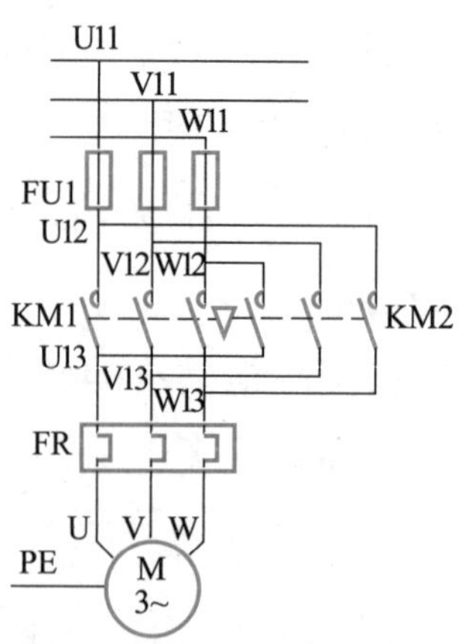 	（1）用验电笔检测熔断器 FU1 上、下接线柱是否有电。若无电则切断电源后检查熔断器上接线柱接线和熔体 （2）用验电笔检查接触器 KM1、KM2 主触点上接线柱是否有电。若无电，则断开电源后用万用表电阻挡检查接触器上接线柱的连接导线 若有电，再用验电笔检查接触器 KM1、KM2 主触点下接线柱是否有电。若无电，则断开电源，分别按下接触器 KM1、KM2 触点架后，用万用表电阻挡检查各对主触点导通情

续表

故障现象		原因分析	查找故障部位的方法
按下起动按钮SB1(或SB2)，电动机不能起动	接触器KM1（或KM2）均能吸合		况，若所测得电阻值很大，说明接触器主触点接触不良，应更换接触器
			（3）若接触器主触点导通良好，则用万用表电阻挡检测热继电器FR热元件能否正常导通，若能正常导通，则检查热继电器到电动机的连接导线和电动机
	接触器KM1（或KM2）均不吸合	接触器KM1（或KM2）均不能吸合，其原因可能是： （1）控制电路电源故障 （2）熔断器FU2熔体熔断 （3）热继电器FR动断触点接触不良 （4）停止按钮SB3动断触点接触不良 （5）“0”号线出现断路 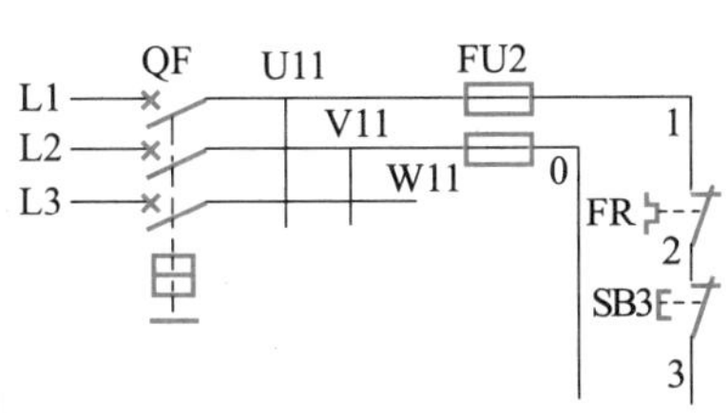	（1）用验电笔或万用表检查熔断器FU2进线端电压，若无电则为电源隔离开关QF或供电电源故障
			（2）用电阻测量法或验电笔测量法查找控制电路公共部分的故障点

续表

故障现象	原因分析	查找故障部位的方法
按下正转起动按钮 SB1 时电动机能正转运行，按下反转按钮 SB2 时，接触器 KM2 不能吸合，电动机 M 不起动	由于正转控制正常，说明电源电路、熔断器 FU1 和 FU2、热继电器 FR、停止按钮 SB3 及电动机 M 均正常，其故障可能在反转控制回路 3-SB2-6-KM1-7-KM2-0 上 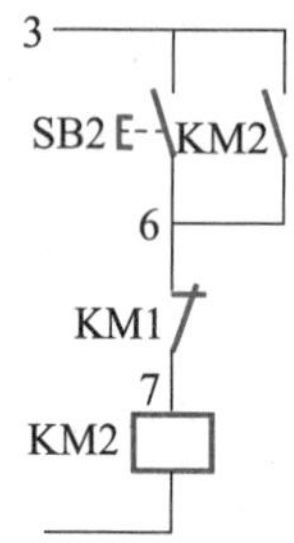 	方法一：用验电笔依次检查反转控制回路上反转起动按钮 SB2、联锁触点 KM1 和接触器 KM2 线圈的上、下接线柱，根据是否有电找出故障点 方法二：切断电源后，用电阻测量法查找反转控制回路 3-SB2-6-KM1-7-KM2-0 上的故障点
正反转时，有一个旋转方向电动机缺相运行	由于正反转时，只有一个旋转方向运转正常，说明电源电路、控制电路、熔断器 FU1、FU2、热继电器 FR 及电动机均正常，其原因可以是控制该旋转方向的接触器主触点某一相接触不良或其连接导线松脱或断路 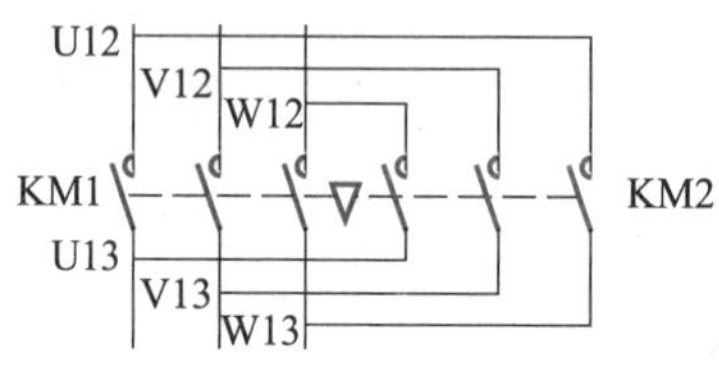 	用验电笔检查该接触器主触点的上接线柱是否有电，若某相无电，则该相连接导线断路 若有电，则切断电源，按下该接触器的触点架，用万用表的电阻挡分别测量每对主触点的通断情况，不通者即为故障点 若全部导通，则再检查该接触器主触点下接线柱连接导线的通断情况，直到查出故障点
按下正转起动按钮（或反转起动按钮）时，电动机正常运转，松开按钮后，电动机停转	松开起动按钮后，电动机停转，说明控制电路没有形成自锁，可能故障是在图中粗线部分： （1）接触器自锁触点接触不良 （2）自锁线路接线松脱或断线 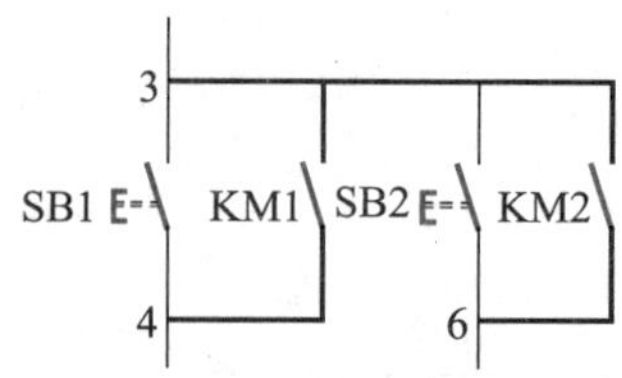 	切断电源后，将万用表置于 $R\times1$ 挡，将表笔接在接触器 KM1 或 KM2 的辅助动合触点“3”-“4”或“3”-“6”接线柱上，按下接触器 KM1 或 KM2 的触点架。若检查到电路不通，则故障点就为该自锁触点接触不良

续表

故障现象	原因分析	查找故障部位的方法
按下正转起动按钮（或反转起动按钮）时，电动机正常运转，松开按钮后，电动机停转		若自锁触点全部正常，则分别测量“3”“4”或“6”号线通断情况，当检查到该线号电阻值为∞时，说明该条导线接线松脱或断路
按下正转（或反转）起动按钮时，电动机正常运转，但按下停止按钮 SB3 后，电动机不能停转	按下停止按钮 SB3 后，电动机不能停转的可能原因是： （1）按 SB3 动断触点不能分断控制电路 （2）接触器主触点熔焊或接触器机械卡阻不能正常分断 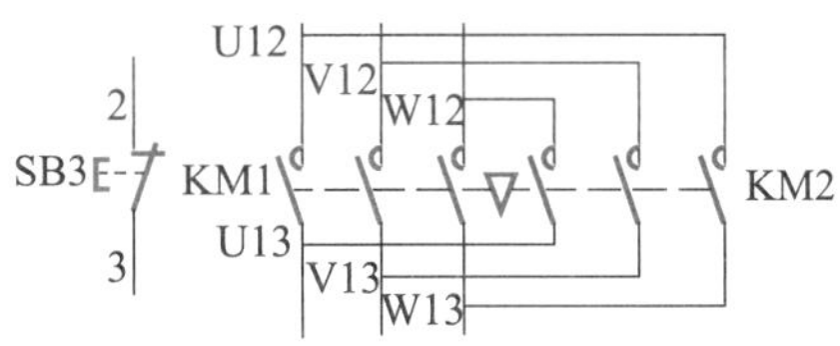	（1）检查停止按钮 SB3：切断电源后，按下 SB3，用万用表 $R \times 1$ 挡检查 SB3 动断触点能否断开 （2）检查接触器主触点：切断电源后，按下接触器触点架，观察触点架能否正常运动，若不能，则可能是接触器主触点熔焊或机械卡阻；也可用万用表检查接触器各对主触点的通断情况
按下正转（或反转）起动按钮时，电动机都有“嗡嗡”声，不能正常起动	说明电动机正、反转同时缺相，其可能故障是： （1）熔断器 FU1 故障 （2）连接导线故障 （3）电动机故障 （4）接触器主触点故障 （5）热继电器热元件故障	可参考项目 2 任务 5 中介绍的方法进行检查

任务评价

任务评价表可参考表 2-20、表 2-30。

任务 2　换气扇控制线路的安装与维修

◆ 任务目标

1. 会识读按钮和接触器双重联锁正反转控制线路。
2. 会绘制按钮和接触器双重联锁正反转控制线路电路图、布置图、接线图。
3. 会安装、调试、运行和维修换气扇控制线路。
4. 熟悉按钮和接触器双重联锁正反转控制线路在电气控制设备中的典型应用。

任务准备

1. 按钮和接触器双重联锁正反转控制线路的构成

图 3-6 所示为按钮和接触器双重联锁正反转控制线路电路图。图 3-6 所示的控制线路与图 3-3 所示控制线路相比较，正、反转起动按钮 SB1、SB2 换成了复合按钮，并将两个起动按钮的动断触点串接到了对方控制回路中，从而构成了按钮和接触器双重联锁正反转控制线路。该控制线路要使电动机从一个旋转方向转为另一个旋转方向时，可直接按下另一旋转方向起动按钮，无需再先按下停止按钮，使线路操作更加方便，工作安全可靠。

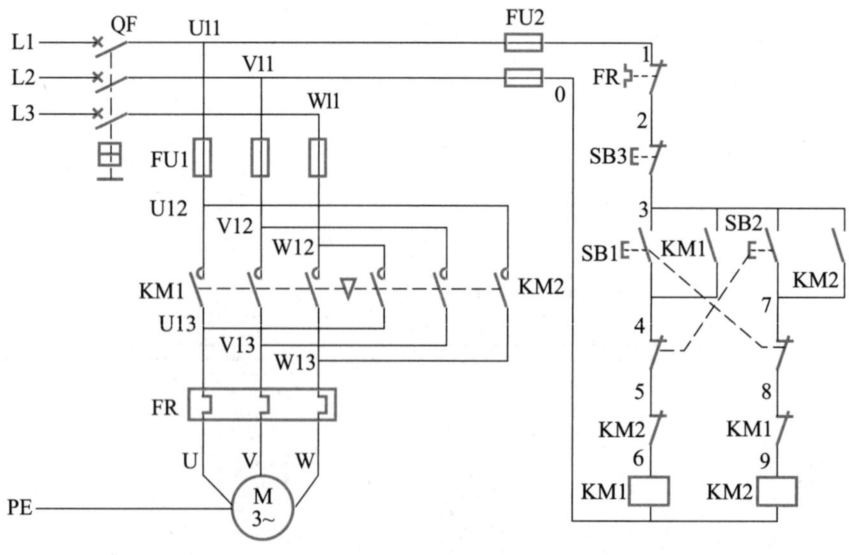

图 3-6　按钮和接触器双重联锁正反转控制线路电路图

2. 按钮与接触器双重联锁正反转控制线路工作原理

该线路的工作原理如下：合上电源隔离开关 QF。

（1）正转控制

按下 SB1—
- → SB1 动断触点先分断，切断反转控制回路，起到对 KM2 联锁作用
- → SB1 动合触点闭合→KM1 线圈通电→
  - → KM1 自锁触点闭合自锁 —→ 电动机 M 起动连续正转
  - → KM1 主触点闭合 ——（同上）
  - → KM1 联锁触点分断，切断反转控制回路，起到对 KM2 联锁作用

（2）反转控制

按下 SB2—
- → SB2 动断触点先分断→KM1 线圈断电—
  - → KM1 自锁触点分断，解除自锁 —→ 电动机 M 断电
  - → KM1 主触点分断 ——（同上）
  - → KM1 联锁触点恢复闭合 —→
- → SB2 动合触点后闭合 ——（同上）

→KM2 线圈通电—
- → KM2 自锁触点闭合 —→ 电动机 M 起动连续反转
- → KM2 主触点闭合 ——（同上）
- → KM2 联锁触点分断，切断正转控制回路，起对 KM1 联锁作用

（3）停止控制

停止时，按下停止按钮 SB3，控制电路断电，接触器 KM1 或 KM2 主触点分断，电动机 M 断电停转。

任务操作

1. 选配工具、仪表及器材

参考图 3-6，列出安装与维修换气扇控制线路所需的工具、仪表及器材清单。

2. 申领、检测安装器材

在列出安装器材清单后，向指导教师申领安装器材，做到器材齐备，并检测所安装的器材。

3. 绘制布置图、接线图

根据图 3-6 所示的按钮和接触器联锁正反转控制线路电路图，在绘图纸上正确绘制换气扇控制线路布置图、接线图，并交指导教师检查。

指点迷津　　换气扇控制线路布置图、接线图

换气扇控制线路布置图如图 3-7 所示，其接线图如图 3-8 所示。

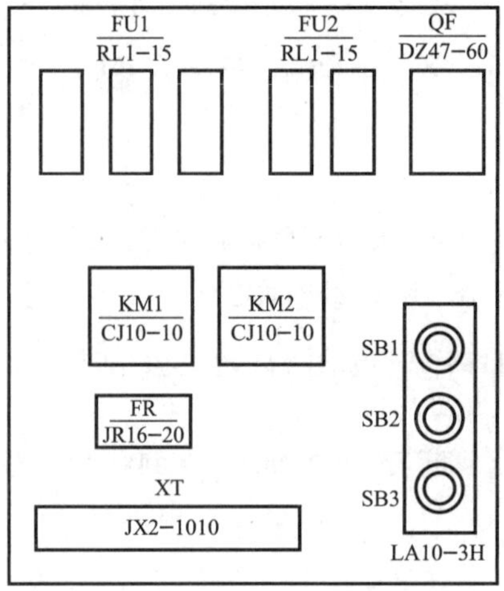

图 3-7 换气扇控制线路布置图

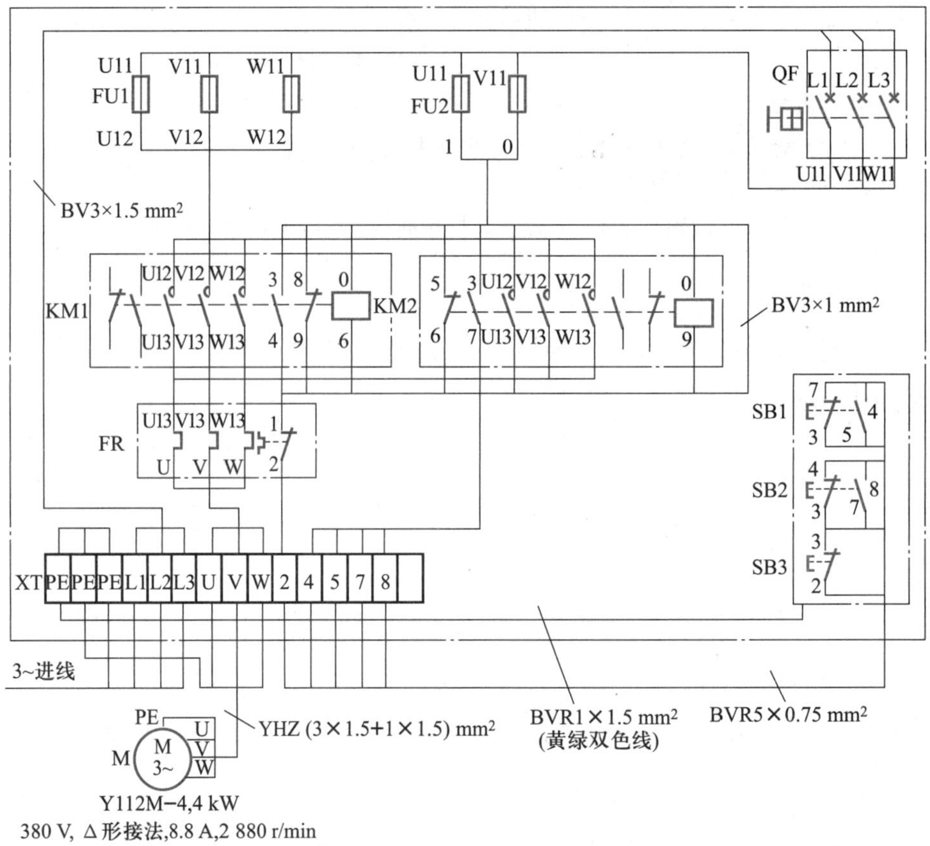

图 3-8 换气扇控制线路接线图

4. 安装电气元件

按所绘制的布置图，在电气控制线路板上规范地安装除换气扇电动机以外的电气元件，并贴上醒目的文字符号。

5. 电气布线

按所绘制的接线图，在电气控制线路板上进行板前明线布线和套编码套管。

6. 检查电气布线

要求在不通电时，手动模拟各电器的操作、动作，使用万用表检查主电路、控制电路的通断情况，其检查步骤和方法见表 3-4。

表 3-4　换气扇控制线路的检查步骤和方法

步骤	检 查 内 容	检查示意图与检查方法	
1	主电路检查	 正常状态　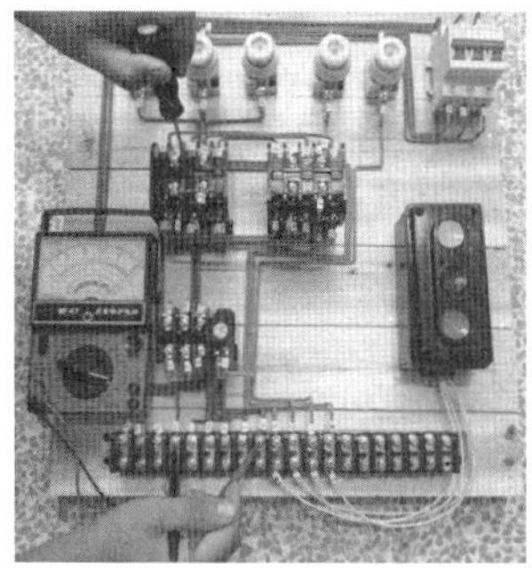 按下接触器触点架 （1）万用表选择 R×1 挡并调零 （2）在不接电源时，合上电源隔离开关 QF，将万用表表笔搭接在接线端子排L1-U、L2-V、L3-W 接线柱间 （3）按下接触器 KM1 或 KM2 触点架，使其主触点闭合，应分别检测到电阻值为 0 （4）当松开接触器触点架时，应分别检测到电阻值为∞	
		检测结果：	
2	控制 电路检查	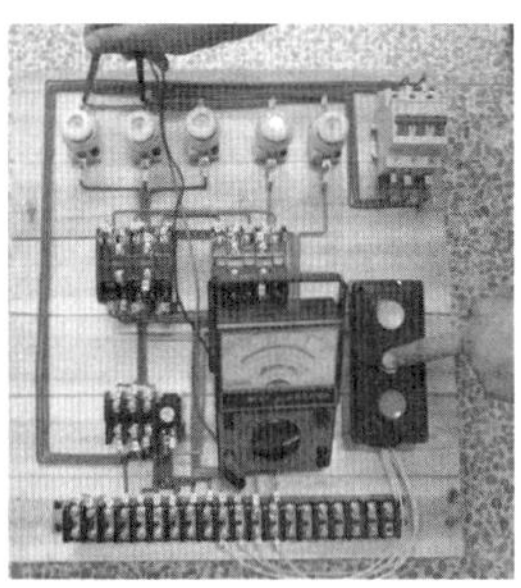 按下起动按钮　 按下接触器　 同时按下起动按钮 （1）万用表选择 R×100 挡并调零 （2）在不接电源、不合上电源隔离开关 QF 的状态下，将万用表表笔搭接在熔断器 FU1 的 U11、V11 两端，按下正转起动按钮 SB1 或反转起动按钮 SB2，应检测到接触器 KM1 或 KM2 线圈的直流电阻值 （3）手动按下接触器 KM1 或 KM2 的触点架，应检测到接触器 KM1 或 KM2 线圈直流电阻值 （4）同时按下起动按钮 SB1 和 SB2，检测到的电阻值为∞ （5）同时手动按下接触器 KM1 和 KM2 的触点架，检测到的电阻值为∞	
		检测结果：	

7. 检测绝缘电阻

用兆欧表测量控制线路各相之间和对地绝缘电阻值，要求不小于 1MΩ。

8. 安装电动机，连接电动机电源线及保护接地线

9. 通电试车

经指导教师检查，确保无误后才能通电试车。通电试车时，可先按下正转起动按钮 SB1，观察接触器、换气扇运转情况，正常后再按下反转起动按钮 SB2，再观察换气扇的运行情况，如此反复操作 2~3 次。

通电试车完毕后，停转、切断电源。先拆除三相电源线，再拆除电动机电源线。

10. 线路维修

参考项目 2 任务 5 中的检修步骤、方法和注意事项，由指导教师在主电路和控制电路中人为设置自然电气故障各两处进行维修，并填写维修记录单。

指点迷津　　换气扇控制线路的常见故障现象、原因分析及检查方法

换气扇控制线路的常见故障现象、原因分析及检查方法见表 3-5。

表 3-5　换气扇控制线路的常见故障现象、原因分析及检查方法

故障现象		原因分析	查找故障部位的方法
按下起动按钮 SB1(或 SB2)，换气扇不能起动	接触器 KM1(或 KM2)均能吸合	按下 SB1(或 SB2)时，接触器 KM1(或 KM2)能够吸合，说明控制电路正常，故障应在主电路上，其可能原因有： (1) 熔断器 FU1 有一相熔体熔断 (2) 接触器 KM1(或 KM2)主触点一相接触不良 (3) 热继电器 FR 热元件一相断路 (4) 电动机故障或连接线松脱	(1) 用验电笔检测熔断器 FU1 上、下接线柱是否有电。若无电则切断电源后检查熔断器上接线柱接线和熔体 (2) 用验电笔检查接触器 KM1、KM2 主触点上接线柱是否有电。若无电，则断开电源后用万用表电阻挡检查接触器上接线柱的连接导线 若有电，再用验电笔检查接触器 KM1、KM2 主触点下接线柱是否有电。若无电，则断开电源，分别按下接触器 KM1、KM2 触点架后，用万用表电阻挡检查各

续表

<table>
<tr><th colspan="2">故障现象</th><th>原因分析</th><th>查找故障部位的方法</th></tr>
<tr><td rowspan="4">按下起动按钮 SB1(或 SB2)，换气扇不能起动</td><td rowspan="2">接触器 KM1（或 KM2）均能吸合</td><td rowspan="2">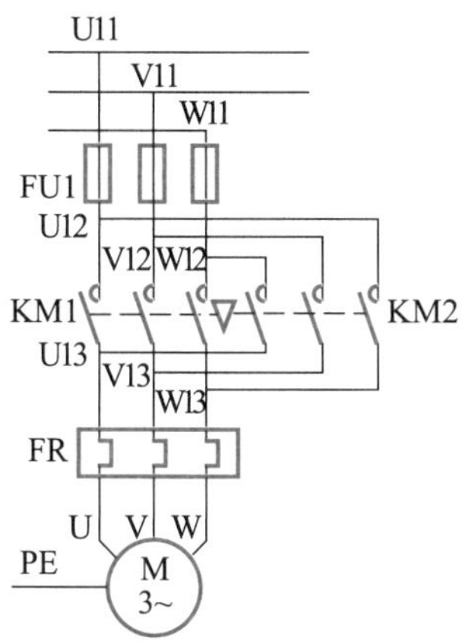</td><td>对主触点导通情况，若所测得电阻值很大，说明接触器主触点接触不良，应更换接触器</td></tr>
<tr><td>（3）若接触器主触点导通良好，则用万用表电阻挡检测热继电器 FR 热元件能否正常导通，若能正常导通，则检查热继电器到电动机的连接导线和电动机</td></tr>
<tr><td>接触器 KM1（或 KM2）均不吸合</td><td>接触器 KM1（或 KM2）均不能吸合，其原因可能是：
（1）控制电路电源故障
（2）熔断器 FU2 熔体熔断
（3）热继电器 FR 动断触点接触不良
（4）停止按钮 SB3 动断触点接触不良
（5）“0”号线出现断路
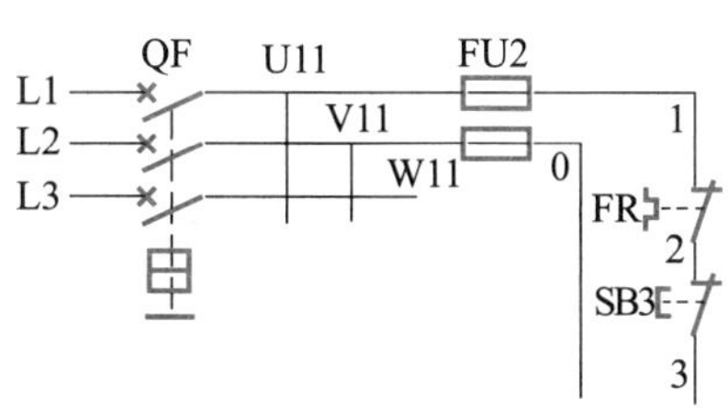</td><td>（1）用验电笔或万用表检查熔断器 FU2 进线端电压，若无电则为电源隔离开关 QF 或供电电源故障
（2）用电阻测量法或验电笔测量法查找控制电路公共部分的故障点</td></tr>
<tr><td></td><td></td><td></td></tr>
</table>

续表

故障现象	原因分析	查找故障部位的方法
按下正转起动按钮 SB1 时换气扇能正转运行，按下反转按钮 SB2 时，接触器 KM2 不能吸合，换气扇不起动	由于正转控制正常，说明电源电路、熔断器 FU1 和 FU2、热继电器 FR、停止按钮 SB3 及换气扇均正常，其故障可能在反转控制回路 3-SB2-7-SB1-8-KM1-9-KM2-0 上 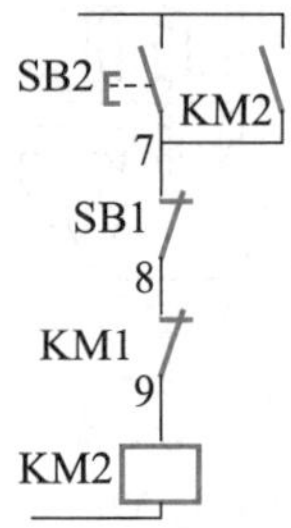 	方法一：按下反转起动按钮 SB2，用验电笔依次检查反转控制回路上反转起动按钮 SB2、正转起动按钮 SB1、联锁触点 KM1 和接触器 KM2 线圈的上、下接线柱，根据是否有电找出故障点 方法二：切断电源后，用电阻测量法查找反转控制回路 3-SB2-7-SB1-8-KM1-9-KM2-0 上的故障点
正反转时，有一个旋转方向换气扇缺相运行	由于正反转时，有一个旋转方向运转正常，说明电源电路、控制电路、熔断器 FU1 和 FU2、热继电器 FR 及换气扇均正常，其原因可能是控制该旋转方向的接触器主触点某一相接触不良或其连接导线松脱或断路 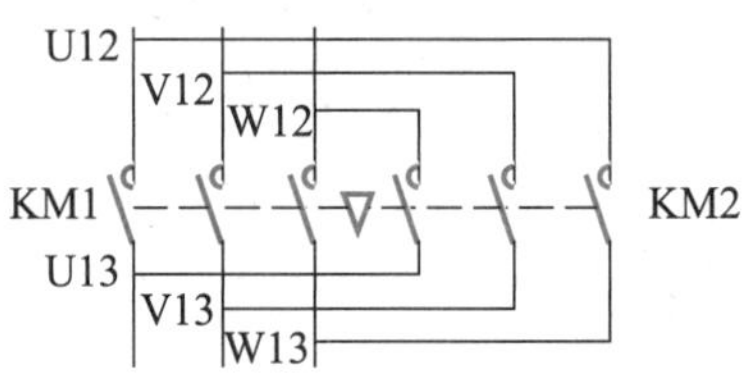 	用验电笔检查该接触器主触点的上接线柱是否有电，若某相无电，则该相连接导线断路 若有电，则切断电源，按下该接触器的触点架，用万用表的电阻挡分别测量每对主触点的通断情况，不通者即为故障点 若全部导通，则再检查该接触器主触点下接线柱连接导线的通断情况，直到查出故障点
按下正转起动按钮（或反转起动按钮）时，换气扇正常运转，松开按钮后，换气扇停转	松开起动按钮后，换气扇停转，说明控制电路没有形成自锁，可能故障是在图中粗线部分： （1）接触器自锁触点接触不良 （2）自锁线路接线松脱或断线	切断电源后，将万用表置于 $R\times1$ 挡，将表笔接在接触器 KM1 或 KM2 的辅助动合触点“3”-“4”或“3”-“7”接线柱上，按下接触器 KM1 或 KM2 触点架。若检查到电路不通，则

续表

故障现象	原因分析	查找故障部位的方法
按下正转起动按钮（或反转起动按钮）时，换气扇正常运转，松开按钮后，换气扇停转	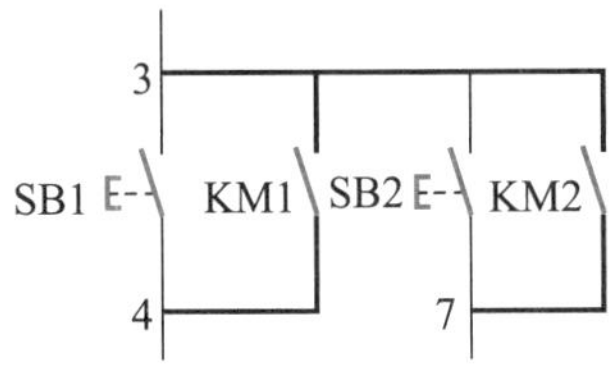	故障点就为该自锁触点接触不良 若自锁触点全部正常，则分别测量“3”“4”或“7”号线通断情况，当检查到该线号电阻值为∞时，说明该条导线接线松脱或断路
按下正转（或反转）起动按钮时，换气扇正常运转，但按下停止按钮 SB3 后，换气扇不能停转	按下停止按钮 SB3 后，换气扇不能停转的可能原因是： （1）按 SB3 动断触点不能分断控制电路 （2）接触器主触点熔焊或接触器机械卡阻不能正常分断 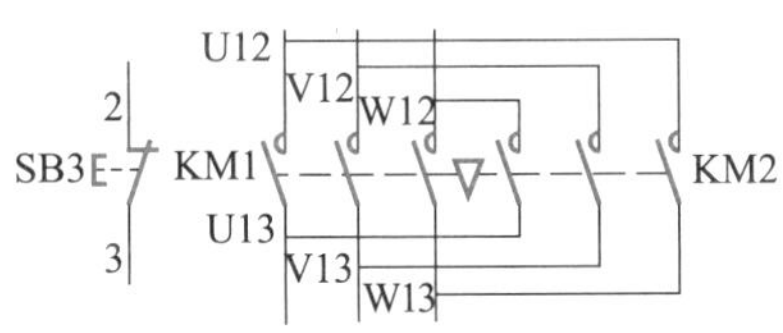	（1）检查停止按钮 SB3：切断电源后，按下 SB3，用万用表 $R\times1$ 挡检查 SB3 动断触点能否断开 （2）检查接触器主触点：切断电源后，按下接触器触点架，观察触点架能否正常运动，若不能，则可能是接触器主触点熔焊或机械卡阻；也可用万用表检查接触器各对主触点通断情况
按下正转（或反转）起动按钮时，换气扇都有“嗡嗡”声，不能正常起动	说明电动机正、反转同时缺相，其可能故障是： （1）熔断器 FU1 故障 （2）连接导线故障 （3）电动机故障 （4）接触器主触点故障 （5）热继电器热元件故障	可参考项目 2 任务 5 中介绍的方法进行检查

任务评价

任务评价表可参考表 2-20、表 2-30。

项目 4
小车自动往返控制线路的安装与维修

——位置与自动往返控制线路的安装与维修

项目目标

学完本项目后，你应当：

★ 熟悉常用位置开关的功能、基本结构、工作原理、型号含义，熟记其图形符号和文字符号。

★ 会识别、检测、选用常用位置开关。

★ 会绘制和识读小车位置控制线路和小车自动往返控制线路电路图、布置图和接线图。

★ 熟悉行线槽配线的安装步骤和工艺规范标准。

★ 会根据工作任务要求安装、调试、运行和维修小车自动往返控制线路。

项目描述

在生产实际中，很多生产设备的运动部件的行程或位置必须受到限制，或者需要其运动部件在一定的行程内自动循环等，因此，在这些生产设备的相应位置上需要安放位置开关，在工作台上安装挡铁，当工作台移动到规定位置时，挡铁碰撞位置开关，使位置开关发出信号，从而控制电动机，使工作台停止或返回。这种以机械运动部件的位置变化来控制电动机的运转状态称为行程控制。行程控制适用于小容量电动机的拖动系统中，如摇臂钻床、万能铣床、镗床、桥式起重机、运料小车、锅炉上煤机中电动机的控制。

某企业测试车间有一辆“轨道小车”，如图 4-1 所示。现需要安装控制线路，使轨道小车能够在轨道上自动往返运动。

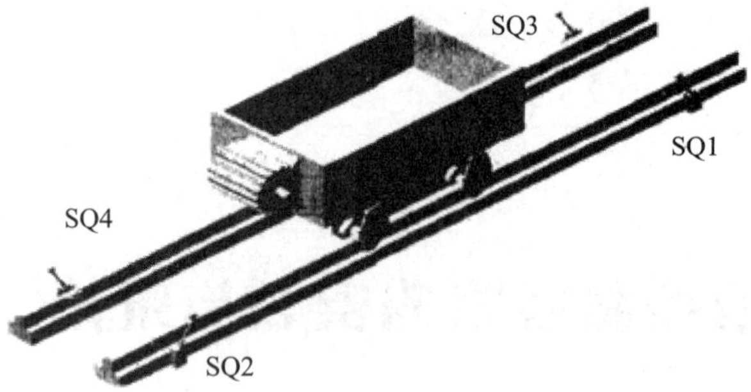

图 4-1 轨道小车示意图

电工小王领到了电工车间主任分配的工作任务单，见表 4-1。

表 4-1 工作任务单

某企业工作任务单　　编号——0004

工作任务	安装轨道小车控制线路			派工日期	年 月 日
工作人员	小王、小张	工作负责人	小王	完工日期	年 月 日
签收人				签收日期	年 月 日
工作内容	1. 从车间动力配电箱引出电源，通过控制线路板将电源引入轨道小车牵引电动机 2. 控制线路安装完成后，进行检验和通电试验，合格后交付使用 3. 将相关技术资料交付车间档案室归档保存				
材料申领	此项由工作负责人填写： 工作负责人：				
任务验收	此项填写验收时设备的主要验收技术参数，由工作负责人填写： 工作负责人：				
车间负责人评价	负责人签字：　年 月 日				

项目分析

轨道小车是测试车间装载测试件的工具车，它安装在轨道上，由电动机牵引，要求装载测试件后能够在轨道上自动往返运动，以达到检测测试件的要求。

1. 技术要求

轨道小车控制系统由三相交流异步电动机、电源、控制线路板、限位装置（位置开关及挡铁）等构成。工作负责人小王通过现场调查和查阅轨道小车使用说明书，了解到以下技术信息：

① 轨道小车牵引电动机技术参数　额定功率5.5 kW，额定工作电流11.6 A，额定电压380 V，额定频率50 Hz，Δ 接法，额定转速1 440 r/min，绝缘等级B级，防护等级IP23。

② 控制功能　当小车装载测试件后，按下起动按钮，由电动机拖动轨道小车向前、向后自动往返运动，即当轨道小车向前运动到达规定位置后，能自动停止并返回向后运动；当轨道小车向后运动到规定位置后，也能自动停止并返回向前运动，如此不断往复运动，直到按下停止按钮为止。根据不同测试需要，小车运行距离可以在一定范围内调整。当牵引电动机、控制线路出现短路故障时，控制系统应能够立即切断牵引电动机的电源，起到短路保护作用。同时还应具有防止小车冲出轨道保护措施和防止操作人员发生触电事故的安全措施。

③ 轨道小车往返运动示意图如图4-2所示。

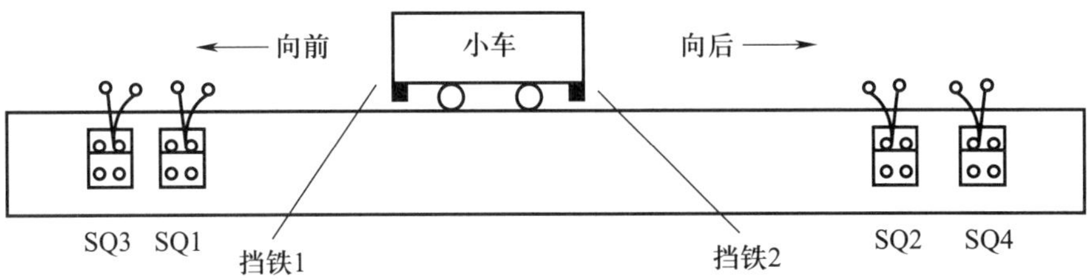

图4-2　轨道小车往返运动示意图

2. 控制线路

轨道小车可由按钮和接触器控制，其控制线路可在接触器联锁正反转控制线路的基础上，利用位置开关来自动控制轨道小车的往返运动，其控制线路电路图和控制线路板实物图如图4-3所示。它是由三相交流电源（L1、L2、L3），低压断路器QF，交流接触器KM1和KM2，热继电器FR，按钮SB1、SB2和SB3，位置开关SQ1、SQ2、SQ3、SQ4和三相交流异步电动机M构成。

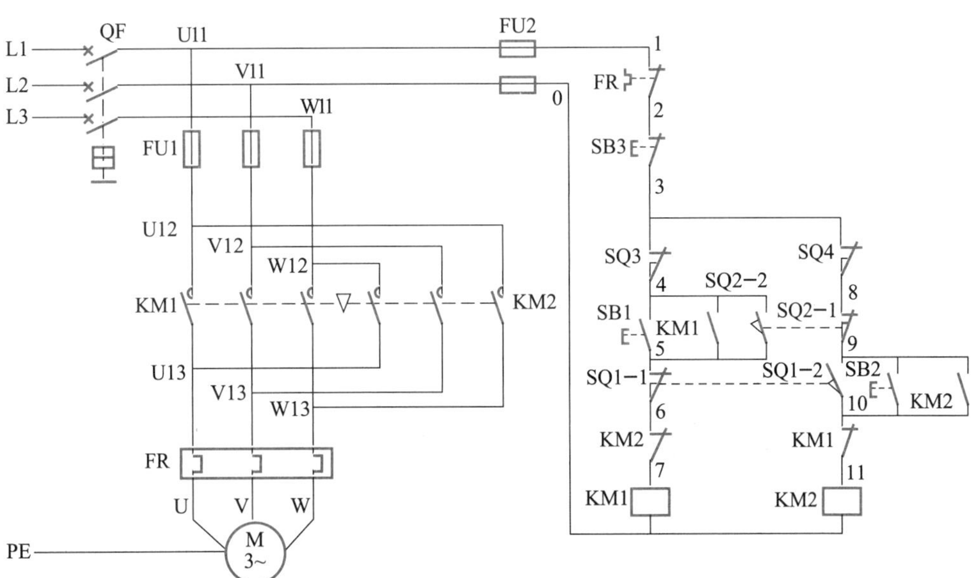

(a) 电路图

(b) 控制线路板实物图

图4-3 轨道小车控制线路电路图和控制线路板实物图

项目实施

任务1 认识位置开关

任务目标

1. 熟悉常用位置开关的功能、基本结构、工作原理及型号含义，熟记其图形符号和文字符号。

2. 会识别、检测、选用常用位置开关。

3. 熟悉常用位置开关在电气控制设备中的典型应用。

任务准备

在工厂电气控制设备中常称位置开关为行程开关、限位开关，它也是主令电器中的一种，其作用与按钮基本相同，区别在于它不是手动开关，而是依靠生产机械运动部件的挡铁碰压而使其触点动作。

1. 外形与符号

常用的位置开关外形如图 4-4 所示。

位置开关

(a) LX19系列

(b) JLXK1系列

(c) LX1系列

(d) LX2系列

(e) LX3系列

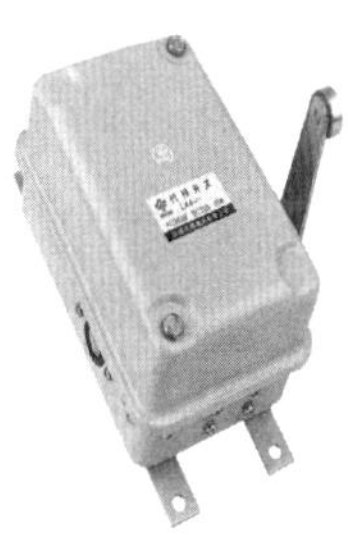

(f) LX4系列

(g) LX5系列

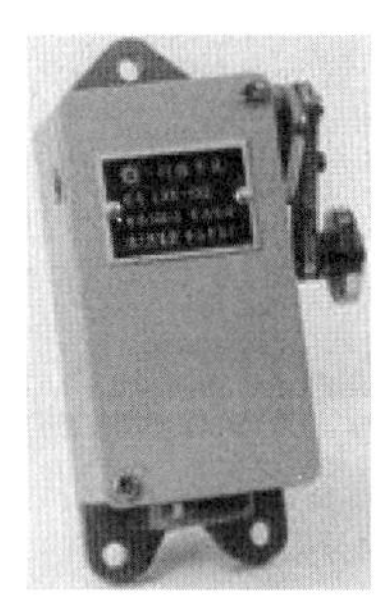

(h) LX6系列

图 4-4　常用位置开关外形

位置开关的图形符号和文字符号如图 4-5 所示。

(a) 动合触点

(b) 动断触点

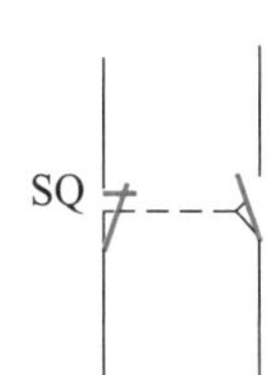

(c) 复合触点

图 4-5　位置开关的图形符号和文字符号

2. 型号与含义

LX 系列和 JLXK 系列位置开关的型号及含义如下：

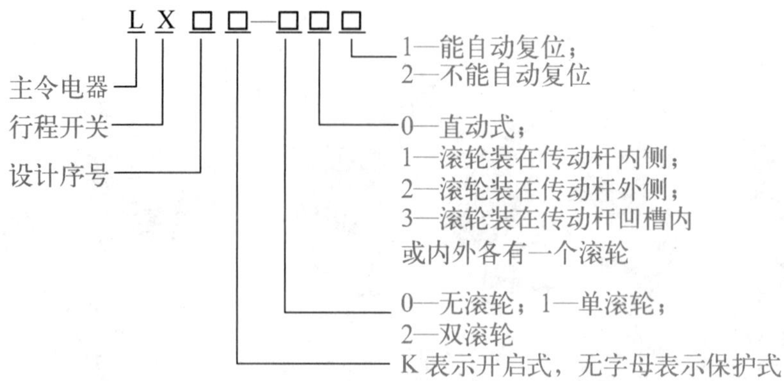

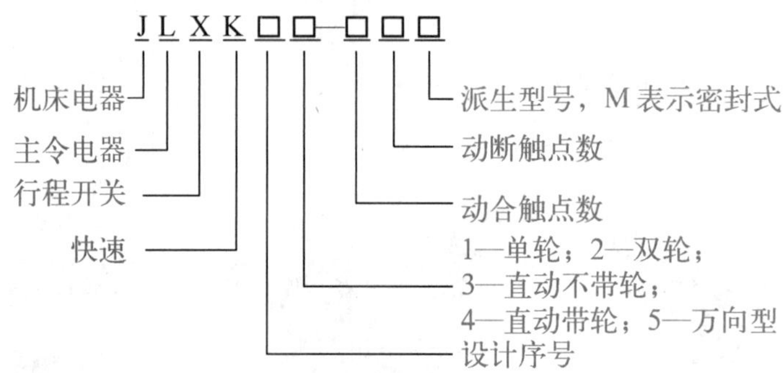

3. 功能与分类

（1）功能

位置开关是一种利用生产机械某些运动部件的碰撞来发出控制指令的主令电器。主要用于控制生产机械的运动方向、速度、行程大小或位置，是一种自动控制电器。

它能将机械信号转变为电信号，使运动机械按一定的位置或行程实现自动停止、反向运动、变速运动或自动往返运动等。

（2）分类

位置开关按其结构可分为直动式、滚轮式、微动式和组合式。它们的特点见表 4-2。

表 4-2 直动式、滚轮式、微动式和组合式位置开关的特点

类　型	特　点
直动式位置开关	其动作原理同按钮类似，所不同的是：一个是手动，另一个则由运动部件的撞块碰撞。外界运动部件上的撞块碰压按钮使其触点动作，当运动部件离开后，在弹簧作用下，其触点自动复位
滚轮式位置开关	滚轮式位置开关又分为单滚轮自动复位和双滚轮（羊角式）非自动复位式 单滚轮自动复位式位置开关在运动机械的挡铁（撞块）压到位置开关的滚轮上时，传动杠连同转轴一同转动，使凸轮推动撞块，当撞块碰压到一定位置时，推动微动开关快速动作。当滚轮上的挡铁移开后，复位弹簧就使位置开关复位

续表

类　型	特　点
滚轮式位置开关	双滚轮旋转式位置开关在运动机械的挡铁(撞块)碰到位置开关时，推动微动开关动作，不能自动复原，因而它具有两个稳定位置，具有“记忆”作用，只有依靠运动机械反向移动时，挡铁碰撞另一滚轮将其复原
微动式位置开关	和滚轮式以及直动式位置开关相比，微动式位置开关的动作行程小，定位精度高，通常触点容量也较小
组合式位置开关	具有重复定位精度较高、防护等级高、寿命长、动作可靠等特点，特别适用于要求精度准确的场合，广泛应用于各类数控机床，组合机床，各种动力、液压滑台及自动流水线等机械设备的电气控制系统中

位置开关按用途可分为一般用途和起重设备用位置开关。一般用途位置开关主要用于机床及其他生产机械、自动生产线的限位和程序控制，如 JW2、JW2A、LX19、LX31、LXW5、3SE3 等系列；起重设备用位置开关主要用于限制起重设备及各种冶金辅助机械的行程，如 LX22、LX33 系列。

4. 结构与动作原理

（1）结构

在电气控制设备中常用的位置开关有 LX19 和 JLXK1 等系列。图 4-6 所示为 JLXK1 系列位置开关外部结构。

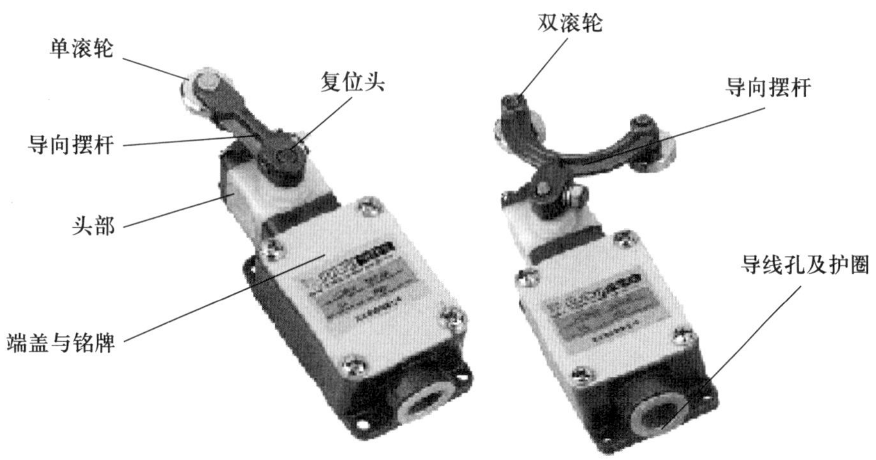

图 4-6　位置开关的外部结构

各系列位置开关的外形不尽相同，但它们的基本结构大体相同，都是由操作机构、触点系统和外壳组成。在某种位置开关元件的基础上，装置不同的操作机构，就可得到各种不同形式的位置开关。图 4-7 所示为 JLXK1 系列位置开关的内部结构和动作原理。

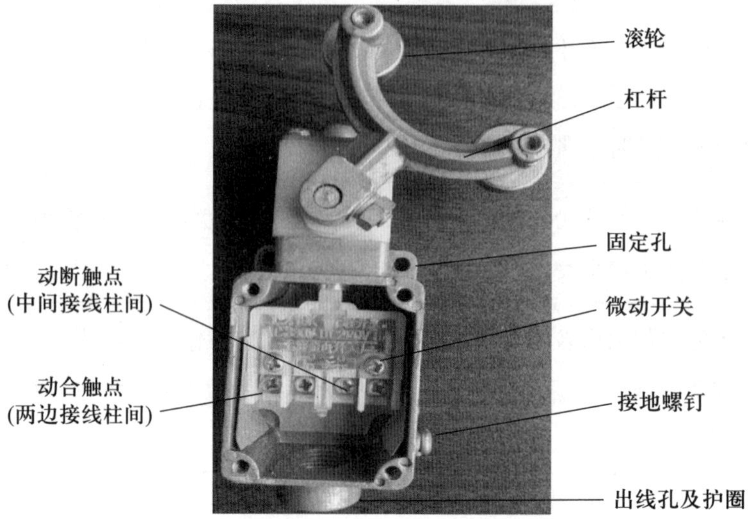

(a) 结构图

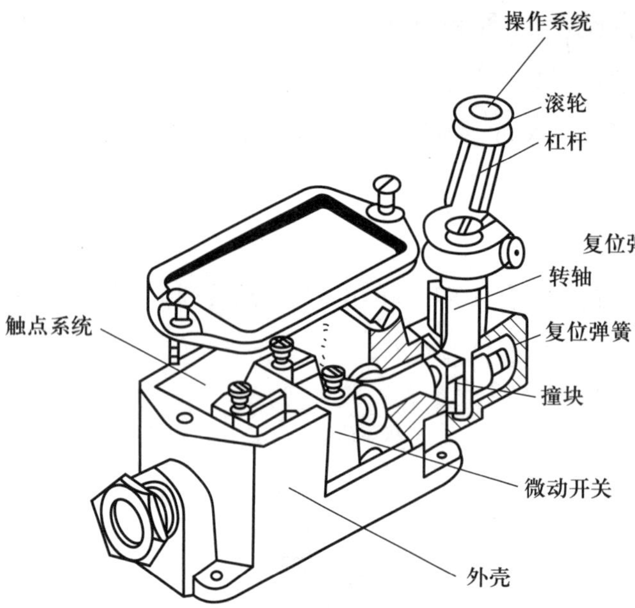

(b) 内部结构示意图

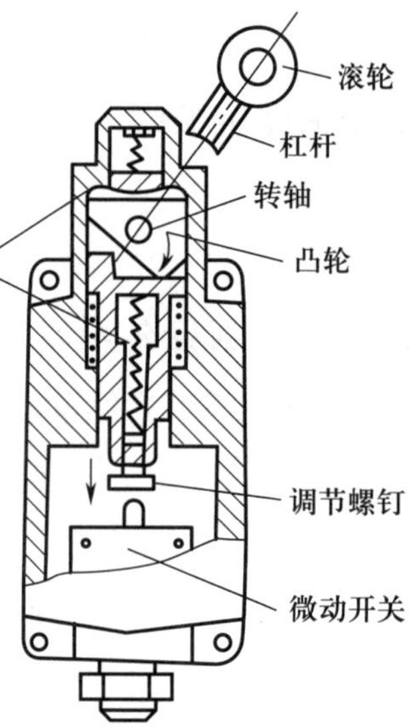

(c) 动作原理图

图 4-7 JLXK1 系列位置开关的内部结构和动作原理

（2）动作原理

JLXK1 系列位置开关的动作原理如图 4-7(c) 所示，当运动部件的挡铁碰压位置开关的滚轮时，杠杆连同转轴一起转动，使凸轮推动撞块。当撞块被压到一定位置时，推动微动开关快速动作，使其动断触点断开，动合触点闭合。

位置开关的触点类型有一动合一动断、一动合二动断、二动合一动断、二动合二动断等形式。

5. 技术参数

位置开关的基本技术参数见表4-3。

表4-3 位置开关的基本技术参数

型　号	额定电压/额定电流	结构特点	触点对数	
			动合	动断
LX19K		元件	1	1
LX19-111		内侧单轮，自动复位	1	1
LX19-121		外侧单轮，自动复位	1	1
LX19-131		内外侧单轮，自动复位	1	1
LX19-212		内侧双轮，不能自动复位	1	1
LX19-222	380V/5A	外侧双轮，不能自动复位	1	1
LX19-232		内外侧双轮，不能自动复位	1	1
JLXK1		快速位置开关(瞬动)		
LX19-001		无滚轮，仅径向转动杆	1	1
LXW1-11		自动复位		
LXW2-11		微动开关	1	1

6. 位置开关的选用

选用位置开关时，除应满足其工作条件和安装条件外，其主要技术参数的选用方法如下：

① 根据使用场合及控制对象选用种类。

② 根据安装环境选用防护形式。

③ 根据控制电路的额定电压和额定电流选用系列。

④ 根据机械与位置开关的传动与位移关系选用合适的操作头形式。

知识链接

接 近 开 关

位置开关是有触点开关，在操作频繁时易产生故障，工作可靠性较低。图4-8所示是接近开关，又称无触点位置开关，是一种与运动部件无机械接触而能操作的位置开关。也可以说它是一种开关型位置传感器，既有位置开关、微动开关的特性，同时又具有传感性能，且动作可靠，性能稳定，频率响应快，使用寿命长，抗干扰能力强，并具有防水、防振、耐腐蚀等特点，目前应用范围越来越广。

(a) 接近开关外形

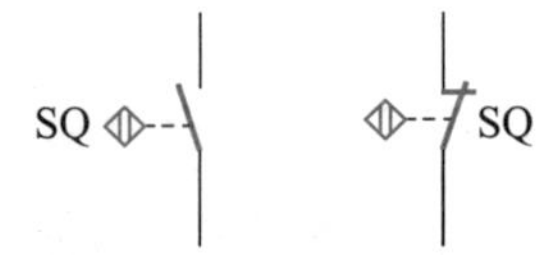

(b) 符号

图 4-8 接近开关外形与符号

任务操作

器材准备： JLX19、JLXK1 等系列位置开关，对其进行编号。

1. 选择工具、仪表

工具、仪表由学生根据任务操作需要自行选择。

2. 识别位置开关

识别所给位置开关，记录型号与规格，解释型号的含义，画出图形符号和文字符号。

3. 识读使用手册(说明书)

根据所给位置开关的说明书，熟悉位置开关的适用范围、主要技术参数、安装与使用方法等。

4. 认识位置开关部件

先从外观观察，然后打开端盖仔细观察其结构，熟悉主要部件的名称、作用及工作原理。

5. 检测位置开关

分别使位置开关在自由释放状态和动作状态(人为拨动摆杆)，用万用表测量各对触点的电阻值，判断出动合、动断触点位置。再用兆欧表测量各对触点与外壳之间的绝缘电阻，并初步判断其质量。将结果填入表 4-4 中。

表 4-4 检测位置开关

检测项目	检测图示	检测步骤及结果
动合触点	 自由释放状态	万用表选择 $R\times1$ 挡，测量动合触点的电阻值，正常时应为∞
		检测数据：
		检测结论：

续表

<table>
<tr><th>检测项目</th><th>检测图示</th><th colspan="2">检测步骤及结果</th></tr>
<tr><td rowspan="3">动合触点</td><td rowspan="3">
动作状态</td><td colspan="2">万用表选择 $R\times1$ 挡，测量动合触点的电阻值，正常时应很小</td></tr>
<tr><td colspan="2">检测数据：</td></tr>
<tr><td colspan="2">检测结论：</td></tr>
<tr><td rowspan="6">动断触点</td><td rowspan="3">
自由释放状态</td><td colspan="2">万用表选择 $R\times1$ 挡，测量动断触点的电阻值，正常时应很小</td></tr>
<tr><td colspan="2">检测数据：</td></tr>
<tr><td colspan="2">检测结论：</td></tr>
<tr><td rowspan="3">
动作状态</td><td colspan="2">万用表选择 $R\times1$ 挡，测量动断触点的电阻值，正常时应为∞</td></tr>
<tr><td colspan="2">检测数据：</td></tr>
<tr><td colspan="2">检测结论：</td></tr>
<tr><td rowspan="4">绝缘电阻</td><td rowspan="4"></td><td colspan="2">先校验兆欧表，再测量位置开关在自由释放状态和动作状态时，各对触点与外壳之间的绝缘电阻值</td></tr>
<tr><td>动合触点与外壳</td><td>动断触点与外壳</td></tr>
<tr><td></td><td></td></tr>
<tr><td colspan="2">结论：</td></tr>
<tr><td>质量判断</td><td colspan="3"></td></tr>
</table>

任务评价

任务评价表可参考表 1-12。

任务 2 认识小车位置控制线路

任务目标

1. 会识读、绘制小车位置控制线路电路图。
2. 会分析小车位置控制线路中各电气元件的作用和工作原理。
3. 熟悉位置控制线路在电气控制设备中的典型应用。

任务准备

1. 小车位置控制线路的构成

在图 4-9 所示的小车位置控制线路电路图中，位置开关 SQ1、SQ2 的动断触点分别串接在正转控制回路和反转控制回路中。当安装在小车前后的挡铁 1 或挡铁 2 碰撞位置开关的滚轮时，位置开关的动断触点分断，切断控制回路，使小车自动停止。小车的行程和位置可通过移动位置开关的安装位置来调节。

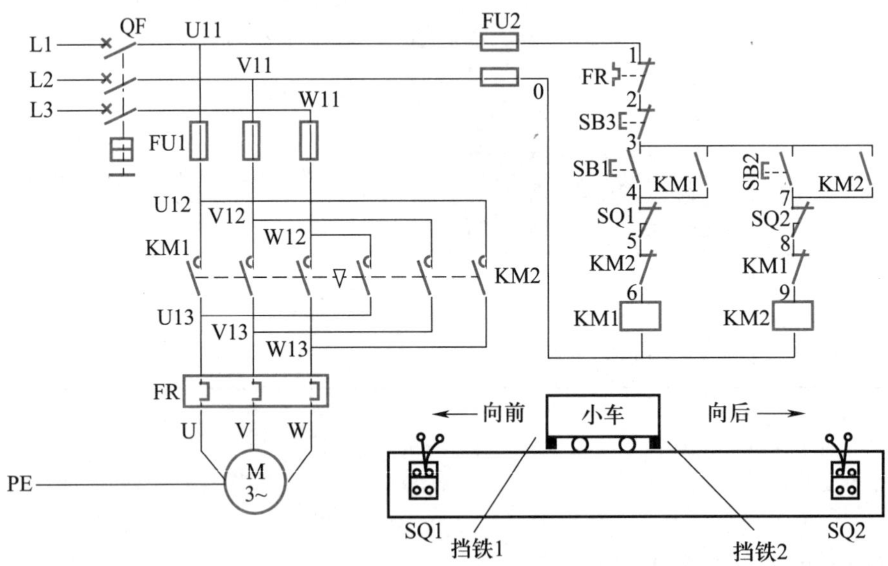

图 4-9 小车位置控制线路电路图

像这种利用生产机械运动部件上的挡铁与位置开关碰撞，使其触点动作，来接通或断开电路，以实现对生产机械运动部件的位置或行程的自动控制，称为位置控制，又称为行程控制或限位控制。实现这种控制要求所依靠的主要电器是位置开关。

2. 小车位置控制线路的工作原理

控制线路的工作原理如下：先合上电源隔离开关 QF。

（1）小车向左运动控制

按下 SB1 → KM1 线圈通电 →
- → KM1 自锁触点闭合自锁 ┐
- → KM1 主触点闭合 ┘→ 电动机 M 起动，连续正转 →
- → KM1 联锁触点分断，对 KM2 联锁

→ 小车向前运动 → 到达限定位置，挡铁 1 碰撞位置

开关 SQ1 → SQ1 动断触点分断 → KM1 线圈断电 →
- → KM1 自锁触点分断解除自锁 ┐
- → KM1 主触点分断 ┘→ 电动机 M 断电停转 → 小车停止向前移动
- → KM1 联锁触点恢复闭合，解除联锁

此时，即使再按下 SB1，由于 SQ1 动断触点已分断，接触器 KM1 线圈也不会通电，保证了小车不会超过 SQ1 所在的位置。

（2）小车向右运动控制

按下 SB2 → KM2 线圈通电 →
- → KM2 自锁触点闭合自锁 ┐
- → KM2 主触点闭合 ┘→ 电动机 M 起动，连续反转
- → KM2 联锁触点分断，对 KM1 联锁

→ 小车向后运动 → 到达限定位置，挡铁 2 碰撞位置

开关 SQ2 → SQ2 动断触点分断 → KM2 线圈断电 →
- → KM2 自锁触点分断解除自锁 ┐
- → KM2 主触点分断 ┘→ 电动机 M 断电停转 → 小车停止向后移动
- → KM2 联锁触点恢复闭合，解除联锁

注：小车从前移极限位置向后运动时，SQ1 动断触点会自动复位，为下一次限位做准备。

（3）停止控制

停止时，只需按下 SB3 即可。

任务操作

1. 认识小车位置控制线路的构成

根据图 4-9 所示的小车位置控制线路电路图，认识各电气元件的名称、符号。

2. 识读小车位置控制线路电路图

根据图 4-9 所示的小车位置控制线路电路图，先识读主电路，后识读控制电路。分析用电设备与控制元件的对应关系、主电路中各控制元件的作用、电源的种类和电压等级；分析控制电路的电源种类和电压等级、控制元件的作用和控制关系。

3. 分析小车位置控制线路的工作原理

根据图 4-9 所示的小车位置控制线路电路图，分析小车向左运动、向右运动和停止控制的工作原理，说明小车位置控制线路在电气控制设备中的典型应用。

4. 绘制小车位置控制线路电路图

正确绘制小车位置控制线路电路图。

任务评价

任务评价表参考表 2-31。

任务3 小车自动往返控制线路的安装与维修

任务目标

1. 会识读、绘制小车自动往返控制线路电路图、布置图和接线图。
2. 会分析小车自动往返控制线路中各电气元件的作用和工作原理。
3. 会安装、调试、运行和维修小车自动往返控制线路。
4. 熟悉小车自动往返控制线路在电气控制设备中的典型应用。

任务准备

在生产过程中，如摇臂钻床、万能铣床、镗床及各种自动或半自动控制的机床设备中，它们的某些运动部件的行程或位置要受到限制。而有些生产机械的工作台则要求在一定行程内自动往返运动，以便实现对工件的连续加工，提高生产效率（如磨床工作台的自动往返运动）。这就需要通过电气控制线路来实现对电动机的自动换接正反转控制。

1. 小车自动往返控制线路的构成

图 4-10(a)所示为小车自动往返控制线路电路图，为使电动机的正反转控制能与小车的前后运动相配合，在控制回路中设置了 4 个位置开关 SQ1、SQ2、SQ3、SQ4，并把它们安装在小车需要限位的位置。其中 SQ1、SQ2 被用来自动换接电动机正反转控制电路，实现小车自动往返的行程控制；而 SQ3、SQ4 被用作终端保护，以防止 SQ1、SQ2 失灵时，小车越过限定位置而发生事故。

如图 4-10(b)所示，小车下面的挡铁 1 只能和位置开关 SQ1、SQ3 相碰撞，挡铁 2 只能和位置开关 SQ2、SQ4 相碰撞。当小车运动到所限定位置时，挡铁碰撞相应的位置开关，使其动作，自动换接电动机正反转控制电路，通过机械传动机构使小车自动循环往返运动。小车行程大小可通过移动位置开关的安装位置来调节。

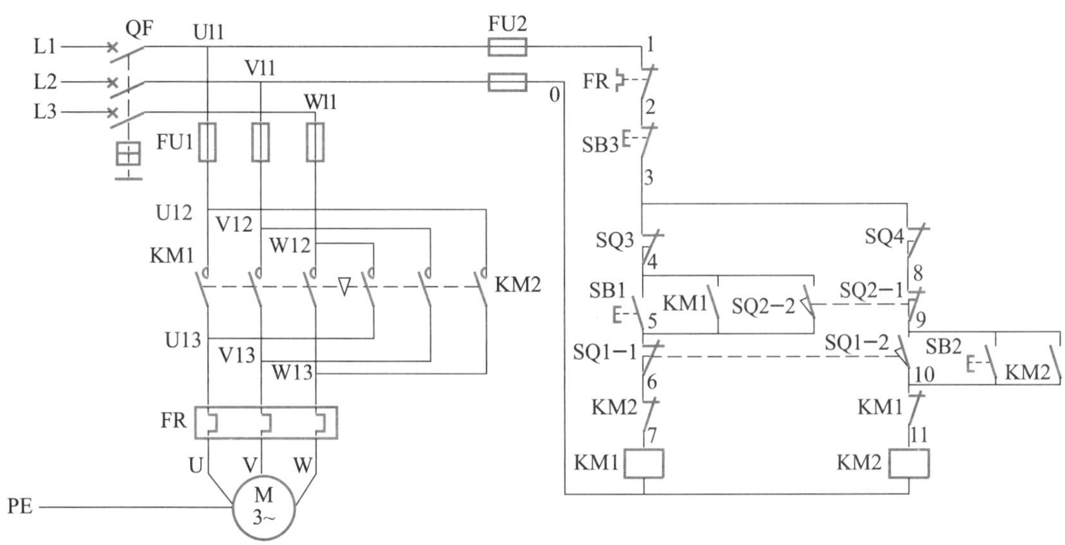

(a) 电路图

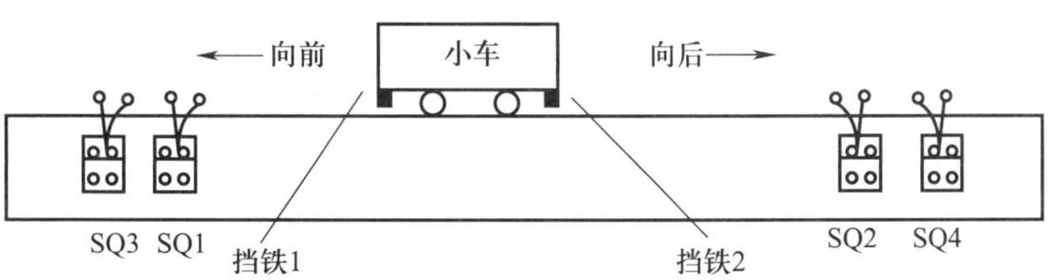

(b) 小车自动往返示意图

图 4-10　小车自动往返控制线路电路图及小车自动往返示意图

2. 小车自动往返控制线路的工作原理

控制线路的工作原理如下：先合上电源隔离开关 QF。

（1）起动与自动往返运动控制

按下 SB1 → KM1 线圈通电 → KM1 自锁触点闭合自锁；KM1 主触点闭合；KM1 联锁触点分断，对 KM2 联锁

→ 电动机 M 起动，连续正转 → 工作台向前运动 → 到达限定位置，挡铁 1 碰撞

位置开关 SQ1 → SQ1-1 先分断 → KM1 线圈断电 → KM1 自锁触点分断、KM1 主触点分断 → ①；KM1 联锁触点恢复闭合 → ②

位置开关 SQ1 → SQ1-2 后闭合 → ②

① → 电动机停止正转，小车停止向前运动

② → KM2 线圈通电 → KM2 自锁触点闭合自锁、KM2 主触点闭合 → 电动机 M 起动，连续反转；KM2 联锁触点分断，对 KM1 联锁

→ 小车向后运动 → 到达限定位置，挡铁 2 碰撞位置开关 SQ2 →

→ SQ2-1 先分断 → KM2 线圈断电 → KM2 自锁触点分断、KM2 主触点分断 → ③；KM2 联锁触点恢复闭合 → ④

→ SQ2-2 后闭合 → ④

③ → 电动机停止反转，小车停止向后运动

④ → KM1 线圈通电 → KM1 自锁触点闭合自锁、KM1 主触点闭合 → 电动机 M 起动，连续正转；KM1 联锁触点分断，对 KM2 联锁

→ 小车又向前运动……以后重复上述过程，小车就能在限定的行程内自动往返运动

（2）停止控制

停止时，按下停止按钮 SB3，整个控制电路断电，接触器 KM1 或 KM2 主触点分断，电动机 M 断电停转，工作台停止运动。

注：① 按钮 SB1、SB2 分别作为向前、向后起动按钮，若起动时工作台停止在前侧，则应按下 SB2 进行起动，反之应按下 SB1。

② 当工作台向相反方向运动时，原先压合的位置开关会自动复位。

任务操作

1. 选配工具、仪表及器材

根据图 4-10 所示的小车自动往返控制线路的安装与维修任务要求，列出工具、仪表及器材清单。

2. 申领、检测安装器材

在列出安装器材清单后，向指导教师申领安装器材，做到器材齐备，并检测所

安装的器材。

3. 绘制布置图、接线图

根据图 4-10 所示的小车自动往返控制线路电路图，在绘图纸上正确绘制布置图、接线图，并交指导教师检查。小车自动往返控制线路布置图可参考图 4-11，图中虚线部分表示电气布线时的行线槽。

4. 安装电气元件和行线槽

按所绘制的布置图，在电气控制线路板上规范地安装除电动机以外的电气元件和行线槽，并贴上醒目的文字符号，如图 4-12 所示。

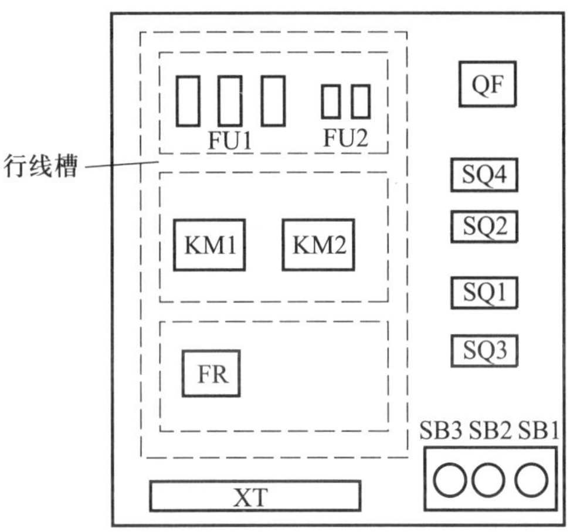

图 4-11　小车自动往返控制线路布置图

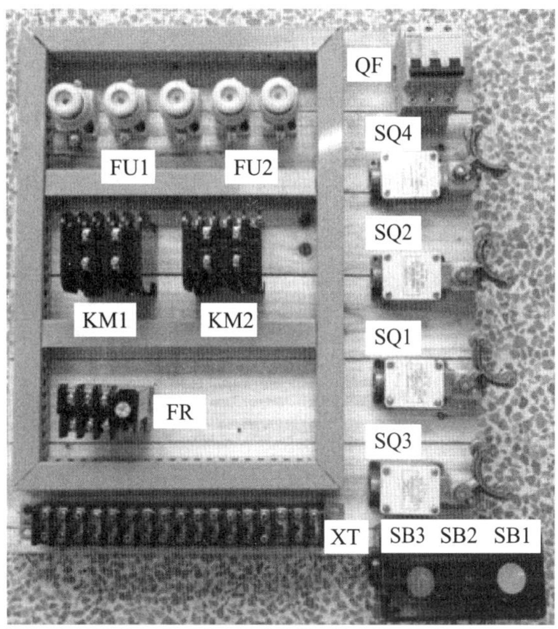

图 4-12　小车自动往返控制线路板实物图

指点迷津　　行线槽制作安装方法

行线槽安装时，应做到横平竖直、排列整齐匀称、安装牢固和便于接线。行线槽对接时应采用 45°对接。行线槽制作与安装示意图如图 4-13 所示。

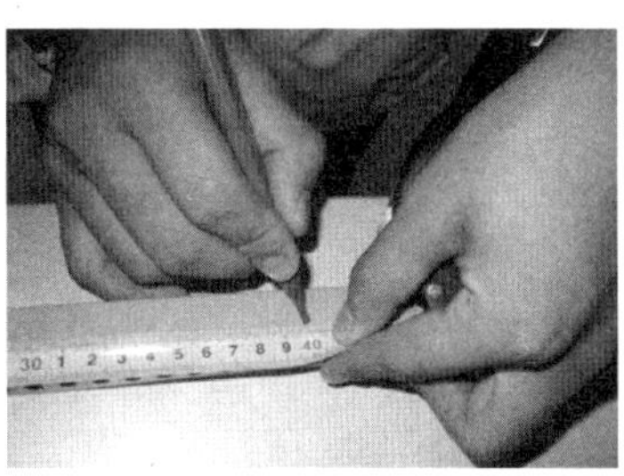

(a) 量取行线槽尺寸

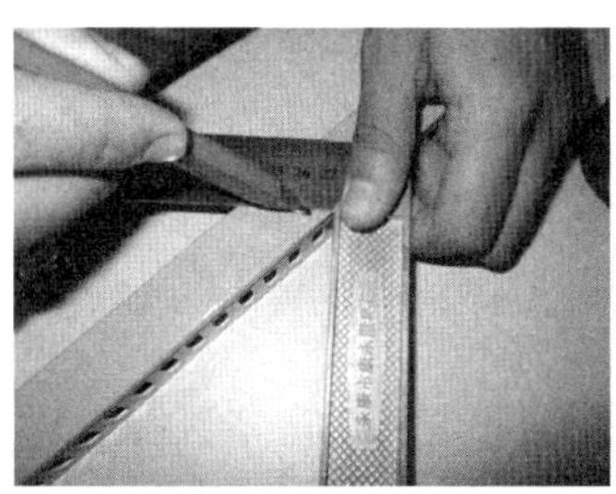

(b) 在行线槽上根据切断角度画出加工线

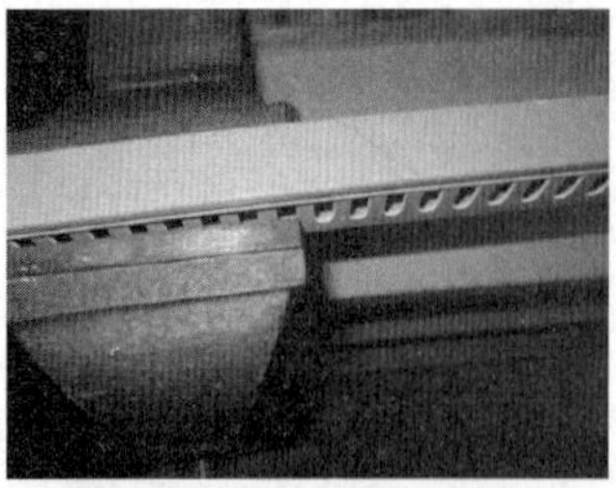

(c) 在台虎钳上固定行线槽

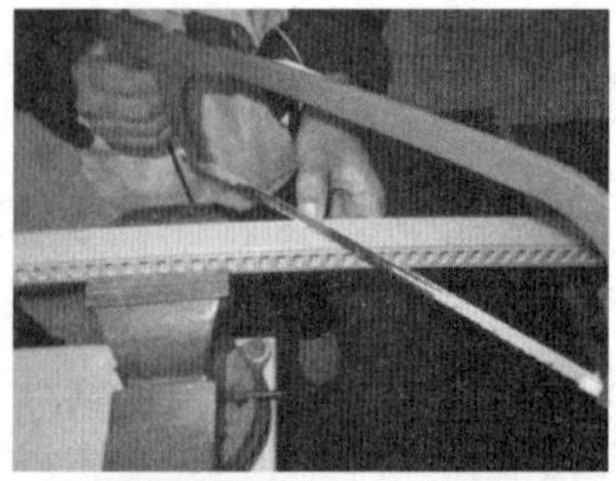

(d) 用钢锯沿加工线切断行线槽

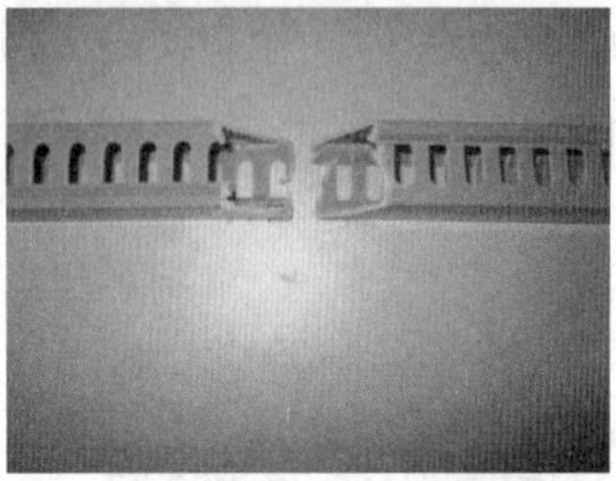

(e) 切割完成后的行线槽

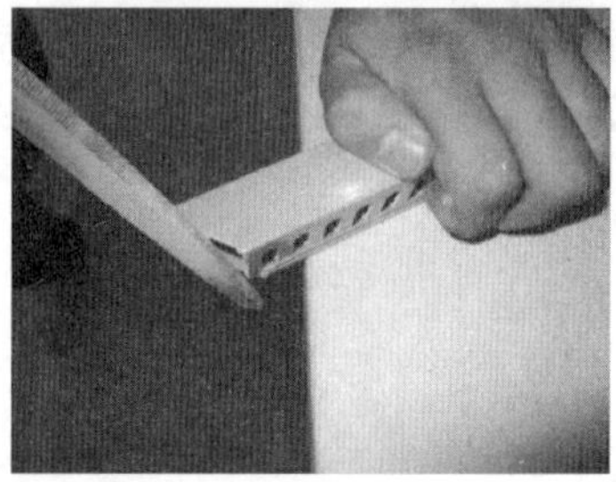

(f) 用锉刀按角度要求修整切断口毛刺

(g) 线槽对角安装并固定

图 4-13 行线槽制作与安装示意图

5. 电气布线

按所绘制的接线图，按板前行线槽布线工艺要求在电气控制线路板上进行板前行线槽布线，并在导线端部套编码套管和冷压接线头，如图 4-14 所示。

(a) 盖上行线槽前

(b) 盖上行线槽后

图 4-14 小车自动往返控制线路板实物图

知识链接

板前行线槽布线工艺要求

① 行线槽内配线所用导线的截面积在大于或等于0.5 mm^2时，必须采用软线。考虑机械强度的原因，所用导线的最小截面积，在控制箱外为1 mm^2，在控制箱内为0.75 mm^2。但对控制箱内很小电流的电路连线，如电子逻辑电路，可采用0.2 mm^2，并且可以采用硬线，但只能用于不移动又无振动的场合。

② 布线时，严禁损伤线芯和导线的绝缘层。

③ 各电气元件接线端子引出导线的走向，以电气元件的水平中心线为界线，在水平中心线以上接线端子引出的导线，必须进入电气元件上面的行线槽；在水平中心线以下接线端子引出的导线，必须进入电气元件下面的行线槽。任何导线不允许从水平方向进入行线槽内。

④ 各电气元件接线端子上引出或引入的导线，除间距很小或电气元件机械强度允许直接架空外，其他导线必须经过行线槽进行连接。

⑤ 进入行线槽内的导线要完全放置于行线槽内，并应尽可能避免交叉，装线不要超过行线槽容量的70%，以便于盖上行线槽盖和以后的装配及检修。

⑥ 各电气元件与行线槽之间的外露导线，应走线合理，并尽可能做到横平竖直，变换走向要垂直。同一电气元件上位置相同的端子和同型号电气元件中位置相同的端子上引出或引入的导线，要在同一平面上，并做到高低一致或前后一致，不得交叉。

⑦ 所有接线端子、导线线头上都应套有与电路图上相应接点标号一致的编码套管，并按线号进行连接，连接必须可靠，不得松动。

⑧ 在任何情况下，接线端子必须与导线截面积和材料性质相适应。当接线端子不适合连接软线或较小截面积的软线时，可以在导线端头穿上针形或叉形轧头并压紧。

⑨ 一般一个接线端子只能连接一根导线，如果采用专门设计的端子，可以连接两根或多根导线，但导线的连接方式必须是公认的、在工艺上成熟的方式，如夹紧、压接、焊接、绕接等，并应严格按照连接工艺的工序要求进行。

6. 检查电气布线

要求在不通电时，手动模拟各电器的操作、动作，使用万用表检查主电路、控制电路的通断情况。其检查步骤和方法见表4-5。

表 4–5 小车自动往返控制线路的检查步骤和方法

步骤	检查内容	检查示意图	检 查 方 法
1	主电路检查	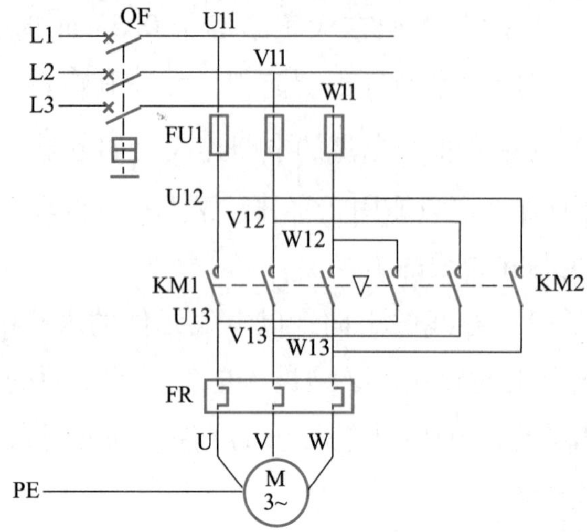	同接触器联锁正反转控制线路的主电路检查方法相同 检测结果：
2	控制电路检查	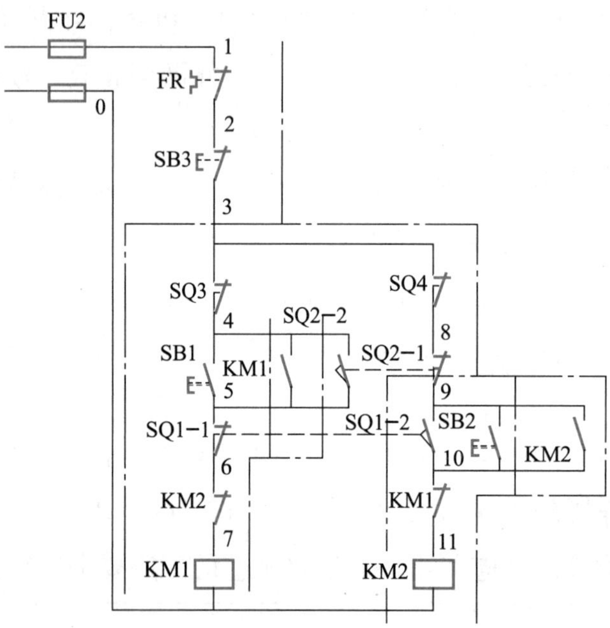	与电动机正反转控制线路控制电路检查方法基本相似，但应注意以下几点： （1）检查位置开关 SQ1、SQ2 的控制功能时，可用手拨动位置开关，这时所测得的应是接触器线圈的直流电阻值，当手松开后，所测得的电阻值应为∞ （2）按下起动按钮 SB1（或 SB2）检测时，若再用手拨动位置开关 SQ1（或 SQ2），可观察到万用表指针瞬间指向无穷大位置，后又指向接触器线圈电阻值处 （3）按下接触器 KM1（或 KM2）触点架检测自锁功能时，若再用手拨动位置开关 SQ1（或 SQ2），可观察到万用表指针瞬间指向无穷大位置，后又指向接触器线圈电阻值处 检测结果：

7. 检测绝缘电阻、安装电动机，连接电动机电源线及保护接地线

8. 通电试车

经指导教师检查，确保无误后才能通电试车。其通电试车方法与小车位置控制线路相似，只是在小车运行时，根据小车运行情况，适时拨动位置开关，这时小车应先停止运行后向相反方向运动，运动到限定位置时，又先停止后向相反方向运动，如此往复运动。

9. 线路维修

参考项目 2 任务 5 中的检修步骤、方法和注意事项，由指导教师在主电路和控制电路中人为设置自然电气故障各两处进行维修(严禁在位置开关 SQ3、SQ4 上设置故障)，并填写维修记录单。

指点迷津　　小车自动往返控制线路常见故障现象、原因分析及检查方法

小车自动往返控制线路常见故障现象、原因分析及检查方法与电动机正反转控制线路相似，其特有的故障现象、原因分析及检查方法见表 4-6。

表 4-6　小车自动往返控制线路的常见故障现象、原因分析及检查方法

故 障 现 象	原 因 分 析	查找故障部位的方法
挡铁碰撞位置开关 SQ1(或 SQ2)后电动机停止，小车向前(或向后)运动后不能往返	由故障现象分析，若小车向前、向后都能运动，则其可能的原因是位置开关 SQ1(或 SQ2)损坏，致使其动合触点不能闭合	切断电源后，用手碰压位置开关，用万用表电阻挡检测位置开关动合触点、连接导线的通断情况 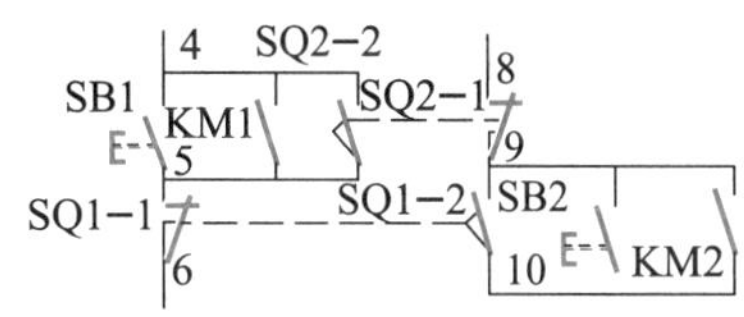
小车向前(或向后)运动到限定位置后能返回，但不能继续向前(或向后)运动	由故障现象分析，可能是不能继续向前(或向后)运动处位置开关动合触点不能闭合	检查方法同上
小车直到挡铁碰到位置开关 SQ3(或 SQ4)后电动机才能停止，小车不能返回	(1) 位置开关 SQ1(或 SQ2)安装位置不对或使用时发生了位移，挡铁无法碰撞到位置开关 SQ1 或 SQ2 的滚轮 (2) 位置开关损坏致使其动断触点无法分断	(1) 检查位置开关安装位置是否准确，挡铁能否正常碰撞位置开关滚轮 (2) 断切电源，用手碰压位置开关，用万用表电阻挡检测其动断触点通断情况

任务评价

任务评价表见表4-7。

表4-7 任务评价表

任 务	评价标准	配分	扣分
线路安装(100分)			
工具、仪表、器材选配与使用	(1) 工具、仪表、器材选配不当 每个扣1分 (2) 工具、仪表使用不规范 每次扣1分 (3) 损坏工具、仪表 扣5分	5	
申领、检测安装器材	(1) 申领安装器材不符合要求 每个扣1分 (2) 检测安装器材有误 每个扣1分 (3) 不会检测安装器材 扣3分	5	
绘制布置图、接线图	(1) 布置图、接线图绘制不规范 每处扣0.5分 (2) 布置图、接线图绘制有误 每处扣1分	5	
安装电气元件	(1) 元件安装不牢固、不整齐、不匀称、不合理 每个扣1分 (2) 损坏元件 扣5分	5	
电气布线	(1) 布线不符合工艺要求 每根扣1分 (2) 接点有松动、露铜过长、反圈等 每个扣1分 (3) 损伤导线绝缘层或线芯 每根扣1分 (4) 编码套管套装不正确 每处扣0.5分 (5) 接地线安装不规范或漏接 酌情扣2~5分 (6) 布线接线程序错误 扣3分	30	
检查电气布线	(1) 检查方法不够规范合理 酌情扣1~2分 (2) 检查结果不正确 扣5分	5	
检测绝缘电阻	绝缘电阻值不合格 扣5分	5	
连接电动机电源线、接地线	(1) 电动机电源线、接地线连接不规范、不牢固 扣3~5分 (2) 错接或漏接接地线 扣5分	5	
通电试车	(1) 熔断器配错熔体规格 扣5分 (2) 热继电器整定电流整定不合理或不会整定 扣3~5分 (3) 验电操作不规范 扣5分 (4) 通电试车操作不规范 扣5分 (5) 通电试车不成功 每次扣10分	35	

续表

任　务	评 价 标 准	配分	扣分
	线路维修(100 分)		
观察故障现象	(1) 故障现象不正确　扣 5 分 (2) 故障现象描述有误　酌情扣 3~5 分	10	
工具、仪表、器材、资料选配与使用	(1) 工具、仪表、器材及资料选配不当　每个扣 1 分 (2) 工具、仪表使用不规范　每次扣 3 分 (3) 损坏工具、仪表　扣 5 分	5	
分析故障范围	(1) 故障范围分析思路不清晰　每个扣 3 分 (2) 故障范围不合理　每个扣 2 分 (3) 不能确定故障范围　每个扣 5 分	15	
确定故障部位	(1) 故障检查方法不正确、不规范　酌情扣 2~3 分 (2) 故障部位判断错误　扣 5 分	10	
故障排除	(1) 停电不验电　扣 5 分 (2) 工具及仪表使用不规范、不熟练　每次扣 5 分 (3) 排故思路不清晰、顺序不合理　每个扣 5 分 (4) 排故方法不正确　每个扣 5 分 (5) 不能排除故障　每个扣 5 分 (6) 通电试车不成功　每个扣 10 分	45	
分析引起故障的原因	(1) 故障原因不正确　每个扣 2 分 (2) 不会分析故障原因　每个扣 3 分	10	
技术资料归档	(1) 维修记录单不填写或填写不完整　酌情扣 2~3 分 (2) 技术资料不完整或不归档　酌情扣 2~3 分	5	
其他	(1) 检修时产生新故障不能自行修复　每个扣 10 分 (2) 产生新故障能自行修复　每个扣 5 分 (3) 损坏电动机、电气元件　扣 10 分 注：本项从总分中扣除		
职业素养	要求在任务操作过程中穿工作服、绝缘鞋等防护装备；遵守安全操作规程，杜绝安全事故；爱惜实训设备、器材，不浪费材料，工具、仪表、器材等摆放规范，符合职业岗位要求；任务操作结束后，工具、仪表、材料、废料分类处置，实训工位干净整洁。违反上述要求酌情扣 5~40 分，情节严重者，可判本次任务操作训练为 0 分，甚至取消本次任务操作资格		

续表

<table>
<tr><th>任　务</th><th colspan="6">评 价 标 准</th><th>配分</th><th>扣分</th></tr>
<tr><td>定额时间</td><td colspan="7">240 min，每超时 5 min(不足 5 min 以 5 min 计)扣 1 分</td><td></td></tr>
<tr><td>备注</td><td colspan="8">除定额时间外，各项目的最高扣分不应超过配分数</td></tr>
<tr><td>开始时间</td><td></td><td>结束时间</td><td></td><td>实际时间</td><td></td><td colspan="2">成绩</td><td></td></tr>
</table>

学生自评：

学生签名：　　　　年　月　日

教师评语：

教师签名：　　　　年　月　日

项目 5 两地控制三级传送带控制线路的安装与维修

——顺序控制与多地控制线路的安装与维修

项目目标

学完本项目后，你应当：

★ 熟悉中间继电器的功能、基本结构、工作原理、型号含义，熟记其图形符号和文字符号。

★ 会识别、检测、选用中间继电器。

★ 熟悉顺序控制方式，能分析顺序控制线路、多地控制线路的工作原理。

★ 会根据工作任务要求安装、调试、运行和维修两地控制三级传送带控制线路。

项目描述

在实际生产机械中，往往装有多台电动机，而各电动机所起的作用是不同的，有时需按一定的顺序起动或停止和多地控制电动机，这样才能保证操作过程的合理性、方便性和工作的安全可靠性。例如，X62W 型万能铣床，要求主轴电动机起动后，进给电动机才能起动，并要求能够两地控制主轴电动机的起动、停止；多级传送带起动运行时，往往需要第一级传送带起动运行后，第二级才能起动……而停止时，要求最后一级先停止，然后逐级停止，这样才能避免物料在传送带上堆积而造成事故。

现有某企业需要给图 5-1 所示的两地控制三级传送带安装控制线路，电工小沈领到了电工车间主任分配的工作任务单，见表 5-1。

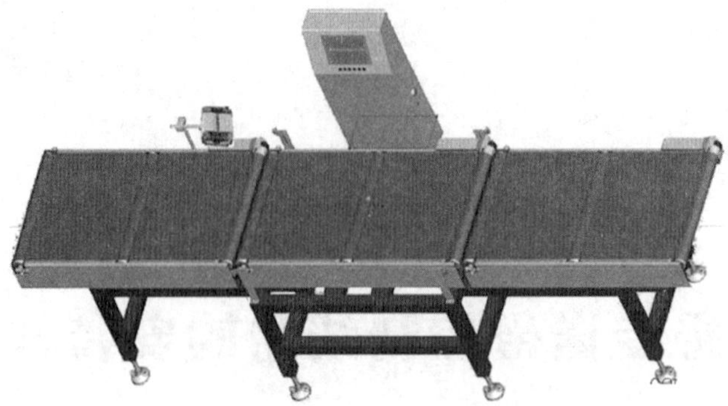

图 5-1 三级传送带

表 5-1 工作任务单

某企业工作任务单 编号——0005

工作任务	安装两地控制三级传送带控制线路			派工日期	年 月 日
工作人员	小沈	工作负责人	小沈	完工日期	年 月 日
签收人				签收日期	年 月 日
工作内容	1. 根据现场已安装就位的三级传送带，从车间动力配电箱引出电源，通过控制线路板将电源引入传送带 2. 控制线路安装完成后，进行检验和通电试验，合格后交付该车间使用 3. 将相关技术资料交付车间档案室归档保存				
材料申领	此项由工作负责人填写： 工作负责人：				
任务验收	此项填写验收时设备的主要验收技术参数，由工作负责人填写： 工作负责人：				
车间负责人评价	负责人签字： 年 月 日				

项目分析

图 5-2 所示为三级传送带示意图，传送带是企业用来传送物料的运输工具，每级传送带各由一台三相交流异步电动机拖动，传送带必须按生产要求运行。

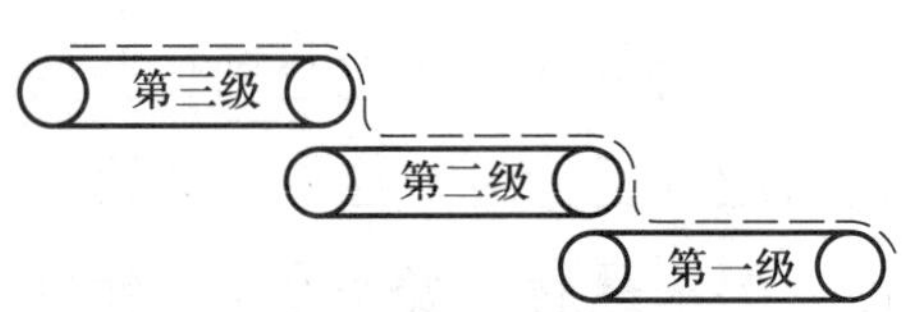

图 5-2 三级传送带示意图

1. 技术要求

三级传送带控制系统由 3 台牵引电动机、电源和控制线路板等构成。工作负责人小沈通过现场调查，了解到以下技术信息：

① 技术参数　传送带牵引电动机的主要技术参数有：额定功率 4 kW，额定工作电流 8.8 A，额定电压 380 V，额定频率 50 Hz，Δ 接法，额定转速 1 440 r/min，绝缘等级 B 级，防护等级 IP23。

② 控制功能　起动传送带时，要求第一级传送带起动后，才能起动第二级传送带，第二级传送带起动后，第三级传送带才能起动；停止传送带时，要求第三级传送带停止后，第二级传送带才能停止，第二级传送带停止后，第一级传送带才能停止。当任何一级传送带电动机过载时，三级传送带应全部停止。三级传送带要求能够在现场和控制室两地控制，并在现场和控制室设紧急停止按钮，以使传送带出现事故时紧急停止。当传送带电动机、控制线路出现短路故障时，控制系统应能够立即切断传送带电源，起到短路保护作用。同时还应有防止操作人员发生触电事故的安全措施。

由上可知，在设计传送带控制线路时，可用按钮和接触器控制传送带电动机的起动与停止，同时需有短路保护功能和防触电保护措施。

像这种要求几台电动机的起动或停止，必须按一定的先后顺序来完成的控制方式，称为电动机的顺序控制。

2. 控制线路

控制线路采用组合开关作为电源隔离开关，由按钮和接触器控制传送带电动机，由热继电器作过载保护，由熔断器作短路保护，其控制线路电路图如图 5-3 所示。

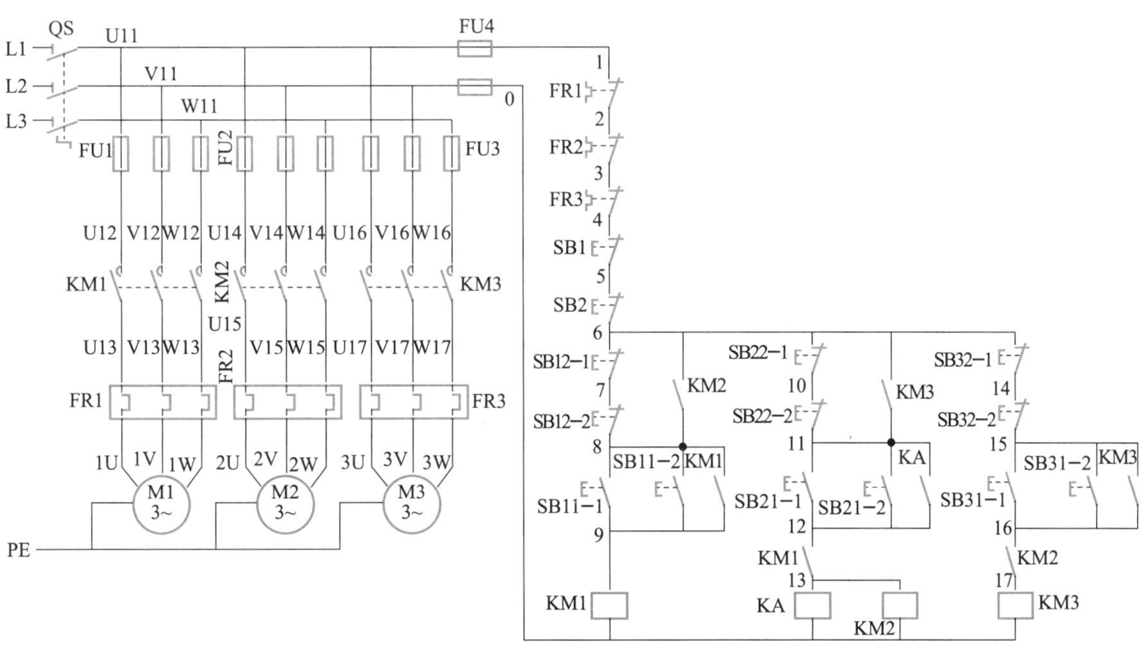

图 5-3　三级传送带控制线路电路图

项目实施

任务 1 认识中间继电器

任务目标

1. 熟悉常用中间继电器的功能、基本结构、工作原理及型号含义，熟记其图形符号和文字符号。

2. 会识别、检测、选用常用中间继电器。

3. 熟悉常用中间继电器在电气控制设备中的典型应用。

任务准备

1. 功能

中间继电器是继电器的一种，它是用来增加控制电路中信号数量或将信号放大的继电器。其输入信号是线圈的通电或断电，输出信号是触点的动作。其触点数量较多，所以当其他电器的触点数或触点容量不够时，可借助中间继电器作中间转换，来控制多个元件或回路。

中间继电器触点没有主、辅之分，各对触点允许通过的电流大小相同，多数为 5A。因此，对于工作电流小于 5A 的电气控制线路，可用中间继电器来代替接触器控制电动机。

2. 外形与符号

常用的中间继电器外形如图 5-4 所示。

中间继电器的图形符号和文字符号如图 5-5 所示。

3. 型号与含义

中间继电器的型号及含义如下：

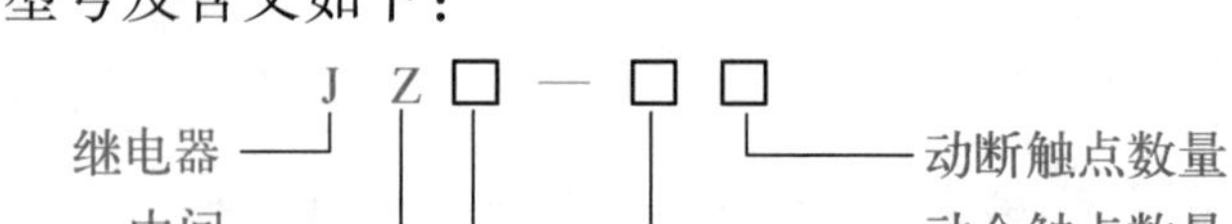

(a) JZ7系列　(b) JZ14系列　(c) JZ15系列

图 5-4　常用中间继电器外形

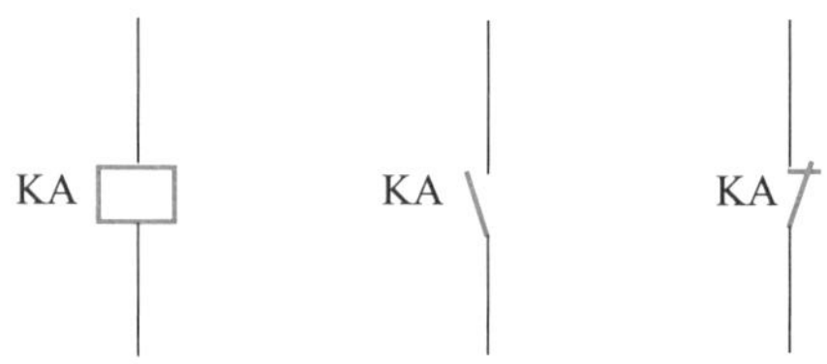

(a) 线圈　(b) 动合触点　(c) 动断触点

图 5-5　中间继电器的图形符号和文字符号

4. 结构与工作原理

在电气控制设备中常用的中间继电器有 JZ7、JZ14 等系列。图 5-6 所示为 JZ7 系列中间继电器外部结构。

各系列中间继电器的外形不尽相同，但它们的基本结构大体相同，都是由操作机构、触点系统和外壳组成。在某种中间继电器元件的基础上，装置不同的操作机构，就可得到各种不同形式的中间继电器。图 5-7 所示为 JZ7 系列中间继电器的内部结构。

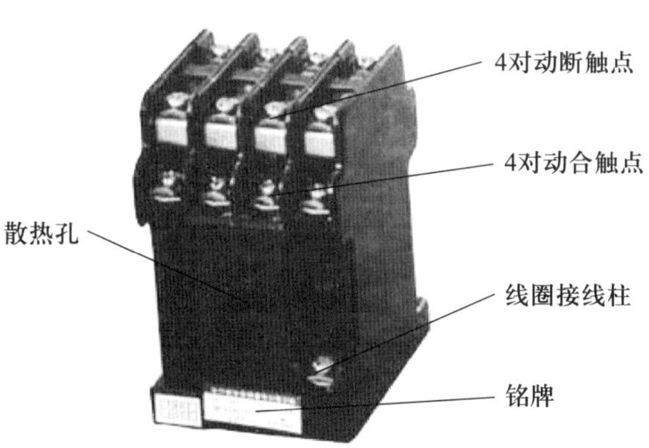

图 5-6　中间继电器的外部结构

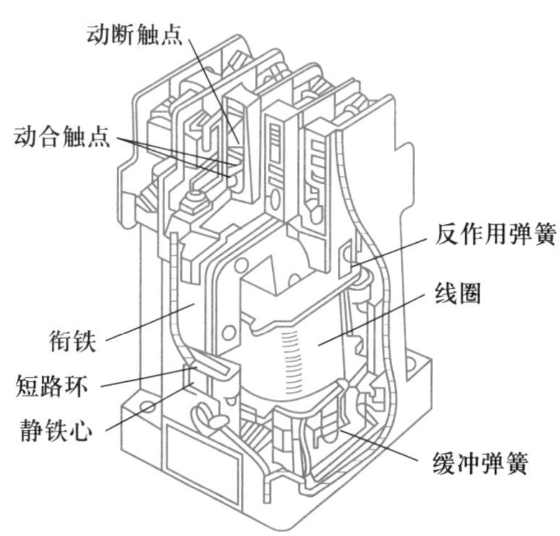

图 5-7　JZ7 系列中间继电器的内部结构

从图5-7中可以看出，JZ7系列中间继电器的结构与工作原理和接触器基本相同，由铁心、衔铁、线圈、触点系统、反作用弹簧、缓冲弹簧等组成。其铁心和衔铁也是用E形硅钢片叠装而成，线圈置于铁心中柱，组成双E形直动式电磁系统。触点采用双断点桥式结构，分上下两层，各有4对触点，下层触点只能是动合触点，所以触点系统可按8动合、6动合与2动断及4动合与4动断组合。继电器的吸引线圈额定电压有12V、36V、110V、380V等。

JZ14系列中间继电器有交流操作和直流操作两种，采用螺管式电磁系统和双断点桥式触点，其基本结构为交直流通用，只是交流铁心为平顶形，直流铁心与衔铁为圆锥形接触面，触点采用直列式分布，对数达8对，可按6动合、2动断，4动合、4动断或2动合、6动断组合。该系列中间继电器带有透明外罩，可防止尘埃进入内部而影响工作可靠性。

5. 技术参数

中间继电器的基本技术参数见表5-2。

表5-2　中间继电器的基本技术参数

<table>
<tr><th rowspan="2">型号</th><th rowspan="2">电压种类</th><th rowspan="2">触点额定电压/V</th><th rowspan="2">触点额定电流/A</th><th colspan="2">触点组合</th><th rowspan="2">通电持续率</th><th rowspan="2">吸引线圈电压/V</th><th rowspan="2">吸引线圈消耗功率</th><th rowspan="2">额定操作频率/(次/h)</th></tr>
<tr><th>动合</th><th>动断</th></tr>
<tr><td>JZ7-44
JZ7-62
JZ7-80</td><td>交流</td><td>380</td><td>5</td><td>4
6
8</td><td>4
2
0</td><td>40%</td><td>12、24、36、48、110、127、380、420、440、500</td><td>12V · A</td><td>1 200</td></tr>
<tr><td>JZ14-□□L/□</td><td>交流</td><td>380</td><td>5</td><td rowspan="2">6
4
2</td><td rowspan="2">2
4
6</td><td rowspan="2">40%</td><td>110、127、220、380</td><td>10 V · A</td><td rowspan="2">2 000</td></tr>
<tr><td>JZ14-□□Z/□</td><td>直流</td><td>220</td><td>5</td><td>24、48、110、220</td><td>7 W</td></tr>
<tr><td>JZ15-□□L/□</td><td>交流</td><td>380</td><td>10</td><td rowspan="2">6
4
2</td><td rowspan="2">2
4
6</td><td rowspan="2">40</td><td>36、127、220、380</td><td>11 V · A</td><td rowspan="2">1 200</td></tr>
<tr><td>JZ15-□□Z/□</td><td>直流</td><td>220</td><td>10</td><td>24、48、110、220</td><td>11 W</td></tr>
</table>

6. 中间继电器的选用方法

选用中间继电器时，除应满足中间继电器的工作条件和安装条件外，其主要技术参数的选用方法如下：

① 根据使用场合及控制对象选用种类。

② 根据安装环境选用防护形式。

③ 根据控制电路的额定电压和额定电流选用系列。

任务操作

器材准备： JZ7、JZ14、JZ15 等系列中间继电器，其规格自定。

1. 选择工具、仪表

工具、仪表由学生根据任务操作需要自行选择。

2. 识别中间继电器

识别所给中间继电器，记录型号与规格，解释型号含义，画出图形符号和文字符号。

3. 识读使用手册(说明书)

根据所给中间继电器的说明书，熟悉该中间继电器的适用范围、主要技术参数、安装与使用方法等。

4. 认识中间继电器部件

从外观认识中间继电器各部件名称及位置；将中间继电器倒放，拆开底板后，仔细观察其内部结构，熟悉其结构及工作原理。

5. 检测中间继电器

分别使中间继电器处于释放状态和动作状态(按下触点架)，用万用表测量各对触点的电阻值，判断出动合、动断触点位置。再测量线圈直流电阻值，初步判断其质量，并记入表 5-3 中。

表 5-3　检测中间继电器

检测项目	检测图示	检测步骤及结果
动合触点	自由释放状态	万用表选择 $R\times1$ 挡，测量动合触点的电阻值，正常时应为∞
		检测数据：
		检测结论：

续表

<table>
<tr><th>检测项目</th><th>检测图示</th><th>检测步骤及结果</th></tr>
<tr><td rowspan="3">动合触点</td><td rowspan="3">
动作状态</td><td>万用表选择 $R\times1$ 挡，测量动合触点的电阻值，正常时应很小</td></tr>
<tr><td>检测数据：</td></tr>
<tr><td>检测结论：</td></tr>
<tr><td rowspan="6">动断触点</td><td rowspan="3">
自由释放状态</td><td>万用表选择 $R\times1$ 挡，测量动断触点的电阻值，正常时应很小</td></tr>
<tr><td>检测数据：</td></tr>
<tr><td>检测结论：</td></tr>
<tr><td rowspan="3">
动作状态</td><td>万用表选择 $R\times1$ 挡，测量动断触点的电阻值，正常时应为∞</td></tr>
<tr><td>检测数据：</td></tr>
<tr><td>检测结论：</td></tr>
<tr><td rowspan="3">线圈直流电阻</td><td rowspan="3"></td><td>万用表选择倍率合适的电阻挡，测量线圈两接线柱之间的直流电阻值</td></tr>
<tr><td>检测数据：</td></tr>
<tr><td>检测结论：</td></tr>
<tr><td>质量判断</td><td colspan="2"></td></tr>
</table>

任务评价

任务评价表可参考表 1-12。

任务 2　顺序控制线路的安装与维修

◆ 任务目标

1. 会识读、绘制顺序控制线路电路图、布置图和接线图。
2. 会分析顺序控制线路中各电气元件的作用和工作原理。
3. 会安装、调试、运行和维修顺序控制线路。
4. 熟悉顺序控制线路在电气控制设备中的典型应用。

任务准备

1. 主电路实现顺序控制线路

图 5-8 所示为主电路实现两台电动机顺序控制的控制线路电路图。该类控制线路的特点是电动机 M2 的主电路接在接触器 KM(KM1)主触点的下方。

图 5-8(a)所示的控制线路中，电动机 M2 是通过接插器 X 接在接触器 KM 主触点的下方，因此，只有当 KM 主触点闭合，电动机 M1 起动后，电动机 M2 才可能接通电源运转。M7130 型平面磨床的砂轮电动机和冷却泵电动机就是采用了这种顺序控制线路。

图 5-8(b)所示的控制线路中，电动机 M1 和 M2 分别通过接触器 KM1 和 KM2 来控制，接触器 KM2 的主触点接在接触器 KM1 主触点的下方，这样就保证了只有当接触器 KM1 的主触点闭合、电动机 M1 起动运转后，电动机 M2 才可能接通电源运转。

该控制线路的工作原理如下：先合上电源隔离开关 QF。

（1）M1 起动后 M2 才能起动

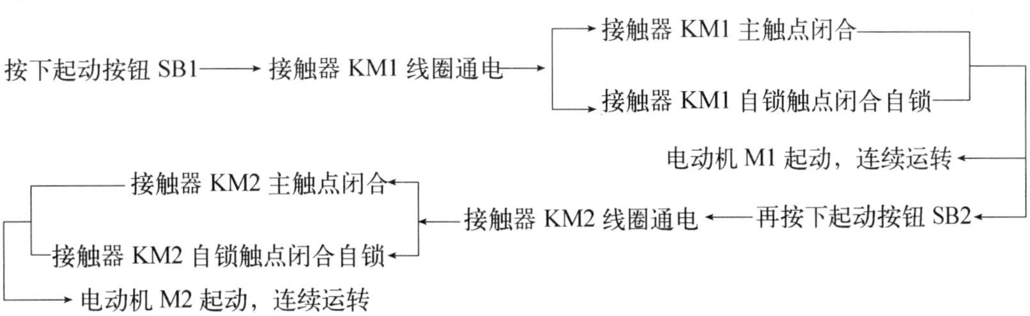

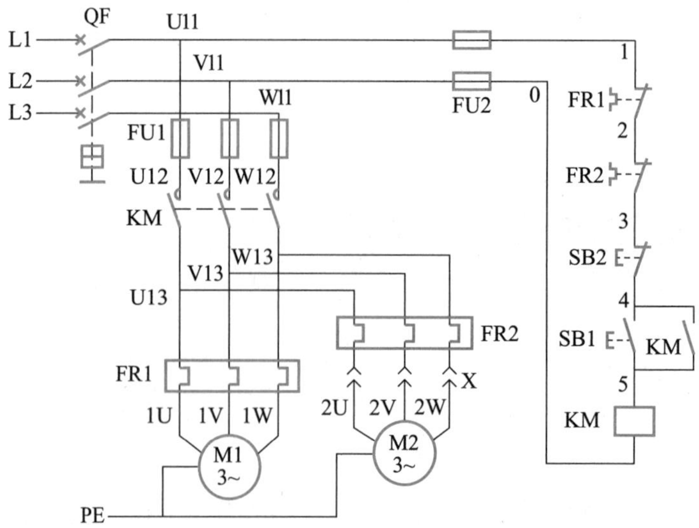

(a)

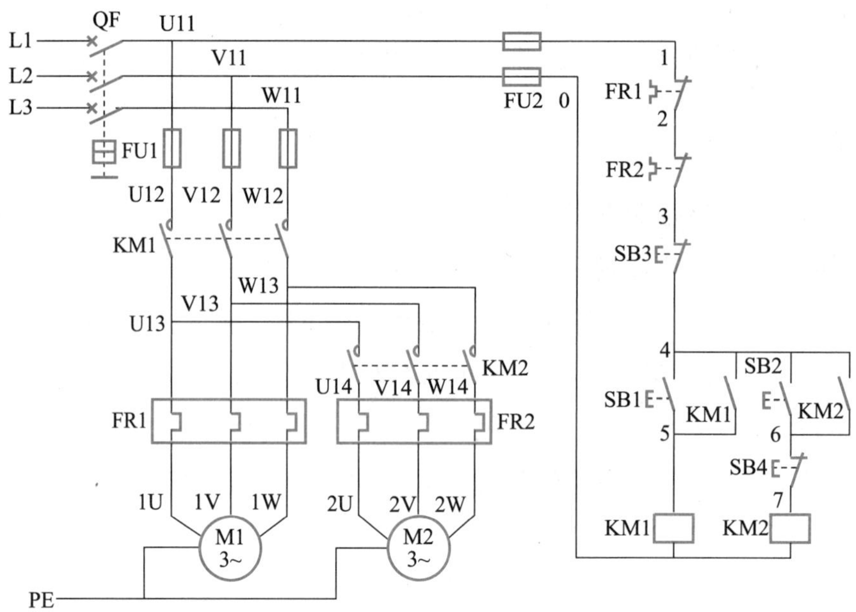

(b)

图 5-8 主电路实现两台电动机顺序控制的控制线路电路图

（2）M1、M2 同时停转

按下 SB3→ 控制电路断电→ KM1、KM2 线圈断电→ 它们的主触点分断 →电动机 M1、M2 同时停转

2. 控制电路实现顺序控制线路

图 5-9 所示为控制电路实现两台电动机顺序控制的控制线路电路图。

图 5-9(a)所示控制线路的特点是：电动机 M2 的控制电路先与接触器 KM1 的线圈并接后再与 KM1 的自锁触点串接，这样就保证了 M1 起动后，M2 才能起动的顺序控制要求，但两台电动机必须同时停止。该线路的工作原理与图 5-8(b)所示线路的工作原理相同。

图 5-9(b)所示控制线路的特点是：在 M2 的控制回路中串接了接触器 KM1 的辅助动合触点。显然，只要 M1 不起动，即使按下 SB21，由于 KM1 的辅助动合触点未闭合，KM2 线圈也不能通电，从而保证了 M1 起动后，M2 才能起动的控制要求。线路中停止按钮 SB12 控制两台电动机同时停止，SB22 控制 M2 的单独停止，即按下停止按钮 SB22 时，电动机 M2 先停止，再按停止按钮 SB12 时，电动机 M1 停止，但先按下停止按钮 SB12 时，两台电动机同时停止。

图 5-9(c)所示控制线路的特点是：它在图 5-9(b)所示控制线路中的停止按钮 SB12 的两端并接了接触器 KM2 的辅助动合触点，从而实现了 M1 起动后，M2 才能起动；而 M2 停止后，M1 才能停止的控制要求，即 M1、M2 顺序起动，逆序停止。

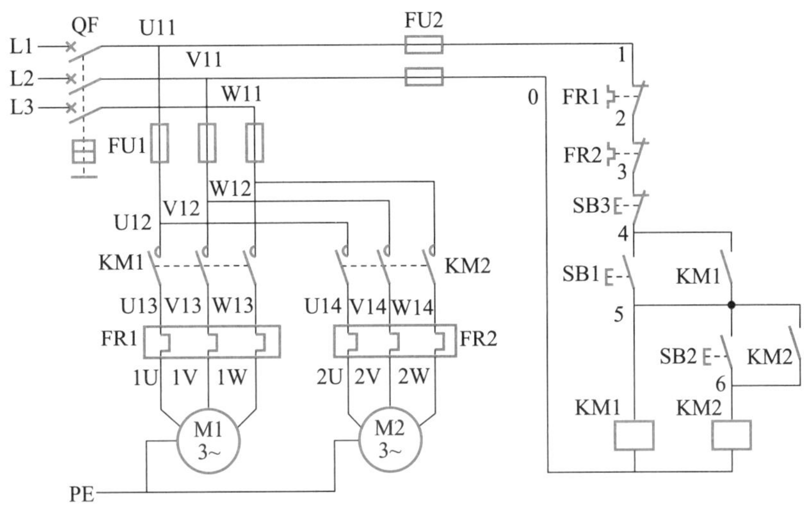

(a) 顺序起动，同时停止

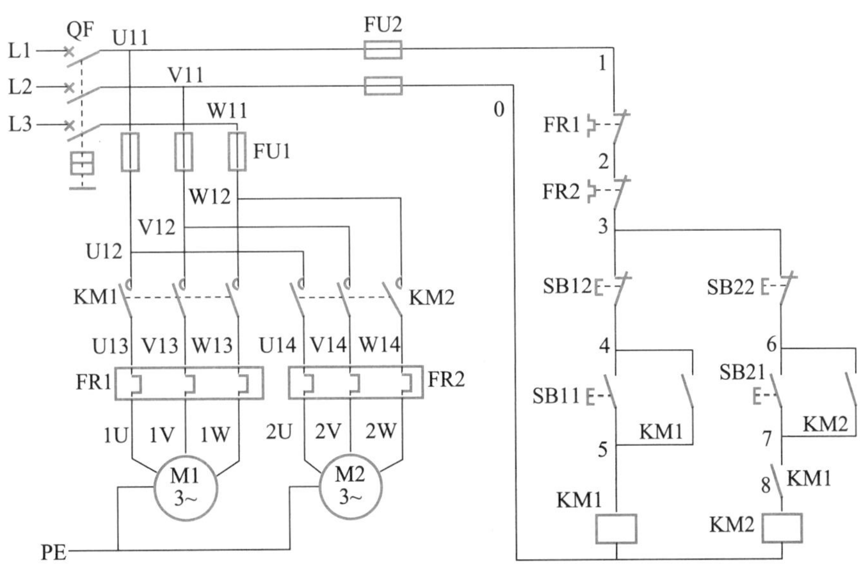

(b) 顺序起动，同时停止(或M2先停止)

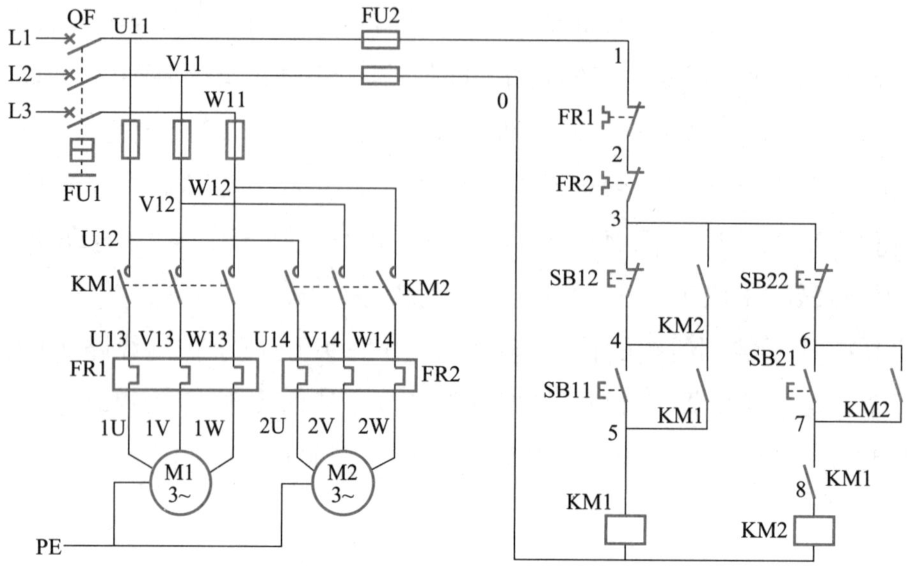

(c) 顺序起动，逆序停止

图 5-9　控制电路实现两台电动机顺序控制的控制线路电路图

任务操作

1. 选配工具、仪表及器材

根据图 5-9(c)所示的两台电动机顺序起动、逆序停止控制线路的安装与维修任务要求(电动机主要技术参数由指导教师给定)，列出工具、仪表及器材清单。

2. 申领、检测安装器材

在列出安装器材清单后，向指导教师申领安装器材，做到器材齐备，并检测所安装的器材。

3. 绘制布置图、接线图

根据图 5-9(c)所示的两台电动机顺序起动、逆序停止控制线路电路图，在绘图纸上正确绘制布置图、接线图，并交指导教师检查。

4. 安装电气元件和行线槽

按所绘制的布置图，在电气控制线路板上规范地安装除电动机以外的电气元件和行线槽，并贴上醒目的文字符号。

5. 电气布线

按所绘制的接线图，按板前行线槽布线工艺要求在电气控制线路板上进行板前行线槽布线，并在导线端部套编码套管和冷压接线头。

6. 检查电气布线

要求在不通电时，手动模拟各电器的操作、动作，使用万用表检查主电路、控制电路的通断情况。其检查步骤和方法见表 5-4。

表 5-4　两台电动机顺序起动、逆序停止控制线路的检查步骤和方法

步骤	检查内容	检查示意图	检 查 方 法
1	主电路检查	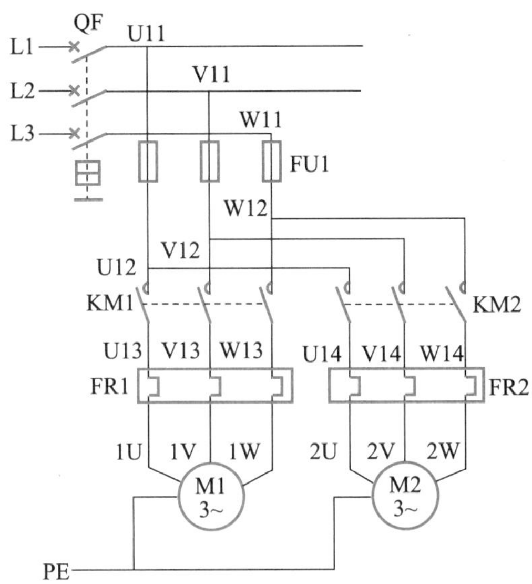	同具有过载保护的接触器自锁正转控制线路主电路检查方法 检测结果：
2	控制电路检查	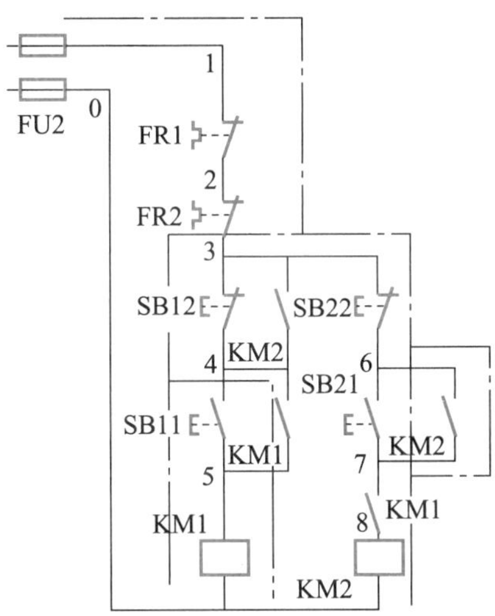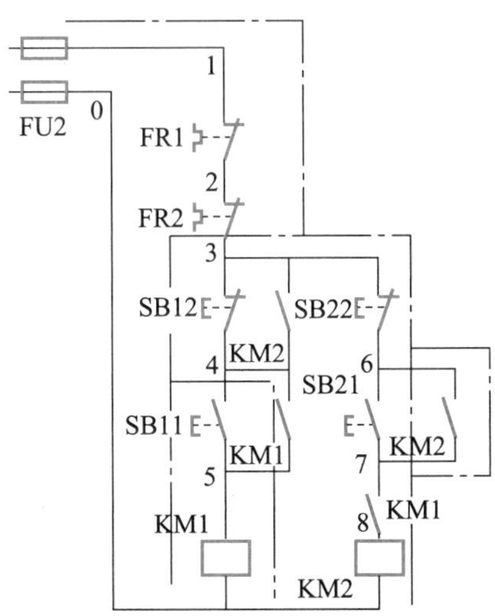	（1）万用表选择 $R\times100$ 挡并调零 （2）在不接电源、不合上电源隔离开关 QF 的状态下，将万用表表笔搭接在熔断器 FU1 的 U11、V11 两端，检测控制电路电阻值 （3）按下起动按钮 SB11（或按下接触器 KM1 触点架）时，应检测到接触器 KM1 线圈直流电阻值；若再按下停止按钮 SB12，所检测到的电阻值为∞ （4）按下接触器 KM1 触点架和起动按钮 SB21 时，应检测到接触器 KM1、KM2 线圈并联后的直流电阻值；若再按下停止按钮 SB22，所测得的电阻值变为接触器 KM1 线圈的直流电阻值；若再按下停止按钮 SB12，所测得的电阻值变为接触器 KM2 线圈的直流电阻值

续表

步骤	检查内容	检查示意图	检 查 方 法
2	控制电路检查		（5）同时按下接触器 KM1、KM2 触点架时，应检测到接触器 KM1、KM2 线圈并联后的直流电阻值；若再按下停止按钮 SB12，所检测到的阻值不变；若按下停止按钮 SB22，则应检测到接触器 KM1 线圈直流电阻值
			检测结果：

7. 检测绝缘电阻，安装电动机，连接电动机电源线及保护接地线

8. 通电试车

经指导教师检查，确保无误后才能通电试车。通电试车前应先熟悉控制线路的操作顺序。试车方法是先按下起动按钮 SB11，待电动机 M1 正常运行后再按下起动按钮 SB21，观察电动机 M2 运行情况，实现电动机 M1、M2 的顺序起动；停车时，先按下停止按钮 SB22，待电动机 M2 停止后再按下停止按钮 SB12，实现电动机 M1、M2 逆序停止。停车时，还可先按下停止按钮 SB12，观察电动机 M1、M2 能否停止。

9. 线路维修

参考项目 2 任务 5 中的检修步骤、方法和注意事项，由指导教师在主电路和控制电路中人为设置自然电气故障各两处进行维修，并填写维修记录单。

指点迷津　两台电动机顺序起动、逆序停止控制线路常见故障现象、原因分析及检查方法

两台电动机顺序起动、逆序停止控制线路常见故障现象、原因分析及检查方法见表 5-5。

表 5-5　两台电动机顺序起动、逆序停止控制线路常见故障现象、原因分析及检查方法

故 障 现 象	原 因 分 析	查找故障部位的方法
电动机 M1 能起动，M2 不能起动	按下 SB21 后，若 KM2 不能吸合，可能的故障原因如下： （1）按钮 SB21 或 SB22 触点接触不良 （2）接触器 KM1 辅助动合触点（7-8 线号间）接触不良	方法一：切断电源后，按下 SB21 和接触器 KM1 触点架，用万用表电阻挡测量 3-6、6-7、7-8、8-0 线号间的电阻值，若测得电阻值为∞，则故障就

续表

故障现象	原因分析	查找故障部位的方法
电动机 M1 能起动，M2 不能起动	（3）接触器 KM2 线圈断路 （4）3、6、7、8、0 号线接线松脱或断路 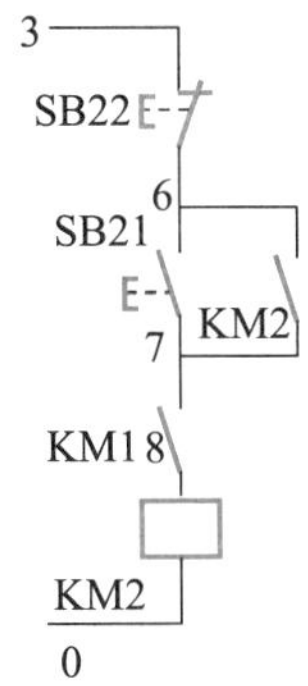	在该两点间 方法二：按下 SB21 后，用万用表电压挡测量 3-6、6-7、7-8、8-0 线号间的电压值，若测得电压值为 380 V，则故障就在该两点间
	按下 SB21 后，接触器 KM2 能吸合，但电动机 M2 不能起动，可能在主电路上出现以下故障： （1）接触器 KM2 主触点接触不良 （2）热继电器 FR2 热元件断路 （3）电动机 M2 故障 （4）U12、V12、W12、U14、V14、W14、2U、2V、2W 号导线松脱或断路 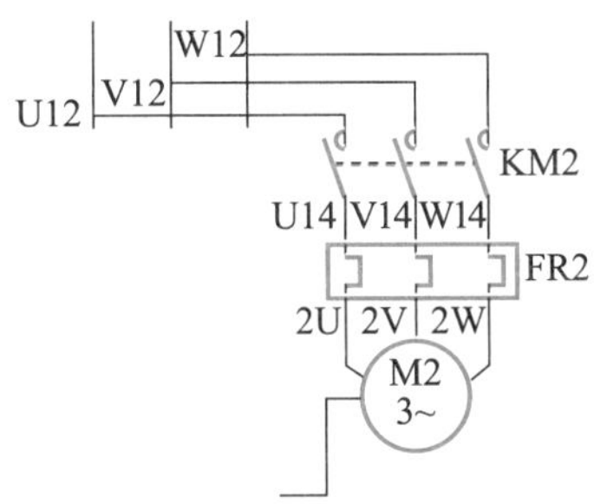	可参考前述控制线路中主电路检查方法，即在切断电源后，用万用表分别测接触器 KM2 主触点接触情况、热继电器 FR2 热元件的通断情况以及相关线号导线通断情况。排除上述故障后，则应检查电动机 M2 是否存在故障
在 M1 没有起动的情况下，按下 SB21 后，M2 就能起动	可能的原因是 KM1 辅助动合触点被短接或接错位置 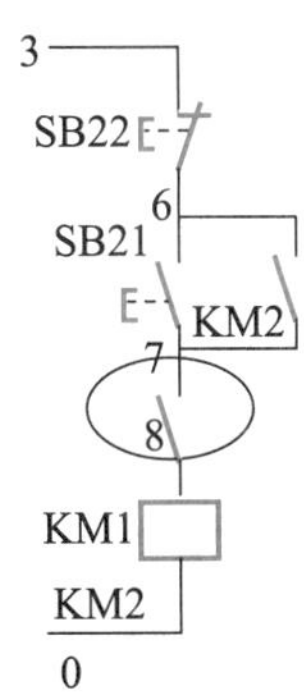	切断电源后，用查号检查法逐段检查 3、6、7、8 号导线接线是否正确；若接线正确，再用万用表电阻挡测量 7-8 线号间 KM1 辅助动合触点的通断情况

续表

故障现象	原因分析	查找故障部位的方法
在M1、M2起动后，按下SB12后两台电动机同时停止，即无法实现逆序停止	原因可能是KM2辅助动合触点(3-4线号间)接触不良或接线松脱或接错位置 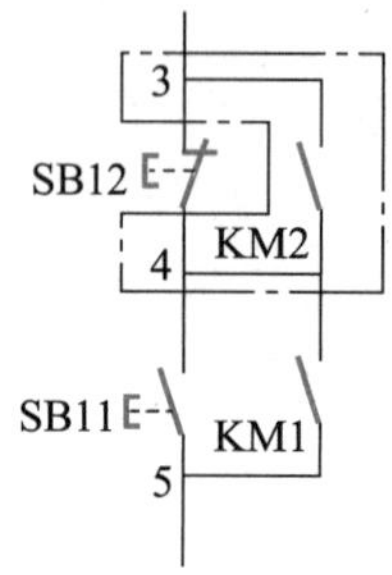	切断电源后，用查号检查法检查KM2辅助动合触点接线是否正确；若接线正确，再用万用表电阻挡检查3、4线号间KM2辅助动合触点接触是否良好

任务评价

任务评价表可参考表4-7。

任务3 认识多地控制线路

任务目标

1. 会识读、分析多地控制线路的构成和工作原理。
2. 熟悉多地控制线路在电气控制设备中的典型应用。
3. 会根据要求设计多地控制线路。

任务准备

在生产和生活中，常常会用到多地控制。如为方便操作，X62W型万能铣床主轴电动机M1的两组起动、停止按钮分别安装在工作台和左侧床身上。

能在两地或多地控制同一台电动机的控制方式称为电动机的多地控制。

图5-10所示为两地控制的具有过载保护的接触器自锁正转控制线路电路图。

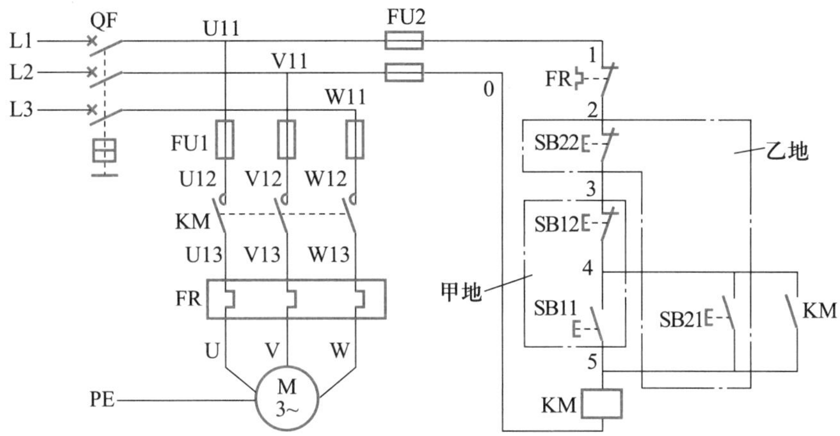

图 5-10　两地控制的具有过载保护的接触器自锁正转控制线路电路图

从图 5-10 中可以看出，其中 SB11、SB12 为安装在甲地的起动按钮和停止按钮；SB21、SB22 为安装在乙地的起动按钮和停止按钮。电路的特点是：两地的起动按钮 SB11、SB21 要并接在一起；停止按钮 SB12、SB22 要串接在一起。这样就可以分别在甲地、乙地起动和停止同一台电动机，达到操作方便之目的。

对于三地或多地控制方式，也只需要把各地的起动按钮并接在一起，停止按钮串接在一起就可以实现。

任务操作

1. 认识两地控制线路的构成

根据图 5-10 所示的两地控制的具有过载保护的接触器自锁正转控制线路电路图，认识各电气元件的名称、符号。

2. 识读两地控制线路电路图

根据图 5-10 所示的两地控制线路电路图，先识读主电路，后识读控制电路。分析用电设备与控制元件的对应关系、主电路中各控制元件的作用、电源的种类和电压等级；分析控制电路的电源种类和电压等级、控制元件的作用和控制关系。

3. 分析多地控制线路的工作原理

根据指导教师所给的多地控制线路电路图，分析控制线路的工作原理。

4. 分析多地控制线路的特点

根据指导教师所给的多地控制线路电路图，分析多地控制方式中起动按钮和停止按钮连接特点，说明多地控制线路在电气控制设备中的典型应用。

5. 设计多地控制线路

根据指导教师提出的要求，设计能够多地控制的按钮和接触器双重联锁正反转控制线路电路、能够两地控制的小车自动往返控制线路电路图。

任务评价

任务评价表参考表 2-31。

任务 4 两地控制三级传送带控制线路的安装与维修

任务目标

1. 会识读、分析两地控制三级传送带控制线路的构成和工作原理。
2. 会安装、调试、运行和维修两地控制三级传送带控制线路。

任务准备

图 5-2 所示为三级传送带示意图。图 5-11 所示为三级传送带控制线路电路图，从图中可以看出，3 台电动机都用熔断器作短路保护，用热继电器作过载保护，3 台电动机中只要有 1 台出现过载故障，3 台电动机都会停止运行。

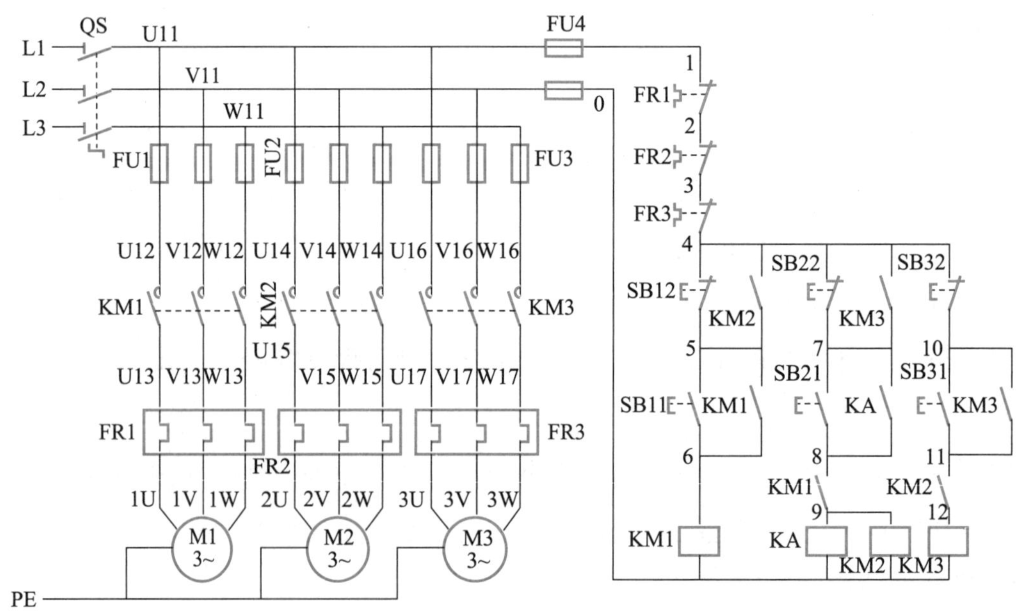

图 5-11 三级传送带控制线路电路图

该控制线路的工作原理如下：合上电源隔离开关 QS。

（1）M1、M2、M3 依次顺序起动

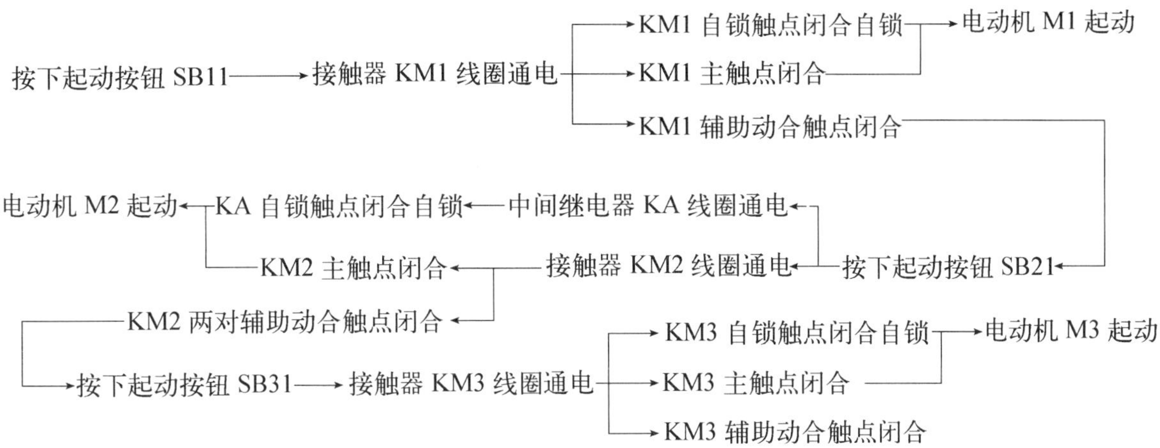

（2）M3、M2、M1 依次逆序停止

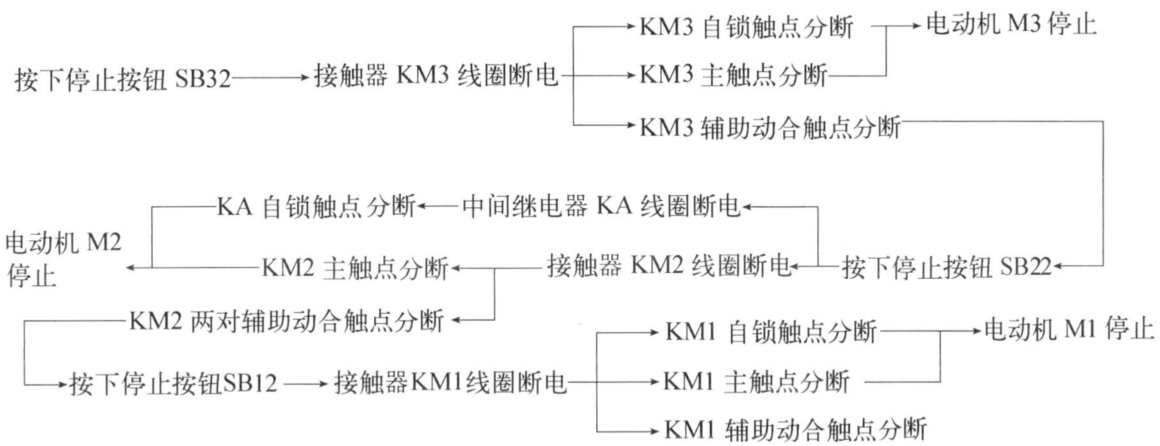

任务操作

1. 设计两地控制三级传送带控制线路

两地控制三级传送带示意图如图 5-2 所示，三级传送带控制要求如下：

① 第一、二、三级传送带分别由电动机 M1、M2、M3 牵引，由接触器 KM1、KM2、KM3 分别控制电动机 M1、M2、M3，热继电器 FR1、FR2、FR3 分别作为电动机 M1、M2、M3 过载保护。

② 三级传送带的起动顺序为第一级、第二级、第三级，即顺序起动，以防止货物在传送带上堆积。

③ 三级传送带的停止顺序为第三级、第二级、第一级，即逆序停止，以保证停车后传送带上不残留货物。

④ 当第一级或第二级传送带出现故障时，第三级传送带能随即停止，以免继续

进料。

⑤ 当出现紧急情况时，应能立即停止整个传送带系统。

⑥ 控制线路有必要的短路、过载、欠电压、失电压等保护功能。

注：若所设计的两地控制三级传送带控制线路不符合要求，不得进行安装训练。允许向指导教师请求提供符合要求的控制线路电路图，但应适当扣分。

指点迷津　两地控制三级传送带控制线路电路图的设计

两地控制三级传送带控制线路，可以在一地控制三级传送带的基础上，根据多地控制线路的接线原则，把两地的起动按钮并联、停止按钮串联就可实现。根据控制要求，应在控制电路的公共部分串接两个紧急停止按钮，以便出现紧急情况时，能立即停止整个传送带系统。其控制线路电路图如图 5-3 所示。

2. 选配工具、仪表，申领、检测安装器材

根据所设计两地控制三级传送带控制线路的安装与维修任务要求，列出工具、仪表及器材清单。向指导教师申领安装器材，做到器材齐备，并检测所有器材。

3. 绘制布置图、接线图

根据所设计的两地控制三级传送带控制线路电路图，在绘图纸上正确绘制布置图、接线图，并交指导教师检查。

4. 安装电气元件和行线槽

按所绘制的布置图，在电气控制线路板上规范地安装除电动机以外的电气元件和行线槽，并贴上醒目的文字符号。

5. 电气布线

按所绘制的接线图，按板前行线槽布线工艺要求在电气控制线路板上进行板前行线槽布线，并在导线端部套编码套管和冷压接线头。

6. 检查电气布线

要求在不通电时，手动模拟各电器的操作、动作，使用万用表检查主电路、控制电路的通断情况。其检查方法可参考本项目任务 2。

7. 检测绝缘电阻、安装电动机，连接电动机电源线及保护接地线。

8. 通电试车

经指导教师检查，确保无误后才能通电试车。通电试车前应先熟悉线路的操作顺序。试车方法与两地控制两台电动机顺序起动、逆序停止控制线路基本相同。

9. 线路维修

参考项目 2 任务 5 中的检修步骤、方法和注意事项，由指导教师在主电路和控制电路中人为设置自然电气故障各两处进行维修，并填写维修记录单。

任务评价

任务评价表可参考表 4-7。

项目 6

水泵电动机降压起动控制线路的安装与维修

——降压起动控制线路的安装与维修

项目目标

学完本项目后，你应当：

★ 熟悉常用时间继电器的功能、基本结构、工作原理、型号含义，熟记其图形符号和文字符号。

★ 会识别、检测、选用时间继电器。

★ 熟悉三相异步电动机降压起动的方法，会分析三相异步电动机降压起动控制线路的特点、工作原理，了解其在工程技术中的典型应用。

★ 会根据工作任务要求安装、调试、运行和维修水泵电动机降压起动控制线路。

项目描述

在前面安装完成的各种控制线路中，电动机起动时，加在电动机的定子绕组上的电压都是额定电压，这种起动方式称为全压起动，也称直接起动。这种起动方式的优点是所用电气设备少，线路简单，维修量较小。但在全压起动时，电动机的起动电流较大，一般为电动机额定电流的4~7倍。在电源变压器容量不够大，而电动机功率较大的情况下，全压起动将导致电源变压器输出电压下降，这不仅会减小电动机本身的起动转矩，而且会影响同一供电线路中其他电气设备的正常工作。因此，对于容量较大的电动机起动时，需要采用降压起动的方法。

某企业有一台 11 kW 的水泵电动机，如图 6-1 所示。电工小王、小张领到了电工车间主任分配的“安装水泵电动机降压起动控制线路”的工作任务单，见表6-1。

图6-1 水泵电动机

表6-1 工作任务单

某企业工作任务单　　　　　　　　编号——0006

<table>
<tr><td>工作任务</td><td colspan="3">安装水泵电动机降压起动控制线路</td><td>派工日期</td><td>年 月 日</td></tr>
<tr><td>工作人员</td><td>小王、小张</td><td>工作负责人</td><td>小王</td><td>完工日期</td><td>年 月 日</td></tr>
<tr><td>签收人</td><td colspan="3"></td><td>签收日期</td><td>年 月 日</td></tr>
<tr><td>工作内容</td><td colspan="5">1. 根据现场已安装就位的水泵电动机，从车间动力配电箱引出电源，通过控制线路板将电源引入水泵电动机
2. 控制线路安装完成后，进行检验和通电试验，合格后交付该车间使用
3. 将相关技术资料交付车间档案室归档保存</td></tr>
<tr><td>材料申领</td><td colspan="5">此项由工作负责人填写：
工作负责人：</td></tr>
<tr><td>任务验收</td><td colspan="5">此项填写验收时设备的主要验收技术参数，由工作负责人填写：
工作负责人：</td></tr>
<tr><td>车间负责人评价</td><td colspan="5">负责人签字：　　年 月 日</td></tr>
</table>

项目分析

水泵是一种机械设备，它是通过泵中叶轮的转动，将机械能转换为水的位能，使水加压的装置。

1. 技术要求

水泵控制系统由水泵电动机、电源和控制线路板等构成。工作负责人小王通过现场调查和查阅水泵使用说明书，了解到以下技术信息：

① 水泵电动机的主要技术参数　额定功率 11 kW，额定电压 380 V，额定工作电流 22 A，额定转速 2 930 r/min，功率因数 0. 89，定子绕组为 Δ 形联结。

② 控制功能　按下起动按钮后，水泵电动机定子绕组先接成 Y 形联结降压起动，由时间继电器 KT 自动控制延时时间后，水泵电动机定子绕组接成 Δ 形联结全压运行。当水泵电动机、控制线路出现短路故障时，控制系统应能够立即切断电源，起到短路保护作用。同时还应有防止操作人员发生触电事故的安全措施。

2. 控制线路

采用 Y-Δ 降压起动控制线路控制水泵电动机，其控制线路电路图如图 6-2 所示。它是由三相交流电源（L1、L2、L3）、组合开关 QS 组成电源电路；由交流接触器 KM、KM_Y、KM_Δ和热继电器 FR 及三相交流异步电动机 M 构成主电路；由低压熔断器 FU1、FU2 分别作主电路和控制电路的短路保护；在控制电路中利用时间继电器 KT 自动控制降压起动时间。

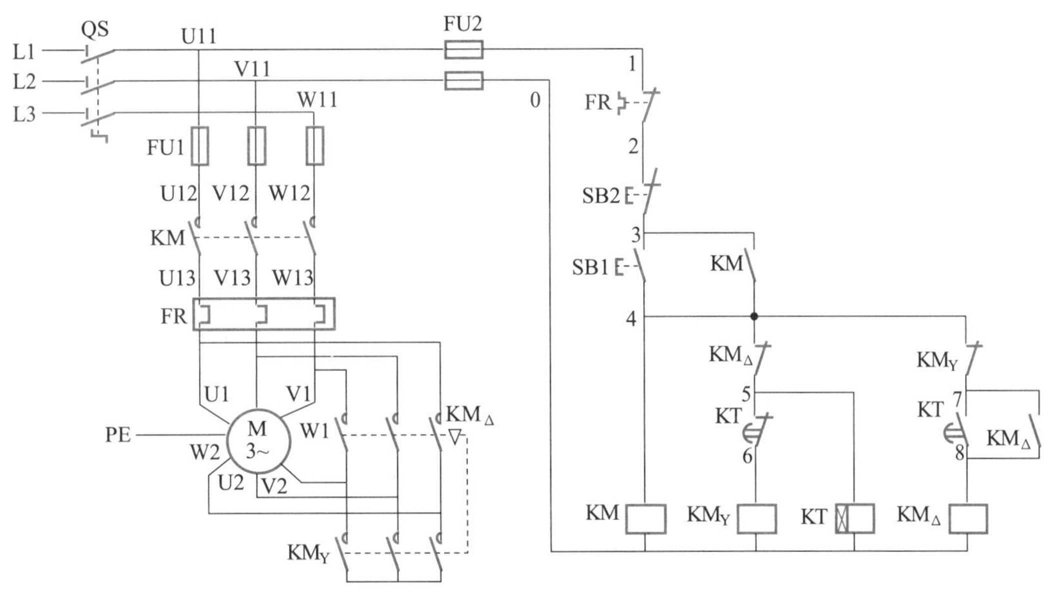

图 6-2　水泵电动机控制线路电路图

像水泵电动机这种利用时间继电器按一定时间间隔来控制电动机工作状态的原则称为时间控制原则。

水泵电动机在降压起动过程中，利用时间继电器按一定的时间间隔改变线路的接线方式来自动完成电动机的控制要求，根据生产工艺要求或者电动机起动过程的持续时间来整定时间继电器的动作时间，从而控制换接时间的长短。

项目实施

任务 1 认识时间继电器

任务目标

1. 熟悉常用时间继电器的功能、基本结构、动作原理及型号含义，熟记其图形符号和文字符号。

2. 会识别、检测、选用常用时间继电器。

3. 熟悉常用时间继电器在电气控制设备中的典型应用。

任务准备

1. 功能与分类

（1）功能

时间继电器是继电器的一种。它是一种利用电磁原理或机械动作原理实现自得到信号起到触点延时闭合(或延时断开)的自动控制电器。时间继电器用于接收电信号至触点动作需要延时的场合。在工厂电气控制设备中，作为实现按时间原则控制的元件或机床机构动作的控制元件。

（2）分类

时间继电器的种类较多，可按动作原理和延时特点分类。

① 按动作原理分

主要可分为空气阻尼式、电磁式、电动式及晶体管式等几种。目前在电气控制设备中应用较多的是空气阻尼式和晶体管式时间继电器。

空气阻尼式时间继电器的延时范围可达到数分钟，但整定精度往往较差，只适用于一般场合，如 JS7-□A 系列；一般电磁式时间继电器的延时范围在十几秒以下，多为断电延时型，其延时整定的精度和稳定性不是很高，但继电器本身适应能力较强，常在一些要求不太高、工作条件又较恶劣的场合采用，如 JT3 系列；电动式时间继电器的延时精度高，延时可调范围大(由几分钟到十几小时)，但结构复杂，价格较高，如 JS11 和 7FR 系列同步电动机式时间继电器；晶体管式时间继电器也称为半导体时间继电器或电子式时间继电器，具有机械结构简单、延时范围宽、整定精度高、体积小、耐冲击和耐振动、消耗功率小、调整方便及寿命长等优点，所以发展迅速，已成为时间继电器的主流产品，应用范围越来越广。晶体管式时间继电器按结构可分为阻容式和数字式两类；按延时方式分为通电延时、断电延时和复式延时、多制式等延时类型。常见的晶体管式时间继电器有 DHC6 多制式单片机控制时间继电器，JSS17、JSS20、JSZ13 等系列大规模集成电路数字式时间继电器，JS14S 等系列电子式数显时间继电器，JSG1 等系列固态时间继电器等。

② 按延时特点分

可分为通电延时动作型和断电延时复位型两种。通电延时动作型就是通电后开始延时，达到延时时间后，延时触点动作；断电延时复位型就是通电时不延时，其触点瞬时动作(动合触点闭合、动断触点断开)；断电后，触点才开始延时复位，达到延时时间后，延时触点复位。但无论是通电延时动作型还是断电延时复位型，其瞬时触点都是瞬时动作，不受延时机构的影响。

2. 外形与符号

常用时间继电器的外形如图 6-3 所示。

时间继电器外形结构

(a) JS7-□A系列

(b) JSS系列

(c) JSZ3 (ST3P) 系列

(d) JS20系列

图 6-3　常用时间继电器外形

时间继电器的图形符号和文字符号如图 6-4 所示。

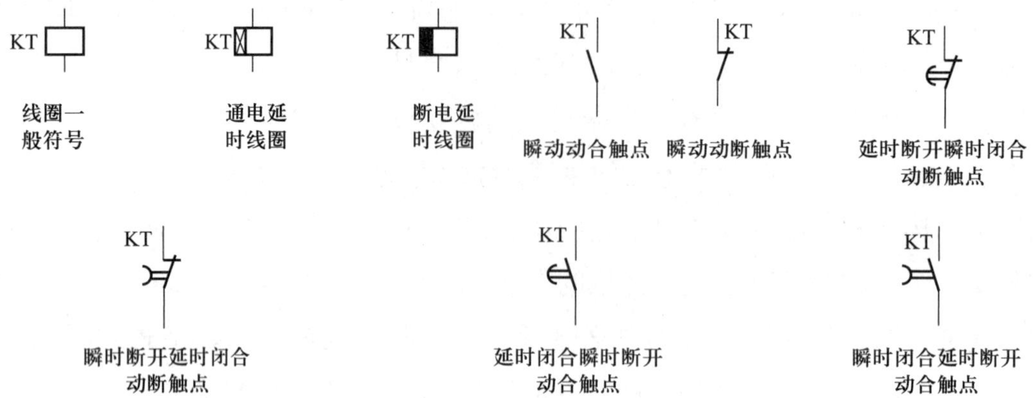

图 6-4 时间继电器的图形符号和文字符号

3. 型号与含义

JS7-□A 系列和 JS-20 系列时间继电器的型号与含义如下：

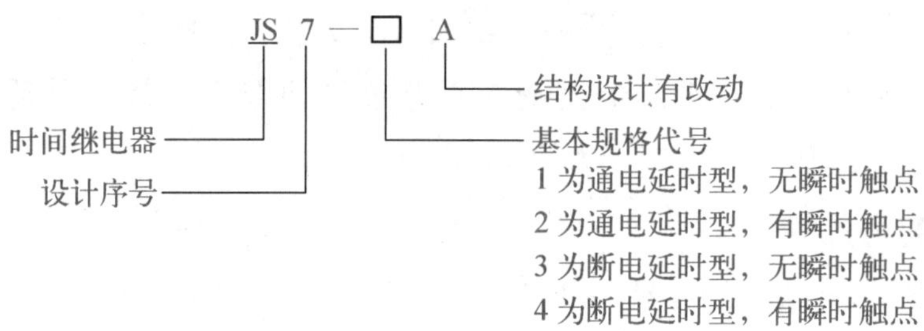

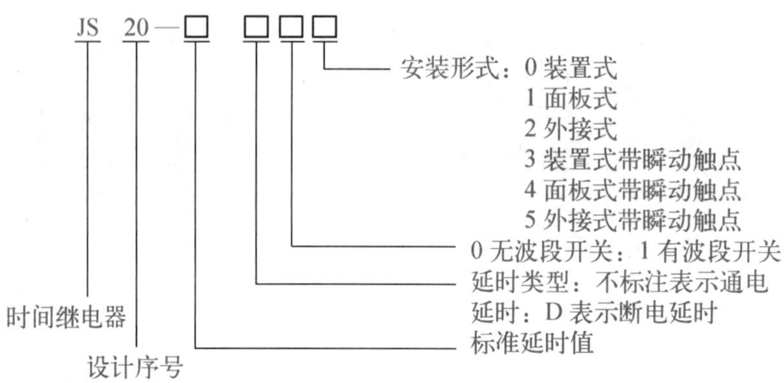

4. 结构

（1）JS7- □A 系列空气阻尼式时间继电器的结构

空气阻尼式时间继电器又称为气囊式时间继电器，主要由电磁系统、延时机构和触点系统三部分组成，其外形及结构如图 6-5 所示。

空气阻尼式时间继电器的电磁系统为直动式双 E 形电磁铁；延时机构采用气囊式阻尼器；触点系统是借用 LX5 型微动开关，包括两对瞬时触点（1 动合、1 动断）和两对延时触点（1 动合、1 动断）。它是利用气囊中的空气通过小孔节流的原理来获得延时动作的。

(a) 外形

(b) 结构

图 6-5　JS7-□A 系列时间继电器外形及结构

指点迷津　　通电延时动作型与断电延时复位型时间继电器的转换方法

由于 JS7-□A 系列通电延时动作型时间继电器与断电延时复位型时间继电器的组成元件是相互通用的。因此，只需要将通电延时动作型时间继电器的电磁系统（机构）旋出固定螺钉后反转 180°安装，即可转换为断电延时复位型时间继电器。反之也能将断电延时复位型时间继电器转换成通电延时动作型时间继电器。

（2）JSZ3 系列时间继电器的结构

JSZ3 系列时间继电器主要由安装底座和主体部分组成，图 6-6 所示为底座结构图、主体部分外形结构图、延时范围示意图和底座接线图。

(a) 底座

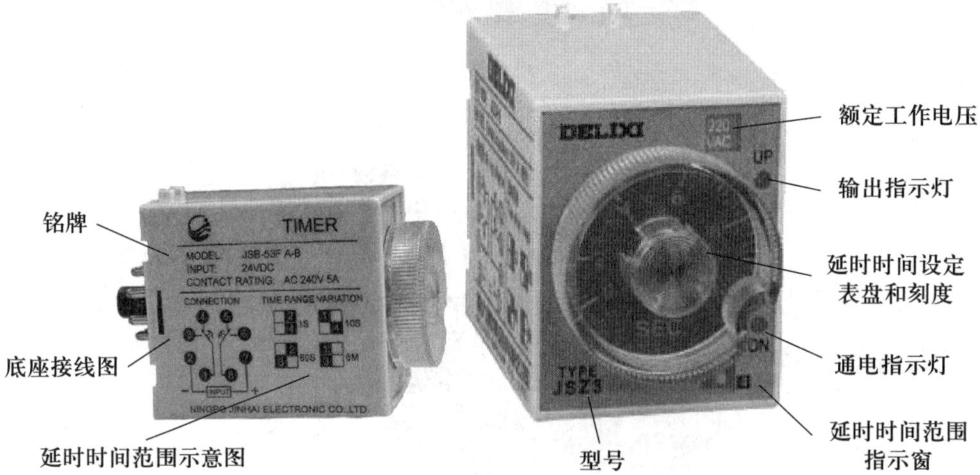

(b) 主体部分

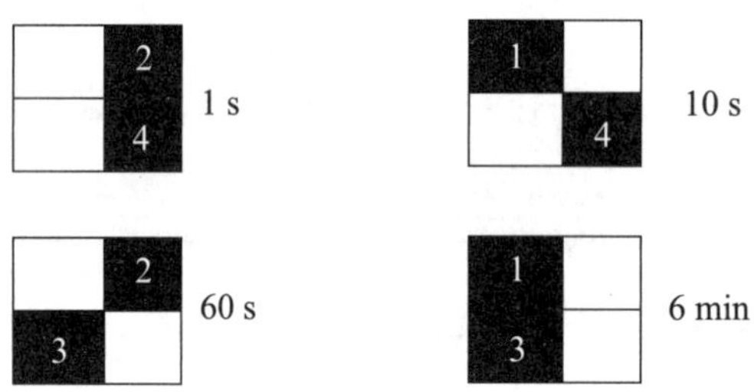

(c) 延时范围示意图

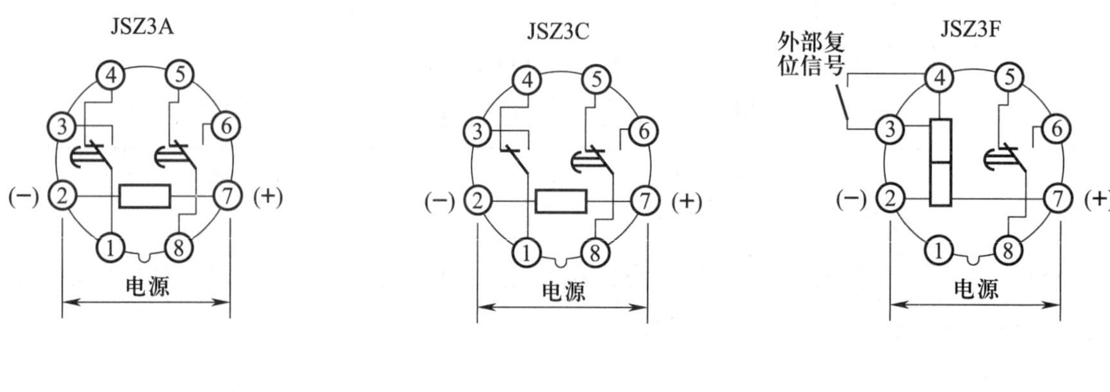

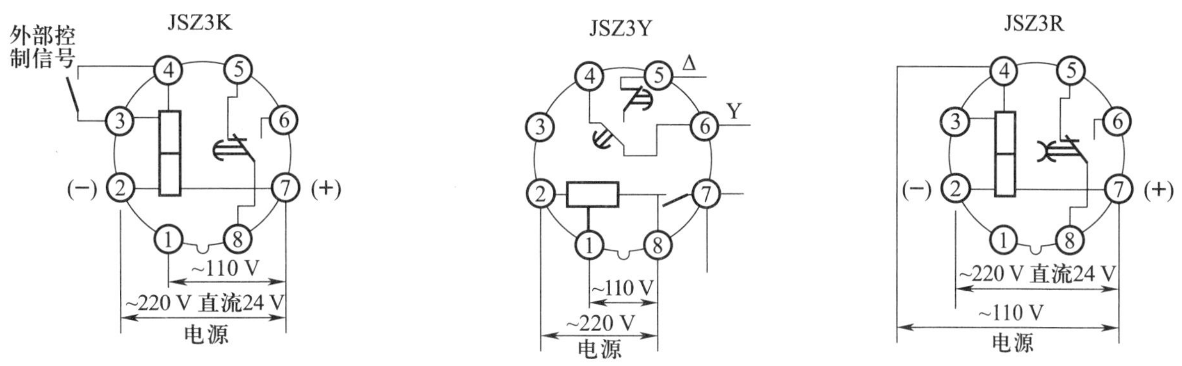

(d) 底座接线图

图 6-6　JSZ3 系列时间继电器结构示意图

该系列时间继电器的主体部分有保护外壳，其内部是印制电路。安装和接线采用专用的插接座，并配有带插脚标记的标牌作接线指示。上标盘上有延时设定表盘和发光二极管作为动作指示。其结构形式可分为装置式、面板式和 35 mm 导轨安装式 3 种。装置式具有带接线端子的胶木底座；面板式采用通用八大脚插座，可直接安装在控制台的面板上；导轨式可安装在 35 mm 的标准导轨上，方便拆装。

5. 技术参数

时间继电器的主要技术参数有触点对数、触点额定电压、触点额定电流、线圈电压及延时范围等。JS7-□A 系列时间继电器的主要技术参数见表 6-2，JSZ3 系列时间继电器的主要技术参数见表 6-3。

表 6-2　JS7-□A 系列时间继电器的主要技术参数

<table>
<tr><th rowspan="3">型号</th><th colspan="2" rowspan="2">瞬时动作触点对数</th><th colspan="4">延时动作触点对数</th><th rowspan="3">触点额定电压/V</th><th rowspan="3">触点额定电流/A</th><th rowspan="3">线圈电压/V</th><th rowspan="3">延时范围/s</th><th rowspan="3">额定操作频率/(次/h)</th></tr>
<tr><th colspan="2">通电延时</th><th colspan="2">断电延时</th></tr>
<tr><th>动合</th><th>动断</th><th>动合</th><th>动断</th><th>动合</th><th>动断</th></tr>
<tr><td>JS7-1A</td><td>—</td><td>—</td><td>1</td><td>1</td><td>—</td><td>—</td><td rowspan="4">380</td><td rowspan="4">5</td><td rowspan="4">24、36、110、127、220、380、420</td><td rowspan="4">0.4~60 及 0.4~180</td><td rowspan="4">600</td></tr>
<tr><td>JS7-2A</td><td>1</td><td>1</td><td>1</td><td>1</td><td>—</td><td>—</td></tr>
<tr><td>JS7-3A</td><td>—</td><td>—</td><td>—</td><td>—</td><td>1</td><td>1</td></tr>
<tr><td>JS7-4A</td><td>1</td><td>1</td><td>—</td><td>—</td><td>1</td><td></td></tr>
</table>

表 6-3　JSZ3 系列时间继电器的主要技术参数

<table>
<tr><th colspan="2">型号</th><th>JSZ3A</th><th>JSZ3C</th><th>JSZ3F</th><th>JSZ3K</th><th>JSZ3Y</th><th>JSZ3R</th></tr>
<tr><th colspan="2">工作方式</th><th>通电延时</th><th>通电延时带瞬动触点</th><th>断电延时</th><th>信号断开延时</th><th>星-三角降压起动延时</th><th>往复循环延时</th></tr>
<tr><td rowspan="2">延时范围</td><td>A</td><td colspan="2">0.05~0.5 s/5 s/30 s/3 min</td><td>0.1~1 s</td><td>0.1~1 s</td><td>0.1~1 s</td><td></td></tr>
<tr><td>B</td><td colspan="2">0.15~1 s/10 s/60 s/6 min</td><td>0.5~5 s</td><td>0.5~5 s</td><td>0.5~5 s</td><td>0.5~6 s/60 s</td></tr>
</table>

续表

<table>
<tr><th colspan="2">型号</th><th>JSZ3A</th><th>JSZ3C</th><th>JSZ3F</th><th>JSZ3K</th><th>JSZ3Y</th><th>JSZ3R</th></tr>
<tr><th colspan="2">工作方式</th><th>通电延时</th><th>通电延时
带瞬动触点</th><th>断电延时</th><th>信号断开
延时</th><th>星-三角降压
起动延时</th><th>往复循环
延时</th></tr>
<tr><td rowspan="5">延时
范围</td><td>C</td><td colspan="2">0. 5～5 s/50 s/5 min/30 min</td><td>1～10 s</td><td>1～10 s</td><td>1～10 s</td><td>1～10 s/10 min</td></tr>
<tr><td>D</td><td colspan="2">1～10 s/100 s/10 min/60 min</td><td>2. 5～30 s</td><td>2. 5～30 s</td><td>2. 5～30 s</td><td>2. 5～30 s/30 min</td></tr>
<tr><td>E</td><td colspan="2">5～60 s/10 min/60 min/6 h</td><td>5～60 s</td><td>5～60 s</td><td>5～60 s</td><td>5～60 s/60 min</td></tr>
<tr><td>F</td><td colspan="2">0. 5～4 min/40 min/4 h/24 h</td><td>10～120 s</td><td>10～120 s</td><td>10～120 s</td><td></td></tr>
<tr><td>G</td><td colspan="2">0. 25～2 min/20 min/2 h/12 h</td><td>15～180 s</td><td>15～180 s</td><td>15～180 s</td><td></td></tr>
<tr><td colspan="2">延时
设定方式</td><td colspan="6">电位器</td></tr>
<tr><td colspan="2">工作电压</td><td colspan="3">交流：50 Hz，36 V、110 V、127 V、
220 V、380 V、直流：24 V</td><td colspan="3">交流：50 Hz，110 V、220 V、380 V、
220 V/380 V　直流：24 V</td></tr>
<tr><td colspan="2">触点对数</td><td colspan="2">延时 2 转换
延时 1 转换
瞬时 1 转换</td><td>延时 1 转换
或延时
2 转换</td><td>延时 1 转换</td><td>延时星-
三角降压
起动 1 转换</td><td>延时 1 转换</td></tr>
<tr><td colspan="2">安装方式</td><td colspan="6">面板式、装置式、导轨式</td></tr>
<tr><td colspan="2">配用底座</td><td colspan="6">面板式：FM8858、CZS08S、装置式(导轨式)：CZS08X-E</td></tr>
</table>

6. 选用方法

时间继电器的选用除满足其工作和安装条件外，其主要技术参数选用方法如下：

① 根据所需延时范围及精度要求选择时间继电器的类型与系列。对延时精度要求不高的使用场所可选用 JS7-□A 系列空气阻尼式时间继电器；对延时精度要求较高的场合可选用晶体管式时间继电器。

② 根据控制电路的要求选择时间继电器的延时方式、瞬时触点和延时触点数量。

③ 根据控制电路的电压要求选择空气阻尼式时间继电器线圈电压和晶体管式时间继电器输入电源形式和电压。

任务操作

器材准备： JS7-□A、JS20、JSZ3 等系列时间继电器，并编号。

1. 选择工具、仪表

工具、仪表由学生根据任务操作要求自行选择。

2. 识别时间继电器

识别所给时间继电器，记录名称、型号与规格，画出图形符号和文字符号。

3. 识读使用手册(说明书)

根据所给时间继电器的使用手册(说明书)，熟悉该时间继电器的适用范围、主要技术参数、安装与使用方法等。

4. 认识时间继电器部件

仔细观察空气阻尼式时间继电器和电子式时间继电器的结构，熟悉主要部件的名称、作用和工作原理。

5. 检测时间继电器

(1) 检测空气阻尼式时间继电器

分别使空气阻尼式时间继电器在非动作状态和动作状态(人为操作电磁机构)，用万用表检测各对触点接触情况，以此判断触点的类型(瞬时触点与延时触点;动合触点与动断触点)；检测线圈的直流电阻值，判断线圈是否正常。其检测要领及结果见表 6-4。

表 6-4　检测空气阻尼式时间继电器

检测状态	检测项目	检测示意图	检测要领及结果
非动作状态	延时触点	 **检测延时动断触点**  **检测延时动合触点**	(1) 万用表选择 $R\times1$ 挡并调零 (2) 检测两对触点接线柱之间的电阻值 触点位置判断： 动合触点位置：________ 动断触点位置：________ 检测结果： 动合触点电阻值：________ 动断触点电阻值：________
非动作状态	瞬时触点	 **检测瞬时动断触点**	检测方法同上 触点位置判断： 动合触点位置：________ 动断触点位置：________ 检测结果：

续表

检测状态	检测项目	检测示意图	检测要领及结果
非动作状态	瞬时触点	 检测瞬时动合触点	动合触点电阻值：________ 动断触点电阻值：________
动作状态	延时触点	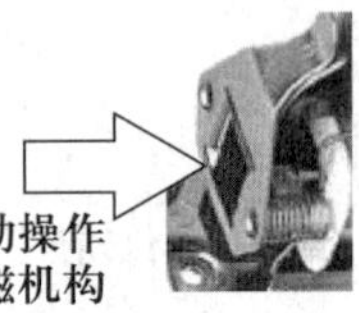 手动操作电磁机构 手动操作电磁机构	（1）万用表选择 $R\times1$ 挡并调零 （2）将两表笔搭接在每对触点两接线柱上 （3）手动操作电磁机构，检测两对触点接线柱之间的电阻值的变化情况
	延时触点	 检测延时动断触点  检测延时动合触点	触点位置判断： 动合触点位置：________ 动断触点位置：________ 检测结果： 动合触点电阻值：________ 动断触点电阻值：________
	瞬时触点	 检测瞬时动断触点  检测瞬时动合触点	检测方法同上 触点位置判断： 动合触点位置：________ 动断触点位置：________ 检测结果： 动合触点电阻值：________ 动断触点电阻值：________

续表

检测状态	检测项目	检测示意图	检测要领及结果
线圈直流电阻值		 检测线圈	（1）万用表选择合适的电阻挡并调零 （2）将两表笔搭接在线圈两接线柱上 检测结果： 线圈直流电阻值：________
检测结论	（1）瞬时触点位置： （2）延时触点位置： （3）动合触点是否正常： （4）动断触点是否正常： （5）线圈是否正常：		
备注	（1）检测时，应分清所检测的时间继电器是通电延时动作型还是断电延时复位型 （2）不同延时方式的时间继电器手动操作电磁机构的方向刚好相反 （3）不同延时方式的时间继电器延时触点动作方式不一致，即通电延时动作型的触点在电磁机构动作后开始延时一定时间后动作，电磁机构释放后立即复位；而断电延时复位型是在电磁机构动作后立即动作，在电磁机构释放后开始延时后复位 （4）当发现延时触点很快动作或很长时间才动作，可通过调节延时调节机构将延时时间调整到合适时间后再测量		

（2）检测电子式时间继电器

以 JSZ3 系列时间继电器为例，可根据时间继电器底座接线图，先在断电情况下用万用表检测其动断、动合触点接线柱间电阻值；再按底座接线图，给时间继电器接入相对应的电压，然后再用万用表检测其动断、动合触点接线柱间电阻值，以此判断其触点动作情况，同时观察其通电指示灯和延时指示灯的亮灭情况。其检测要领及结果见表 6-5。

表 6-5　检测电子式时间继电器

检测状态	检测项目	检测示意图	检测要领及结果
断电状态	延时触点	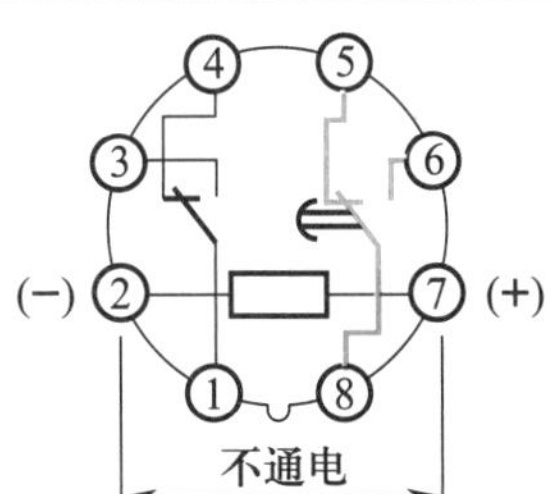 检测延时触点	（1）万用表选择 $R\times1$ 挡并调零 （2）根据底座接线图，在主体部分找到相对应的插接柱 （3）检测 8-5 间电阻值，应为 0 （4）检测 8-6 间电阻值，应为∞

续表

检测状态	检测项目	检测示意图	检测要领及结果
断电状态	延时触点		检测结果： 8-5间电阻值________，为________触点 8-6间电阻值________，为________触点
	瞬时触点	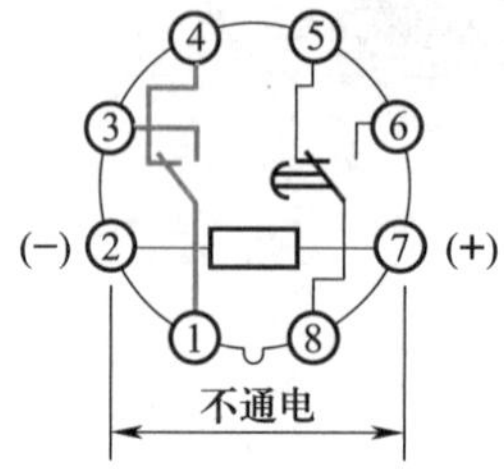 检测瞬时触点	检测方法同上 检测结果： 1-3间电阻值________，为________触点 1-4间电阻值________，为________触点
通电状态	延时触点	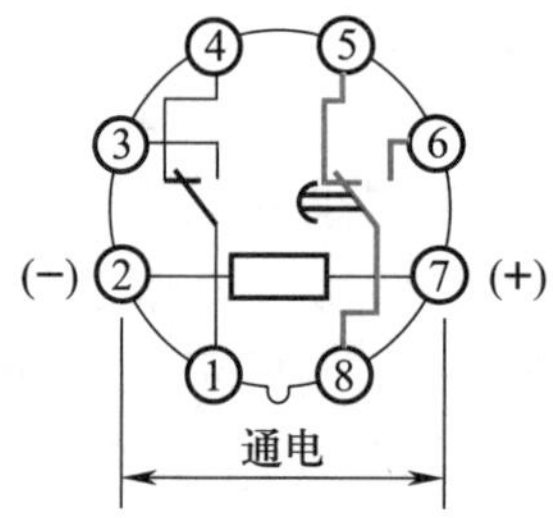 检测延时触点	（1）万用表选择 $R\times1$ 挡并调零 （2）在2-7间通入合适的直流电压 （3）检测两对延时触点插接柱之间的电阻值的变化情况 检测结果： 8-5间电阻值变化情况：________ 8-6间电阻值变化情况：________
	瞬时触点	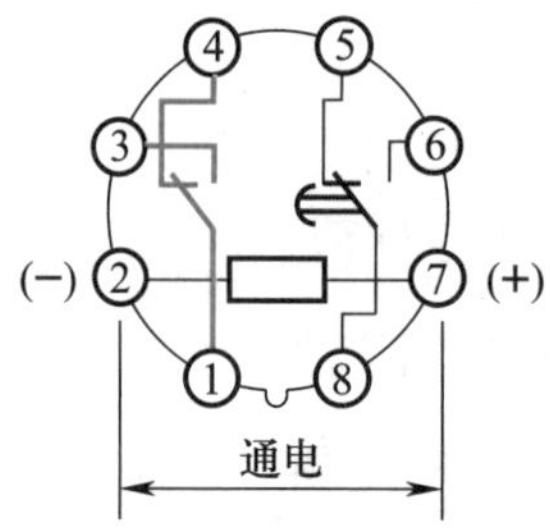 检测瞬时触点	检测方法同上 检测结果： 1-3间电阻值变化情况：________ 1-4间电阻值变化情况：________
检测结论	（1）瞬时触点位置： （2）延时触点位置： （3）动合触点是否正常： （4）动断触点是否正常：		
备注	（1）检测时，应根据时间继电器底座接线图在主体部分找出相对应的插接柱 （2）时间继电器通电时，电源电压一定要合适，并注意电源的极性，否则极易损坏时间继电器		

6. 整定时间继电器的整定时间

根据指导教师所给的技术参数，将时间继电器的整定时间调节到规定值，并进行试验。

任务评价

任务评价表可参考表 1-12。

任务 2　认识定子绕组串电阻降压起动控制线路

任务目标

1. 会判断电动机能否全压起动，熟悉电动机常见降压起动方法。
2. 会识读、绘制定子绕组串电阻降压起动控制线路电路图。
3. 会分析定子绕组串电阻降压起动控制线路中各电气元件的作用和工作原理。
4. 熟悉定子绕组串电阻降压起动控制线路在电气控制设备中的典型应用。

任务准备

1. 三相交流异步电动机全压起动的条件

对于三相交流异步电动机能否全压起动，除根据工作要求规定必须采用全压起动的电动机外，通常规定：电源容量在 180 kV · A 以上，电动机容量在 7 kW 以下的三相交流异步电动机可以采用全压起动。

判断一台三相交流异步电动机能否全压起动，可以用下面的经验公式来确定

$$\frac{I_{st}}{I_N} \leqslant \frac{3}{4} + \frac{S}{4P}$$

式中，I_{st}——电动机全压起动电流（A）；

I_N——电动机额定电流（A）；

S——电源变压器容量（kV · A）；

P——电动机功率（kW）。

凡是不能满足全压起动条件的三相交流异步电动机，均须采用降压起动。

降压起动是指利用起动设备将电源电压适当降低后，加到电动机的定子绕组上进行起动，待电动机起动运转后，再使其电压恢复到额定电压正常运转。

电动机在降压起动时，电动机中的电流随着电源电压的降低而减小，所以降压起动达到了减小起动电流的目的。但是由于电动机转矩与电源电压的平方成正比，所以降压起动也将导致电动机的起动转矩大为降低。因此，降压起动需要在电动机空载或轻载情况下进行。

三相交流异步电动机常见的降压起动方法有软起动器起动、定子绕组串电阻降压起动、自耦变压器降压起动、Y-Δ 降压起动、延边三角形降压起动等几种。目前我国大力发展和倡导的是软起动器起动。

2. 定子绕组串电阻降压起动控制线路

定子绕组串接电阻降压起动是指在三相交流异步电动机起动时，把电阻串接在电动机的定子绕组与电源之间，通过电阻的分压作用来降低定子绕组上的起动电压。当电动机起动后，待其转速达到一定值时，再将电阻短接，使电动机在额定电压下正常运行。

这种降压起动控制线路可采用按钮与接触器控制、时间继电器自动控制等多种形式。

(1) 按钮与接触器控制的定子绕组串接电阻降压起动控制线路电路图

按钮与接触器控制的定子绕组串电阻降压起动控制线路电路图如图 6-7 所示。线路的工作原理如下：先合上电源隔离开关 QF。

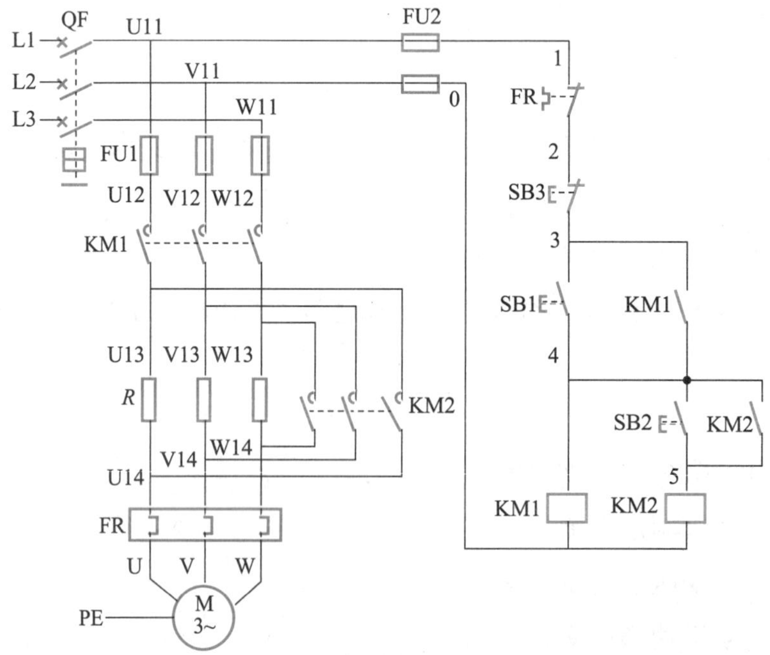

图 6-7 按钮和接触器控制的定子绕组串电阻降压起动控制线路电路图

降压起动控制：

按下 SB1 → KM1 线圈通电 → KM1 自锁触点闭合自锁；KM1 主触点闭合 → 电动机 M 串电阻 R 降压起动

全压运行控制：

当电动机转速上升到一定值时，按下 SB2 → KM2 线圈通电 →

→ KM2 自锁触点闭合自锁；KM2 主触点闭合 → 电阻 R 被短接，电动机 M 全压运行

停止时，只需按下 SB3，控制电路断电，电动机 M 断电停转。

（2）时间继电器自动控制的定子绕组串电阻降压起动控制线路电路图

时间继电器自动控制的定子绕组串电阻降压起动控制线路电路图如图 6-8 所示。

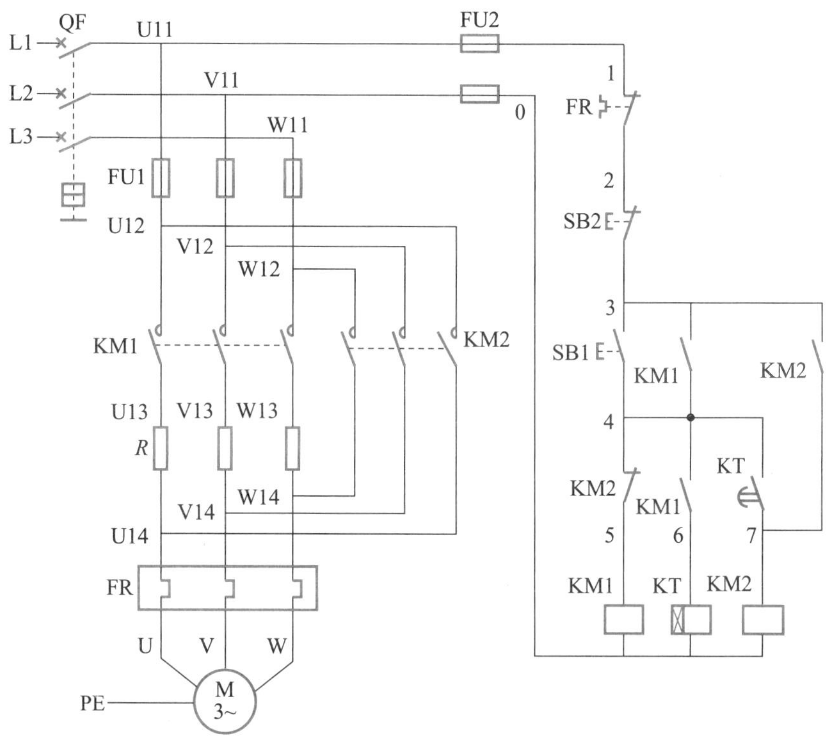

图 6-8 时间继电器自动控制的定子绕组串电阻降压起动控制线路电路图

控制线路的工作原理如下：合上电源隔离开关 QF。

按下 SB1 → KM1 线圈通电 →
- → KM1 自锁触点闭合自锁
- → KM1 主触点闭合 → 电动机 M 串电阻 R 降压起动
- → KM1 辅助动合触点闭合 →

→ KT 线圈通电 —延时→ KT 动合触点闭合 → KM2 线圈通电 →
- → KM2 自锁触点闭合自锁
- → KM2 主触点闭合 → 电动机 M 全压运行
- → KM2 辅助动断触点断开 → KM1 线圈断电 → KT 线圈断电

停止时，按下 SB2 即可。

由以上分析可见，只要调整好时间继电器 KT 触点的延时动作时间，电动机降压起动过程切换成全压运行过程就能准确可靠地自动完成。图 6-8 所示控制线路与图 6-7 所示控制线路相比较，接触器 KM2 的主触点将接触器 KM1 主触点和起动电阻 *R* 包围在内，这样在全压运行时，接触器 KM1 不需要继续通电，减少了电能的损耗和延长了使用寿命。

定子绕组串电阻降压起动的缺点是减小了电动机的起动转矩，同时起动时在起动电阻上的功率消耗也较大。如果频繁地起动，则起动电阻的温度将会很高，对于精密机床的运行会产生一定的影响。因此，这种降压起动方式在生产实际中的应用正在逐步减少。

任务操作

1. 判断三相交流异步电动机能否全压起动

根据指导教师所给的电动机、电源变压器等技术参数，判断电动机能否全压起动，说明电动机常见的降压起动方法。

2. 认识定子绕组串电阻降压起动控制线路的构成

根据图 6-7 和图 6-8 所示的定子绕组串电阻降压起动控制线路电路图，认识各电气元件的名称、符号。

3. 识读定子绕组串电阻降压起动控制线路电路图

根据图 6-7 和图 6-8 所示的定子绕组串电阻降压起动控制线路电路图，先识读主电路，后识读控制电路。分析用电设备与控制元件的对应关系、主电路中各控制元件的作用、电源的种类和电压等级；分析控制电路的电源种类和电压等级、控制元件的作用和控制关系。

4. 分析定子绕组串电阻降压起动控制线路的工作原理

根据图 6-7 和图 6-8 所示的定子绕组串电阻降压起动控制线路电路图，分析控制线路的工作原理，说明定子绕组串电阻降压起动控制线路在电气控制设备中的典型应用。

5. 绘制定子绕组串电阻降压起动控制线路电路图

根据指导教师提出的要求，正确绘制定子绕组串电阻降压起动控制线路电路图。

任务评价

任务评价表参考表 2-31。

任务 3　认识自耦变压器降压起动控制线路

任务目标

1. 会识读、绘制自耦变压器降压起动控制线路电路图。
2. 会分析自耦变压器降压起动控制线路中各电气元件的作用和工作原理。
3. 熟悉自耦变压器降压起动控制线路在电气控制设备中的典型应用。

任务准备

1. 自耦变压器降压起动原理

图 6-9 所示是自耦变压器降压起动原理图。起动时，先合上电源隔离开关 QS1，再将开关 QS2 扳向“起动”位置，此时电动机的定子绕组与自耦变压器的二次侧相接，电动机进行降压起动。待电动机转速上升到一定值时，迅速将开关 QS2 从“起动”位置扳到“运行”位置，这时，电动机与自耦变压器脱离而直接与电源相接，在额定电压下正常运行。

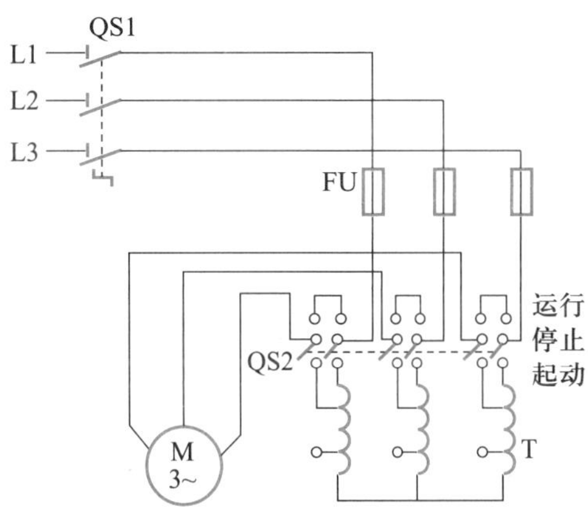

图 6-9　自耦变压器降压起动原理图

可见，自耦变压器降压起动是在电动机起动时，利用自耦变压器来降低加在电动机定子绕组上的起动电压。待电动机起动后，再使电动机与自耦变压器脱离，从而在全压下正常运行。

利用自耦变压器来进行降压起动的起动装置称为自耦降压起动器，其产品有手动式和自动式两种。

2. 手动自耦降压起动器

常用的手动自耦降压起动器有 QJD3 系列油浸式和 QJ10 系列空气式两种。

图 6-10 所示为 QJD3 系列油浸式手动自耦降压起动器的外形及结构，它主要由薄钢板制成的防护式外壳、自耦变压器、接触系统(触点浸在油中)、操作机构及保

护系统5个部分组成，具有过载和失电压保护功能，适用于一般工业用交流50 Hz（60 Hz）、电压380 V、功率为10~75 kW三相笼型异步电动机不频繁降压起动和停止用。

QJD3系列油浸式手动自耦降压起动器的电路图如图6-11所示，其动作原理如下：

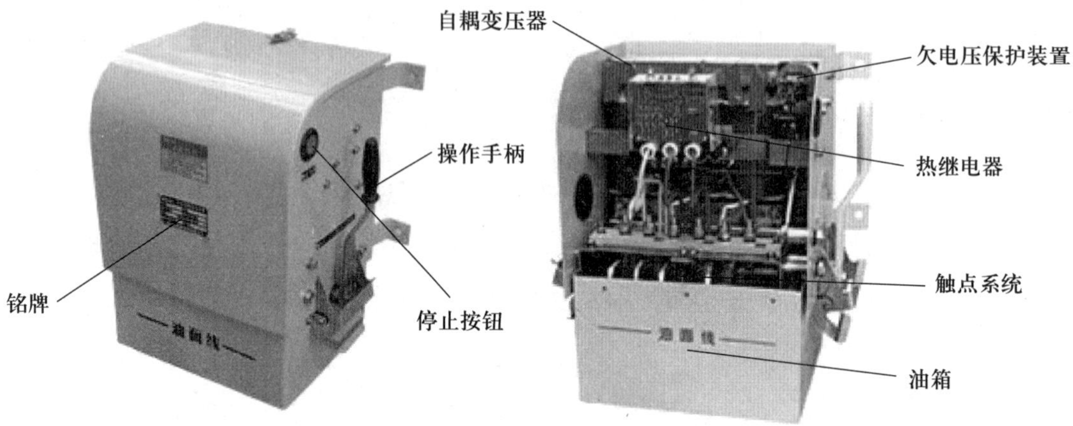

图6-10 QJD3系列油浸式手动自耦降压起动器外形结构

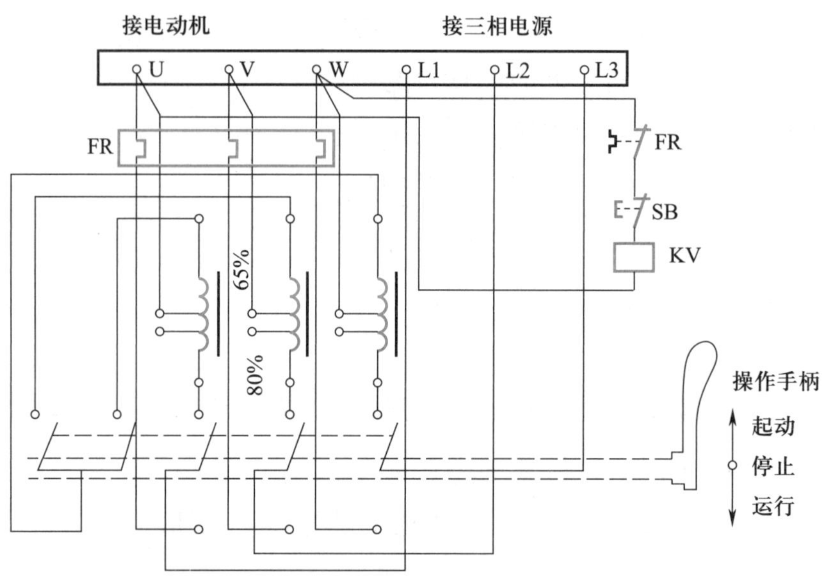

图6-11 QJD3系列油浸式手动自耦降压起动器电路图

当操作手柄扳到“停止”位置时，装在主轴上的动触点与上、下两排静触点都不接触，电动机处于断电停止状态。

当操作手柄向前推到“起动”位置时，装在主轴上的动触点与上面一排起静触点接触，三相电源L1、L2、L3通过右边3对动、静触点接入自耦变压器，又经自耦变压器的3个65%（或80%）抽头接入电动机进行降压起动；左边两个动、静触点则把自耦变压器接成 Y 形。

当电动机转速上升到一定值时，将操作手柄向后迅速扳到“运行”位置，使右边 3 个动触点与下面一排的 3 个运行静触点接触，这时，自耦变压器脱离，电动机与三相电源 L1、L2、L3 直接相连接而全压运行。

停止时，只要按下停止按钮 SB，失电压脱扣器 KV 线圈断电，衔铁下落释放，通过机械操作机构使起动器掉闸，操作手柄便自动回到“停止”位置，电动机断电停转。

由于热继电器 FR 的动断触点、停止按钮 SB、失电压脱扣器线圈 KV 串接在 U、W 两相电源上，所以当出现电源电压过低、突然停电、电动机过载和停车时都会使起动器掉闸，电动机断电停转。

任务操作

1. 认识自耦变压器降压起动的工作原理

根据图 6-9 所示的自耦变压器降压起动原理图，分析自耦变压器降压起动的工作原理。

2. 认识手动自耦降压起动器的结构

根据图 6-10 所示的 QJD3 系列油浸式手动自耦降压起动器外形结构图，认识手动自耦降压起动器的主要结构。

3. 识读手动自耦降压起动器电路图

根据图 6-11 所示的 QJD3 系列油浸式手动自耦降压起动器电路图，分析自耦降压起动器的接线方式和各元器件的控制作用。

4. 分析手动自耦降压起动器控制线路的工作原理

根据图 6-11 所示的 QJD3 系列油浸式手动自耦降压起动器电路图，分析控制线路的工作原理，说明自耦变压器降压起动控制线路在电气控制设备中的典型应用。

5. 绘制自耦变压器降压起动控制线路电路图

根据指导教师提出的要求，正确绘制自耦变压器降压起动控制线路电路图。

任务评价

任务评价表参考表 2-31。

任务 4 水泵电动机降压起动控制线路的安装与维修

◆ 任务目标

1. 能识读、绘制水泵电动机降压起动控制线路电路图、布置图和接线图。
2. 会分析水泵电动机降压起动控制线路中各电气元件的作用和工作原理。
3. 能安装、调试、运行和维修水泵电动机降压起动控制线路。
4. 熟悉 Y-Δ 降压起动控制线路在电气控制设备中的典型应用。

任务准备

前面任务中介绍的电动机定子绕组串电阻降压起动方法由于其自身存在的缺点，使得这种降压起动方法在生产实际中的应用正在逐步减少。而自耦变压器降压起动虽然起动转矩和起动电流都可以调节，但缺点是设备庞大，成本较高，所以这种方法只适用于额定电压为 220 V/380 V、接法为 Δ/Y、容量较大的三相交流异步电动机的降压起动。而对于正常运行时，定子绕组作 Δ 形联结的三相交流异步电动机，常采用星-三角形(Y-Δ)降压起动方法。

Y-Δ 降压起动是指电动机起动时，把定子绕组接成 Y 形，以降低起动电压，限制起动电流。待电动机起动后，再将定子绕组改成 Δ 形联结，使电动机全压运行。

电动机起动时，定子绕组接成 Y 形，加在每相定子绕组上的起动电压只有 Δ 形联结的$\frac{1}{\sqrt{3}}$，起动电流为 Δ 形联结的$\frac{1}{3}$，起动转矩也只有 Δ 形联结的$\frac{1}{3}$。因此这种降压起动方法只适用于轻载或空载下起动。凡是在正常运行时，定子绕组作 Δ 形联结的三相交流异步电动机，均可采用这种降压起动方法。

时间继电器自动控制 Y-Δ 降压起动控制线路电路图如图 6-12 所示。该线路由 3 个接触器、一个热继电器、一个时间继电器和两个按钮组成。接触器 KM 作引入电源用，接触器 KM_Y和 KM_Δ分别作电动机定子绕组 Y 形联结降压起动和 Δ 形联结全压运行用，时间继电器 KT 用作控制 Y 形降压起动时间和完成 Y-Δ 自动切换，SB1 是起动按钮，SB2 是停止按钮，FU1 作主电路的短路保护，FU2 作控制电路的短路保护，FR 作过载保护。

该控制线路的工作原理如下：合上电源隔离开关 QF。

按下 SB1 →
- → KM_Y 线圈通电 →
  - → KM_Y 联锁触点分断，对 KM_Δ 联锁
  - → KM_Y 主触点闭合 →
  - → KM_Y 动合触点闭合 → KM 线圈通电 →
    - → KM 主触点闭合 → （与 KM_Y 主触点闭合一起）→ 电动机接成 Y 形降压起动
    - → KM 自锁触点闭合自锁
- → KT 线圈通电，开始延时 →

→ 当 M 转速上升到一定值时，时间继电器 KT 延时结束 → KT 动断触点分断 →

→ KM_Y 线圈断电 →
- → KM_Y 动合触点分断
- → KM_Y 主触点分断，解除电动机 Y 形联结
- → KM_Y 联锁触点闭合 → KM_Δ 线圈通电 →

→
- → KM_Δ 联锁触点分断 →
  - → 对 KM_Y 联锁
  - → KT 线圈断电 → KT 动断触点瞬时闭合
- → KM_Δ 主触点闭合 → 电动机 M 接成 Δ 形全压运行

停止时，按下 SB2 即可实现。

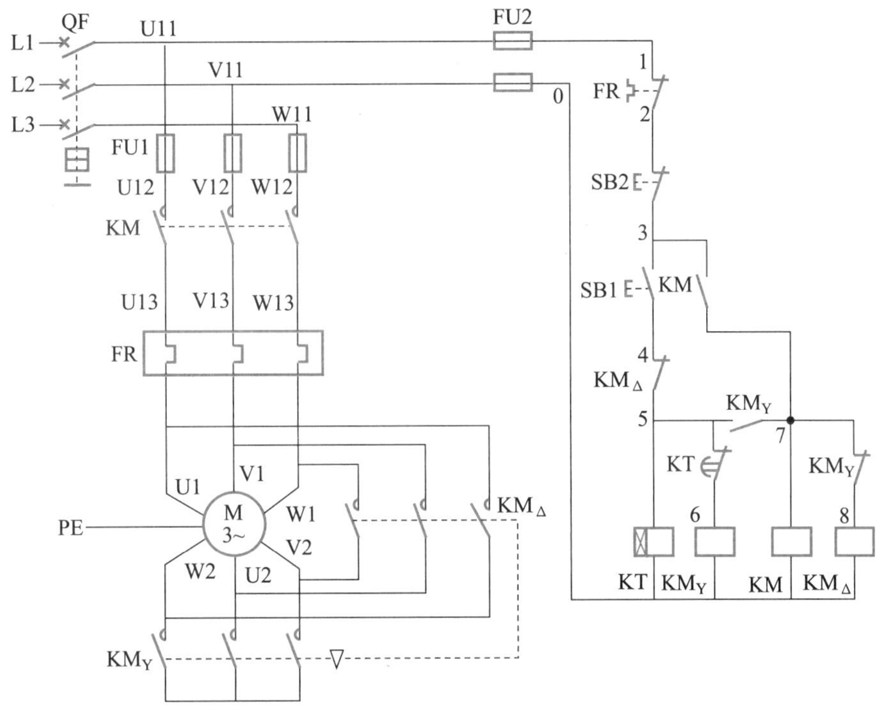

图 6-12　时间继电器自动控制的 Y-Δ 降压起动控制线路电路图

指点迷津　时间继电器自动控制 Y-Δ 降压起动控制线路的特点

在该控制线路中，接触器 KM_Y 线圈通电以后，通过 KM_Y 接触器的辅助动合触点使接触器 KM 线圈通电动作，由于 KM_Y 的主触点是在无负载的状态下闭合的，所以可以延长接触器 KM_Y 主触点的使用寿命。

知识链接

时间继电器自动控制的 Y-Δ 降压起动器定型产品

常用的定型产品有 QX3、QX4 两个系列，称为 Y-Δ 自动起动器。其中 QX3-13 型Y-Δ自动起动器外形、结构和电路图如图 6-13 所示。

(a) 外形

(b) 内部结构

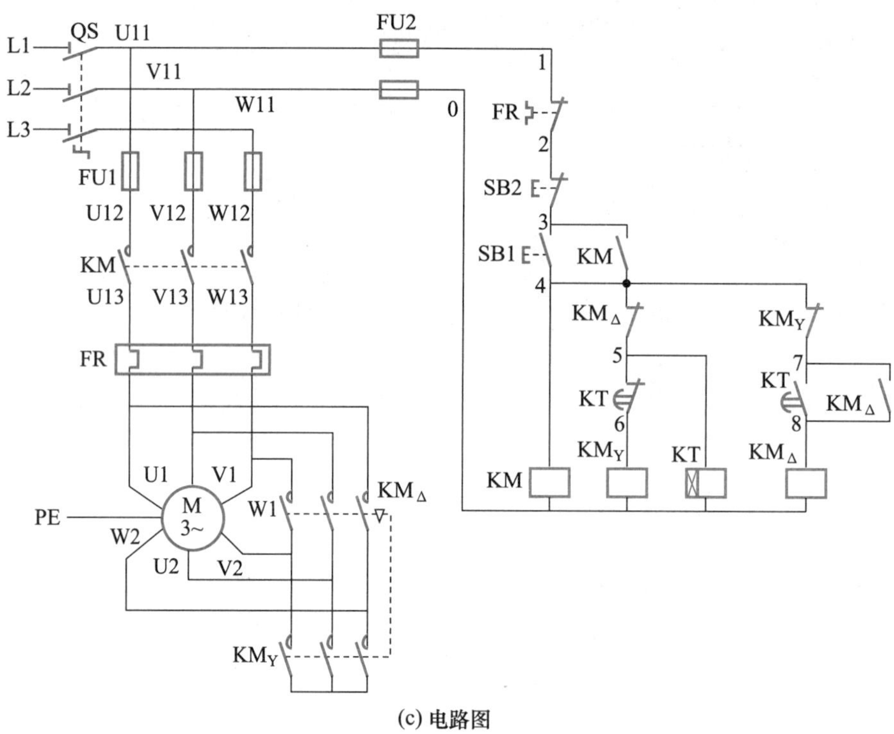

(c) 电路图

图 6-13 QX3-13 型 Y-Δ 自动降压起动器

任务操作

1. 设计控制线路电路图

根据所给水泵电动机的主要技术参数，设计其控制线路，要求符合下列条件：

① 水泵电动机要求采用 Y-Δ 降压起动。

② 水泵电动机 Y-Δ 降压起动由时间继电器自动控制，降压起动时间为 5 s。

③ 控制线路有必要的短路、过载、欠电压、失电压等保护功能。

注：若所设计的水泵电动机降压起动控制线路不符合要求，不得进行安装训练。允许向指导教师请求提供符合要求的控制线路电路图（如 QX3-13 型起动器电路图），但应适当扣分。

2. 选配工具、仪表，申领、检测安装器材

根据所设计的水泵电动机降压起动控制线路的安装与维修任务要求，列出工具、仪表和安装器材清单。向指导教师申领安装器材，做到器材齐备，并检测所申领的器材。

3. 绘制布置图、接线图

根据所设计的水泵电动机降压起动控制线路电路图，在绘图纸上正确绘制布置图、接线图，并交指导教师检查。

4. 安装电气元件和行线槽

按所绘制的布置图，在电气控制线路板上规范地安装除电动机以外的电气元件和行线槽，并贴上醒目的文字符号。

指点迷津　　时间继电器的安装与使用要求

常用时间继电器的安装与使用要求见表 6-6。

表 6-6　时间继电器的安装与使用要求

名　称	安装与使用要求
空气阻尼式时间继电器	（1）应按说明书规定的方向安装。要求在时间继电器断电后，衔铁的释放运动方向垂直向下，其倾斜度不得超过 5° （2）时间继电器的时间整定值应事先在不通电时整定，并在试车时校正 （3）对通电延时动作型和断电延时复位型时间继电器可在整定时间内自行调换 （4）应在额定控制电源电压的 85%～105%范围内使用 （5）其金属底板的接地螺钉应与接地线可靠连接 （6）应经常清除灰尘及油污，防止延时误差扩大
电子式时间继电器	（1）一般有装置安装、导轨安装和面板安装 3 种方式。装置安装时，应选用螺钉式底座或导轨式底座；导轨安装时，应选用 35 mm 标准导轨式底座；面板安装时，应选用厂家提供的附件及底座

续表

名称	安装与使用要求
电子式 时间继电器	（2）接线时，应按底座接线图正确接线，对直流供电产品还应注意控制电源的极性 （3）应在额定控制电源电压的85%～105%范围内使用 （4）延时时间调节旋钮（表盘）不应超出刻度范围，“0”刻度并不表示0 s，是表示可设定的最小时间 （5）在延时过程中转动延时时间调节旋钮（表盘），该次延时时间将不准确 （6）重复延时时，两次延时间的休止时间应大于500 ms

5. 电气布线

按所绘制的接线图，按板前行线槽布线工艺要求在电气控制线路板上进行板前行线槽布线，并在导线端部套编码套管和冷压接线头。

6. 检查电气布线

要求在不通电时，手动模拟各电器的操作、动作，使用万用表检查主电路、控制电路的通断情况。其检查步骤和方法见表6-7。

表6-7 水泵电动机降压起动控制线路电气布线检查步骤和方法

步骤	检查内容	检查示意图	检查方法
1	主电路检查	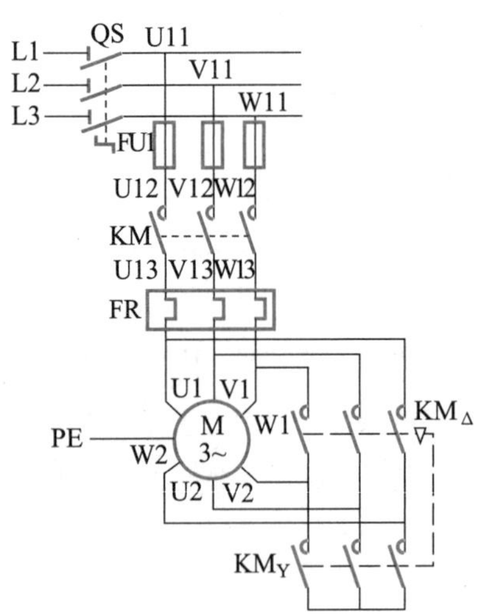	在切断电源的状态下： （1）按下接触器KM、KM$_{Y}$触点架，检测主电路每两相之间的电阻值，应检测到电动机定子绕组接成Y形时定子绕组直流电阻值 （2）按下接触器KM、KM$_{\Delta}$触点架，检测主电路每两相之间的电阻值，应检测到电动机定子绕组接成Δ形时定子绕组直流电阻值 检测结果：

续表

<table>
<tr><th>步骤</th><th>检查内容</th><th>检查示意图</th><th>检查方法</th></tr>
<tr><td rowspan="6">2</td><td rowspan="6">控制电路检查</td><td rowspan="2">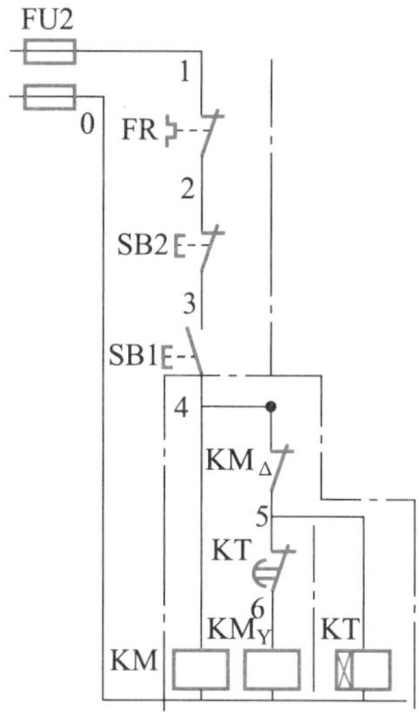
</td><td>（1）万用表选择 $R\times100$ 挡并调零
（2）在不接电源、不合上电源隔离开关 QS 的状态下，将万用表表笔搭接在熔断器 FU1 的 U11、V11 两接线柱上
（3）按下起动按钮 SB1 时，应检测到接触器 KM、KM_Y 和时间继电器 KT 线圈并联后的直流电阻值；若再按下停止按钮 SB2 时，所检测到的电阻值为∞</td></tr>
<tr><td>检测结果：</td></tr>
<tr><td rowspan="2">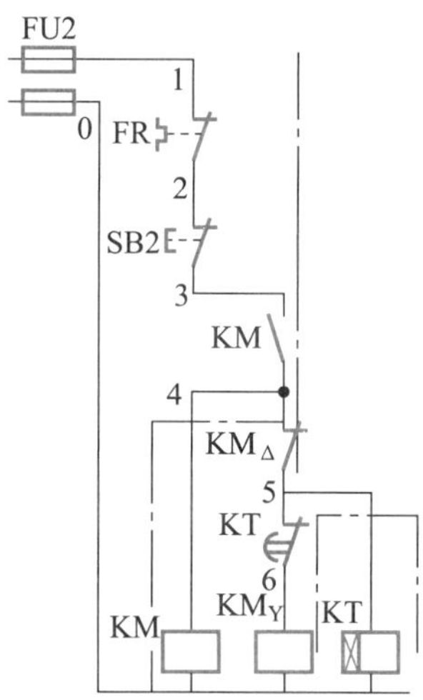
</td><td>基本方法同上，按下接触器 KM_Y 触点架，应检测到接触器 KM、KM_Y 与时间继电器 KT 线圈并联后的直流电阻值</td></tr>
<tr><td>检测结果：</td></tr>
<tr><td rowspan="2">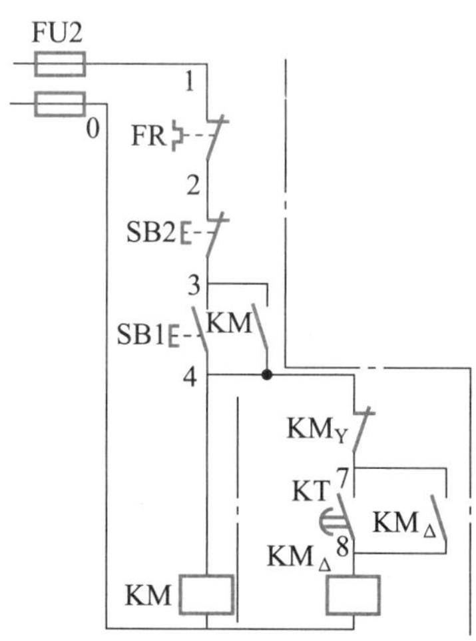
</td><td>基本方法同上，先按下起动按钮 SB1 或接触器 KM 触点架，应先检测到接触器 KM_Y、KM 和时间继电器 KT 线圈并联后的直流电阻值，然后按下接触器 KM_Δ 触点架，应检测到接触器 KM、KM_Δ 线圈并联后的直流电阻值</td></tr>
<tr><td>检测结果：</td></tr>
</table>

续表

步骤	检查内容	检查示意图	检查方法
2	控制电路检查	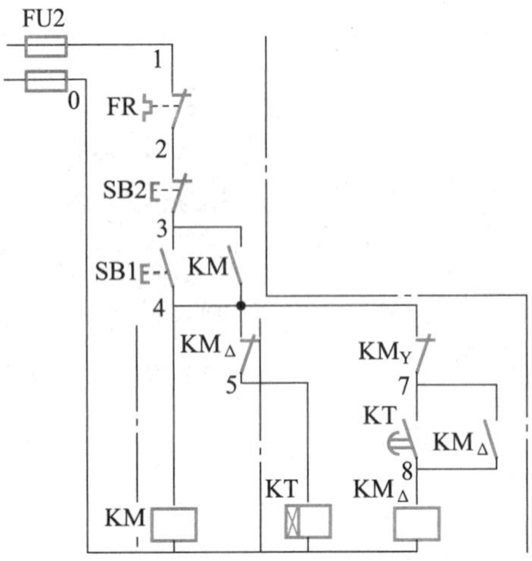	在按下起动按钮SB1或接触器KM触点架的同时，按下时间继电器电磁机构，应先检测到接触器KM_Y、KM和时间继电器KT线圈并联后的直流电阻值，当时间继电器KT延时结束后，应检测到接触器KM、KM_{Δ}线圈和时间继电器KT线圈并联后的直流电阻值，其中万用表的指针将会有明显的跳动过程 检测结果：

7. 检测绝缘电阻，安装电动机，连接电动机电源线及保护接地线

8. 通电试车

经指导教师检查，确保无误后才能通电试车。通电试车时应仔细观察时间继电器的动作情况，若时间继电器不动作，应及时切断电源，防止电动机长时间在降压起动状态下运行而损坏电动机。

指点迷津　　安装注意事项

① 采用Y-Δ降压起动的电动机，必须有6个出线端子，且定子绕组在Δ形联结时的额定电压等于三相电源的线电压。

② 接线时，要保证电动机Δ形接法的正确性，即接触器KM_{Δ}主触点闭合时，应保证定子绕组的U1与W2、V1与U2、W1与V2相连接。

③ 接触器KM_Y的进线必须从三相定子绕组的末端引入，若误将其首端引入，则在KM_Y吸合时，会产生三相电源短路事故。

④ 控制板外部配线，必须按要求一律装在导线通道内，使导线有适当的机械保护，以防止液体和灰尘的侵入。

⑤ 空气阻尼式时间继电器的安装必须使其线圈断电后，动铁心释放时的运动方向垂直向下。

⑥ 时间继电器的整定时间、热继电器的整定电流应按实际电动机的额定电流及工作要求，在不通电前先进行调整，并在试车时进行校正。

⑦ 通电校验前，要再检查熔体规格及时间继电器、热继电器的各整定值是否符合要求。

⑧ 通电试车时，除仔细观察时间继电器、接触器的动作外，还应观察水泵旋转方向是否符合要求，若不符合，则可在切断电源后，将电源接线任意两相接线对调。

⑨ 电动机、水泵及带金属外壳的电气元件必须可靠接地。

9. 线路维修

参考项目 2 任务 5 中的检修步骤、方法和注意事项，由指导教师在主电路和控制电路中人为设置自然电气故障各两处进行维修，并填写维修记录。

指点迷津　水泵电动机降压起动控制线路常见故障现象、原因分析及检查方法

水泵电动机降压起动控制线路常见故障现象、原因分析及检查方法见表 6-8。

表 6-8　水泵电动机降压起动控制线路常见故障现象、原因分析及检查方法

故障现象		原因分析	查找故障部位的方法
水泵电动机不能降压起动	按下起动按钮 SB1，接触器 KM、KM_Y和时间继电器 KT 能吸合	接触器和时间继电器能够吸合，主电路可能存在的故障如下： （1）接触器 KM、KM_Y有故障 （2）热继电器 FR 热元件断路 （3）电动机或水泵传动系统故障 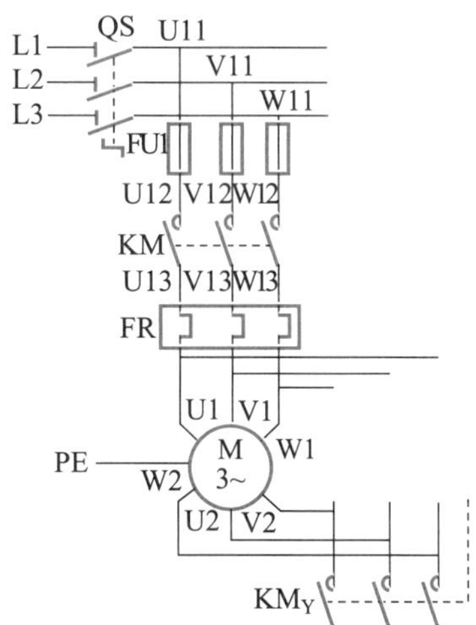	切断电源后： （1）用万用表 R×1 挡检测接触器 KM、KM_Y主触点接触情况和接线是否松脱 （2）用万用表 R×1 挡检测热继电器 FR 热元件是否断路和接线是否松脱 （3）用万用表 R×1 挡检测电动机 （4）检查水泵传动系统是否有故障

续表

故障现象		原因分析	查找故障部位的方法
水泵电动机不能降压起动	按下起动按钮SB1，接触器KM、KM_Y和时间继电器不能吸合	接触器和时间继电器不能吸合，控制电路可能存在以下故障： （1）电源无电压或熔断器熔体熔断 （2）热继电器FR动断触点接触不良 （3）起动按钮SB1动合触点、停止按钮SB2动断触点接触不良 （4）时间继电器KT动断触点接触不良 （5）时间继电器KT、接触器KM、KM_Y线圈断路 （6）控制回路接线松脱或断线 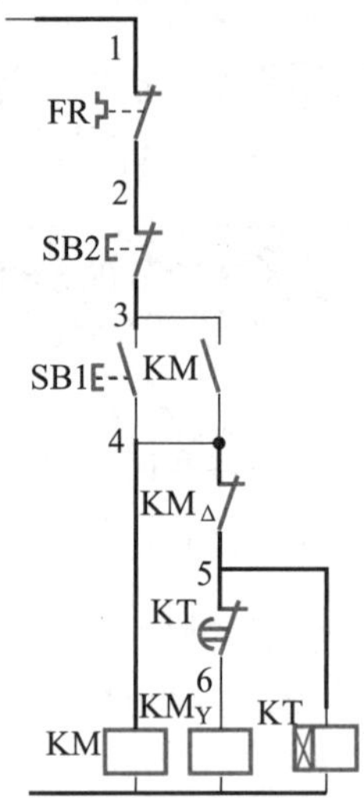	（1）用万用表$R\times1$挡检测熔断器FU1熔体是否熔断和接线是否松脱 （2）切断电源后，用万用表$R\times1$挡检测时间继电器、停止按钮、起动按钮和接触器触点接触是否良好，接线是否松脱 （3）用万用表$R\times100$挡测量接触器KM、KM_Y和时间继电器线圈KT的直流电阻值
水泵电动机降压起动后，突然停转（能降压起动，不能全压运行）		水泵电动机在降压起动后突然停转，说明控制电路没有自动切换到全压运行，其可能原因有： （1）时间继电器KT损坏 （2）接触器KM_Δ控制回路有故障 （3）较长时间的大电流通过热继电器，使热继电器动断触点分断，切断控制电路 （4）接触器KM_Δ主触点接触不良	（1）先观察时间继电器KT能否吸合，若不能吸合，则用万用表检测其线圈及接线是否正常 （2）若时间继电器KT能动作，则观察接触器KM_Δ能否吸合，若不能吸合，则用万用表检查接触器KM_Y的辅助动断触点

续表

故障现象	原因分析	查找故障部位的方法
水泵电动机降压起动后，突然停转(能降压起动，不能全压运行)	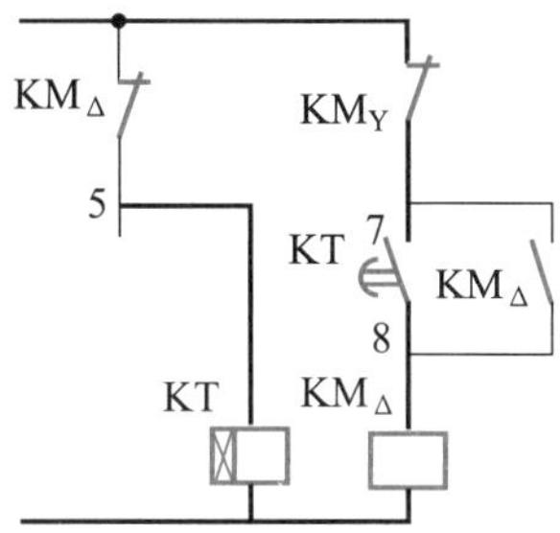	和时间继电器 KT 动合触点接触是否良好，以及接触器 KM$_\Delta$ 的线圈是否断路 （3）若接触器 KM$_\Delta$能吸合，则用万用表检查接触器 KM$_\Delta$ 辅助动合触点接触是否正常 （4）检查上述触点、线圈接线是否松脱或断线 （5）检查电动机降压起动时间是否过长 （6）检查接触器 KM$_\Delta$主触点接触是否良好

任务评价

任务评价表可参考表 4-7。

项目 7
通风机械制动控制线路的安装与维修

——制动控制线路的安装与维修

项目目标

学完本项目后，你应当：

★ 熟悉常用速度继电器的功能、基本结构、工作原理、型号含义，熟记其图形符号和文字符号。

★ 会识别、检测、选用速度继电器。

★ 熟悉三相异步电动机的制动方法与制动原理，会分析三相异步电动机制动控制线路的工作原理，了解其在工程技术中的典型应用。

★ 会根据工作任务要求设计、安装、调试、运行和维修通风机械制动控制线路。

项目描述

在生产实际中，当电动机断开电源后，由于惯性作用不能马上停止转动，而是需要运转一段时间才能完全停下来，这种情况对于某些生产机械是不适宜的。如 20/5T 桥式起重机的主钩、副钩、大车、小车均需要采用电磁抱闸制动器制动以保证其能够准确定位；X62W 型万能铣床的主轴电动机则采用电磁离合器制动以实现准确停车；T68 型卧式镗床的主轴电动机采用的是反接制动。可见，满足生产机械的这种准确定位或停车的控制要求就需要对电动机进行制动。

某企业生产车间有一通风机械如图 7-1 所示，需要为其安装制动控制线路，电工小沈领到了电工车间主任分配的工作任务单，见表 7-1。

图 7-1 通风机械

表 7-1 工作任务单

某企业工作任务单　　　　编号——0007

<table>
<tr><td>工作任务</td><td colspan="3">安装通风机械电动机制动控制线路</td><td>派工日期</td><td>年 月 日</td></tr>
<tr><td>工作人员</td><td>小沈</td><td>工作负责人</td><td>小沈</td><td>完工日期</td><td>年 月 日</td></tr>
<tr><td>签收人</td><td colspan="3"></td><td>签收日期</td><td>年 月 日</td></tr>
<tr><td>工作内容</td><td colspan="5">1. 根据现场已安装就位的通风机械，从车间动力配电箱引出电源，通过控制线路板将电源引入通风机械电动机
2. 设计控制线路，绘制布置图和接线图
3. 控制线路安装完成后，进行检验和通电试验，合格后交付该车间使用
4. 将相关技术资料交付车间档案室归档保存</td></tr>
<tr><td>材料申领</td><td colspan="5">此项由工作负责人填写：
工作负责人：</td></tr>
<tr><td>任务验收</td><td colspan="5">此项填写验收时设备的主要验收技术参数，由工作负责人填写：
工作负责人：</td></tr>
<tr><td>车间负责人评价</td><td colspan="5">负责人签字：　　年 月 日</td></tr>
</table>

项目分析

通风机械能够送风和换气，其停车时要求能迅速停车。

1. 技术要求

该通风机械电动机控制系统由电动机、电源和控制线路板等构成。工作负责人小沈通过现场观察和阅读电动机使用说明书，了解到以下技术信息：

① 电动机主要技术参数　额定功率 4 kW，额定频率 50 Hz，额定电压 380 V，额定工作电流 8.8 A，Δ 接法，额定转速 2 840 r/min，绝缘等级 B 级，防护等级 IP13。

② 控制功能　由于通风机械要求能够送风和换气，这就要求其电动机能够正反转；在需要停车时应能迅速停车，这就需要选用合适的制动方式。

2. 控制线路

考虑到操作方便和可靠性，可以采用三相异步电动机反接制动正反转控制线路直接控制通风机械，其控制线路电路图如图 7-2 所示。它是由三相交流电源（L1、L2、L3），低压熔断器 FU1、FU2，组合开关 QS，交流接触器 KM1、KM2，中间继电器 KA，热继电器 FR，送风和换气按钮 SB2、SB3，停止按钮 SB1 和三相交流异步电动机 M 构成。

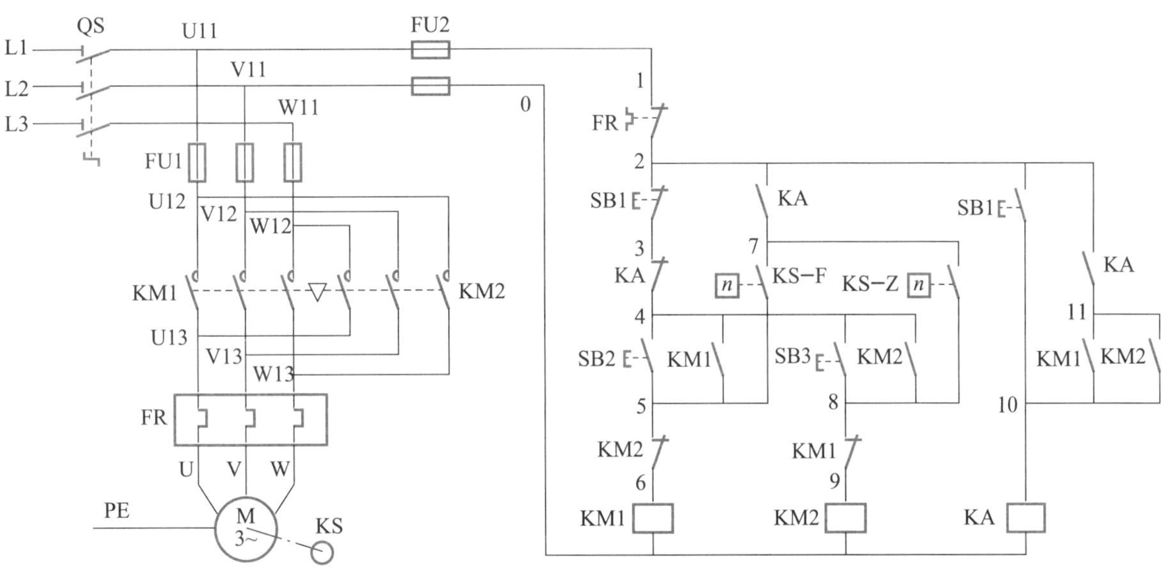

图 7-2　通风机械控制线路电路图

所谓制动，就是给电动机一个与转动方向相反的转矩使它迅速停转(或限制其转速)。制动方法一般有两类：机械制动和电气制动。

项目实施

任务1 认识电磁抱闸制动器制动控制线路

任务目标

1. 熟悉电磁抱闸制动器、电磁离合器制动器的基本结构、工作原理及型号含义，熟记其图形符号和文字符号。

2. 会识读、分析电磁抱闸制动器制动控制线路的构成和工作原理。

3. 会绘制电磁抱闸制动器制动控制线路电路图。

4. 熟悉电磁抱闸制动器制动控制线路在电气控制设备中的典型应用。

任务准备

利用机械装置使电动机在断开电源后迅速停转的制动方式称为机械制动。机械制动常用的方法有电磁抱闸制动器制动和电磁离合器制动。两者的制动原理类似，控制线路也基本相同。现以电磁抱闸制动器制动为例，介绍机械制动的制动原理和控制线路。

1. 电磁抱闸制动器

图7-3所示为常用的MZD1系列交流单相制动电磁铁与TJ2系列闸瓦制动器外形，它们配合使用，共同组成电磁抱闸制动器，其外形结构如图7-4(a)所示，其符号如图7-4(b)所示。

从电磁抱闸制动器外形结构图中可以看出，其电磁铁主要由铁心、线圈、衔铁三部分组成，其闸瓦抱闸制动器由闸瓦、杠杆、弹簧等组成。闸瓦抱闸制动器部分可分为断电制动型和通电制动型两种。断电制动型的工作原理是当制动电磁铁的线圈通电时，制动器的闸瓦与闸轮分开，无制动作用；当线圈断电时，制动器的闸瓦紧紧抱住闸轮制动。通电制动型的工作原理是当制动电磁铁的线圈通电时，闸瓦紧紧抱住闸轮制动；当线圈断电时，制动器的闸瓦与闸轮分开，无制动作用。

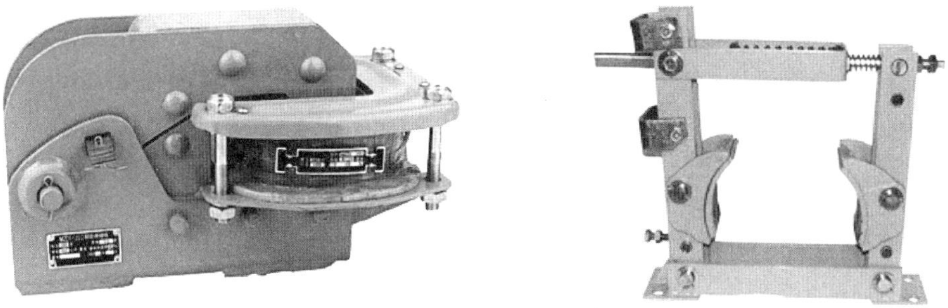

(a) MZD1系列交流单相制动电磁铁　　(b) TJ2系列闸瓦制动器

图 7-3　制动电磁铁与闸瓦制动器

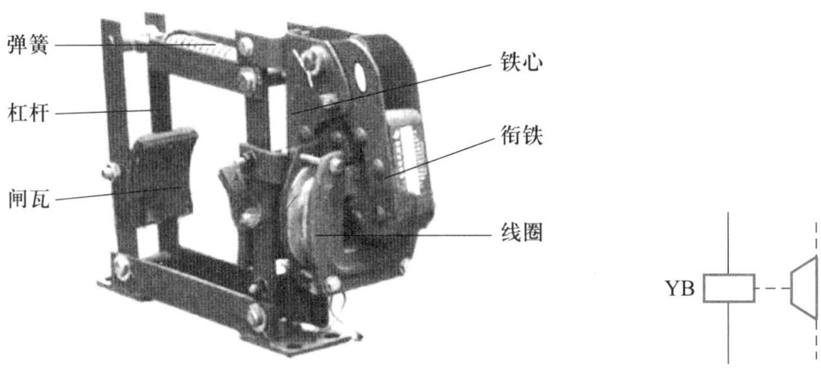

(a) 外形结构图　　(b) 符号

图 7-4　电磁抱闸制动器

2. 电磁抱闸制动器的制动控制线路

(1) 电磁抱闸制动器断电制动控制线路

电磁抱闸制动器断电制动控制线路电路图如图 7-5 所示。

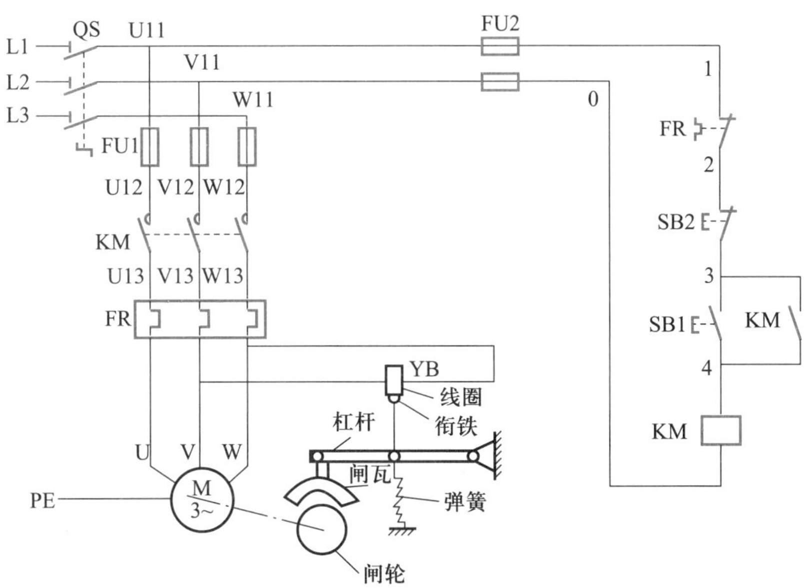

图 7-5　电磁抱闸制动器断电制动控制线路电路图

线路的工作原理如下：

① 起动运转　先合上电源隔离开关 QS。按下起动按钮 SB1，接触器 KM 线圈通电，其自锁触点和主触点闭合，电动机 M 接通电源，同时电磁抱闸制动器 YB 线圈通电，衔铁与铁心吸合，衔铁克服弹簧拉力，迫使制动杠杆向上移动，从而使制动器的闸瓦与闸轮分开，电动机正常运转。

② 制动停转　按下停止按钮 SB2，接触器 KM 线圈断电，其主触点和自锁触点分断，电动机 M 的电源被切断，同时电磁抱闸制动器的线圈也断电，衔铁释放，在弹簧拉力的作用下，使闸瓦紧紧抱住闸轮，电动机迅速被制动停转。

这种制动方式是在电源切断时才起制动作用，在起重机械上广泛采用。其优点是能够准确定位，同时可防止电动机突然断电时重物自行坠落。但由于电磁抱闸制动器线圈耗电时间与电动机运行时间一样长，所以不够经济。另外，由于电磁抱闸制动器在切断电源后具有制动作用，使手动调整工作很困难。因此，对电动机制动后需要手动调整工件位置的机床设备不能采用此法，而是采用下面的通电型电磁抱闸制动。

（2）电磁抱闸制动器通电制动控制线路

电磁抱闸制动器通电制动控制线路电路图如图 7-6 所示。

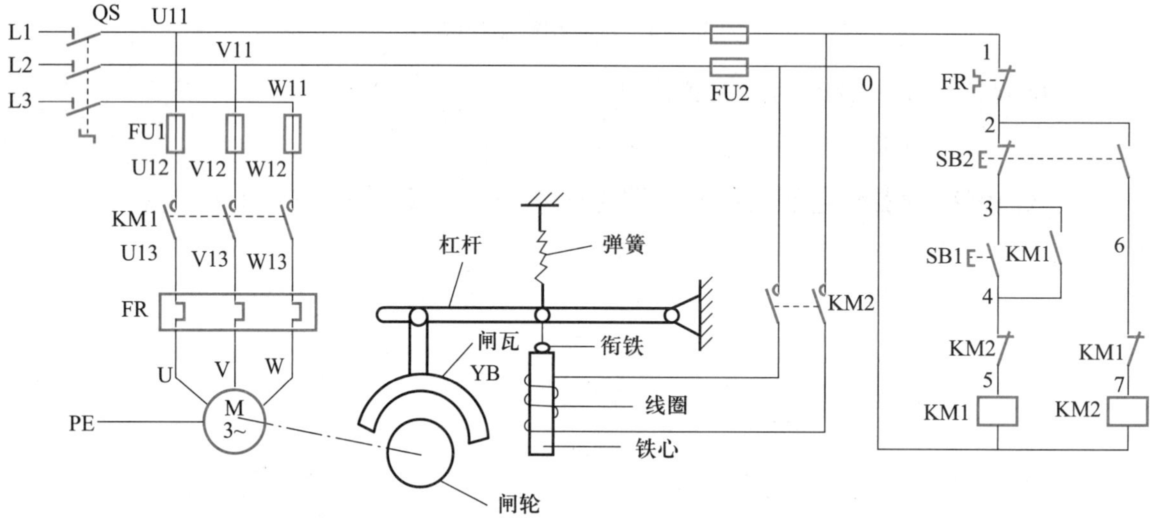

图 7-6　电磁抱闸制动器通电制动控制线路电路图

这种通电制动方法与上述断电制动方法稍有不同。当电动机通电运转时，电磁抱闸制动器线圈断电，闸瓦与闸轮分开，无制动作用；当电动机断电需要停转时，电磁抱闸制动器线圈通电，闸瓦紧紧抱住闸轮制动。当电动机处于停转状态时，电磁抱闸制动器的线圈也无电，闸瓦与闸轮分开，这样操作人员就可以用手扳动主轴进行调整工件、对刀等操作。

3. 电磁离合器制动器

电磁离合器制动器制动原理与电磁抱闸制动器制动原理类似，其主要区别是电磁离合器制动器利用动、静摩擦片之间产生足够大的摩擦力而实现制动。电动葫芦的绳轮、X62W 型万能铣床的主轴电动机等常采用这种制动方法。断电制动型电磁离合器制动器的外形和结构示意图如图 7-7 所示。

(a) 外形

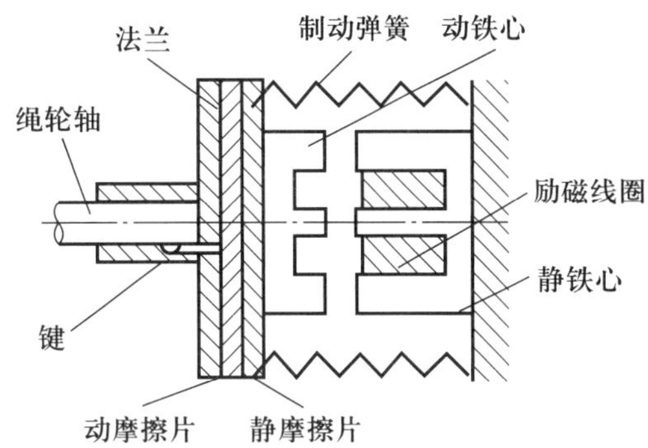

(b) 结构示意图

图 7-7　断电制动型电磁离合器制动器

任务操作

1. 认识电磁抱闸制动器和电磁离合器制动器

根据图 7-4 所示的电磁抱闸制动器和图 7-7 所示的电磁离合器制动器结构图，认识电磁抱闸制动器和电磁离合器制动器主要部件的名称和作用。

2. 认识电磁抱闸制动器制动控制线路的构成

根据图 7-5 和图 7-6 所示的电磁抱闸制动器制动控制线路电路图，认识各电气元件的名称、符号。

3. 识读电磁抱闸制动器制动控制线路电路图

根据图 7-5 和图 7-6 所示的电磁抱闸制动器制动控制线路电路图，先识读主电路，后识读控制电路。分析用电设备与控制元件的对应关系、主电路中各控制元件的作用、电源的种类和电压等级；分析控制电路的电源种类和电压等级、控制元件的作用和控制关系。

4. 分析电磁抱闸制动器制动控制线路的工作原理

根据图 7-5 和图 7-6 所示的电磁抱闸制动器制动控制线路电路图，分析控制线路的工作原理，说明电磁抱闸制动器制动控制线路在电气控制设备中的典型应用。

5. 绘制电磁抱闸制动器制动控制线路电路图

根据指导教师提出的要求，正确绘制电磁抱闸制动器制动控制线路电路图。

任务评价

任务评价表参考表2-31。

任务2 认识单向起动反接制动控制线路

任务目标

1. 熟悉速度继电器的功能、基本结构、工作原理及型号含义，熟记其图形符号和文字符号，会识别、检测、选用速度继电器。

2. 知道反接制动的原理，会识读、绘制单向起动反接制动控制线路电路图。

3. 会分析单向起动反接制动控制线路中各电气元件的作用和工作原理。

4. 熟悉单向起动反接制动控制线路在电气控制设备中的典型应用。

任务准备

在实际生产中，有很多生产机械采用电气制动，如T68型镗床的主轴电动机所采用的反接制动方法就属于电气制动。

所谓电气制动，就是在电动机切断电源停转的过程中，产生一个和电动机实际旋转方向相反的电磁转矩(制动转矩)，使电动机迅速制动停转的方法。常用的方法有反接制动、能耗制动、电容制动、回馈制动。

1. 反接制动原理

图7-8所示为反接制动原理图。当QS向上投合时，电动机定子绕组电源相序为L1、L2、L3，电动机将沿旋转磁场方向［如图7-8(b)中顺时针方向所示］，以$n<n_1$的转速正常运转。

当电动机需要停转时，拉下开关QS，先使电动机脱离电源(此时转子由于惯性仍按原方向旋转)，然后将开关QS迅速向下投合，由于L1、L2两相电源线对调，电动机定子绕组电源相序变为L2、L1、L3，旋转磁场方向相反［如图7-8(b)中逆时针方向所示］，此时转子将以$n+n_1$的相对转速沿原转动方向切割旋转磁场，在转子绕组中产生感应电流，其方向可用右手定则判断出来，如图7-8(b)所示。而转

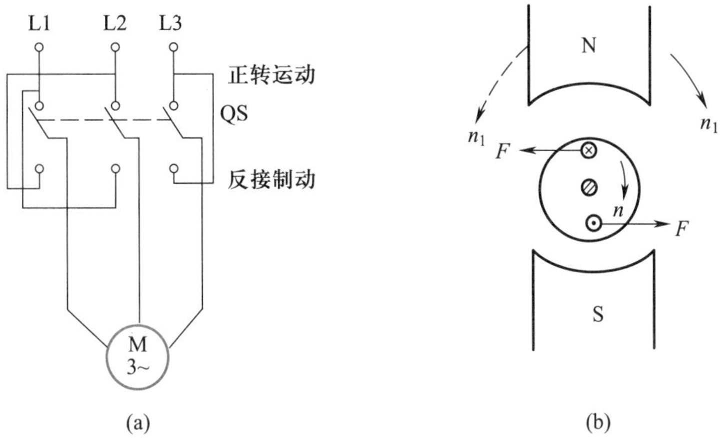

图 7-8　反接制动原理图

子绕组一旦产生电流，又受到旋转磁场的作用，产生电磁转矩，其方向可用左手定则判断出来，如图 7-8(b)所示。可见，此转矩方向与电动机的旋转方向相反，使电动机受制动迅速停转。

由以上分析可见，反接制动是依靠改变电动机定子绕组的电源相序来产生制动力矩，迫使电动机迅速停转的。

指点迷津　**反接制动注意事项**

在反接制动过程中，当电动机转速接近零值时，应立即切断电动机的电源，否则电动机将反转。为此，在反接制动设备中，为保证电动机的转速被制动到接近零值时，能迅速切断电源，防止反向起动，常利用速度继电器(又称为反接制动继电器)来自动地及时切断电源。

知识链接

认识速度继电器

(1) 速度继电器的功能与分类

速度继电器是反映转速和转向的继电器，其主要作用是以旋转速度的快慢为指令信号，与接触器配合，实现对电动机的反接制动控制，故又称为反接制动继电器。

常用的速度继电器有 JY1 型、JFZ0 型，它们是利用电磁感应原理工作的感应式速度继电器，广泛用于生产机械运动部件的速度控制和反接制动控制快速停车，如车床主轴、铣床主轴等。

(2) 速度继电器的外形与结构

图 7-9 所示为 JY1 型速度继电器的外形。它具有结构简单、工作可靠、价格

低廉等特点，在许多生产机械中采用。

JY1 型速度继电器的结构示意图如图 7-10 所示，它主要由定子、转子、可动支架、触点及端盖等组成。转子由永久磁铁制成，固定在转轴上；定子由硅钢片叠成并装有笼型短路绕组，能作小范围偏转；触点有两组，一组在转子正转时动作，另一组在反转时动作。

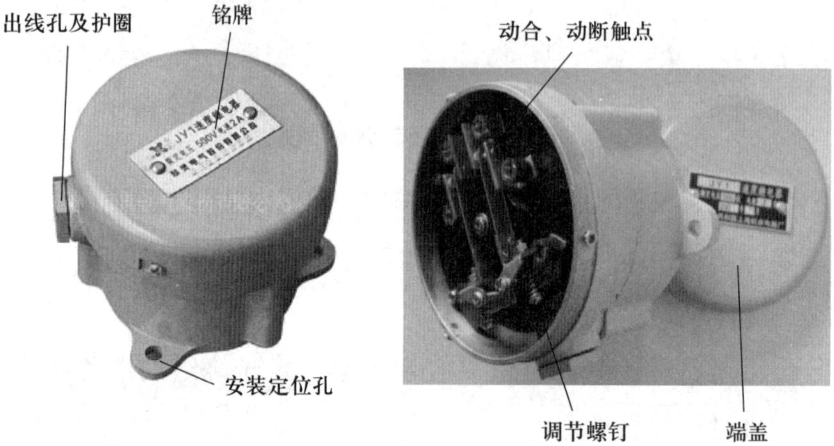

图 7-9 JY1 型速度继电器的外形

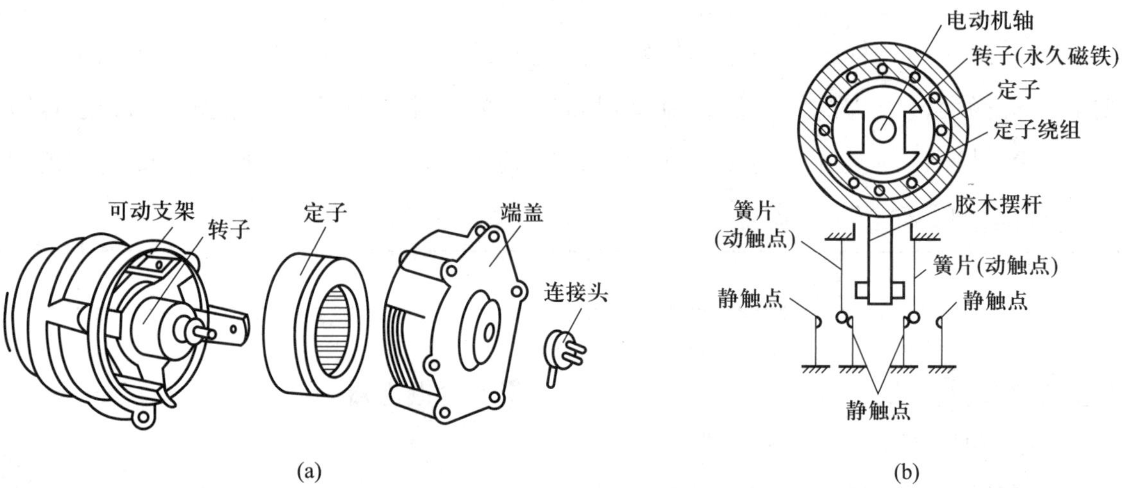

图 7-10 JY1 型速度继电器的结构示意图

机床电气控制线路中常用的速度继电器还有 JFZ0 型，它与 JY1 型不同的是，其两组触点使用两个微动开关，这样触点的动作速度不受定子偏转速度的影响，额定工作转速有 300~1 000 r/min（JFZ0-1 型）和 1 000~3 000 r/min（JFZ0-2 型）两种。

（3）速度继电器的工作原理

速度继电器使用时，其转子与电动机的转轴连接在一起。当电动机旋转时，速度继电器的转子随之旋转，在空间产生旋转磁场，旋转磁场在定子绕组上产生感应电动势及感应电流，从而产生转矩，使定子偏转，当定子偏转到一定角度时，摆锤推动继电器触点动作；当转速降至某一数值时，摆锤恢复原状态，触点随即复位。

速度继电器的动作转速一般不低于 100～300 r/min，复位转速一般为 100 r/min 以下。可以通过调节螺钉来改变速度继电器的动作转速，以适应控制要求。

速度继电器的图形符号和文字符号如图 7-11 所示。

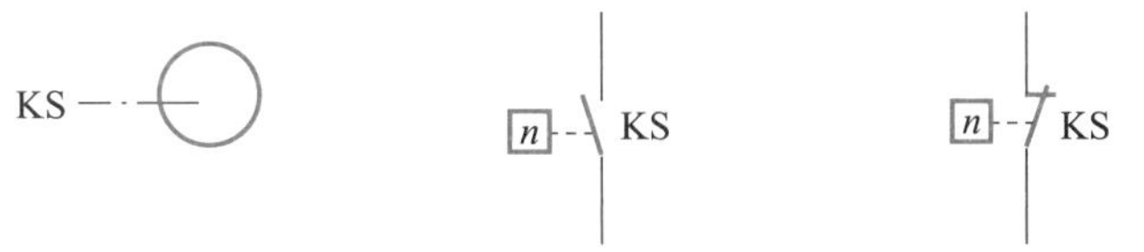

(a) 继电器转子　(b) 动合触点　(c) 动断触点

图 7-11　速度继电器的图形符号和文字符号

（4）速度继电器的选用

速度继电器主要根据所需控制的转速大小、触点数量和电压、电流大小来选用。JY1 型和 JFZ0 型速度继电器的技术参数见表 7-2。

表 7-2　JY1 型和 JFZ0 型速度继电器的技术参数

型号	触点额定电压/V	触点额定电流/A	触点对数		额定工作转速/(r/min)	允许操作频率/(次/h)
			正转动作	反转动作		
JY1			1 组转换触点	1 组转换触点	100～3 000	
JFZ0-1	380	2	1 动合、1 动断	1 动合、1 动断	300～1 000	<30
JFZ0-2			1 动合、1 动断	1 动合、1 动断	1 000～3 000	

2. 单向起动反接制动控制线路

图 7-12 所示为单向起动反接制动控制线路电路图，该线路的主电路和电动机正、反转控制线路的主电路相似，只是在反接制动时增加了 3 个限流电阻 R。线路中接触器 KM1 为单向运行接触器，接触器 KM2 为反接制动接触器，KS 为速度继电器，其轴与电动机同轴连接（图中用点画线表示）。

线路的工作原理如下：

电动机需要单向起动时，先合上电源隔离开关 QS，再按下起动按钮 SB1，接触器 KM1 线圈通电，其主触点和自锁触点闭合，电动机 M 起动运行。当电动机 M 的转速升高到一定数值时，速度继电器 KS 的动合触点自动闭合，为反接制动做准备。

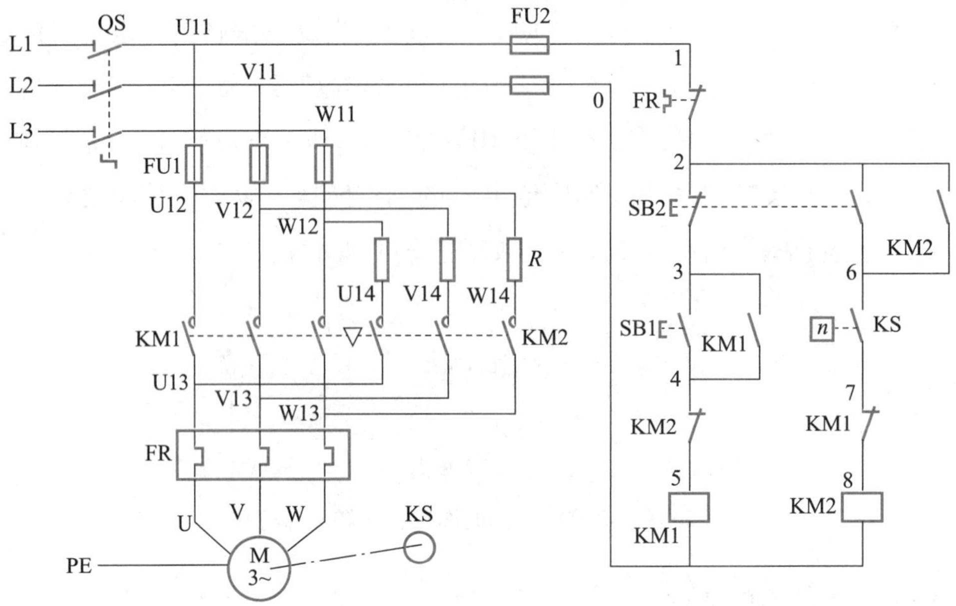

图 7-12 单向起动反接制动控制线路电路图

电动机需要停转时，按下停止按钮 SB2，SB2 的动断触点先断开，接触器 KM1 线圈断电释放，其主触点断开，电动机 M 断电惯性运转；同时 SB2 的动合触点闭合，接触器 KM2 线圈通电，其主触点闭合，串接限流电阻器 *R* 进行反接制动，电动机 M 产生一个与旋转方向相反的电磁转矩，即制动转矩，迫使电动机转速迅速下降；当电动机 M 转速降到 100 r/min 以下时，速度继电器 KS 的动合触点断开，接触器 KM2 线圈断电，电动机 M 断电后停止运转。同时也防止了电动机反向起动。

反接制动的优点是制动力强，制动迅速。其缺点是制动准确性差，制动过程中冲击强烈，易损坏传动零部件，制动能量消耗大，不宜经常制动。因此反接制动一般适用于制动要求迅速、系统惯性较大、不经常起动与制动的场合，如铣床、镗床、中型车床等主轴的制动控制。

任务操作

1. 认识速度继电器

（1）认识速度继电器部件

根据指导教师所提供的速度继电器实物或图片，认识速度继电器主要部件的名称、作用和工作原理。

（2）检测速度继电器

用万用表电阻挡检测速度继电器在“静态”（电动机转轴不转动）时各对动合触点、动断触点的电阻值，并判断触点的好坏；检测速度继电器在“动态”（人为使电动机转轴转动）时各对动合触点、动断触点的电阻值，并判断触点的好坏。

2. 认识单向起动反接制动控制线路的构成

根据图 7-12 所示的单向起动反接制动控制线路电路图，认识各电气元件的名称、符号。

3. 识读单向起动反接制动控制线路电路图

根据图 7-12 所示的单向起动反接制动控制线路电路图，先识读主电路，后识读控制电路。分析用电设备与控制元件的对应关系、主电路中各控制元件的作用、电源的种类和电压等级；分析控制电路的电源种类和电压等级、控制元件的作用和控制关系。

4. 分析单向起动反接制动控制线路的工作原理

根据图 7-12 所示的单向起动反接制动控制线路电路图，分析控制线路的工作原理，说明单向起动反接制动控制线路在电气控制设备中的典型应用。

5. 绘制反接制动控制线路电路图

根据指导教师提出的要求，正确绘制反接制动控制线路电路图。

任务评价

任务评价表参考表 2-31。

任务 3　认识单向起动能耗制动控制线路

任务目标

1. 知道能耗制动的原理，会识读、绘制单向起动能耗制动控制线路电路图。
2. 会分析单向起动能耗制动控制线路中各电气元件的作用和工作原理。
3. 熟悉单向起动能耗制动控制线路在电气控制设备中的典型应用。

任务准备

反接制动具有制动能力强、制动迅速的优点，但由于其制动准确性差，制动过程中冲击强烈，易损坏传动零件，制动能量消耗大，不宜经常制动等缺点，所以在实际生产中，对于制动比较频繁的生产机械不宜采用反接制动，而是采用能耗制动，如 C5525 型车床工作台主拖动电动机采用的就是能耗制动。

能耗制动是当电动机切断交流电源后，立即在定子绕组的任意两相中通入直流电，迫使电动机迅速停转的方法。由于这种制动方法是通过在定子绕组中通入直流电，以消耗转子惯性运转的动能来进行制动的，所以称为能耗制动，又称为动能制动。

1. 无变压器单相半波整流单向起动能耗制动自动控制线路电路图

无变压器单相半波整流单向起动能耗制动自动控制线路电路图如图 7-13 所示，该控制线路采用单相半波整流作为直流电源，所用附加设备较少，线路简单，成本较低，常用于 10 kW 以下小容量电动机且对制动要求不高的场合。

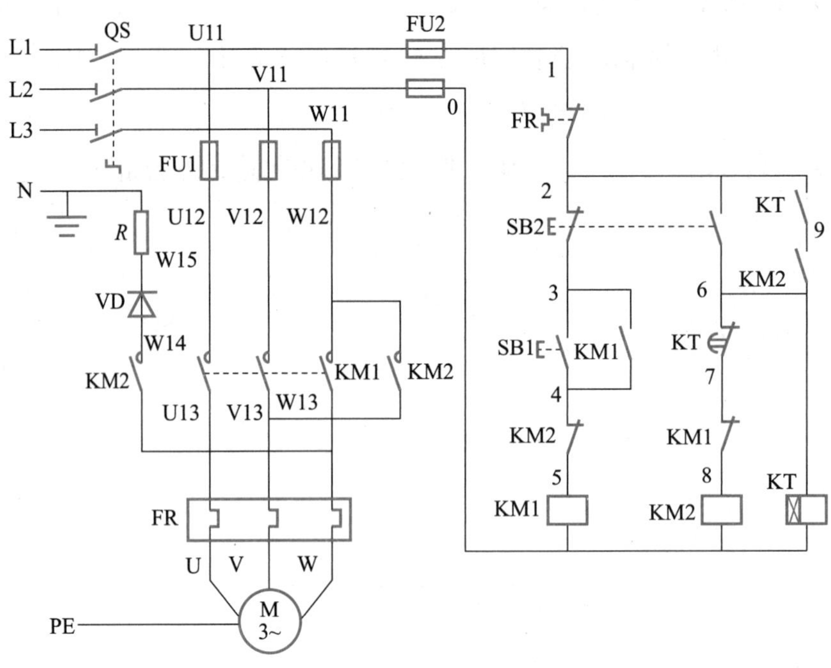

图 7-13 无变压器单相半波整流单向起动能耗制动自动控制线路电路图

线路的工作原理如下：先合上电源隔离开关 QS。

（1）单向起动运转

按下 SB1 → KM1 线圈通电 →
- → KM1 自锁触点闭合自锁 → 电动机 M 起动，连续运转
- → KM1 主触点闭合 → 电动机 M 起动，连续运转
- → KM1 联锁触点分断，对 KM2 联锁

（2）能耗制动停转

按下 SB2 → SB2 动断触点分断 → KM1 线圈断电 → KM1 自锁触点分断，解除自锁
　　　　　　　　　　　　　　　　　　　　　　→ KM1 主触点分断，M 断电后惯性运转
　　　　　　　　　　　　　　　　　　　　　　→ KM1 联锁触点闭合 →
按下 SB2 → SB2 动合触点闭合 →

→ KM2 线圈通电 → KM2 联锁触点分断，对 KM1 联锁
　　　　　　　　→ KM2 主触点闭合 → 电动机 M 接入直流电开始能耗制动
　　　　　　　　→ KM2 自锁触点闭合自锁
→ KT 线圈通电 → KT 动合触点瞬时闭合自锁
　　　　　　　→ KT 动断触点延时分断 →

→ KM2 线圈断电 → KM2 联锁触点恢复闭合，解除联锁
　　　　　　　　→ KM2 主触点分断 → 电动机 M 切断直流电源并停转，能耗制动结束
　　　　　　　　→ KM2 自锁触点分断 → KT 线圈断电 → KT 触点瞬时复位

图 7-13 中时间继电器 KT 瞬时闭合动合触点的作用是：当 KT 出现线圈断线或机械卡住等故障时，按下 SB2 后能使电动机制动后脱离直流电源，防止电动机长时间处于能耗制动状态。

2. 有变压器单相桥式整流单向起动能耗制动自动控制线路

对于 10 kW 以上容量的电动机，多采用有变压器单相桥式整流能耗制动自动控制线路，如图 7-14 所示。其中直流电源由单相桥式整流器 VC 供给，TC 是整流变压器，电阻 *R* 用来调节直流电流，从而调节制动强度，整流变压器一次侧与整流器的直流侧同时进行切换，有利于提高触点的使用寿命。

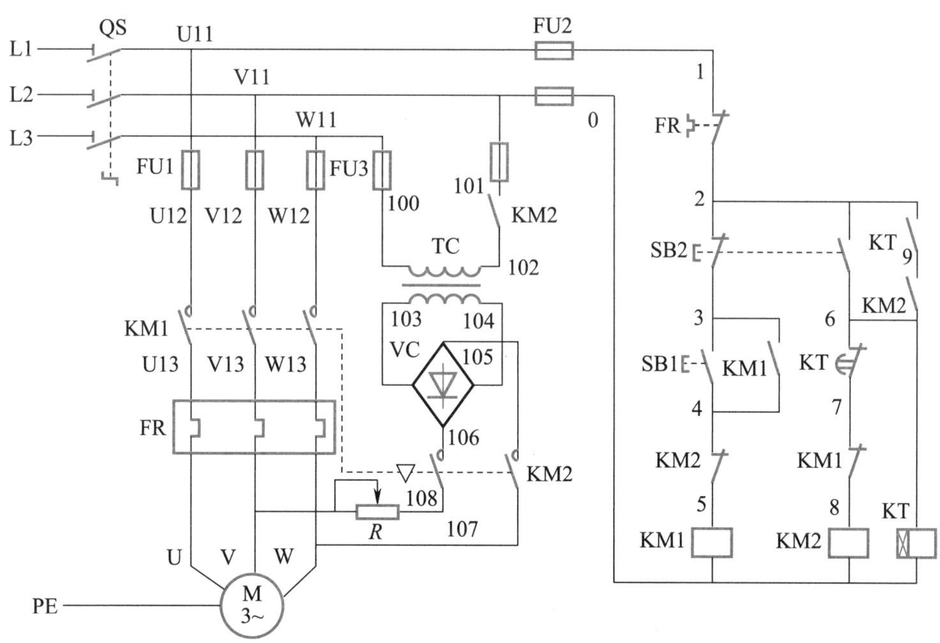

图 7-14　有变压器单相桥式整流单向起动能耗制动自动控制线路电路图

图 7-14 与图 7-13 的控制电路相同，所以它们的工作原理也相同。

能耗制动的优点是制动准确、平稳，且能量消耗较小。其缺点是需要附加直流电源装置，设备费用较高，制动能力较弱，在低速时制动力矩小。因此，能耗制动一般用于要求制动准确、平稳的场合，如磨床、立式铣床等的控制线路中。

知识链接

电容制动与再生发电制动

电气制动除反接制动和能耗制动外，还有电容制动和再生发电制动。

（1）电容制动

当电动机切断交流电源后，通过立即在电动机定子绕组的出线端接入电容器迫使电动机迅速停转的方法称为电容制动。

电容制动的原理是：当旋转着的电动机断开交流电源时，转子内仍有剩磁。随着转子的惯性转动，形成一个随着转子转动的旋转磁场。该磁场切割定子绕组产生感应电动势，并通过电容器回路形成感应电流，这个电流产生的磁场与转子绕组中的感应电流相互作用，产生一个与旋转方向相反的制动力矩，使电动机受制动迅速停转。

电容制动控制线路电路图如图 7-15 所示。电阻 R_1 是调节电阻，用以调节制动力矩的大小，电阻 R_2 为放电电阻。经实验证明，对于 380 V、50 Hz 的三相笼型异步电动机，每千瓦每相约需要的电容器容量为 150 μF 左右，电容器的耐压应不小于电动机的额定电压。

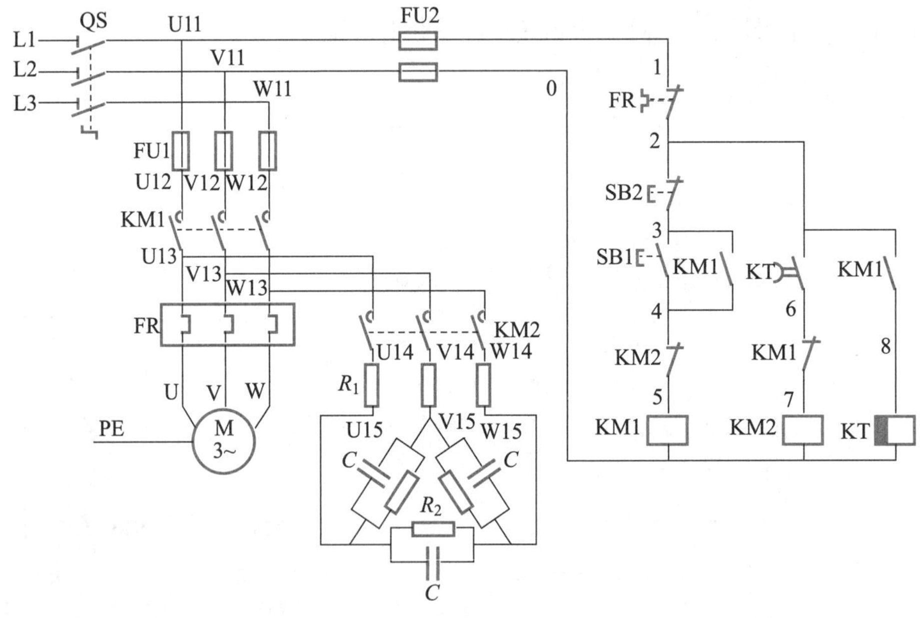

图 7-15 电容制动控制线路电路图

实验证明，对于 5.5 kW、Δ 形联结的三相笼型异步电动机，无制动停车时间为 22s，采用电容制动后其停车时间仅需要 1s；对于 5.5 kW、Y 形联结的三相笼型异步电动机，无制动停车时间为 36 s，采用电容制动后其停车时间仅需要 2 s。因此，电容制动是一种制动迅速、能量损耗小、设备简单的制动方法，一般用于 10 kW 以下的小容量电动机，特别适用于存在机械摩擦和阻尼的生产机械和需要多台电动机同时制动的场合。

（2）再生发电制动(回馈制动)

再生发电制动又称为回馈制动，主要用在起重机械和多速异步电动机上。下面以起重机械为例说明其工作原理。

当起重机在高处开始下放重物时，电动机转速 n 小于同步转速 n_1，这时电动机处于电动运行状态，其转子电流和电磁转矩的方向如图 7-16(a)所示。但由于重力的作用，在重物的下放过程中，会使电动机的转速大于同步转速 n_1，这时电动机处于发电制动状态，转子相对于旋转磁场切割磁感线的运动方向发生了改变，其转子电流和电磁转矩的方向都与电动运行时相反，如图 7-16(b)所示。可见电磁力矩变为制动力矩，限制了重物的下降速度，保证了设备和人身的安全。

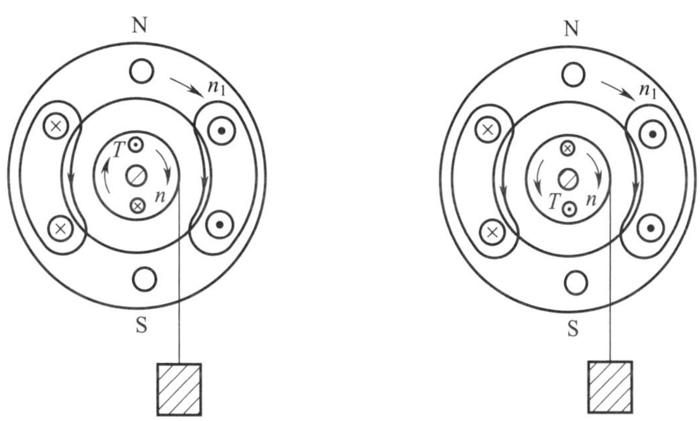

(a) 电动运行状态　　(b) 发电制动状态

图 7-16　回馈制动原理图

对于多速电动机，变速时如果电动机由 2 极变为 4 极，定子旋转磁场的同步转速 n_1 由 3 000 r/min 变为 1 500 r/min，而转子由于惯性仍以原来的转速 n(接近 3 000 r/min)旋转，此时 $n>n_1$，电动机处于发电制动状态。

再生发电制动是一种比较经济的制动方法，制动时不需要改变线路即可从电动运行状态自动地转入发电制动状态，把机械能转换为电能，再回馈到电网，节能效果显著。但这种方法存在着应用范围较窄、仅当电动机转速大于同步转速时才能实现制动的缺点，所以常用于在位能负载作用下的起重机械和多速异步电动机由高速转为低速时的情况。

任务操作

1. 认识单向起动能耗制动控制线路的构成

根据图 7-13 所示的无变压器单相半波整流单向起动能耗制动自动控制线路电路图和图 7-14 所示的有变压器单相桥式整流单向起动能耗制动自动控制线路电路，认识各电气元件的名称、符号。

2. 识读单向起动能耗制动控制线路电路图

根据图 7-13 所示的无变压器单相半波整流单向起动能耗制动自动控制线路电路图和图 7-14 所示的有变压器单相桥式整流单向起动能耗制动自动控制线路电路，先识读主电路，后识读控制电路。分析用电设备与控制元件的对应关系、主电路中各控制元件的作用、电源的种类和电压等级；分析控制电路的电源种类和电压等级、控制元件的作用和控制关系。

3. 分析单向起动能耗制动控制线路的工作原理

根据图 7-13 所示的无变压器单相半波整流单向起动能耗制动自动控制线路电路图和图 7-14 所示的有变压器单相桥式整流单向起动能耗制动自动控制线路电路，分析控制线路的工作原理，说明单向起动能耗制动控制线路在电气控制设备中的典型应用。

4. 绘制单向起动能耗制动控制线路电路图

根据指导教师提出的要求，正确绘制单向起动能耗制动控制线路电路图。

任务评价

任务评价表见表 2-31。

任务 4 通风机械可逆运行反接制动控制线路的安装与维修

任务目标

1. 会设计通风机械可逆运行反接制动控制线路电路图。
2. 会安装、调试、运行和维修通风机械可逆运行反接制动控制线路。

任务准备

在工业生产中，各类机械设备对电动机的控制提出了不同的要求，因而它们的电气控制线路也不同。根据生产机械的控制要求来正确合理地设计电气控制线路的方法如下。

1. 电气控制线路设计的基本原则

在设计电气控制线路前，应进行必要的调查研究，收集有关资料。电气控制线路设计应遵循的基本原则是：

① 应最大限度地满足生产机械对电气控制线路的控制要求和保护要求。

② 在满足工艺要求的前提下，力求使控制线路简单、合理、经济、实用。

③ 保证控制的可靠性和安全性。

④ 操作和维护方便。

2. 电气控制线路设计的基本步骤

电气控制线路设计的基本步骤是：

① 确定电力拖动方案　根据生产机械设备中主要电动机的负载情况、调速范围及对起动、反转、制动等的要求确定拖动形式。

② 选择电动机容量、结构形式　根据电动机的工作方式和负载情况选择电动机的形式，确定电动机的容量、型号和结构方式。

③ 设计电气控制线路。

④ 选择电气元件。

⑤ 编写设计计算说明书和使用说明书。

3. 电气控制线路设计的方法

电气控制线路设计的方法主要有经验设计法与逻辑设计法两种。

(1) 经验设计法

经验设计法就是根据生产机械的工艺要求和生产过程，选择适当的电动机基本控制环节或电动机典型控制线路综合而成的电气控制线路。其设计方法和要点如下：

① 主电路设计　主要考虑电动机的连续正转控制、点动控制、正反转控制、降压起动控制、制动控制和调速控制。

② 控制电路设计　主要考虑如何满足电动机的各种运转功能和生产工艺要求来选择控制电路。

③ 联锁保护环节设计　主要考虑如何完善整个控制线路的设计，包含各种联锁环节以及短路、过载、过电流、失电压等保护环节。

④ 审查控制线路　反复审查所设计的控制线路是否满足设计原则和生产工艺

要求。

（2）逻辑设计法

逻辑设计法就是根据生产机械的拖动要求及工艺要求，将控制线路中的接触器、继电器等电气元件线圈的通电与断电、触点的闭合与断开以及主令电器的接通与断开等均看成逻辑变量，并根据控制要求将它们之间的关系用逻辑函数关系式来表达，然后再运用逻辑函数基本公式和运算规律进行简化，获得需要的控制线路。

4. 电气控制线路设计举例

现有一专用机床给一箱体加工两侧平面。加工要求是将箱体夹紧在可前后移动的滑动平台上，两侧平面用左右动力头铣削加工。其控制要求是：

① 加工前滑动平台应快速移动到加工位置，然后改为慢速进给。快速移动速度为慢进移动速度的 20 倍，滑动平台速度的改变是由齿轮变速机构和电磁铁来实现的，即电磁铁吸合时为快速，电磁铁释放时为慢速。

② 滑动平台从快速移动到慢速进给应自动变换，铣削完毕要自动停车，然后由人工操作滑动平台快速退回原位后自动停车。

③ 具有完善的短路、过载、欠电压及失电压保护功能。

根据生产机械的生产要求，本专用机床共需要 3 台三相笼型异步电动机：滑动平台电动机 M1 的功率为 1. 1kW，需正反转；两台动力头电动机 M2 和 M3 的功率为 4. 5kW，只需要单向运转。试根据上述要求设计该专用机床的电气控制线路。

设计的基本过程如下：

（1）选择基本控制线路环节

根据滑动平台电动机 M1 需要正反转，左右两台动力头电动机 M2 和 M3 只需要单向运转的控制要求，可以选择接触器联锁正反转控制线路和接触器自锁正转控制线路，并进行有机组合，可以设计基本的电气控制线路草图，如图 7-17 所示。

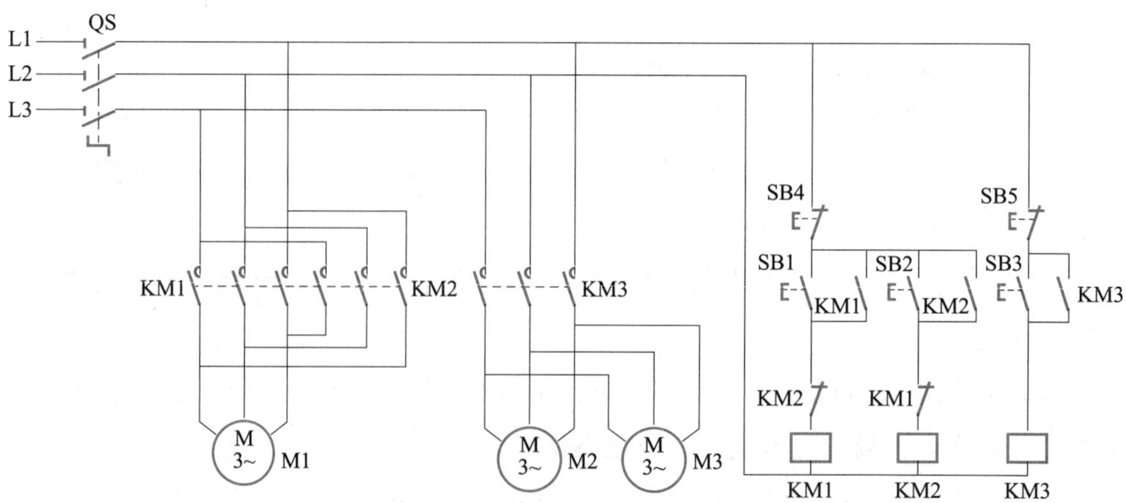

图 7-17　电气控制线路草图

（2）进一步修改和完善电气控制线路

该专用机床对电气控制提出了很高的要求。

加工前滑动平台应能快速移动到加工位置，且电磁铁吸合时为快速移动，这说明接触器 KM1 线圈通电时，电磁铁 YA 应同时通电吸合，所以应在电磁铁 YA 线圈回路中串入接触器 KM1 的辅助动合触点。

滑动平台从快速移动进给能够自动变换为慢速进给，所以在电磁铁 YA 线圈回路中可以串接一个位置开关 SQ3 的动断触点。

滑动平台从慢速进给到切削完成后应能自动停车，所以应在接触器 KM1 的控制回路中串接位置开关 SQ1 的动断触点。

人工操作滑动平台快速退回，所以应在接触器 KM1 的辅助动合触点和位置开关 SQ3 动断触点电路的两端并接接触器 KM2 的辅助动合触点。

动力头电动机 M2、M3 随滑动平台电动机 M1 的慢速工作而工作，所以可以把接触器 KM3 线圈串接位置开关 SQ3 动合触点后与接触器 KM1 线圈并接。

控制线路要求有完善的短路、过载、欠电压和失电压保护功能，可以在控制线路中接入熔断器 FU1、FU2、FU3 分别作为电动机 M1、M2、M3 和控制电路的短路保护，接入热继电器 FR1、FR2、FR3 分别作为电动机 M1、M2、M3 的过载保护，而失电压和欠电压保护功能由接触器 KM1、KM2、KM3 可以完成。

修改完善后的电气控制线路图如图 7-18 所示。

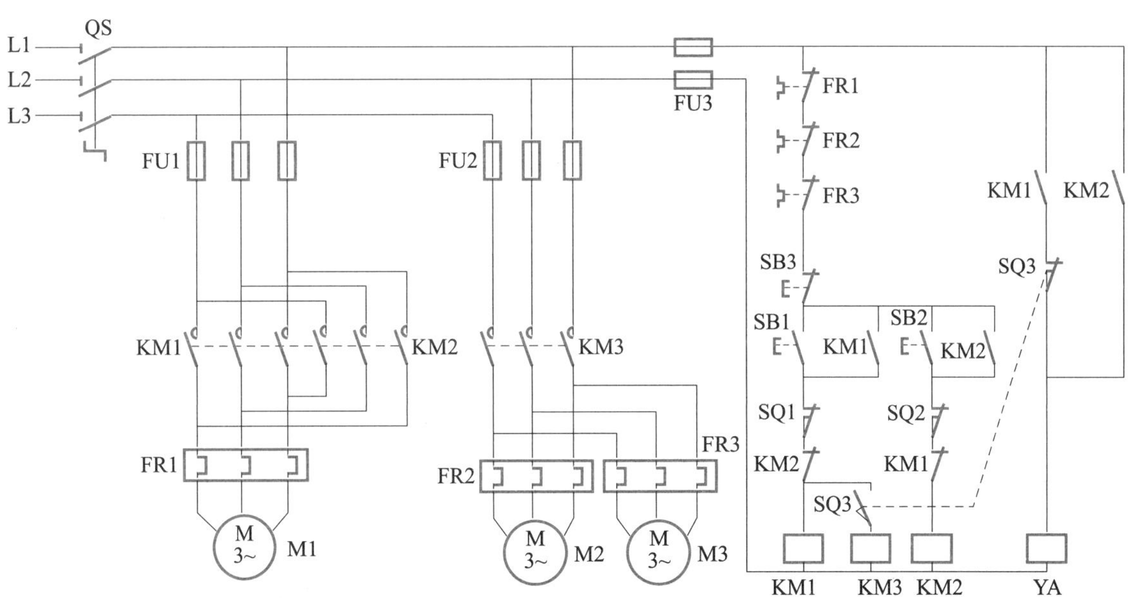

图 7-18　修改完善后的电气控制线路电路图

（3）再次校对电气控制线路

电气控制线路初步设计完成后，还可能有不合理、不完善、不安全、不经济等方面的问题，这时可以根据经验和生产机械对控制的要求进行认真、仔细的校核，以保证电气控制线路的正确性和实用性等要求。

在上述电气控制线路中，我们发现电磁铁 YA 的电感量很大，在通电和断电时会产生很大的冲击电流，有可能会引起电气控制线路工作不可靠。因此用一只中间继电器 KA 作中间过渡，组成电磁铁 YA 的控制回路。设计完成的电气控制线路电路图如图 7-19 所示。

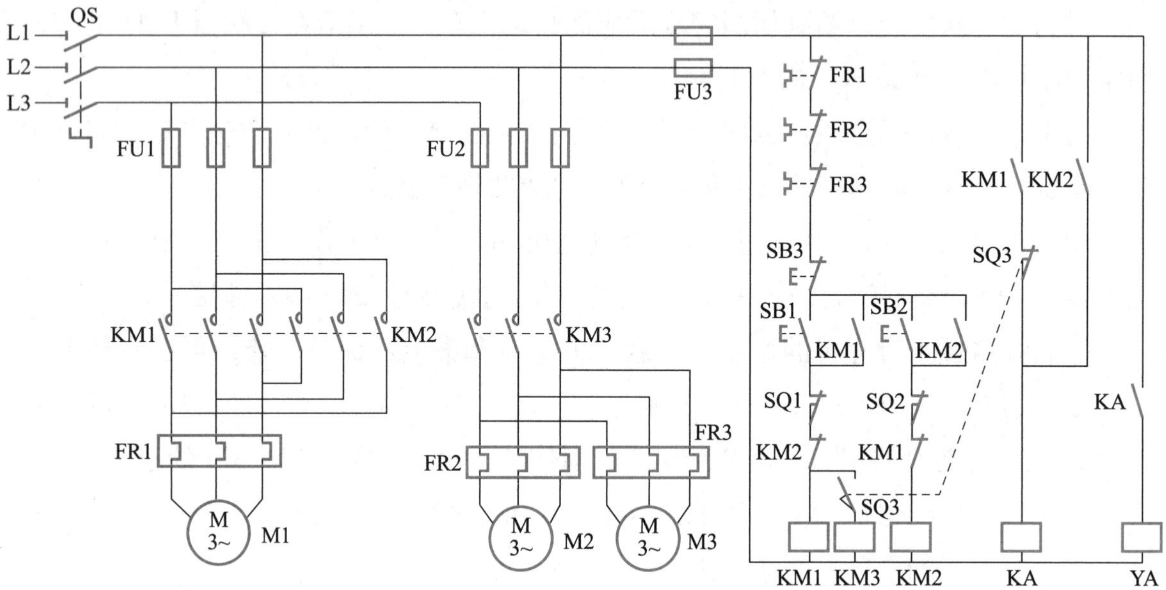

图 7-19　设计完成的电气控制线路电路图

指点迷津　　电气控制线路设计中应注意的问题

用经验设计法设计电气控制线路电路图，其重要的依据是熟练地掌握各种电气控制线路的基本环节、工作原理和对生产机械的控制要求，此外还应考虑维修人员和使用操作人员在长期的工作实践中总结、提炼出来的经验，主要有以下几个方面：

1. 电气元件应尽可能采用标准件和相同型号，所用数量要尽量少

在设计电气控制线路时，应减少不必要的电气元件触点，尽量简化线路，提高线路的可靠性。

对图 7-20(a)所示的控制线路，可以改接为图 7-20(b)所示的控制线路，这样可以减少一个触点数量。

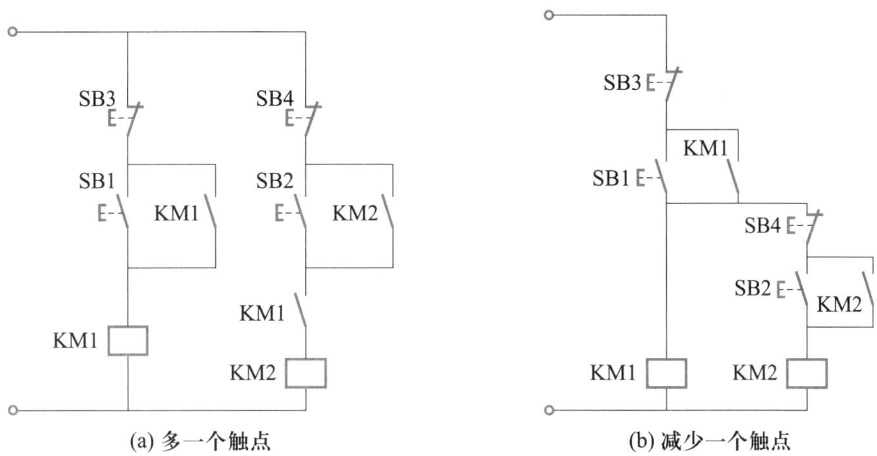

图 7-20　简化电气控制线路触点数量

2. 连接导线的数量要少，长度要短

在所设计的电气控制线路完成后，装接电气控制线路就要考虑到安装时所用的导线数量。也就是说要考虑各种电气元件间的实际接线，特别要注意各电气控制箱(柜)、操作台、位置开关等之间的连接线。

图 7-21(a)所示的电气控制线路接线就不太合理，因为按钮通常是安装在操作台上，而接触器则安装在电气控制箱(柜)内，所以若按此电气控制线路安装，由电气控制箱(柜)内引出的连接线就是两次引接到操作台的按钮处。如果采用图 7-21(b)所示的电气控制线路，就可以减少一次引线。

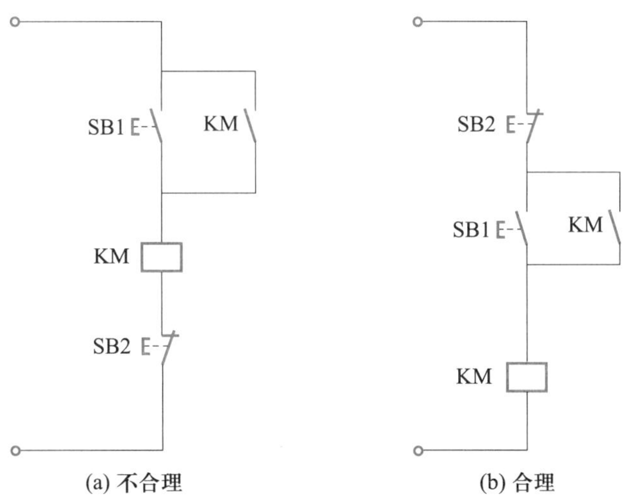

图 7-21　减少各电气元件之间的实际连接线数量

3. 正确连接电气元件的线圈

在电气控制线路中，每一条支路不能串联两个或两个以上的线圈，但可以并联两个或两个以上的线圈，如图 7-22 所示。

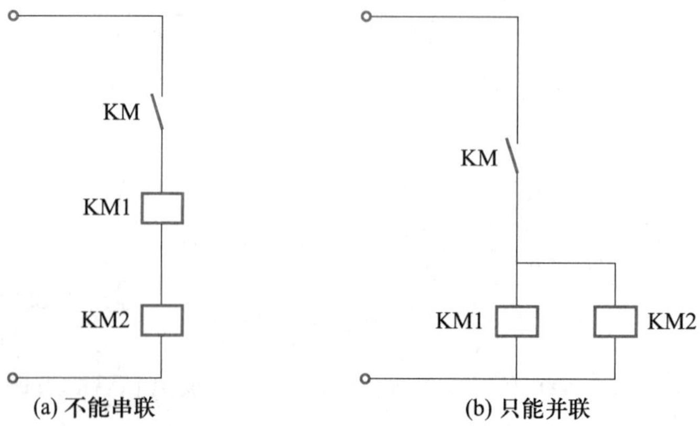

图 7-22 正确连接电气元件的线圈

4. 正确连接电气元件的触点

有时，同一电气元件的动合或动断触点靠得很近，如果连接不当，将会造成控制线路工作不正常。图 7-23(a) 所示的电气控制线路在接线时，位置开关 SQ 的动合触点与动断触点由于不是等电位，当触点闭合或断开时产生电弧可能在两对触点间形成飞弧，造成电源短路事故。因此，在一般情况下，将同一电气元件的所有线圈的一端均接在电源的一端，同一电气元件的触点并接在控制线路的另一端，如图 7-23(b) 所示。

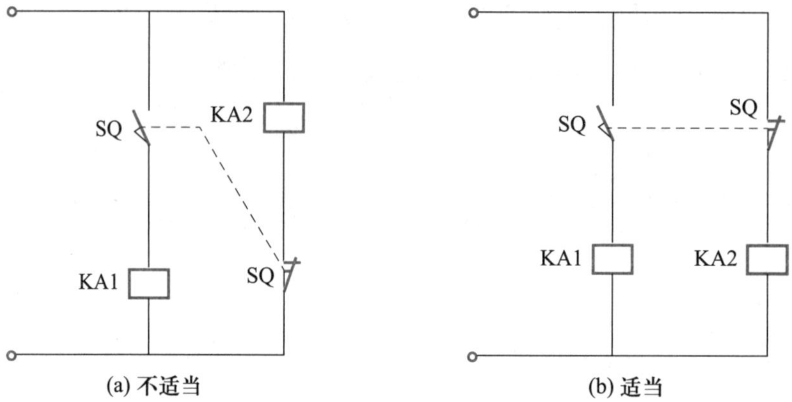

图 7-23 正确连接同一电气元件的触点

5. 应尽量减少电气元件的通电数量

以三相异步电动机串电阻降压起动控制线路电路图为例分析，在图 7-24(a) 所示的三相异步电动机定子绕组串电阻降压起动控制线路电路图中，电动机起动后，接触器 KM1 和时间继电器 KT 同时通电运行，会造成能耗增加，使接触器 KM1、时间继电器 KT 的使用寿命缩短。当采用图 7-24(b) 所示的三相异步电动机定子绕组串电阻降压起动控制线路电路图后，可以在电动机起动后，使接触器 KM1 和时间继电器 KT 线圈断电，达到了节约电能、延长电气元件使用寿命的目的。

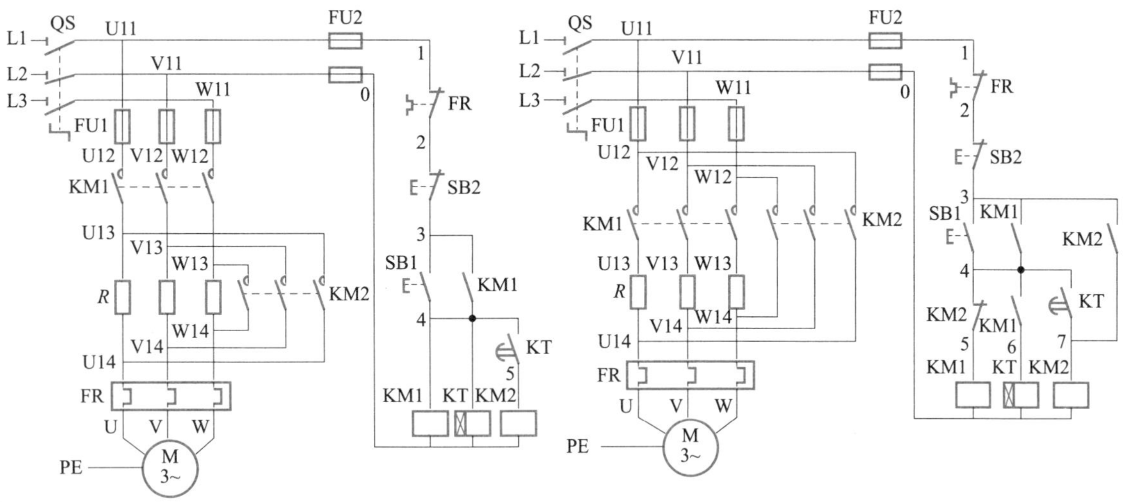

(a) 电动机起动后，KM1和KT 失去作用后仍需长期通电　　(b) 电动机起动后，KM1和KT 失去作用后即断电

图 7-24　电动机定子绕组串电阻降压起动控制线路电路图

6. 应尽量避免采用许多电气元件依次动作才能接通另一个电气元件的电气控制线路

许多电气元件依次动作虽然能够达到控制的目的(如顺序控制线路中)，但电气元件的触点所用数量增加，在每一个触点的故障率相同的情况下，整个控制线路的故障率将会大大增加，如果能够减少触点的数量，采用线圈并联的连接方法，不仅能减少所用触点数量，还能提高整个电气控制线路的可靠性，如图 7-25 所示。

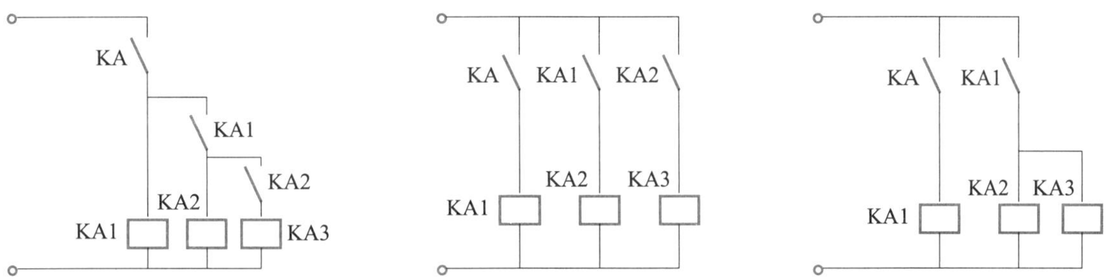

(a) 不适当　　(b) 适当　　(c) 适当

图 7-25　尽量减少所用触点数量

7. 电气控制线路中应避免出现寄生回路

寄生回路是电气控制线路在动作过程中，非正常接通的电路。寄生回路会破坏电气元件和电气控制线路的动作顺序。图 7-26 所示电路是一个具有指示灯和过载保护的正反转控制电路。在正常工作时，能完成正反转起动与停止以及信号指标。但当发生过载保护时，热继电器动断触点已断开，由于寄生回路的存在，图中仍有沿虚线所示的路径流过接触器 KM1 线圈的电流，使正转接触器 KM1 不能可靠释放，起不到过载保护作用。

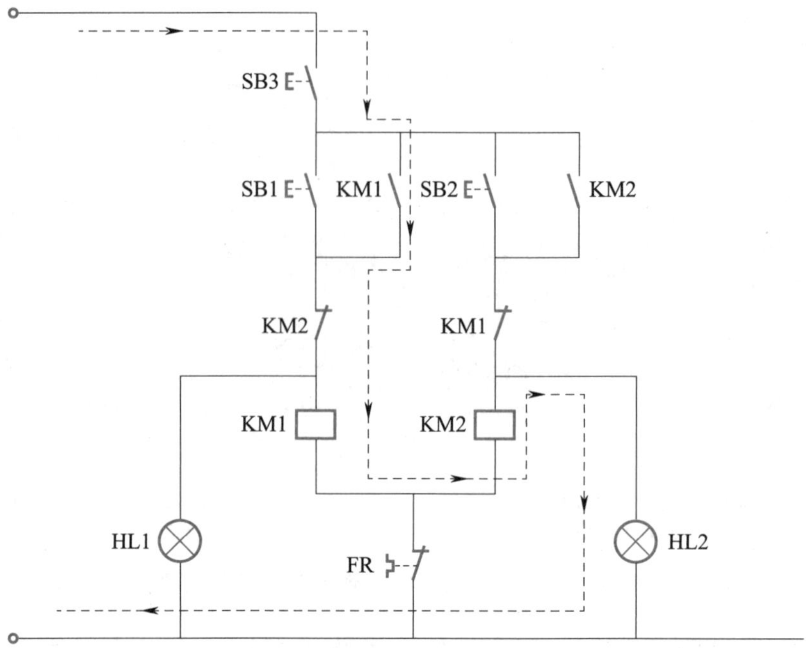

图7-26 寄生回路

8. 电气控制线路工作要可靠、安全

为了提高电气控制线路的可靠性和安全性，除了要选用机械和电气寿命长、结构合理、动作可靠、抗干扰能力强的电气元件外，在电气控制线路中采用小容量继电器的触点断开或接通大容量接触器线圈时，要注意继电器触点断开和接通容量是否足够。若不够，应加大继电器的容量或增加中间继电器，否则工作将不可靠。

9. 电气控制线路的保护环节应设计可靠

电气控制线路的保护环节是否可靠，关系到误操作、突发事件时能否保证人身、设备的安全。在设计电气控制线路时，除了生产机械提出的保护要求外，一般电气控制线路都应考虑过载、短路、过电流、过电压、失电压、弱磁等保护环节，必要时还应考虑限位以及分合闸、事故、安全等信号指示。

任务操作

1. 设计通风机械可逆运行反接制动控制线路

通风机械可逆运行反接制动控制线路应符合下列设计要求：

① 通风机械能够正反转可逆运行，使车间能够通风、换气。

② 通风机械需要换向时，先按停止按钮，利用反接制动使通风机械迅速停转后，才能换向起动，同时由速度继电器控制制动时间。

③ 控制线路有必要的短路、过载、欠电压、失电压等保护功能。

注：若所设计的通风机械可逆运行反接制动控制线路不符合要求，不得进行安装训练。允许向指导教师要求提供符合要求的控制线路图，但应适当扣分。

指点迷津　通风机械可逆运行反接制动控制线路电路图设计

根据项目分析中通风机械电动机的主要技术参数可知，由于该通风机械电动机的功率小于4.5 kW，因此其反接制动电流较小，不需要串接限流电阻。控制线路设计的主要思路如下：

① 通风机械要求能够正反转可逆运行，可见其主电路与正反转控制线路的主电路相同。

② 通风机械电动机正反转可逆运行的控制电路与正反转控制线路中的控制电路相似，必须具有接触器联锁功能。

③ 由于反接制动由速度继电器控制，而通风机械要求能够正反转，所以速度继电器必须选择有正转、反转时都能够闭合的动合触点。

④ 当按下停止按钮时，通过速度继电器的动合触点，使控制相反方向旋转的接触器线圈通电，实施反接制动，并由速度继电器来控制反接制动时间。

⑤ 控制线路中必须安装热继电器作为过载保护，安装熔断器作为短路保护，而由于使用了接触器，就具有了失电压和欠电压保护功能。

符合设计要求的控制线路电路图如图 7-2 所示。

2. 选配工具、仪表，申领、检测安装器材

根据所设计的通风机械可逆运行反接制动控制线路的安装与维修任务要求，列出工具、仪表及安装器材清单。向指导教师申领安装器材，做到器材齐备，并检测所安装的器材。

3. 绘制布置图、接线图

根据所设计的通风机械可逆运行反接制动控制线路电路图，在绘图纸上正确绘制布置图、接线图，并交指导教师检查。

4. 安装电气元件和行线槽

按所绘制的布置图，在电气控制线路板上规范地安装除电动机以外的电气元件和行线槽，并贴上醒目的文字符号。

5. 电气布线

按所绘制的接线图，按板前行线槽布线工艺要求在电气控制线路板上进行板前行线槽布线，并在导线端部套编码套管和冷压接线头。

6. 检查电气布线

要求在不通电时，手动模拟各电器的操作、动作，使用万用表检查主电路、控制电路的通断情况。

7. 检测绝缘电阻，安装电动机和速度继电器，连接电动机、速度继电器连接线及保护接地线

8. 通电试车

经指导教师检查，确保无误后才能通电试车。通电试车时应仔细观察各电气元件的动作情况，若发现速度继电器动作不正常，应及时切断电源，防止电动机反向起动。

指点迷津　　安装注意事项

① 通风机械及所有带金属外壳的电气元件必须可靠接地。

② 热继电器的整定值，应在不通电时整定好，并在试车时校正。

③ 安装速度继电器前，要弄清其结构，辨明通风机械电动机正、反转时的速度继电器动合触点接线。

④ 速度继电器可以预先装好，不计入定额时间。安装时，采用速度继电器的连接头与通风机械电动机转轴直接连接的方法，并使两轴中心线重合，如图 7-27 所示。

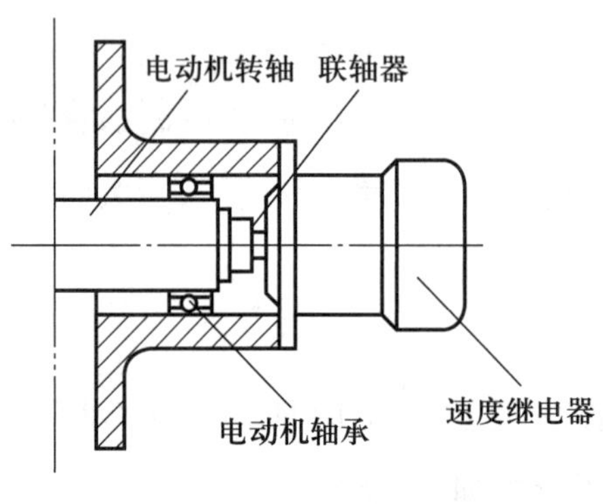

图 7-27　速度继电器与电动机轴的连接

⑤ 通电试车时，若制动不正常，可检查速度继电器是否符合规定要求。若需调节速度继电器的调节螺钉，必须切断电源，防止出现相对地短路事故。

⑥ 速度继电器的动作值和返回值的调整，应先观察指导教师的示范操作后，再进行。

⑦ 通电试车时，操作不宜频繁。

9. 线路维修

参考项目 2 任务 5 中的检修步骤、方法和注意事项，由指导教师在主电路和控制电路中人为设置自然电气故障各两处进行维修，并填写维修记录单。

任务评价

任务评价表可参考表 4-7。

阅读材料　　高铁跑那么快是怎么样制动的?

中国高铁已经成为中国发展、中国成就、中国价值的一张独特而靓丽的“名片”，如图 7-28 所示。中国已成为世界上高速铁路系统技术最全、集成能力最强、运营里程最长、运行速度最高、在建规模最大的国家。高铁列车具有速度快、载客量高、耗时少、安全性好、正点率高、舒适方便、能耗较低等优点。高铁列车普遍采用动力分散式电动车，即每节车厢都有牵引电动机，在控制系统的控制下一起运转，实现列车高速运行。它又是怎样制动刹车的呢?

图 7-28　高铁列车

高铁列车的制动系统也就是刹车系统，是采用复合制动方式，每节车厢的制动控制装置采用计算机控制。

高铁列车的停车制动系统由电气制动(再生发电制动)及各车厢的空气制动(盘型制动)构成，并且在制动控制中采用具有滑行检测功能的电气指令式制动系统。制动时，优先采用再生发电制动，即在制动前切断牵引电动机的电源，将牵引电动机从电动状态转变为发电状态。利用高铁列车的惯性，牵引电动机中的绕组会跟随着车轮一起转动，切割磁场产生感应电流，把动能转变成电能，并自动将电能回馈到接触网，供其他高铁列车使用；在高铁列车的制动力不足时，相邻的高铁列车就会使用空气制动；若制动力还是不足，就继续使用空气制动，在高铁列车的速度较低(即将停站)时，采用盘形制动(使用卡钳抱住制动盘来实现刹车)。

高铁列车(例如“和谐号”CRH3 型动车组)在高速运行时，最高时速为 350km，如此高的速度会使列车的抓地力减小，必须进行制动限速。一般可以采用涡流制动或风翼(减速板)制动。涡流制动在使用时，将电磁铁下降到距离钢轨只有几毫米的距离，然后通电，励磁电流与感应涡流产生制动力矩，从而实现减速。风翼(减速板）制动是在每节车厢的顶部安装由计算机控制的风翼(减速板)，当检测到车轮压力非正常下降时，适当升起风翼(减速板)，用高速时的风阻将列车压回地面。风翼(减速板)平时紧贴车顶以减小阻力，当紧急刹车时完全张开，用高速时的风阻减速，让列车短时间内从高速降为中速，使车轮刹车装置工作时车轮不打滑。风翼(减速板)中央留出动力电线的位置，防止风翼(减速板)升起后碰到动力电线。

高铁列车的刹车系统比其他的交通工具还要稳定，而且在速度快的情况下优先采用再生发电制动，节约电能，还能保证制动系统使高铁列车能够有效地减速。

项目 8

地铁通风换气设备控制线路的安装与维修

——多速异步电动机控制线路的安装与维修

项目目标

学完本项目后，你应当：

★ 知道三相异步电动机变速方法，熟悉变极调速原理。

★ 会分析双速异步电动机、三速异步电动机控制线路的工作原理，了解它们在电气控制设备中的典型应用。

★ 会根据工作任务要求设计、安装、调试、运行和维修地铁通风设备控制线路。

项目描述

地铁的地下部分与外界相对闭塞，其区间隧道通风方式一般分为自然通风和机械通风两种。机械通风方式是国内外地铁中最常用的通风方式，通常是在车站两端各设置两台隧道通风机及相应的消声器、风阀、机械通风道等，通过风机送风和排风，使外界的空气与隧道内的空气实现交换，排除局部区间隧道的余热、余湿，并为乘客提供新鲜空气；当列车发生火灾时，能够将烟气直接从列车顶部附近的通风竖井排出隧道，同时为乘客和消防人员提供必要的新鲜空气，并形成一定的迎面风速，引导乘客安全迅速地撤离火灾现场。

某地铁公司隧道××车站需要安装一台通风换气设备，如图 8-1 所示。电工车间电工小王、小张领到了车间主任分配的工作任务单，见表 8-1。

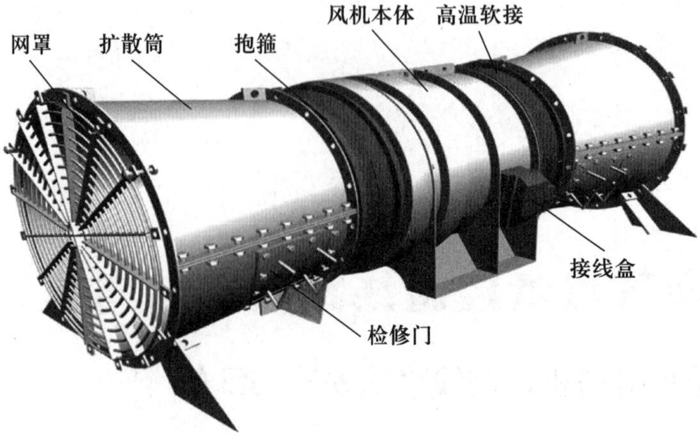

图 8-1　通风换气设备

表 8-1　工作任务单

某企业工作任务单　　　　编号——0008

<table>
<tr><td>工作任务</td><td colspan="3">安装××车站通风换气设备电气控制线路</td><td>派工日期</td><td>年　月　日</td></tr>
<tr><td>工作人员</td><td>小王、小张</td><td>工作负责人</td><td>小王</td><td>完工日期</td><td>年　月　日</td></tr>
<tr><td>签收人</td><td colspan="3"></td><td>签收日期</td><td>年　月　日</td></tr>
<tr><td>工作内容</td><td colspan="5">1. 根据现场已安装就位的通风换气设备，从车站动力配电室配电箱引出电源，通过控制柜将电源引入通风换气设备
2. 设计控制线路，绘制布置图和接线图
3. 控制线路安装完成后，进行检验和通电试验，合格后交付该车站使用
4. 将相关技术资料交付档案室归档保存</td></tr>
<tr><td>材料申领</td><td colspan="5">此项由工作负责人填写：
工作负责人：</td></tr>
<tr><td>任务验收</td><td colspan="5">此项填写验收时设备的主要验收技术参数，由工作负责人填写：
工作负责人：</td></tr>
<tr><td>车间负责人评价</td><td colspan="5">负责人签字：　　　年　月　日</td></tr>
</table>

项目分析

地铁隧道通风换气设备是地铁中常用的机电设备，它们的控制方式基本相同，仅是功率不同而已。

1. 技术要求

通风换气设备控制系统由通风换气电动机(三相交流异步电动机)、电源和控制柜等构成。工作负责人小王通过现场调查和查阅通风换气设备使用说明书，了解到以下技术信息：

① 通风换气设备电动机的主要技术参数　该电动机为三相双速笼型异步电动机，其型号 YD132M-4/2，额定功率 6.5/8 kW，额定工作电流 13.8/17.1 A，额定电压 380 V，额定频率 50 Hz，Δ-YY 接法，额定转速 1 450/2 880 r/min，绝缘等级 B 级，防护等级 IP23。

② 控制功能　通风换气设备由控制柜控制，控制柜内装有控制线路板，其柜面装有控制按钮。通风换气设备能够实现送风和排风功能，即可以低速、高速送风和低速、高速排风，并能点动控制低速送风或排风。当电动机、控制线路出现短路故障时，控制系统应能够立即切断通风换气设备的电源，起到短路保护作用。同时还应有防止操作人员发生触电事故的安全措施。

③ 通风换气设备的控制柜安装在该设备附近，其电源从车站变配电室配电箱引入，通过控制线路板的控制后由电缆引入通风换气设备。

2. 控制线路

通风换气设备由控制柜控制，可以采用组合开关作电源开关，通过接触器换接电动机定子绕组接法，以实现双速运行和达到送风与排风功能。其控制线路电路图如图 8-2 所示。它是由三相交流电源(L1、L2、L3)，低压熔断器 FU1 和 FU2，组合开关 QS，接触器 KM1、KM2、KM3、KM4、KM5 和三相交流异步电动机 M 等构成。

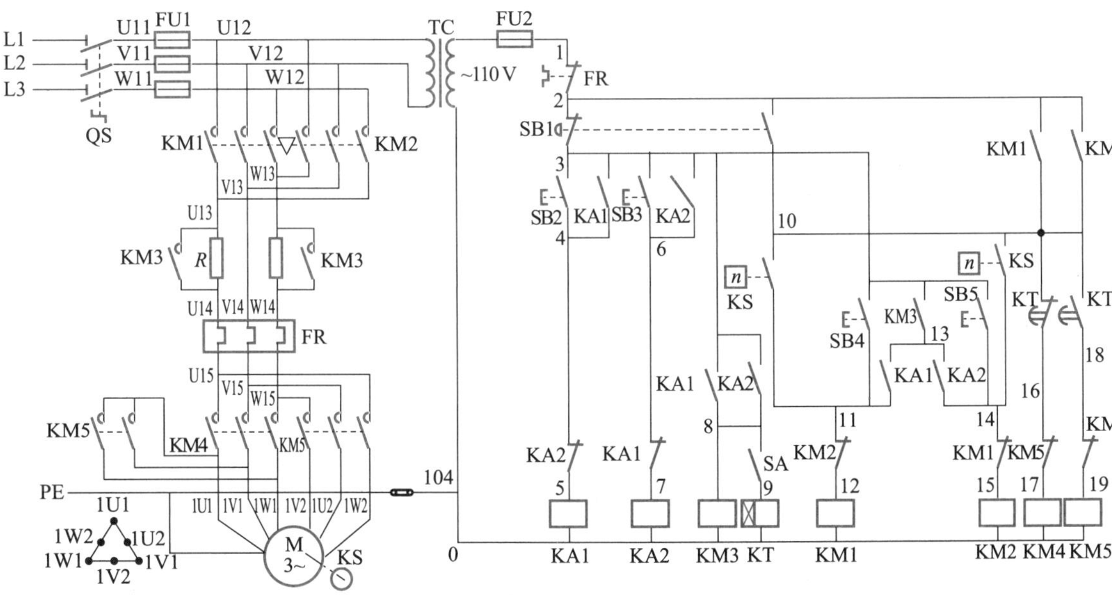

图 8-2　通风换气设备控制线路电路图

项目实施

任务 1　认识双速异步电动机控制线路

任务目标

1. 知道三相交流异步电动机调速方法，熟悉变极调速原理和接线方法。
2. 会识读、绘制双速异步电动机控制线路电路图。
3. 会分析双速异步电动机控制线路中各电气元件的作用和工作原理。
4. 熟悉双速异步电动机控制线路在电气控制设备中的典型应用。

任务准备

由三相交流异步电动机的转速公式 $n=(1-s)\dfrac{60f_1}{p}$ 可知，改变电动机转速可通过改变电源频率 f_1、改变转差率 s、改变磁极对数 p 来实现。

通过改变电动机的磁极对数来调节电动机转速的方法称为变极调速。变极调速需要改变电动机定子绕组的连接方式来实现，它是一种有级调速方法，且只适用于三相笼型异步电动机。凡磁极对数可改变的电动机称为多速异步电动机。常用的多速异步电动机有双速、三速、四速等几种。

多速异步电动机具有可随负载性质的要求而分级地变换转速，从而达到合理地匹配功率和简化变速系统的特点，适用于需要逐级调速的各种传动机构，主要应用于万能铣床、组合机床、专用切削机床及冶金、纺织、印染、化工和农业等行业。如 T68 型镗床的主轴电动机就采用了双速异步电动机。但由于多速异步电动机结构较复杂，效率较低，目前已逐步被变频调速异步电动机取代。

1. 双速异步电动机定子绕组的连接

双速异步电动机三相定子绕组的 Δ-YY 接线图如图 8-3 所示。图中三相定子绕组接成 Δ 形，由 3 个连接点引出 3 个出线端 U1、V1、W1，从每相绕组的中点各引出一个出线端 U2、V2、W2，这样定子绕组共有 6 个出线端子。通过改变这 6 个出线端子与电源的连接方式，可以得到两种不同的转速。

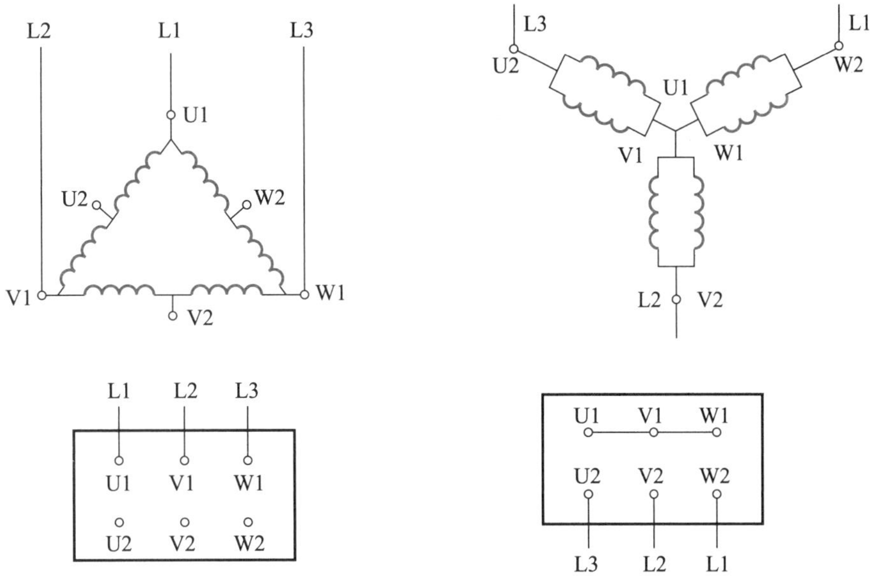

(a) 低速，Δ 形接法(4极)　　(b) 高速，YY形接法(2极)

图 8-3　双速异步电动机三相定子绕组 Δ-YY 接线图

要使电动机低速运行，只需将三相电源接到定子绕组 Δ 形连接顶点的出线端 U1、V1、W1 上，其他 3 个出线端 U2、V2、W2 空着，此时电动机磁极数为 4 极，同步转速为 1 500 r/min。

要使电动机高速运行，只需将电动机定子绕组 3 个出线端 U1、V1、W1 并接在一起，三相电源接到定子绕组 U2、V2、W2 出线端上，此时电动机定子绕组成为 YY 形连接，磁极数为 2 极，同步转速为 3 000 r/min。因此，双速异步电动机高转速是低转速的两倍。

值得注意的是，双速异步电动机定子绕组从一种接法改变为另一种接法时，必须改变电源相序，以保证电动机的旋转方向不变。

2. 双速异步电动机控制线路

时间继电器自动控制双速异步电动机的控制线路电路图如图 8-4 所示。时间继电器 KT 控制电动机定子绕组从 Δ 形联结起动时间和 Δ-YY 的自动换接运转。

线路的工作原理如下：先合上电源隔离开关 QS。

（1）Δ 形低速起动运转控制

按下 SB1 → SB1 动断触点先分断，切断 KT线圈电路
　　　　 → SB1 动合触点后闭合 → KM1 线圈通电 → KM1 两对动断触点分断，对 KM2、KM3 联锁
　　　　　　　　　　　　　　　　　　　　　　 → KM1 主触点闭合
　　　　　　　　　　　　　　　　　　　　　　 → KM1 自锁触点闭合 →

→ 电动机 M 接成 Δ 形低速起动运转

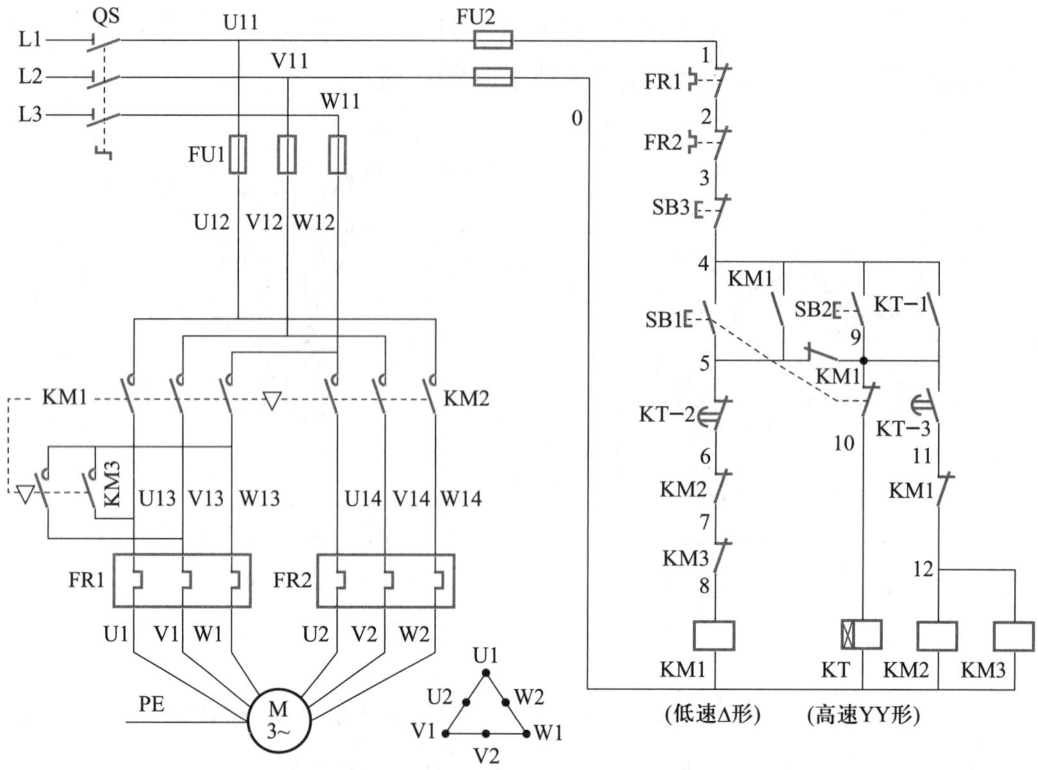

图 8-4 时间继电器自动控制双速异步电动机控制线路电路图

（2）YY 形高速起动运转控制

按下 SB2 → KT 线圈通电 → KT-1 动合触点瞬时闭合自锁，并开始延时，延时结束后 →

→ KT-2 先分断 → KM1 线圈断电 → KM1 动合触点全部分断；KM1 动断触点复位 →
→ KT-3 后闭合 →

→ KM2、KM3 线圈通电 → KM2、KM3 联锁触点分断，对 KM1 联锁；KM2、KM3 主触点闭合 → 电动机接成 YY 形高速运转

停止时，按下 SB3 即可。

若只需高速运转，可直接按下 SB2，则电动机先 Δ 形接法低速起动，后 YY 形接法高速运转。

任务操作

1. 认识双速异步电动机控制线路的构成

根据图 8-4 所示的时间继电器自动控制双速异步电动机控制线路电路，认识各电气元件的名称、符号。

2. 识读双速异步电动机控制线路电路图

根据图 8-4 所示的时间继电器自动控制双速异步电动机控制线路电路，先识读主电路，后识读控制电路。分析用电设备与控制元件的对应关系、主电路中各控制元件的作用、电源的种类和电压等级；分析控制电路的电源种类和电压等级、控制元件的作用和控制关系。

3. 分析双速异步电动机控制线路的工作原理

根据图 8-4 所示的时间继电器自动控制双速异步电动机控制线路电路，分析控制线路的工作原理，说明双速异步电动机控制线路在电气控制设备中的典型应用。

4. 设计双速异步电动机控制线路电路图

根据指导教师提出的要求，设按钮接触器控制的双速异步电动机控制线路电路图。

任务评价

任务评价表参考表 2-31。

任务 2　认识三速异步电动机控制线路

任务目标

1. 熟悉三速异步电动机定子绕组接线方法。
2. 会识读、绘制三速异步电动机控制线路电路图。
3. 会分析三速异步电动机控制线路中各电气元件的作用和工作原理。
4. 熟悉三速异步电动机控制线路在电气控制设备中的典型应用。

任务准备

三速异步电动机是在双速异步电动机的基础上发展起来的。该系列电动机广泛应用于金属加工机床、包装机械、木工机械、食品机械、化工机械、纺织机械、建筑机械以及齿轮减速机等。

1. 三速异步电动机定子绕组的连接

三速异步电动机有两套定子绕组，分两层安放在定子槽内，第一套绕组(双速)有 7 个出线端：U1、V1、W1、U3、U2、V2、W2，可作 Δ 形或 YY 形联结；第二套绕组(单速)有 3 个出线端：U4、V4、W4，只作 Y 形联结，如图 8-5(a)所示。当分别改变两套定子绕组的连接方式(即改变磁极对数)时，电动机就可以得到 3 种不同的转速。

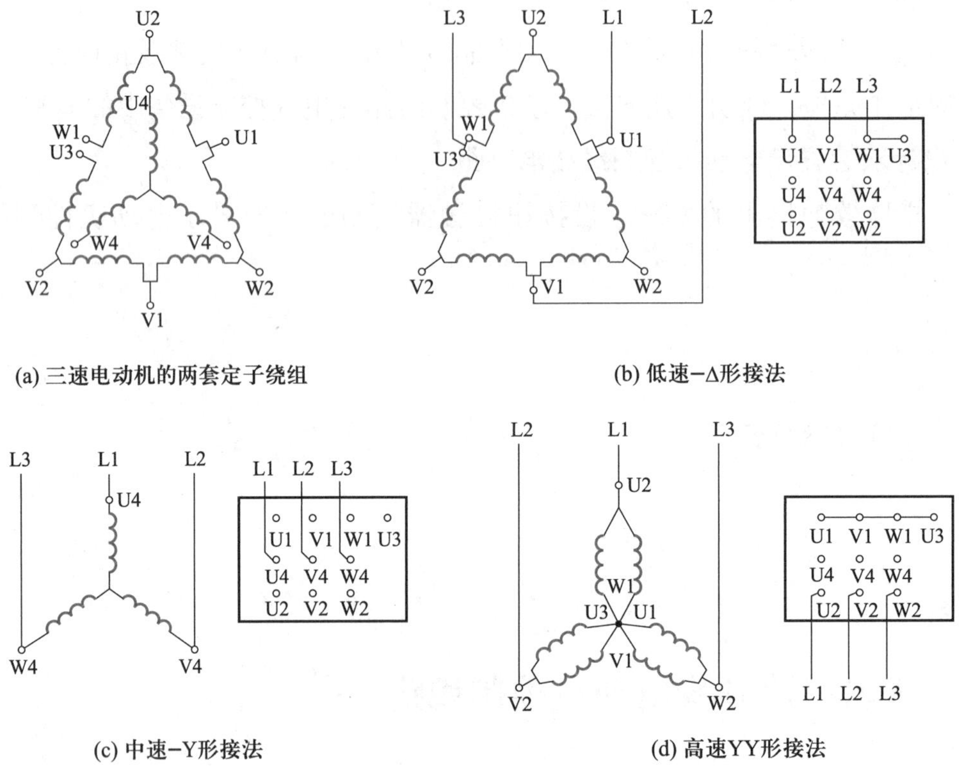

(a) 三速电动机的两套定子绕组　　(b) 低速-Δ形接法

(c) 中速-Y形接法　　(d) 高速YY形接法

图 8-5　三速异步电动机三相定子绕组接线图

三速异步电动机定子绕组的接线方法如图 8-5(b)、(c)、(d)和表 8-2 所示。图中，W1 和 U3 出线端分开的目的是当电动机定子绕组接成 Y 形中速运转时，避免在 Δ 形联结的定子绕组中产生感应电流。

表 8-2　三速异步电动机定子绕组的接线方法

转　速	电源接线			并　头	连接方式
	L1	L2	L3		
低速	U1	V1	W1	U3、W1	Δ
中速	U4	V4	W4	—	Y
高速	U2	V2	W2	U1、V1、W1、U3	YY

2. 三速异步电动机控制线路

用按钮和接触器控制三速异步电动机的控制线路电路图如图 8-6 所示。其中 SB1、KM1 控制电动机 Δ 形联结下低速运转；SB2、KM2 控制电动机 Y 形联结下的中速运转；SB3、KM3 控制电动机 YY 形联结下的高速运转。

线路的工作原理如下：

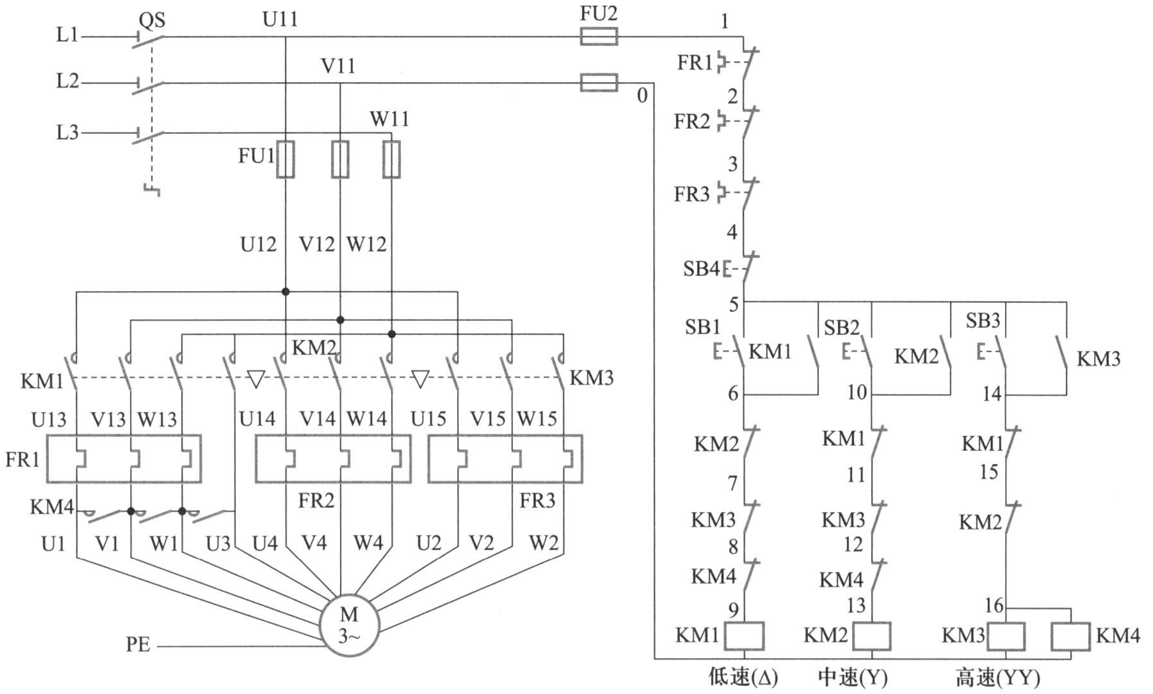

图 8-6　用按钮和接触器控制三速异步电动机控制线路电路图

合上电源隔离开关 QS。

（1）Δ 形低速起动运转

按下 SB1 ⟶ KM1 线圈通电 ⟶ KM1 触点动作 ⟶ 电动机 M 第一套定子绕组出线端 U1、V1、W1（U3 通过 KM1 动合触点与 W1 并接）与三相电源接通 ⟶ 电动机 M 接成 Δ 形低速起动运转

（2）低速转为中速运转

先按下停止按钮 SB4 ⟶ KM1 线圈断电 ⟶ KM1 触点复位 ⟶ 电动机 M 断电 ⟶ 再按下 SB2 ⟶ KM2 线圈通电 ⟶ KM2 触点动作 ⟶ 电动机 M 第二套定子绕组出线端 U4、V4、W4 与三相电源接通 ⟶ 电动机 M 接成 Y 形中速运转

（3）中速转为高速运转

先按下停止按钮 SB4 ⟶ KM2 线圈断电 ⟶ KM2 触点复位 ⟶ 电动机 M 断电 ⟶ 再按下SB3 ⟶ KM3、KM4 线圈通电 ⟶ KM3、KM4 触点动作 ⟶ 电动机 M 第一套绕组出线端 U2、V2、W2 与三相电源接通（U1、V1、W1、U3通过KM4 的 3 对动合触点并接）⟶ 电动机 M 接成 YY 形高速运转。

该控制线路的缺点是在进行速度转换时，必须先按下停止按钮 SB4 后，才能再按下相应的起动按钮变速，所以操作不方便。

任务操作

1. 认识三速异步电动机控制线路的构成

根据图 8-6 所示的按钮接触器控制三速异步电动机控制线路电路，认识各电气元件的名称、符号。

2. 识读三速异步电动机控制线路电路图

根据图 8-6 所示的按钮接触器控制三速异步电动机控制线路电路，先识读主电路，后识读控制电路。分析用电设备与控制元件的对应关系、主电路中各控制元件的作用、电源的种类和电压等级；分析控制电路的电源种类和电压等级、控制元件的作用和控制关系。

3. 分析三速异步电动机控制线路的工作原理

根据图 8-6 所示的按钮接触器控制三速异步电动机控制线路电路，分析控制线路的工作原理，说明三速异步电动机控制线路在电气控制设备中的典型应用。

4. 绘制三速异步电动机控制线路电路图

根据指导教师提出的要求，正确绘制三速异步电动机控制线路电路图。

任务评价

任务评价表参考表 2-31。

任务 3 地铁通风换气设备控制线路的安装与维修

任务目标

1. 会设计地铁通风换气设备控制线路电路图。
2. 会安装、调试、运行和维修地铁通风换气设备控制线路。

任务准备

1. 地铁通风换气设备控制要求

① 地铁通风换气设备采用双速异步电动机，能够低速、高速运行，以满足不同

通风和排气速度要求。

② 地铁通风换气设备能够点动控制低速送风或排风。

③ 地铁通风换气设备由时间继电器自动换接电动机定子绕组接法，以实现从低速起动自动换接到高速运行。

④ 地铁通风换气设备控制线路要求有必要的短路、过载、欠电压、失电压等保护功能。

⑤ 地铁通风换气设备设置控制柜，其电源从车站变配电室配电箱引入，通过控制柜的控制后由电缆引入通风换气设备。

2. 地铁通风换气设备控制线路的设计

地铁通风换气设备控制线路设计方法如下：

① 通风换气设备要求能够实现送风、排风功能，其电动机必须能够实现正反转，因此主电路可以通过两个接触器换接电源相序；其控制线路应设计相应的正反转控制回路。

② 通风换气设备要求能够低速、高速送风或换气，可见其主电路应设计成与双速电动机控制线路中相似的主电路；其控制线路应设计成相应的控制回路。

③ 通风换气设备由低速自动转向高速通风或换气，可由时间继电器自动控制。

④ 通风换气设备应设置点动低速送风、换气控制功能。

⑤ 通风换气设备在送风状态与换气状态相互转换时，需要使电动机迅速停车后才能转换，因此，必须具有电气制动措施。例如，可采用串电阻反接制动，由速度继电器控制制动时间。

⑥ 控制柜中应设置一转换开关 SA，当转换开关 SA 置于“低速”位置时，其动合触点断开，通风换气设备低速运行；当转换开关 SA 置于“高速”位置时，其动合触点闭合时，通风换气设备先低速起动后高速运行。

⑦ 控制线路中必须安装热继电器作为通风换气设备低速运行、高速运行时的过载保护，熔断器作为短路保护，由于使用了接触器，就具有了失电压和欠电压保护功能。

符合设计要求的控制线路电路图如图 8-2 所示。

3. 地铁通风换气设备控制线路的识读

（1）识读主电路

通风换气设备电动机 M 采用双速异步电动机，能够低速、高速两种速度运行。由交流接触器 KM4 将电动机 M 定子绕组接成 Δ 形，电动机低速运行；由交流接触器 KM5 将电动机 M 定子绕组接成 YY 形，电动机高速运行。

电动机 M 正反转由交流接触器 KM1、KM2 控制其正反转电源相序。

电动机采用串电阻反接制动，当电动机 M 起动和运转时，交流接触器 KM3 将限流电阻 R 短接，限流电阻 R 不起作用。当反接制动时，为防止制动转矩和制动电流过大而损坏机械装置，所以接触器 KM3 主触点断开，主电路中两相串入限流电阻 R。

电动机 M 由热继电器 FR 起过载保护。

（2）识读控制电路

通风换气设备电动机 M 控制电路由控制变压器 TC 提供交流 110 V 电压供电。转换开关 SA 为电动机 M 高、低速运行选择开关。

① 电动机的正反转低速控制

电动机 M 作低速运行时，转换开关 SA 转到“低速”位置，转换开关 SA 动合触点(8-9)处于分断状态，时间继电器 KT 线圈不能通电，电动机 M 只能低速运行。

电动机 M 正转低速控制：当按下起动按钮 SB2 时，中间继电器 KA1 线圈通电，其动合触点(3-4)闭合自锁，动合触点(3-8)闭合，交流接触器 KM3 线圈通电，其主触点闭合，将反接制动限流电阻 R 短接。KM3 动合触点(3-13)和 KA1 动合触点(13-11)闭合，交流接触器 KM1 线圈通电，其主触点闭合，接通电动机 M 正转电源。同时 KM1 的动合触点(2-10)闭合，交流接触器 KM4 线圈通电，其主触点闭合，电动机 M 定子绕组接成 Δ 形低速正转起动运行。

电动机 M 反转低速控制：按下起动按钮 SB3，中间继电器 KA2、交流接触器 KM3、KM2、KM4 线圈通电吸合后，电动机 M 定子绕组接成 Δ 形，通入反相电流低速反转起动运行。

② 电动机的点动控制

按下点动按钮 SB4(或 SB5)，交流接触器 KM1(或 KM2)线圈通电吸合，KM1(或 KM2)的动合触点(2-10)闭合，交流接触器 KM4 线圈通电，交流接触器 KM1(或 KM2)、KM4 主触点闭合，电动机 M 定子绕组接成 Δ 形串电阻 R 低速点动。

③ 电动机的正反转高速控制

电动机 M 需要高速运行时，转换开关 SA 转到“高速”位置，转换开关 SA 动合触点(8-9)处于闭合状态。

当按下起动按钮 SB2 时，中间继电器 KA1 线圈通电，其动合触点(3-4)闭合自锁，动合触点(3-8)闭合，交流接触器 KM3 和时间继电器 KT 线圈通电，交流接触器 KM3 主触点闭合，将反接制动限流电阻 R 短接。KM3 动合触点(3-13)和 KA1 动合触点(13-11)闭合，交流接触器 KM1 线圈通电，其主触点闭合，接通电动机 M 正转电源。同时 KM1 的动合触点(2-10)闭合，交流接触器 KM4 线圈通电，其主触点闭合，电动机 M 定子绕组接成 Δ 形先低速正转起动。时间继电器 KT 延时结束后，其延时断开动断触点(10−16)断开，交流接触器 KM4 线圈断电，其触点复位，电动机 M 定子绕组 Δ 形接法断开后惯性运转。同时时间继电器 KT 延时闭合动合触点(10−18)闭合，交流接触器 KM5 线圈通电吸合，电动机 M 定子绕组接成 YY 形高速运行。

电动机 M 高速反转运行工作原理与高速正转相似。可按下起动按钮 SB3，中间继电器 KA2、交流接触器 KM3、KM2、KM4 和时间继电器 KT 线圈相继通电吸合，电动机 M 先低速反转起动。经时间继电器 KT 延时后，交流接触器 KM4 线圈断电，而交流接触器 KM5 线圈通电，电动机 M 高速反转运行。

④ 电动机的制动控制

电动机 M 停车采用速度继电器 KS、串限流电阻 *R* 的双向低速反接制动。当电动机 M 低速或高速正转运行时，速度继电器 KS 的动合触点(10−14)闭合，为正转反接制动做好准备；当电动机 M 低速或高速反转运行时，速度继电器 KS 的动合触点(10−11)闭合，为反转反接制动做好准备。下面以高速正转运行反接制动为例分析其控制过程：

按下停止按钮 SB1，SB1 动断触点断开，中间继电器 KA1、交流接触器 KM3、KM1、KM5 和时间继电器 KT 线圈断电，各触点复位。SB1 的动合触点闭合，交流接触器 KM2 线圈通电吸合，其主触点闭合，接通电动机 M 的电源(反相)；同时其动合触点(2−10)闭合，使交流接触器 KM4 线圈通电动作，其主触点闭合，电动机 M 定子绕组接成 Δ 形、串限流电阻 *R* 制动。当电动机 M 的转速下降到一定值时，时间继电器 KS 动合触点(10−14)复位(断开)，交流接触器 KM2、KM4 线圈断电后各触点复位，电动机停转，反接制动结束。

若电动机 M 反转时，由速度继电器 KS 的另一对触点(10−11)闭合，协同交流接触器 KM1、KM4 及限流电阻 *R* 实施反接制动，其工作原理与正转反接制动相似。

任务操作

1. 设计地铁通风换气设备控制线路

根据指导教师所提供的地铁通风换气设备的控制要求，设计地铁通风换气设备控制线路电路图。设计完成后交指导教师审核。

若所设计的地铁通风换气设备控制线路电路图不符合要求，不得进行安装训练。允许向指导教师要求提供符合要求的控制线路电路图，但应适当扣分。

2. 选配、申领、检测工具、仪表及安装器材

根据所设计的地铁通风换气设备控制线路的安装与维修任务要求，自行选配工

具、仪表及安装器材。检查所选配的工具、仪表及器材是否齐全、完好，型号规格是否符合工作任务的要求，做到器材齐备，并检测所安装的器材。

3. 绘制布置图、接线图和电气布线

根据所设计的地铁通风换气设备控制线路电路图，在绘图纸上正确绘制布置图、接线图，并交指导教师检查。按所绘制的布置图，在电气控制线路板上规范地安装除电动机以外的电气元件和行线槽。按所绘制的接线图，按板前行线槽布线工艺要求在电气控制线路板上进行板前行线槽布线，并在导线端部套编码套管和冷压接线头。

4. 检查电气布线

要求在不通电时，手动模拟各电器的操作、动作，使用万用表检查主电路、控制电路的通断情况。其检查步骤和方法见表 8-3。

表 8-3 地铁通风换气设备控制线路的检查步骤和方法

步骤	检查内容	检查示意图	检查方法
1	主电路检查	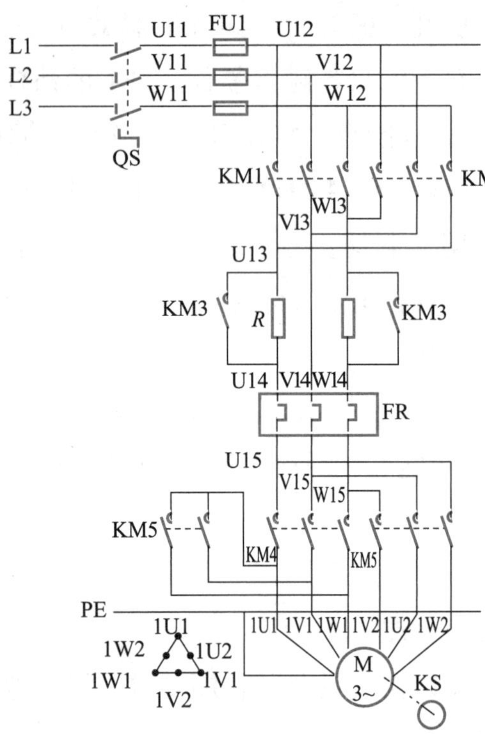	其检查方法与通风机械主电路检测方法相似 （1）先按下接触器 KM1 或 KM2 触点架，再按下接触器 KM4 触点架，应检测到限流电阻 *R* 和电动机定子绕组接成 Δ 形时的电阻值 （2）先按下接触器 KM1 或 KM2 触点架，再按下接触器 KM5 触点架，应检测到限流电阻 *R* 和电动机定子绕组接成 YY 形时电阻值 检测结果：

续表

步骤	检查内容	检查示意图	检查方法
2	控制电路检查	正反转低速运行控制回路检查 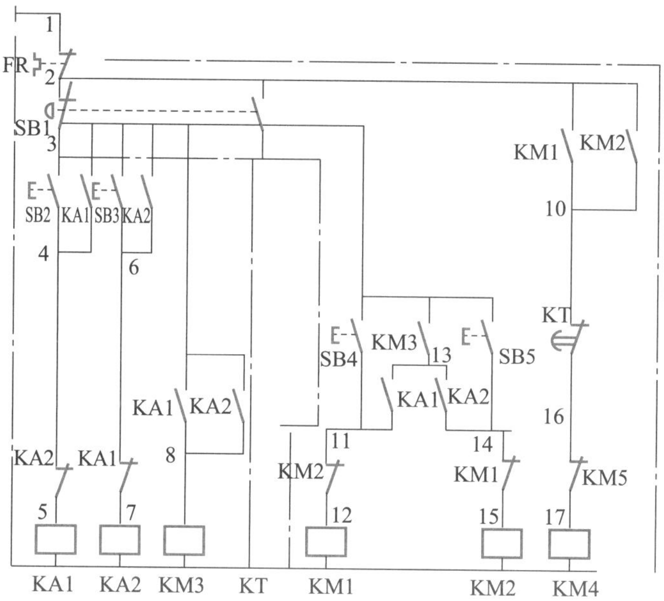	将转换开关 SA 转到“低速”位置 （1）按下低速正反转运行起动按钮 SB2 或 SB3 时，应分别检测到中间继电器 KA1 或 KA2 线圈直流电阻值 （2）按下中间继电器 KA1 或 KA2 触点架时，应检测到接触器 KM3 和中间继电器 KA1 或 KA2 线圈并联后的直流电阻值 （3）按下接触器 KM1 或 KM2 触点架，应检测到接触器 KM4 线圈直流电阻值 （4）先按下接触器 KM3 触点架，再按下中间继电器 KA1 或 KA2 触点架，应分别检测到中间继电器 KA1 或 KA2、接触器 KM3、KM1 或 KM2 线圈并联后的直流电阻值 （5）按下点动按钮 SB4 或 SB5，应分别检测到接触器 KM1 或 KM2 线圈直流电阻值 检测结果：
		正反转高速运行控制回路检查 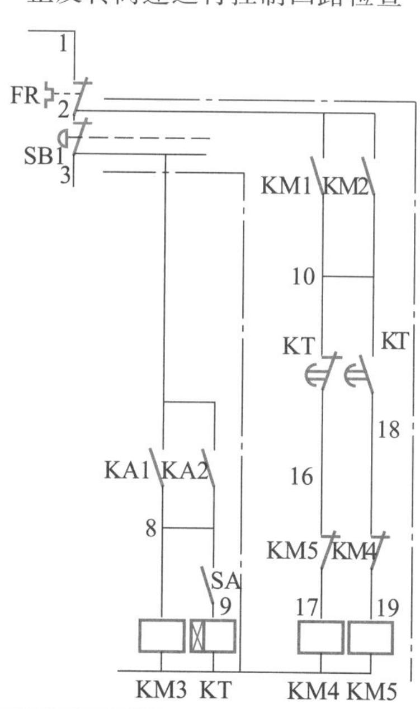	将转换开关 SA 转到“高速”位置 （1）按下中间继电器 KA1 或 KA2 触点架，应检测到中间继电器 KA1 或 KA2、接触器 KM3 和时间继电器 KT 线圈并联后的直流电阻值 （2）先按下接触器 KM1 或 KM2 触点架，再按下时间继电器 KT 电磁机构，应先检测到接触器 KM4 线圈的直流电阻值，当时间继电器延时结束后，应检测到接触器 KM5 线圈的直流电阻值 检测结果：

5. 检测绝缘电阻、连接电动机、速度继电器连接线及保护接地线

6. 通电试车

经指导教师检查，确保无误后通电试车，应仔细观察各电气元件的动作情况。

7. 线路维修

参考项目 2 任务 5 中的检修步骤、方法和注意事项，由指导教师在主电路和控制电路中人为设置自然电气故障各两处进行维修，并填写维修记录单。

任务评价

任务评价表可参考表 4-7。

项目 9

CA6140 型车床电气控制线路的维修

项目目标

学完本项目后，你应当：

★ 熟悉识读机床电气控制线路图的基本方法。

★ 知道 CA6140 型车床的用途、主要结构、运动形式、电力拖动特点和控制要求。

★ 会识读 CA6140 型车床电气控制线路原理图、布置图、接线图。

★ 熟悉机床电气设备维修的一般要求和方法。

★ 会排除 CA6140 型车床常见电气故障。

★ 能完成工作记录、技术文件存档。

项目描述

电工车间主任接到了 CA6140 型车床操作员小王的电话，编号为 0010 的 CA6140 型车床出现“主轴电动机 M1 不能起动”故障，要求派维修人员迅速维修。

电工车间主任将维修工作任务派给了中级电工小张，维修任务单见表 9-1。

表 9-1 维修任务单

某企业维修任务单　　　　编号——0009

<table>
<tr><td>维修任务</td><td colspan="3">维修 0010 号 CA6140 型车床</td><td>派工日期</td><td>年 月 日</td></tr>
<tr><td>维修人员</td><td>小张</td><td>维修负责人</td><td>小张</td><td>完工日期</td><td>年 月 日</td></tr>
<tr><td>签收人</td><td colspan="3"></td><td>签收日期</td><td>年 月 日</td></tr>
<tr><td>故障现象</td><td colspan="5">操作员描述如下：
主轴电动机 M1 不能起动</td></tr>
</table>

续表

<table>
<tr><td>工作内容</td><td>1. 与操作员联系，进一步了解0010号CA6140型车床故障情况
2. 准备维修工具、仪表、器材和相关技术资料
3. 观察故障现象，分析故障范围，查找故障点，实施故障维修。维修任务完成后，进行检验和通电试验，合格后交付操作员使用
4. 将相关技术资料交付车间档案室归档保存</td></tr>
<tr><td>材料申领</td><td>此项由维修负责人填写：
维修负责人：</td></tr>
<tr><td>任务验收</td><td>此项填写验收时设备的主要验收技术参数，由维修负责人填写：
维修负责人：</td></tr>
<tr><td>车间负责人评价</td><td>负责人签字： 年 月 日</td></tr>
</table>

项目分析

车床是一种应用广泛的金属切削机床，可用于车削外圆、内圆、端面和加工螺纹、螺杆等。装上钻头或铰刀等还可进行钻孔和铰孔等加工。

车床的种类和型号很多，按其用途、结构可分为：仪表车床、卧式车床、单轴自动车床、多轴自动和半自动车床、转塔车床、立式车床、多刀半自动车床、专门化车床等。近年来，还出现了数控车床、车削加工中心等机电一体化的产品。图9-1所示的CA6140型车床就是一种常用的车床设备。

图9-1 CA6140型车床

当车床发生电气故障时，电工必须快速、准确地排除故障，以保障生产的顺利进行。CA6140 型车床故障种类较多，其基本维修步骤和方法如下：

① 准备维修工具、仪表、器材、相关技术资料。

② 观察故障现象。

③ 分析故障范围。

④ 查找故障点(器件)。

⑤ 实施故障维修。

⑥ 通电试车。

⑦ 交付验收，技术资料归档。

阅读材料　　中国先进的车铣床

改革开放 40 多年来，中国装备制造业发展迅猛，尤其是重型数控机床。重型数控龙门镗铣床，重型落地镗铣床，重型立、卧式车床等年产量和市场消费量均已居世界第一。

中国机床产值近乎德国和日本的总和，多年来稳居世界第一。随着技术的快速发展与成熟，中国成功研制出多个世界最大的数控机床。

图 9-2 所示为数控重型双柱立式车铣床，该车铣床的总吨位超过 550 t，可以加工直径为 25 m 的大型机组部件。其技术参数、加工精度、技术等级、承载重量均创造诸多世界第一，代表着中国高档数控重型机床最高水平。我国自主研发的首台数控重型曲轴铣车复合加工机床(也称“旋风车”)，成功加工出我国首套大型船舶曲轴，使中国成为世界上继德国、日本之后第三个能够自主设计、自主制造曲轴加工设备的国家，标志着我国大型高档数控机床自主创新能力已达到世界领先水平，为我国大型船舶的制造铺平了道路。

图 9-2 数控重型双柱立式车铣床

项目实施

任务 1 认识 CA6140 型车床

任务目标

1. 知道 CA6140 型车床的主要结构和运动形式。
2. 熟悉 CA6140 型车床的基本操作方法和各操作手柄的位置及作用。
3. 熟悉 CA6140 型车床对电力拖动系统的要求。

任务准备

1. CA6140 型车床的型号含义

CA6140 型车床的型号含义如下：

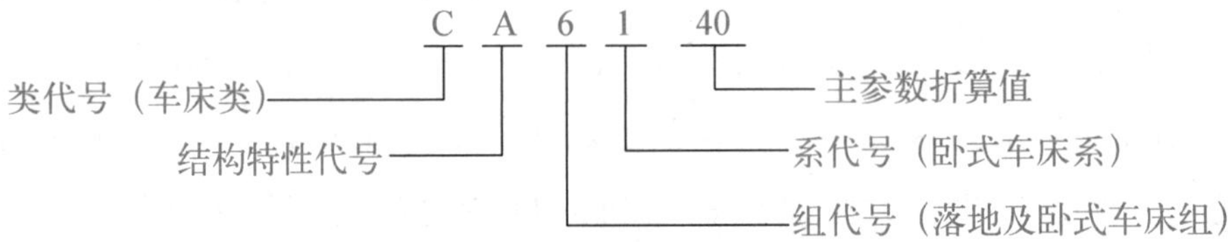

2. CA6140 型车床的基本结构

CA6140 型车床的主要结构如图 9-3 所示。它主要由床身、主轴箱、进给箱、溜板箱、刀架、丝杠、光杠、尾座等部分组成。

车床结构

CA6140 型车床左后侧安装了主轴电动机 M1，通过皮带轮和主轴变速箱带动主轴旋转；左床座有一电气控制箱，用于控制主轴电动机 M1、冷却泵电动机 M2、刀架快速移动电动机 M3 等工作；在溜板箱上安装有控制主轴电动机 M1 起动、停止的按钮；溜板箱操作手柄中间安装有控制刀架快速移动电动机 M3 的按钮。

CA6140 型车床的切削运动包括工件的旋转运动和刀具的直线运动。

切削时，车床的主运动是工件做旋转运动，即车削运动。根据工件的材料性质，要求主轴有不同的切削速度。主轴的变速是由主轴电动机 M1 经 V 形带传递到主轴变速箱来实现的。车床的进给运动是刀架带动刀具的直线运动。溜板箱把丝杠或光

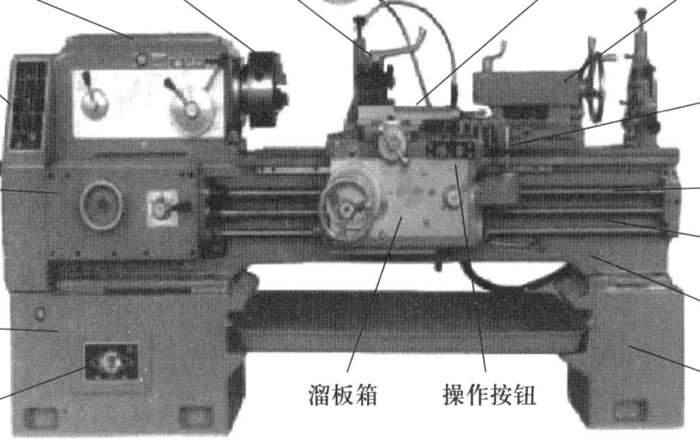

图 9-3 CA6140 型车床结构图

杠的转动传递给刀架部分，变换溜板箱外的手柄位置，经刀架部分使车刀做纵向或横向进给。

3. CA6140 型车床的主要运动形式及控制要求

CA6140 型车床的主要运动形式及控制要求见表 9-2 和图 9-4。

表 9-2 CA6140 型车床的主要运动形式及控制要求

运动种类	运动形式	控制要求
主运动	主轴通过卡盘或顶尖带动工件的旋转运动	(1) 主轴电动机 M1 选用三相笼型异步电动机，不需要进行电气调速；主轴变速采用齿轮箱进行机械有级变速 (2) 主轴电动机 M1 通过 V 形带将动力传递到主轴箱 (3) 在车削螺纹时，要求主轴能正、反转，采用机械方法来实现，因此主轴电动机 M1 只需单向旋转 (4) 主轴电动机 M1 容量不大，可采用直接起动，由按钮操作
进给运动	刀架带动刀具的纵向或横向直线运动	进给运动也由主轴电动机 M1 驱动，主轴电动机 M1 的动力通过挂轮架传递给进给箱来实现刀具的纵向和横向进给。加工螺纹时，要求刀架的移动和主轴转动有固定的比例关系，以满足对加工螺纹的要求
辅助运动	刀架的快速移动	由刀架快速移动电动机 M3 拖动，该电动机可直接起动，采用点动控制方式，不需要正反转和调速
	尾座的纵向运动	由手动操作控制
	工件的夹紧与放松	由手动操作控制
	加工过程的冷却	车削加工时，需要对刀具和工件进行冷却，需配备冷却泵电动机 M2，并要求在主轴电动机 M1 起动后，才能决定冷却泵电动机 M2 的开动与否，而当主轴电动机 M1 停止时，冷却泵电动机 M2 应立即停止

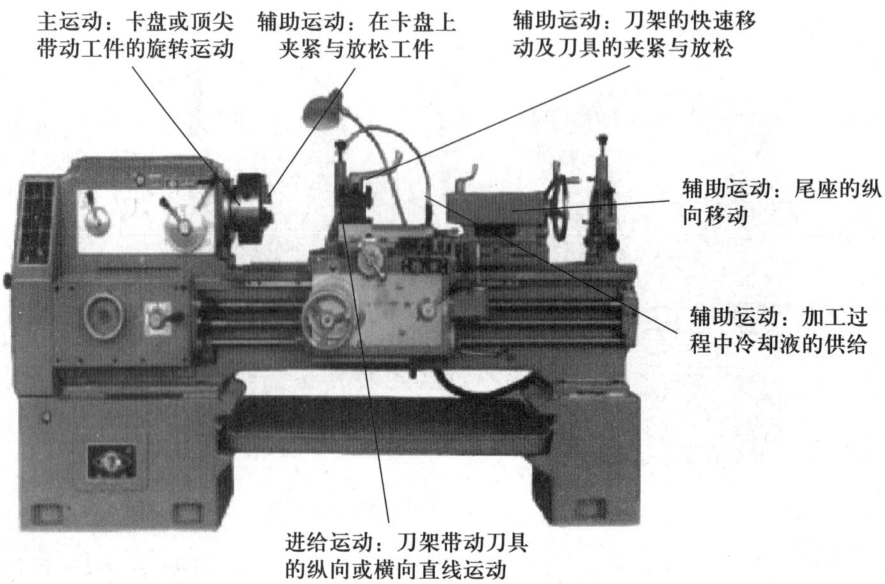

图9-4 CA6140型车床的主要运动形式

另外，CA6140型车床电气控制线路必须有过载、短路、欠电压、失电压保护功能及安全的局部照明装置。

任务操作

1. 选配工具、仪表、资料

根据任务要求，选配常用电工工具，万用表、钳形电流表、兆欧表等常用电工仪表和车床使用说明书(手册)等相关技术资料。

2. 认识CA6140型车床

现场参观CA6140型车床，对照图9-3所示的车床结构图和车床使用说明书(手册)等相关资料，认真观察车床的外形和结构，识别车床的主要机械部件(主轴箱、进给箱、溜板箱、刀架、卡盘、尾座、丝杠和光杠等)和电气部件(主轴电动机、刀架快速移动电动机、冷却泵电动机、电气控制箱、控制按钮、床灯等)。

CA6140型车床常用操纵手柄的位置和名称如图9-5所示。

3. 操作CA6140型车床

先观察指导教师对CA6140型车床的示范操作，然后在指导教师的监护下，完成对车床的基本操作训练。

(1) 开车前的检查

打开电气控制箱门，检查各电气元件是否完整，安装是否牢固，接线有无脱落、松动现象，然后关好电气控制箱门；检查挂轮架是否合上；检查各电动机是否正常；特别应注意检查各机械部件是否处于适当位置，以免操作时相互碰撞而损坏机床。

(2) 接通电源

上述检查无误后，将操作钥匙插入钥匙开关SB并旋至断开位置，然后合上电

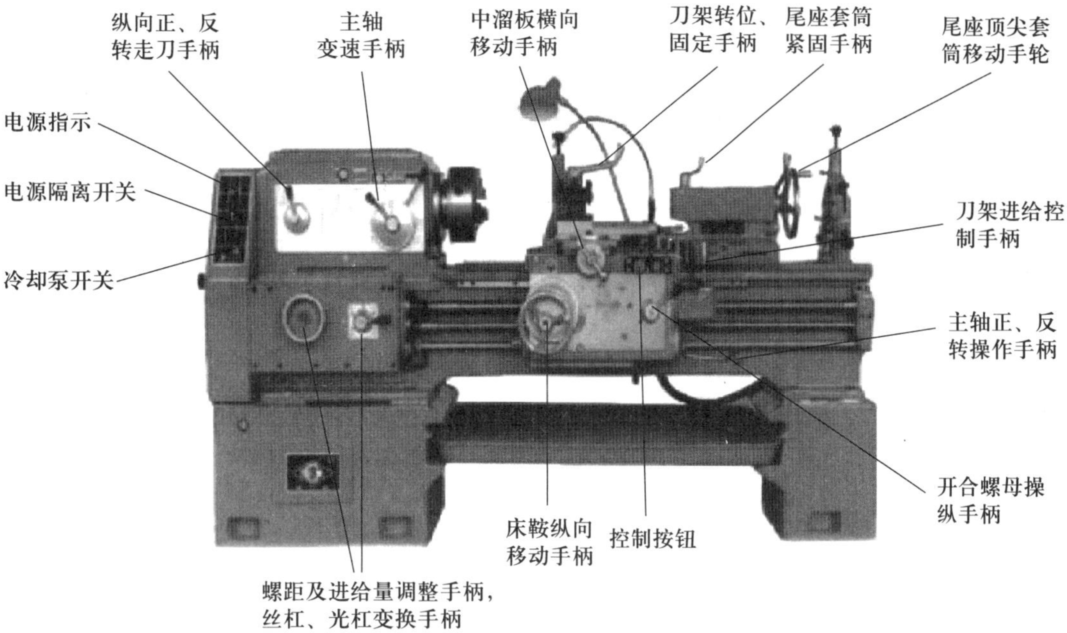

图 9-5　CA6140 型车床常用操纵手柄位置和名称

源开关 QF，接通车床电源。

（3）观察电源指示灯和照明灯

车床接通电源后，应观察到电源指示灯 HL 亮，表明车床已通电；打开床灯开关 SA2，机床局部照明灯应点亮。

（4）起动主轴电动机 M1

按下主轴电动机 M1 起动按钮 SB2，细听、观察主轴电动机 M1 运转声音和运转情况。运转正常后，向上扳动主轴正、反转操作手柄，主轴应立即正转(或反转)并通过卡盘带动工件旋转。

按下主轴电动机 M1 停止按钮 SB1，主轴电动机 M1 断电后停转。

（5）起动冷却泵电动机 M2

在主轴电动机 M1 已起动运转的前提下，转动旋钮开关 SA1 至“I”位置，冷却泵电动机 M2 起动，输送冷却液；将 SA1 转至“O”位置，冷却泵电动机 M2 停止。

指点迷津　主轴电动机 M1 与冷却泵电动机 M2 顺序控制关系

在 CA6140 型车床中，主轴电动机 M1 与冷却泵电动机 M2 采用控制电路顺序控制方式，只有在主轴电动机 M1 已起动运转的前提下，冷却泵电动机 M2 才能起动运转；若先旋转旋钮开关 SA1 至“I”位置，冷却泵电动机 M2 不能起动运转；当主轴电动机 M1 停止时，冷却泵电动机 M2 应同时停止。

（6）操作刀架快速移动电动机 M3

按下刀架快速移动控制按钮 SB3，刀架快速移动电动机 M3 通电运转，带动刀架按所选择的方向运动，实现迅速对刀等工作。当松开按钮 SB3 时，刀架快速移动电动机 M3 断电停转，刀架立即停止移动。

（7）操作刀架进给

扳动丝杠、光杠变换手柄，选择好加工方式，然后扳动进给操作手柄，实现刀架的纵向或横向自动进给；也可以摇动进给手轮，实现刀架的手动进给。

（8）停车操作

为确保人身和设备的安全，停用机床时，应先按下主轴电动机 M1 停止按钮 SB1，待主轴电动机 M1 停止运转后，再断开电源隔离开关 QF，拔出钥匙开关的钥匙。

指点迷津　　任务操作注意事项

① 要严格遵守安全文明生产规程，节约材料，爱护工具和设备。

② 必须在熟悉车床的基本结构和操作方法的基础上，才能在指导教师的监护下动手操作训练。

③ 严格遵守安全操作规程，不得违规操作；严禁将丝杠、光杠变换手柄放在丝杠上进行操作，以防发生人身和设备安全事故。

④ 任务操作结束后，应将所有工具、仪表、器材及相关技术资料进行保养和归位，做好实训场地的卫生工作。

任务评价

任务评价表见表 9-3。

表 9-3　任务评价表

任务	评价标准	配分	扣分
选择工具、仪表、器材和资料	错选、漏选工具、仪表、器材、资料　每个扣 2 分	20	
认识车床	（1）主要机械部件名称、位置说明有误　每个扣 2 分 （2）主要电气部件名称、位置说明有误　每个扣 2 分	30	

续表

<table>
<tr><th>任务</th><th colspan="5">评 价 标 准</th><th>配分</th><th>扣分</th></tr>
<tr><td>操作车床</td><td colspan="5">（1）开车前检查工作有误　扣 3~5 分
（2）接通车床电源过程有误　扣 3~6 分
（3）观察电源指示灯、照明灯有误　扣 3~5 分
（4）起动、停止主轴电动机 M1 有误　扣 3~6 分
（5）起动、停止冷却泵电动机 M2 有误　扣 3~6 分
（6）起动、停止刀架快速移动电动机 M3 有误　扣 3~6 分
（7）刀架进给操作有误　扣 3~6 分
（8）停车操作有误　扣 3~5 分</td><td>45</td><td></td></tr>
<tr><td>技术资料归档</td><td colspan="5">技术资料不完整或不归档　扣 3~5 分</td><td>5</td><td></td></tr>
<tr><td>职业素养</td><td colspan="5">要求在任务操作过程中穿工作服、绝缘鞋等防护装备；遵守安全操作规程，杜绝安全事故；爱惜实训设备、器材，不浪费材料，工具、仪表、器材等摆放规范，符合职业岗位要求；任务操作结束后，工具、仪表、材料、废料分类处置，实训工位干净整洁。违反上述要求酌情扣 5~40 分，情节严重者，可判本次任务操作训练为 0 分，甚至取消本次任务操作资格</td><td></td><td></td></tr>
<tr><td>定额时间</td><td colspan="5">60 min，每超时 5 min(不足 5 min 以 5 min 计)扣 1 分</td><td></td><td></td></tr>
<tr><td>备注</td><td colspan="5">除定额时间外，各项目的最高扣分不应超过配分数</td><td></td><td></td></tr>
<tr><td>开始时间</td><td></td><td>结束时间</td><td></td><td>实际时间</td><td></td><td>成绩</td><td></td></tr>
</table>

学生自评：

学生签名：　　　　　　　　年　月　日

教师评语：

教师签名：　　　　　　　　年　月　日

任务 2 识读 CA6140 型车床电气控制线路原理图

任务目标

1. 熟悉绘制、识读机床电气控制线路原理图的基本方法。
2. 会分析 CA6140 型车床电气控制线路的工作原理。
3. 知道识读机床电气控制线路原理图、布置图和接线图的方法。

任务准备

当机床设备发生电气故障时，电工必须快速、准确地排除故障，保障生产的顺利进行，而要快速、准确地排除机床设备电气故障，首先要掌握机床设备电气控制线路的工作原理。CA6140 型车床控制线路原理图如图 9-6 所示。

车床电路分析

1. 绘制和识读机床控制线路原理图的基本方法

机床电气控制线路一般都比较复杂，所包含的电气元件和电气设备较多，线路中符号种类也较多，但无论多复杂的电气控制线路，也都是由一些电动机基本控制线路组合而成。因此，绘制和识读机床电气控制线路原理图与绘制和识读电动机基本控制线路原理图的基本方法相似，其主要特点如下：

（1）电路功能区域的划分

电路功能区域的划分是为便于分析机床电气控制线路的工作原理和明确各部分的功能。其划分方法是将机床电气控制线路原理图按电路的功能划分成若干个单元，并用文字将其功能标注在控制线路原理图上部的栏内。图 9-6 所示的 CA6140 型车床电气控制线路原理图中，在图的上部按功能划分为电源保护、电源开关、主轴电动机等 13 个单元。

（2）电路图区的划分

电路图区的划分是为了便于分析各用电设备的主电路、控制回路和标注各电气元件的触点、线圈等在电路图中的位置。其划分方法是在机床电气控制线路原理图的下部（或上部），按一条回路或一条支路为单位划分成若干图区，并从左向右依次用阿拉伯数字编号标注在图区栏内。图 9-6 所示的 CA6140 型车床电气控

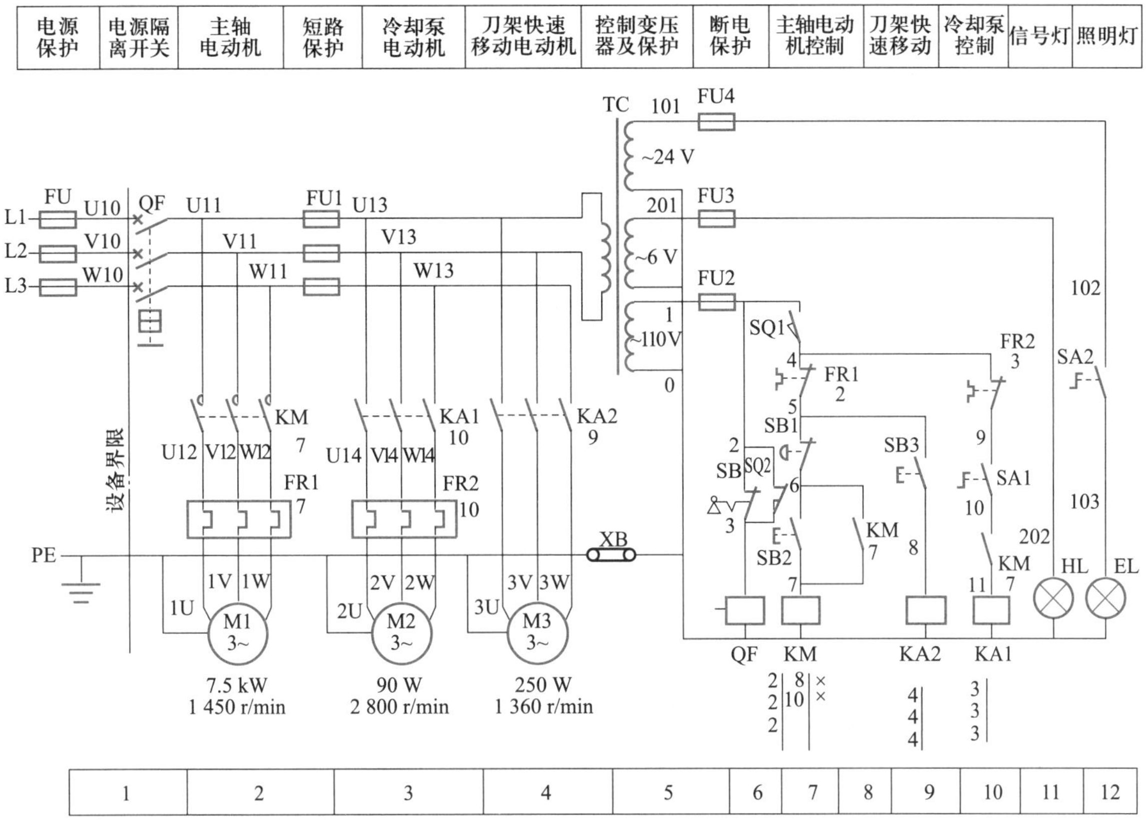

图 9-6　CA6140 型车床电气控制线路原理图

制线路原理图中，共划分了 12 个图区。例如图区“1”对应 CA6140 型车床的电源保护和电源隔离开关电路；图区“2”对应 CA6140 型车床主轴电动机 M1 的主电路；而图区“10”“11”“12”等分别对应冷却泵电动机 M2 的控制回路、信号灯回路和照明灯回路。这样可以在原理图中标明每个电气元件(部件)在图中所处的区域，以便迅速查找电气元件的触点、线圈等在原理图中的位置。

（3）电气元件触点文字符号下方线圈图区号的标注

在机床电气控制线路原理图中，对于接触器、中间继电器等电气元件，在它们的触点文字符号下方用数字标注线圈图区号，其目的是为了便于查找该电气元件线圈所在的图区号。图 9-6 所示的 CA6140 型车床电气控制线路原理图中，在图区 4 中有“$\dfrac{\text{KA2}}{9}$”，表示中间继电器 KA2 的线圈在“9”号图区。因此，只要看到某电气元件触点，就能迅速查找到该电气元件所对应线圈在图中的位置。

（4）电气元件线圈下方标注该元件触点所处的图区

在机床电气控制线路原理图中，电气元件线圈下方标注该元件触点所处的图区，其目的是为了便于分析该电气元件触点使用情况和所在图区。其标注方法是在原理图中，对于每个接触器，在其线圈下方画出两条竖直线，分成左、中、右 3 栏；对于每个继电器，在其线圈下方画出一条竖直线，分成左、右两栏。将受其线圈控制而动作的各个触点所处的图区号填入相应的栏内，对备而未用的触点，在相应的栏内用记号“×”标出或不标出任何符号，见表 9-4 和表 9-5。

表 9-4 接触器触点在控制线路原理图中位置的标注

<table>
<tr><th>栏目</th><th>左栏</th><th>中栏</th><th>右栏</th></tr>
<tr><td>触点类型</td><td>主触点所处图区号</td><td>辅助动合触点所处图区号</td><td>辅助动断触点所处图区号</td></tr>
<tr><td>举例
KM
2 | 8 | ×
2 | 10 | ×
2 | |</td><td>表示 3 对主触点均在“2”号图区</td><td>表示一对辅助动合触点在“8”号图区，另一对动合触点在“10”号图区</td><td>表示 2 对辅助动断触点均未用</td></tr>
</table>

表 9-5 继电器触点在控制线路原理图中位置的标注

<table>
<tr><th>栏目</th><th>左栏</th><th>右栏</th></tr>
<tr><td>触点类型</td><td>动合触点所处图区号</td><td>动断触点所处图区号</td></tr>
<tr><td>举例
KA2
4 |
4 |
4 |</td><td>表示 3 对动合触点均在“4”号图区</td><td>表示动断触点均未用</td></tr>
</table>

2. CA6140 型车床电气控制线路工作原理

CA6140 型车床电气控制线路分为主电路、控制电路和照明与信号灯电路 3 个部分。

（1）CA6140 型车床的主电路分析

CA6140 型车床的主电路如图 9-7 所示。电源由钥匙开关 SB 控制，低压断路器 QF 作为车床的电源总开关，将钥匙插入钥匙开关 SB 后向右旋转，然后向上扳动断路器 QF，使其触点闭合将三相电源引入。CA6140 型车床电气控制线路中共有 3 台电动机：M1 为主轴电动机，带动主轴旋转和刀架作进给运动；M2 为冷却泵电动机，用以输送冷却液；M3 为刀架快速移动电动机，用以拖动刀架快速移动。主电路的控制和保护电器见表 9-6。

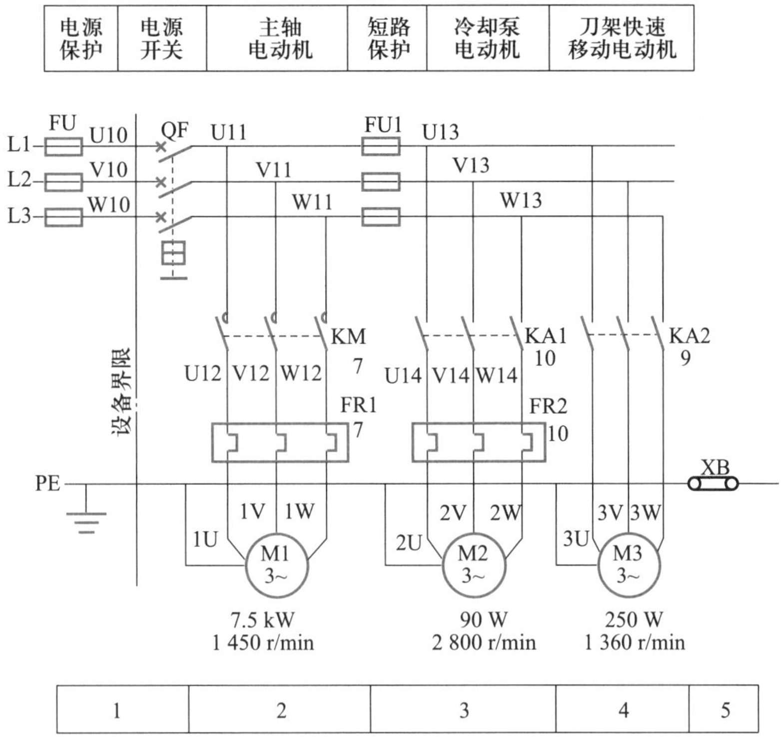

图 9-7　CA6140 型车床主电路图

表 9-6　主电路的控制和保护电器

名称与代号	作　　用	控 制 电 器	过载保护电器	短路保护电器
主轴电动机 M1	带动主轴旋转、刀架进给运动	交流接触器 KM	热继电器 FR1	低压断路器 QF
冷却泵电动机 M2	输送冷却液	中间继电器 KA1	热继电器 FR2	熔断器 FU1
快速移动电动机 M3	带动刀架快速移动	中间继电器 KA2	无	熔断器 FU1

（2）CA6140 型车床的控制电路分析

CA6140 型车床的控制电路如图 9-8 所示。该车床的控制电路由控制变压器 TC 输出 110 V 交流电压供电，由熔断器 FU2 作短路保护。

① 断电联锁保护

钥匙开关 SB 和位置开关 SQ2 的动断触点（6 区，电路图中等电位点 2 和 3 之间的触点可简单表示为 2-3，下同）并联后与断路器 QF 的线圈（6 区）串联。在正常工作时 SB 和 SQ2 的动断触点是断开的，QF 线圈不通电，断路器能合闸。打开配电壁龛门时，SQ2 的动断触点闭合，QF 线圈通电，断路器 QF 自动断开，切断整个控制线路的电源，达到安全保护的目的。

在正常工作时，位置开关 SQ1 的动合触点（7 区，2-4）闭合。打开床头传动皮带罩后，SQ1 动合触点将断开，切断控制电路的电源，使 3 台电动机均不能工作，以确保人身和设备的安全。

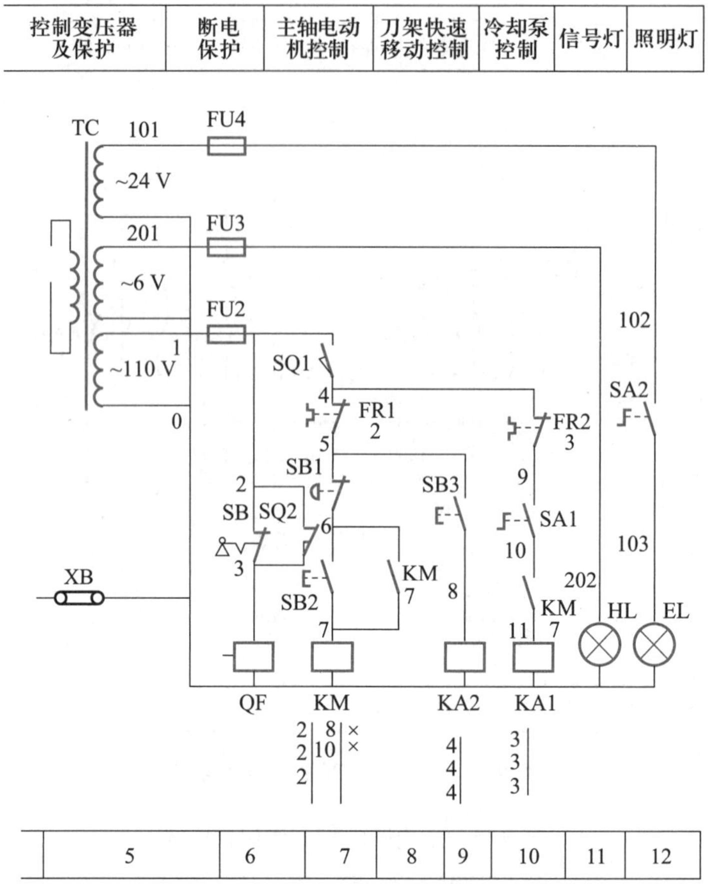

图 9-8　CA6140 型车床控制电路图

② 主轴电动机 M1 的控制

合上电源隔离开关 QF 后，按下起动按钮 SB2，接触器 KM 线圈(7 区)通电，辅助动合触点(8 区,6-7)闭合自锁，KM 主触点闭合(2 区)，主轴电动机 M1 起动，同时另一个辅助动合触点(10 区,10-11)闭合，为中间继电器 KA1 线圈(10 区)通电做准备。按下停止按钮 SB1，接触器 KM 线圈断电，主触点断开，主轴电动机 M1 停转。

当主轴电动机 M1 在运行过程中出现过载时，热继电器 FR1 动作，其动断触点(7 区,4-5) 断开，接触器 KM 线圈断电，其主触点分断，将主轴电动机 M1 电源切断，防止主轴电动机 M1 因过载而发热烧毁。

③ 冷却泵电动机 M2 的控制

本控制线路中，冷却泵电动机 M2 由中间继电器 KA1 控制。主轴电动机 M1 和冷却泵电动机 M2 采用控制电路顺序控制，只有当主轴电动机 M1 起动后，其辅助动合触点(10 区,10-11)闭合后，旋转旋钮开关 SA1，冷却泵电动机 M2 才能起动。当电动机 M1 停止或断开旋钮开关 SA1 时，冷却泵电动机 M2 自行停止。

④ 刀架快速移动电动机 M3 的控制

刀架快速移动电动机 M3 的起动是由安装在进给操作手柄顶端的按钮 SB3 控制，

它与中间继电器 KA2 组成点动控制环节。刀架的前、后、左、右方向的改变，是由进给操作手柄配合机械装置来实现的。需要快速移动时，按下按钮 SB3，KA2 线圈（9 区）通电吸合，电动机 M3 起动运转，刀架沿指定的方向快速移动。由于刀架快速移动电动机 M3 是短时间工作，故未设过载保护。

（3）CA6140 型车床的照明与信号灯电路分析

图 9-8 最右方的信号灯与照明灯区域表示的是 CA6140 型车床的信号与照明灯电路。控制变压器 TC 的二次侧输出 24 V、6 V 的交流电压，作为车床低压照明灯和信号灯的电源。EL 为车床的低压照明灯，由开关 SA2 控制，照明灯 EL 的另一端必须接地，以防止控制变压器一次绕组和二次绕组之间发生短路时可能发生的触电事故，熔断器 FU4 是照明电路的短路保护电器。HL 为电源信号灯，采用 6 V 交流电压供电，指示灯 HL 亮表示控制电路有电。

CA6140 型车床的电气元件明细表见表 9-7。

表 9-7　CA6140 型车床电气元件明细表

符号	名　称	型　号	规　格	数量	作　用
QF	低压断路器	AM2-40	20 A	1	电源开关
M1	主轴电动机	Y132M-4-B3	7.5 kW、1 450 r/min	1	主轴旋转及进给传动
M2	冷却泵电动机	AO2-5612	90 W、2 800 r/min	1	输送冷却液
M3	刀架快速移动电动机	AO2-7114	250 W、1 360 r/min	1	带动刀架快速移动
KM	交流接触器	CJ10-20	20 A，线圈电压 110 V	1	控制主轴电动机 M1
KA1	中间继电器	JZ7-44	线圈电压 110 V	1	控制冷却泵电动机 M2
KA2	中间继电器	JZ7-44	线圈电压 110 V	1	控制快速移动电动机 M3
FR1	热继电器	JR36-20/3	15.4 A	1	主轴电动机过载保护
FR2	热继电器	JR36-20/3	0.35 A	1	冷却泵电动机过载保护
SA2	照明灯开关			1	控制照明灯
FU1	熔断器	RL1-15	熔体 6 A	3	电动机 M2、M3 短路保护

续表

符号	名　称	型　号	规　格	数量	作　用
FU2	熔断器	RL1-15	熔体2 A	1	控制电路短路保护
FU3	熔断器	RL1-15	熔体2 A	1	信号灯电路短路保护
FU4	熔断器	RL1-15	熔体2 A	1	照明灯电路短路保护
SB1	停止按钮	LAY3-01ZS/1		1	控制主轴电动机M1停止
SB2	起动按钮	LAY3-10/3.11		1	控制主轴电动机M1起动
SB3	点动按钮	LA9		1	控制刀架快速移动电动机M3
SA1	旋钮开关	LAY3-10X/20		1	控制冷却泵电动机M2
SB	钥匙开关	LAY3-01Y/2		1	电源开关锁
SQ1	位置开关	JWM6-11		1	挂轮架打开断电保护
SQ2	位置开关	JWM6-11		1	电气控制箱打开断电安全保护
HL	信号灯	ZSD-O	6 V	1	电源指示
EL	照明灯	JC11	24 V	1	提供工作时局部照明
TC	控制变压器	JBK3-100	380 V/110 V/24 V/6 V	1	提供控制电路电源、照明灯安全电源、信号灯电源

3. CA6140型车床的电气元件布置图

电气元件布置图也称为电气元件位置图，是用来表明电气设备上的电动机和电气元件的实际位置，为生产机械电气控制设备的制造、安装和维修提供必要的资料。机床电气元件布置图主要由机床电气设备布置图、控制柜及控制板上的电气元件布置图、操纵及悬挂操纵箱电气设备布置图等组成。电气元件布置图可按电气控制系统的复杂程度集中绘制或单独绘制，但在绘制这些图形时，机床轮廓线用细实线或点画线表示，所能看到的及需要表示清楚的电气设备，均用粗实线绘制出简单的外形轮廓。

CA6140 型车床电气元件布置图如图 9-9 所示。

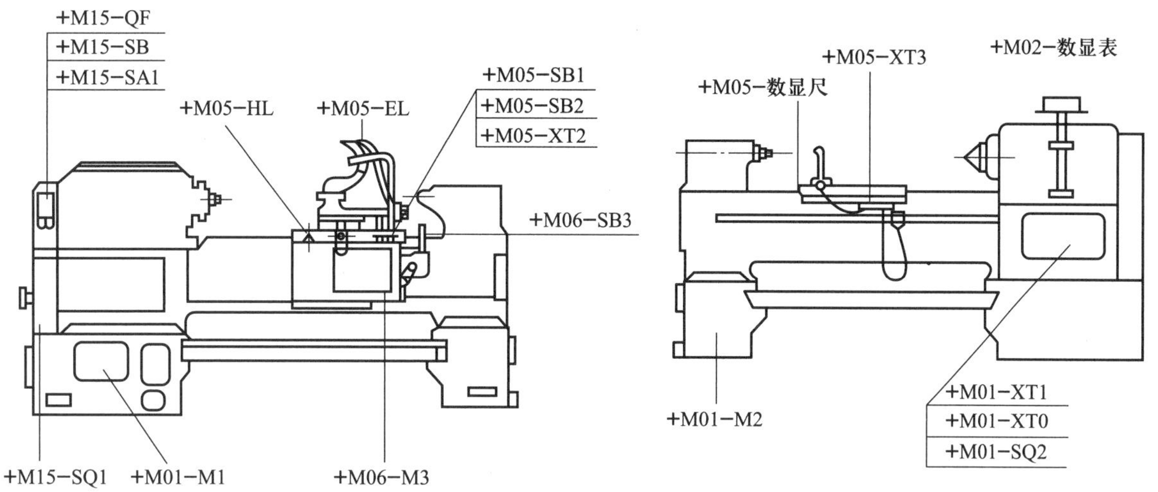

图 9-9　CA6140 型车床电气元件布置图

位置代号索引表见表 9-8。

表 9-8　位置代号索引表

序号	部件名称	代号	所安装的电气元件
1	床身底座	+M01	-M1、-M2、-XT0、-XT1、-SQ2
2	床鞍	+M05	-HL、-EL、-SB1、-SB2、-XT2、-XT3、数显尺
3	溜板	+M06	-M3、-SB3
4	传动带罩	+M15	-QF、-SB、-SA1、-SQ1
5	床头	+M02	数显表

图中项目代号的识读方法是：第一位是位置代号，表示元件在车床的位置，第二位是种类代号，表示元件的种类。例如，+M01 表示车床的床身底座位置；+M01-M1 表示主轴电动机 M1 安装在车床的床身底座内；+M05-SB1 表示停止按钮 SB1 安装在车床的床鞍上。

4. CA6140 型车床的接线图

接线图是根据电气设备和电气元件的实际位置和安装情况绘制的，只用来表示电气设备和电气元件的位置、配线方式和接线方式，而不能明确表示电气动作原理。接线图主要用于安装接线、线路的检查维修和故障处理。

CA6140 型车床的接线图如图 9-10 所示。

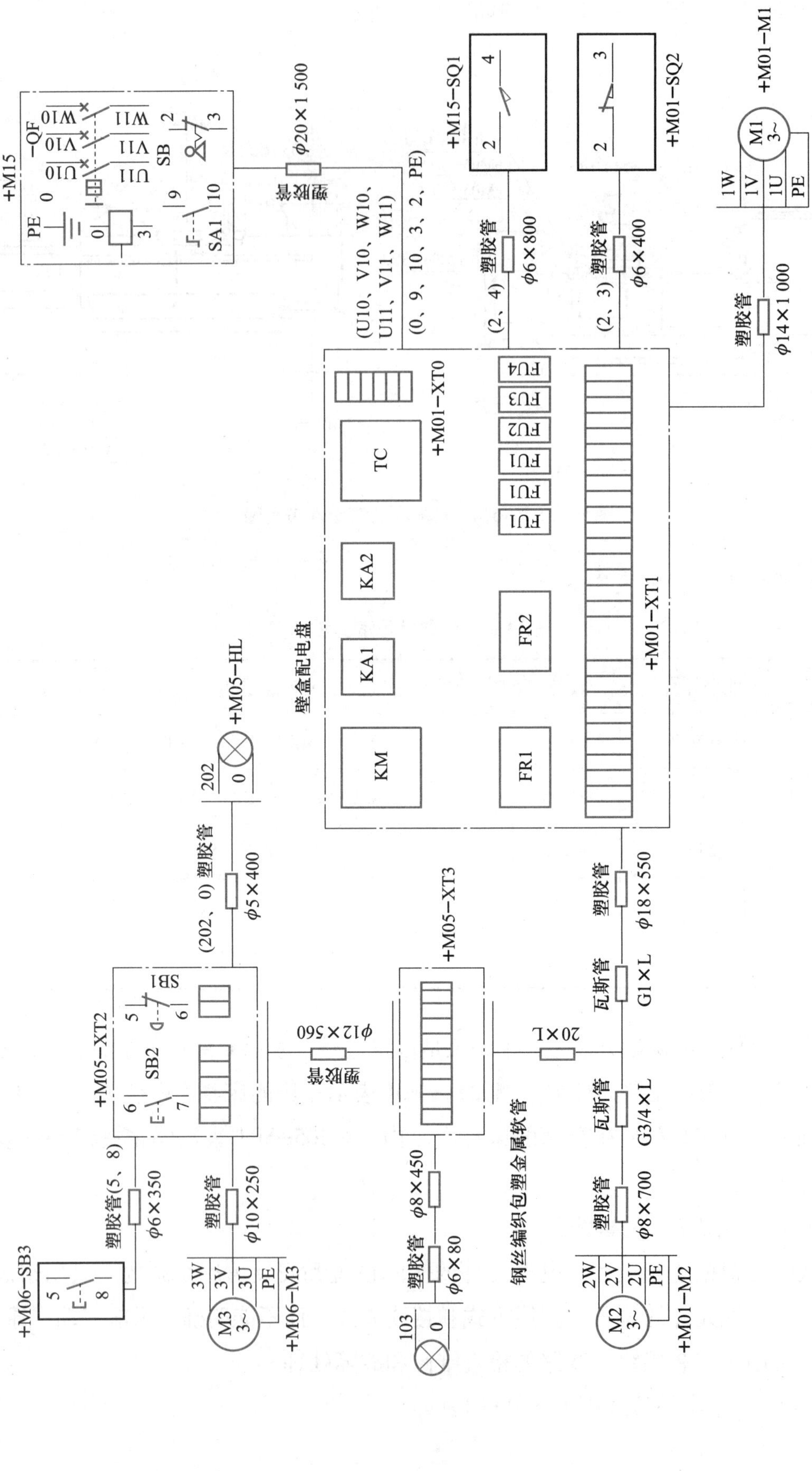

图 9-10 CA6140 型车床接线图

任务操作

1. 识读 CA6140 型车床电气控制线路原理图

识读 CA6140 型车床电气控制线路原理图，分析主轴电动机 M1、冷却泵电动机 M2、刀架快速移动电动机 M3 及信号灯、照明灯的工作原理；结合对机床的实际操作，进一步理解机床各部分的功能及工作原理。

2. 识读 CA6140 型车床电气元件布置图

根据图 9-9 所示的 CA6140 型车床电气元件布置图，结合机床，熟悉各电气元件的具体位置、用途和型号。

3. 识读 CA6140 型车床接线图

根据图 9-10 所示的 CA6140 型车床接线图和图 9-9 所示电气元件布置图，熟悉车床电气控制线路的布线情况，并通过测量等方法找出各控制线路的实际布线路径（通道）。

查找控制线路实际布线路径（通道）的方法是：先根据电气元件布置图确定电路中各电气元件的位置，然后结合工作原理，根据接线图中的元件接点号（实际电气设备上就是编码套管号）找出布线路径。

任务评价

任务评价表见表 9-9。

表 9-9　任务评价表

任务	评价标准		配分	扣分
选择工具、资料	错选、漏选工具、资料	每个扣 1 分	5	
识读原理图	（1）各电动机的控制和保护电气元件说明有误 （2）断电联锁保护电路说明有误 （3）各电动机的控制电路说明有误 （4）信号与照明电路说明有误 （5）各电气元件的作用说明有误	每个扣 2 分 扣 5 分 每个扣 5 分 每个扣 2 分 每个扣 2 分	30	
识读布置图	电气元件位置说明有误	每个扣 2 分	30	
识读接线图	（1）电气元件接点号说明有误 （2）各电气元件的布线路径说明有误	每个扣 1 分 每条扣 3 分	30	
技术资料归档	技术资料不完整或不归档	扣 3～5 分	5	

续表

<table>
<tr><th>任务</th><th colspan="6">评 价 标 准</th><th>配分</th><th>扣分</th></tr>
<tr><td>职业素养</td><td colspan="7">要求在任务操作过程中穿工作服、绝缘鞋等防护装备；遵守安全操作规程，杜绝安全事故；爱惜实训设备、器材，不浪费材料，工具、仪表、器材等摆放规范，符合职业岗位要求；任务操作结束后，工具、仪表、材料、废料分类处置，实训工位干净整洁。违反上述要求酌情扣5~40分，情节严重者，可判本次任务操作训练为0分，甚至取消本次任务操作资格</td><td></td></tr>
<tr><td>定额时间</td><td colspan="7">120 min，每超时5 min(不足5 min以5 min计)扣1分</td><td></td></tr>
<tr><td>备注</td><td colspan="7">除定额时间外，各项目的最高扣分不应超过配分数</td><td></td></tr>
<tr><td>开始时间</td><td></td><td>结束时间</td><td></td><td>实际时间</td><td></td><td colspan="2">成绩</td><td></td></tr>
</table>

学生自评：

学生签名：　　　　　　　　　　年　月　日

教师评语：

教师签名：　　　　　　　　　　年　月　日

任务3 CA6140型车床电气控制线路的维修

任务目标

1. 熟悉电气控制设备维修的一般要求和方法。
2. 会排除CA6140型车床常见电气故障。

任务准备

1. 电气控制设备维修的一般要求

电气控制设备发生故障时，维修人员应能够及时、熟练、准确、迅速、安全地查出故障，并加以排除，使电气控制设备能够正常运行。对电气控制设备维修的一般要求有：

① 采用的维修步骤和方法必须正确、切实可行。

② 不得随意更换电气元件及连接导线的型号与规格，不得损坏电气元件。

③ 不得擅自更改线路。

④ 电气控制设备的各种保护性能、绝缘电阻等必须达到设备出厂前的要求。

2. 电气控制设备维修的一般方法

电气控制设备电气故障的一般维修步骤和方法见表 9-10。

表 9-10　电气控制设备电气故障的一般维修步骤和方法

维修步骤	维修方法
1. 维修前的调研	当电气控制设备发生故障后，不能盲目动手维修。应通过问、看、听、摸、闻等手段来了解发生故障前后的操作情况和故障发生后出现的异常现象，以便根据故障现象判断出故障发生的部位，进而准确地排除故障。具体方法可参考项目 2 任务 5
2. 用逻辑分析法初步确定故障范围	对发生故障的电气控制设备，不可能对其控制线路进行全面的检查。维修时，可以根据电气控制线路图(原理图、布置图、接线图)，采用逻辑分析法，对故障现象作具体的分析，划出故障可能的范围 通常是先从主电路入手，分析与电动机等电气设备有关的控制电器；然后根据电动机等电气设备主电路所用的电气元件，找到相应的控制电路。在此基础上，结合故障现象和线路的工作原理，进行认真的分析排查，确定故障的范围 对比较熟悉的电气控制线路，可不必按部就班逐级检查，可在故障范围内的某个中间环节先进行检查，查明故障原因，提高维修速度
3. 进行必要的外观检查	在确定故障范围后，可对该范围内的所有电气元件、连接导线等进行外观检查，如对熔断器的熔体、接触器的线圈、位置开关的安装位置等进行必要的检查
4. 用试验法进一步缩小故障范围	当外观检查不能发现故障部位时，可根据故障现象，结合电气控制线路图分析故障原因，在不扩大故障和保证安全的前提下，进行直接通电试验或切断负载通电试验，以分清故障可能是在电气部分还是机械部分等其他部分；是在电动机等电气设备上还是在控制线路板上；是在主电路上还是在控制电路上 一般情况下，先检查控制电路，其方法是：操作某一只按钮或开关时，控制线路中相关的接触器、继电器应按规定的动作顺序动作。若依次动作到某一电气元件时，

续表

维修步骤	维修方法
4. 用试验法进一步缩小故障范围	发现动作不符合要求，即说明该电气元件或与其相关电路有故障。再在此电路中进行逐项分析和检查，一般就能发现故障。当控制电路的故障排除后，再接通主电路，检查控制电路对主电路的控制效果，观察主电路的工作情况有无异常等 在通电试验时，必须注意人身安全和设备安全。要遵守安全用电操作规程，不得随意触及带电部分，要尽可能切断电动机等电气设备主电路的电源，只在控制电路带电的情况下进行检查；如需电动机等电气设备运行，则应使电动机等电气设备在空载情况下运行，以避免生产机械的运动部分发生误动作和碰撞；要暂时隔断有故障的主电路，以防故障扩大，并预先充分估计到局部线路动作后可能产生的不良后果
5. 查找故障点	选择合适的方法查找故障点可以起到事半功倍的效果，常用的查找方法除了直观法、项目 2 中所介绍的电阻测量法、电压测量法外(可参考项目 2 任务 5)，还有短接法、试灯法和波形测试法等。查找故障点必须在确定的故障范围内，顺着维修思路逐点检查，直到找出故障点为止
6. 检查是否存在机械、液压等故障	由于许多电气元件的动作是由机械或液压来推动的，或与它们有密切关系，所以在维修电气控制设备的同时，应检查、调整和排除机械、液压部分的故障或与机修工配合完成
7. 排除故障	针对不同故障情况和部位采取正确的方法修复故障。对更换的新元件要注意尽量采用相同规格、型号，并进行性能检测，确认性能完好后方可替换。在故障排除中，还要注意避免损坏周围的电气元件、导线等，防止故障扩大
8. 维修后的善后工作	当故障排除后，就应做修复、试运转、故障记录等善后工作 (1) 故障维修不仅要查出故障点、排除故障，还应查明产生故障的原因，然后采取有效的措施将产生故障的原因排除，以免以后再次发生类似的故障 (2) 维修时，不能改动控制线路或更换不同规格的电气元件，以防止产生人为故障 (3) 试运行时，应与操作工配合完成 (4) 每次排除故障后，应及时总结经验，并做好故障记录

知识链接

短接法确定电气控制线路故障点的方法与步骤

一般情况下，电气控制线路的常见故障是接线松脱、导线断路、触点接触不良、熔断器开路等断路故障。对此类断路故障，就可用短接法查找故障点，即用一根绝缘良好的硬导线，将所怀疑的断路部位短接，如果在短接过程中电路被接通，则说明该处断路。因此，这种方法是检查电气控制线路断路故障的一种简便可靠的方法，可分为局部短接法和长短接法两种。

下面以 CA6140 型车床主轴电动机 M1 控制电路故障为例进行说明。

（1）局部短接法

按下起动按钮 SB2，若接触器 KM 不能吸合，说明主轴电动机 M1 控制电路有故障。局部短接法如图 9-11 所示。

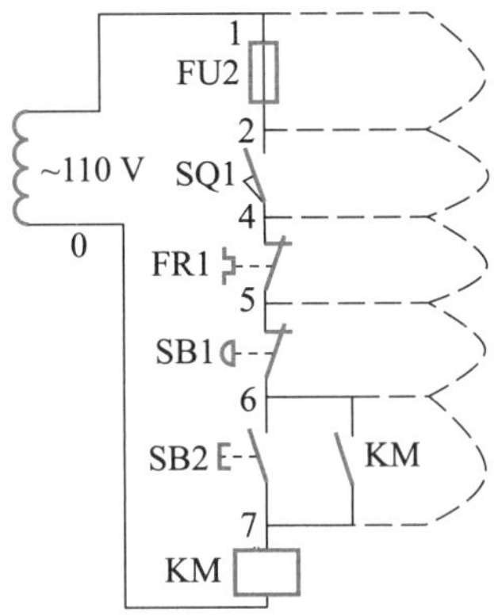

图 9-11　局部短接法

检查前，先用万用表测量 0 和 1 号点之间的电压是否为 110 V。若正常，按下 SB2 不放，可用一根绝缘良好的硬导线分别短接 1-2、2-4、4-5、5-6、6-7 相邻两点(注意不能短接 7-0 之间,以防电路短路)。当短接到某两点间时，接触器 KM 吸合，说明断路故障在这两点之间，见表 9-11。

表 9-11　用局部短接法查找故障点

测试状态	短接点标号	电路状态	故障点
按下 SB2 不放	1-2	KM 吸合	熔断器 FU2 熔体熔断或接触不良
	2-4	KM 吸合	位置开关 SQ1 动合触点接触不良
	4-5	KM 吸合	热继电器 FR1 动断触点接触不良
	5-6	KM 吸合	停止按钮 SB1 动断触点接触不良
	6-7	KM 吸合	起动按钮 SB2 动合触点接触不良

（2）长短接法

长短接法是用一根绝缘良好的硬导线一次短接一个或多个触点来检查故障，如图 9-12 所示。

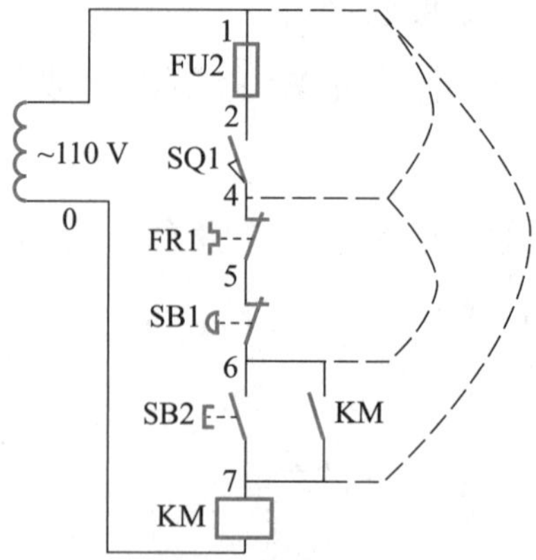

图 9-12 长短接法

在图 9-6 所示控制线路中，若按下起动按钮 SB2，接触器 KM 不能吸合，说明主轴电动机 M1 控制电路有故障。

如果怀疑熔断器 FU2 熔体熔断、位置开关 SQ1 的动合触点接触不良时，可将 1-4 两点间用绝缘硬导线短接，如 KM 能吸合，则说明 KM 线圈正常，故障点可缩小到在 1-4 号点之间的电路上；然后再用局部短接法短接 1-2、2-4 等点，最后确认故障点。

长短接法的另一个作用是可以把故障范围缩小到一个较小的范围。例如，第一次先短接 1-7 两点，如果 KM 吸合，可再短接 4-6 两点，若 KM 吸合，说明故障在 4-6 号点之间。因此，如果长短接法、局部短接法结合使用，可以较迅速地查找到故障点。

（3）用短接法查找故障点时的注意事项

① 用短接法检测时，是用手拿着绝缘导线带电操作，所以一定要注意用电安全，严防发生触电事故，不能触及带电的线芯，有条件的应戴绝缘手套操作。

② 短接法一般只适用于控制电路中电压降较小的导线及触点之类的断路故障检查，不能在主电路中使用。对于电压降较大的电器，如电阻、线圈、绕组等断路故障，切不可用短接法，否则会出现短路故障。

③ 对于生产机械的某些重要部位，必须在保证生产机械电气设备和机械部件不会出现事故的情况下才能使用。

3. CA6140 型车床电气控制线路典型故障维修实例

为了安全生产和安全维修，CA6140 型车床设置了配电盘壁龛门位置开关 SQ2 和床头皮带罩位置开关 SQ1。因此当需要带电维修或打开皮带罩试车时，应做好相应的安全预防措施，否则不得进行维修和试车。在带电维修时，可将位置开关 SQ2

的传动杠拉出，使低压断路器 QF 能够合上，以保证车床能够通电。关上壁龛门后，SQ2 恢复原保护作用。

（1）故障维修实例一

故障现象：主轴电动机 M1 不能起动。

故障分析：对于“主轴电动机 M1 不能起动”故障，维修人员小张运用逻辑分析法，初步确定引起故障的原因主要为电动机 M1 本身故障、主电路故障、控制电路故障及电源故障等几个方面。由于故障原因较多，而且分布范围广，维修人员小张不能立即判断出故障的具体部位，因此，小张需要到现场仔细调研故障现象，以便根据故障现象进一步确定故障原因、故障范围，为实际维修操作奠定基础。

故障调研：作为维修人员，小张应在确保人身和设备安全的前提下，按“先易后难，先外后内”的原则，通过比较简捷的流程进一步明确故障现象，一步一步排除可疑的故障原因。“主轴电动机 M1 不能起动”的故障调研流程如图 9-13 所示。

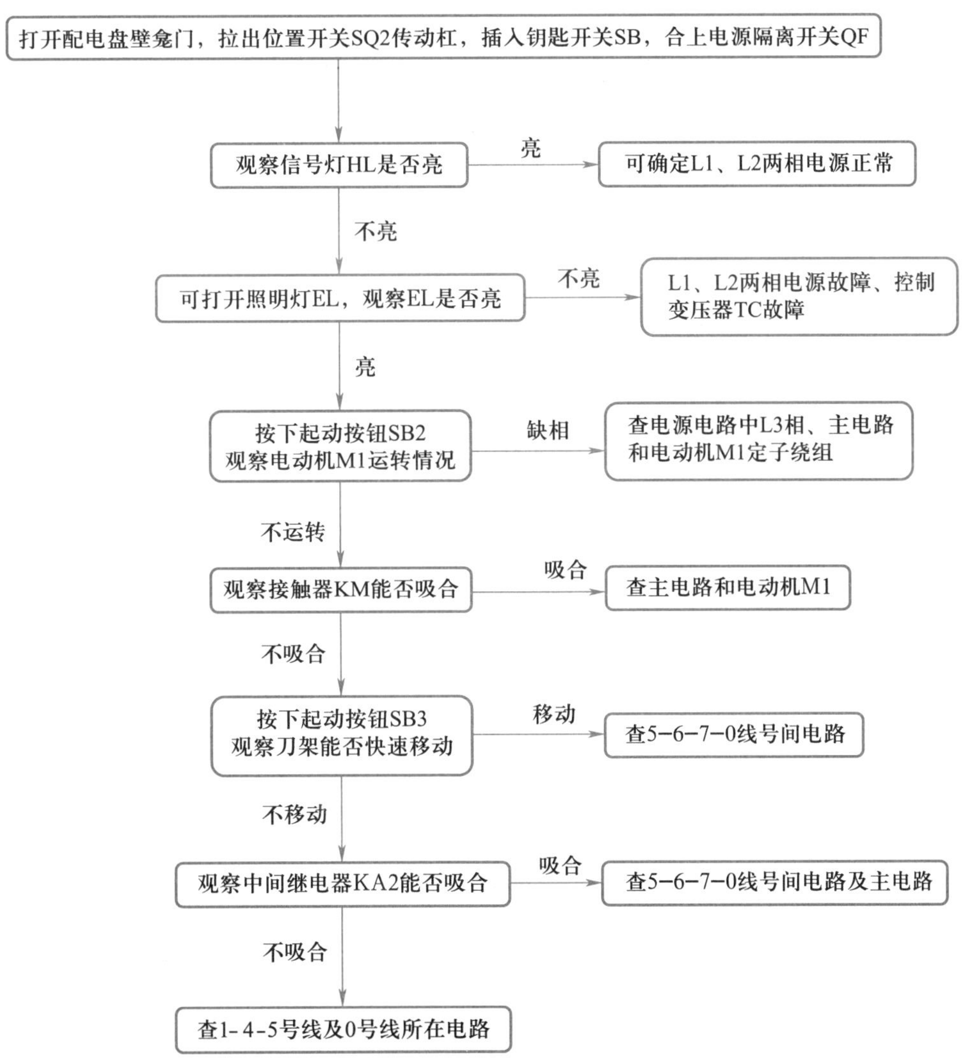

图 9-13　故障调研流程

查找故障点：根据故障调研流程中发现的故障现象，运用恰当的方法查找故障点(部件)，其方法见表 9-12。

表 9-12 故障点查找方法

故障现象	查找方法	备注
信号灯、照明灯不亮	(1) 用万用表检查控制变压器 TC 有无 24 V、6 V 电压输出 (2) 用万用表或验电笔检查 L1、L2 两相电源电压是否正常	排除由于电源故障而引起 M1 不能起动
主轴电动机 M1 缺相运行	(1) 用万用表或验电笔检查 L3 相电源电压是否正常 (2) 用万用表或验电笔检查电动机 M1 主电路中接触器 KM、热继电器 FR1 上各线号点处电压是否正常 (3) 用万用表检查电动机 M1 电源线和定子绕组有无断路	也可直接在接线端子排 XT1 上检查 1U、1V、1W 处三相电源电压是否正常，若正常则直接检查电动机 M1 电源线及定子绕组
KM 吸合，主轴电动机 M1 不起动	(1) 用万用表或验电笔检查电动机 M1 主电路中各线号点处电压是否正常 (2) 用万用表检查电动机 M1 电源线和定子绕组有无断路 (3) 切断电源，卸下电动机 M1 皮带，用手盘动 M1，观察电动机 M1 有无机械卡阻现象	当 KM 吸合后，M1 不能起动时，电动机 M1 机械故障的可能性较大
KM 不能吸合，KA2 能吸合	用万用表或验电笔检查 5-6-7-0 线号间电路	KA2 能吸合，说明控制电路中公共电路部分正常，故障在 KM 线圈支路中
KM、KA2 都不能吸合	用万用表或验电笔检查 1-4-5 线号间电路和 0 号线电路	KM、KA2 都不能吸合，说明故障在控制电路的公共部分

故障维修：根据所查找到的故障点(部件)，采用恰当的方法进行维修。

善后工作：排除故障后，在确保人身和设备安全的条件下，进行试车，若操作正常后，做好善后工作即可交付验收。

提示

本故障实例中操作人员提供的故障现象过于简单，维修人员不能立即判断出故障范围，需要维修人员到现场进行故障调研。

故障调研除通过直接法观察故障现象外，常采用通电试车法观察故障现象。通电试车法观察故障现象应根据维修人员通过逻辑分析判断出的故障范围，结合控制线路的工作原理，有步骤、有目的地操作某些按钮、开关来观察故障现象，尽可能地排除某些所怀疑的故障，把故障范围缩小。例如，通过观察机床电源指示灯、照明灯来判断电源是否正常；操作其他按钮，观察接触器、继电器能否动作，来判断控制电路电源是否正常、控制电路公共部分是否正常等。

（2）故障维修实例二

故障现象：按下起动按钮SB2，接触器KM吸合，但主轴电动机M1起动后转速缓慢并发出“嗡嗡”声。

故障分析：根据故障现象，若主轴电动机M1起动后转速缓慢并发出“嗡嗡”声，这是电动机缺相运行的典型故障现象。其故障范围(原因)可缩小到电源电路、主轴电动机M1主电路或电动机M1本身故障。

故障调研：根据CA6140型车床电气控制线路的工作原理，查找故障相对比较简单。维修时可先按下刀架快速移动电动机M3起动按钮SB3，观察M3能否正常起动来进一步分析故障原因(范围)。

若刀架快速移动电动机M3也缺相运行，说明故障在电源电路中，又因为接触器KM能正常吸合，说明控制变压器TC能正常输出交流110 V电压，所以L1、L2两相电源电路正常，故障应位于L3相电源电路中，即故障在L3-FU-W10-QF-W11范围内。

若刀架快速移动电动机M3运转正常，只有主轴电动机M1缺相运行，说明电源电路正常，故障可能在主轴电动机M1的主电路中，即故障在KM主触点-FR1热元件-电动机M1电源引线-电动机定子绕组。

查找故障点并排除故障：

对于电动机M1、M3都缺相运行的情况，属于电源电路故障。由于该故障范围较小，可用验电笔从L3相的电源进线依次测量熔断器FU、断路器QF的接线端子是否有电，从而找到故障点。图9-14所示为使用验电笔查找故障点和排除故障的流程。

对于电动机M1缺相运行、电动机M3运行正常的情况，属于电动机M1主电路故障。可从接线端子排XT1上拆下电动机M1的电源引线1U、1V、1W后，按下起

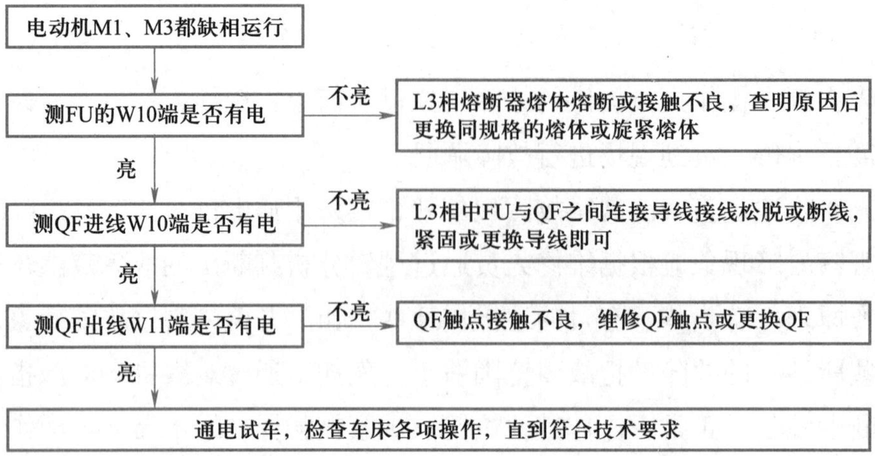

图 9-14 使用验电笔查找故障点和排除故障的流程

动按钮 SB2，用验电笔检测接线端子排 XT1 处电动机 M1 三相电源是否有电。若有电，则为电动机故障。若缺相，可从 QF 出线端开始逐点验电，查明故障。使用验电笔查找故障点和排除故障的流程如图 9-15 所示。

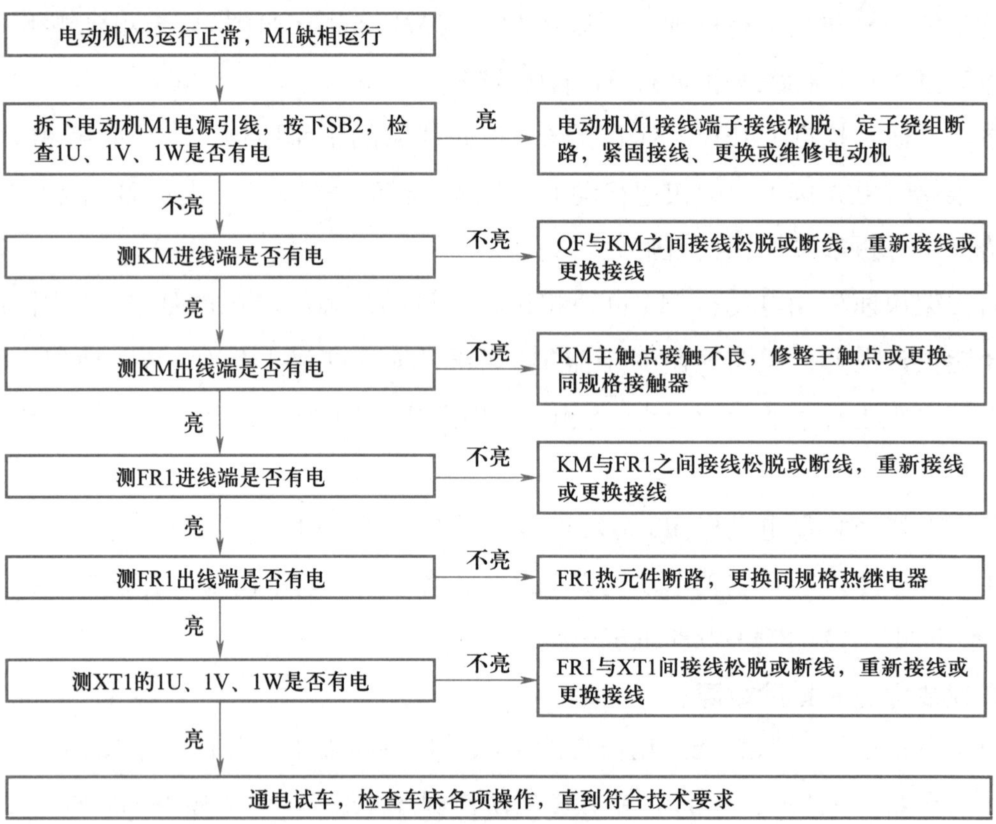

图 9-15 使用验电笔查找故障点和排除故障的流程

善后工作同故障维修实例一。

提示

① 本例故障维修是主轴电动机 M1 缺相运行，由于电动机缺相运行时，其定子绕组的电流将超过额定电流很多，很容易烧毁电动机定子绕组。因此，维修时应注意以下两点：一是发现电动机缺相故障时要立即切断电动机电源，避免电动机因长时间缺相运行而烧毁；二是不宜采用通电试车法观察故障现象。

② 维修故障时，采用验电笔检测法、电压测量法一般可提高维修速度，特别是验电笔检测法具有检测速度快、现象明显等特点。但维修电动机缺相运行故障时，由于电动机不能长时间通电，所以对于此类故障，可在接线端子排处拆下电动机的电源引线后测量，也可以断电后采用电阻法测量。

③ 遇到故障时，不能盲目急于用测量法查找故障点，应进行合理、充分的试车，通过试车再进一步观察故障现象，尽量缩小故障范围。例如，发现电动机 M1 缺相运行，可再按下 SB3，观察电动机 M3 是否缺相运行，从而缩小故障范围，缩短维修时间。

（3）故障维修实例三

故障现象：主轴电动机不能起动、接触器 KM 不吸合。

故障分析：合上电源隔离开关 QF，按下起动按钮 SB2，观察到 KM 不能吸合，则故障必然发生在控制电路中。其故障范围(原因)可能为控制变压器 TC 故障、接触器 KM 线圈回路有故障。

故障调研：可按下刀架快速移动按钮 SB3，观察中间继电器 KA2 能否吸合。若不能吸合，故障可能在 KM 和 KA2 的公共控制电路部分和控制电路电源电路部分；若能吸合，故障可能在 KM 线圈支路部分(5-6-7-0)。

查找故障点并排除故障：查找故障点和排除故障的流程如图 9-16 所示。

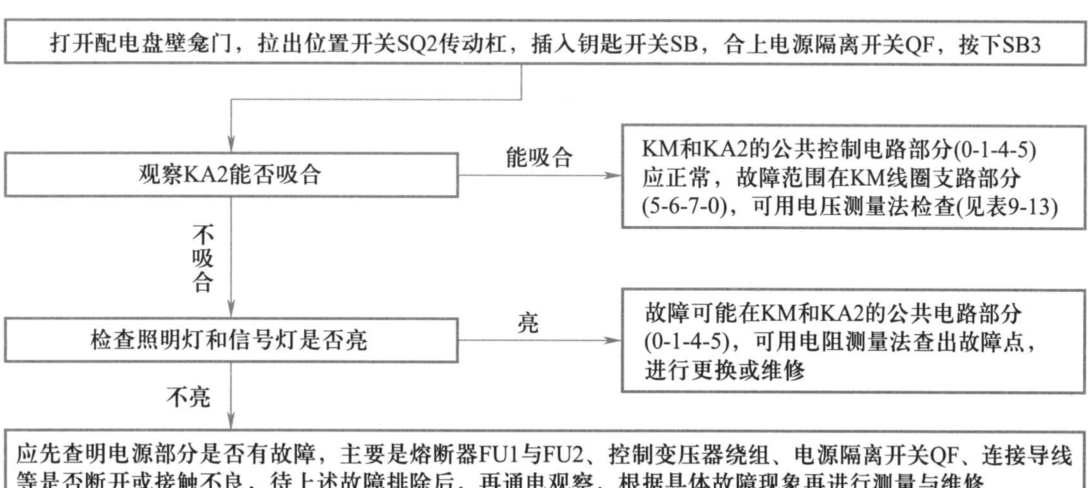

图 9-16　查找故障点和排除故障的流程

用电压测量法查找 KM 线圈支路部分故障及排除方法见表 9-13。

表 9-13 用电压测量法查找 KM 线圈支路部分故障及排除方法

<table>
<tr><th>测量图示及测量状态</th><th>5-6</th><th>6-7</th><th>7-0</th><th>故障点</th><th>排除方法</th></tr>
<tr><td rowspan="3">测量图示：
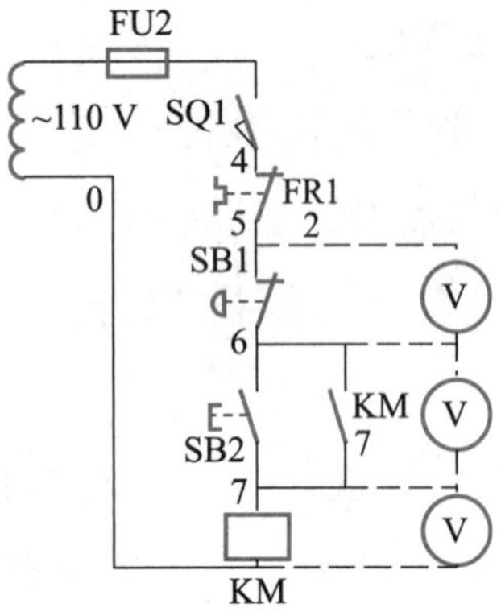

测量状态：按下按钮 SB2 不放</td><td>110 V</td><td>0</td><td>0</td><td>SB1 动断触点接触不良或接线松脱</td><td>更换 SB1 或将松脱导线接好</td></tr>
<tr><td>0</td><td>110 V</td><td>0</td><td>SB2 动合触点接触不良或接线松脱</td><td>更换 SB2 或将松脱导线接好</td></tr>
<tr><td>0</td><td>0</td><td>110 V</td><td>KM 线圈断路或接线松脱</td><td>更换 KM 线圈或将松脱导线接好</td></tr>
</table>

善后工作同故障维修实例一。

提示

一般机床电气控制线路比较复杂，某个接触器或继电器线圈不能通电吸合，应通过通电试车、故障原因逻辑分析等，区分故障在控制电路的公共部分还是在该线圈支路部分。例如，本例故障中，接触器 KM 线圈不能通电吸合，可通过按刀架快速移动按钮 SB3，观察中间继电器 KA2 线圈能否通电吸合。若 KA2 能吸合，则故障在接触器 KM 线圈支路部分；若 KA2 不能吸合，则故障在控制电路的公共部分的可能性比较大。

任务操作

1. 维修工具、仪表及技术资料

① 维修用工具、仪器仪表由学生自行选配，并进行检验。

② 维修用技术资料：主要包括与 CA6140 型车床相配套的电气控制线路原理图、布置图、接线图、维修记录单及机床其他相关技术资料。

2. 维修步骤及工艺要求

机床电气控制线路维修前，必须在操作人员的指导下对机床进行操作，了解机床的各种工作状态及操作方法，切不可自行操作，以防操作不当，引起机械设备损坏。

机床电气故障的设置必须是模拟机床受外界影响而造成的自然故障；设置故障

时不能更改线路或更换电气元件等由于人为原因而产生的非自然故障；故障设置应尽量不采用会引起人身安全或设备重大故障的故障。一般由指导教师在电气控制线路上设置 3~5 处故障点。

① 在指导教师的指导下，根据车床电气控制线路原理图、布置图和接线图，进一步熟悉车床各电气元件的分布位置和走线情况。

② 用试验法观察故障现象：主要观察电动机、接触器、继电器等动作情况，若发现异常，应及时切断电源检查。

③ 用逻辑分析法缩小故障范围，并在控制线路原理图中标出故障的最小范围。

④ 用测量法等检测方法正确、迅速地找出故障点(测量方法由学生选择)。

⑤ 根据故障点的不同情况，采取正确的修复方法，迅速排除故障。

⑥ 故障排除后再通电试车。

⑦ 维修结束后，应填写维修记录单，做好维修记录，见表 9-14。

表 9-14　电气设备维修记录单

______号

<table>
<tr><td>设备型号</td><td></td><td>设备名称</td><td></td><td>设备编号</td><td></td></tr>
<tr><td>故障日期</td><td></td><td>维修人员</td><td></td><td>操作人员</td><td></td></tr>
<tr><td>故障现象</td><td colspan="5"></td></tr>
<tr><td>故障原因分析</td><td colspan="5"></td></tr>
<tr><td>故障部位</td><td colspan="5">在电路图中标出最小故障范围</td></tr>
<tr><td rowspan="2">查找故障点并排除</td><td colspan="2">故障点</td><td colspan="2">维修步骤</td><td>排除方法</td></tr>
<tr><td colspan="2"></td><td colspan="2"></td><td></td></tr>
<tr><td>引起故障的原因</td><td colspan="5"></td></tr>
<tr><td>故障修复措施</td><td colspan="5"></td></tr>
<tr><td>负责人评价</td><td colspan="5">负责人签字：　　　　　　年　月　日</td></tr>
</table>

3. 维修注意事项

① 要熟悉机床电气控制线路中各个基本环节的作用及控制原理。

② 观察故障现象应认真仔细，发现异常情况应及时切断电源，并向指导教师报告。

③ 工具、仪器仪表使用要正确规范。

④ 故障分析思路、方法要正确、有条理，应将故障范围尽量缩小。

⑤ 停电要验电，带电维修时，必须有指导教师在现场监护，并应确保用电

安全。

⑥ 维修时不得扩大故障范围或产生新的故障点。

⑦ 维修结束后，应整理技术资料并归档。

任务评价

任务评价表见表9-15。

表9-15 任务评价表

任务	评价标准		配分	扣分
观察故障现象	（1）故障现象描述不正确 （2）故障现象描述有误	每个扣5分 每个扣3分	10	
工具、仪表、器材、技术资料选配与使用	（1）工具、仪表、器材及维修资料选择不当 （2）工具、仪表使用不规范 （3）损坏工具、仪表	每个扣2分 每次扣2分 扣5分	5	
确定故障范围	（1）故障分析思路不清晰 （2）故障范围有误、过大、不准确	每个扣5分 每个扣3~5分	15	
查找故障点	（1）故障点检查方法不正确、不规范 （2）故障点判断错误	每个扣10分 每个扣10分	30	
排除故障	（1）停电不验电 （2）排故思路不清晰 （3）排故方法不正确 （4）不能排除故障 （5）通电试车不成功	扣5分 每个扣5分 每个扣5分 每个扣10分 每次扣20分	30	
技术资料归档	（1）维修记录单不填写或填写不完整 （2）技术资料不完整或不归档	酌情扣3~5分 酌情扣3~5分	10	
其他	（1）维修时产生新故障且不能自行修复 （2）产生新故障，能自行修复 （3）损坏电动机、电气元件 （4）善后工作不全面 注：本项从总分中扣除	每个扣10分 每个扣5分 扣20~40分 扣5~10分		

续表

<table>
<tr><th>任务</th><th colspan="6">评 价 标 准</th><th>配分</th><th>扣分</th></tr>
<tr><td>职业素养</td><td colspan="7">要求在任务操作过程中穿工作服、绝缘鞋等防护装备；遵守安全操作规程，杜绝安全事故；爱惜实训设备、器材，不浪费材料，工具、仪表、器材等摆放规范，符合职业岗位要求；任务操作结束后，工具、仪表、材料、废料分类处置，实训工位干净整洁。违反上述要求酌情扣 5~40 分，情节严重者，可判本次任务操作训练为 0 分，甚至取消本次任务操作资格</td><td></td></tr>
<tr><td>定额时间</td><td colspan="7">60 min，每超时 5 min(不足 5 min 以 5 min 计)扣 1 分</td><td></td></tr>
<tr><td>备注</td><td colspan="7">除定额时间外，各项目的最高扣分不应超过配分数</td><td></td></tr>
<tr><td>开始时间</td><td></td><td>结束时间</td><td></td><td>实际时间</td><td></td><td colspan="2">成绩</td><td></td></tr>
</table>

学生自评：

学生签名：　　　　　　　　年　月　日

教师评语：

教师签名：　　　　　　　　年　月　日

项目 10 M7130 型平面磨床电气控制线路的维修

项目目标

学完本项目后，你应当：

★ 知道 M7130 型平面磨床的用途、主要结构和运动形式、电力拖动特点和控制要求。

★ 会识读 M7130 型平面磨床控制线路原理图、布置图和接线图。

★ 会排除 M7130 型平面磨床常见电气故障。

★ 能完成工作记录、技术文件存档。

项目描述

电工车间主任接到了 M7130 型平面磨床操作员的电话，编号为 0011 的 M7130 型平面磨床出现“砂轮电动机不能起动”的故障，要求派维修人员迅速维修。车间主任与操作员之间进行了如下简短的对话。

车间主任：电磁吸盘能否吸牢工件？

操作员：电磁吸盘能吸牢工件。

车间主任：将充退磁转换开关转到“退磁”位置，能否起动砂轮机？

操作员：能起动。

电工车间主任比较详细地了解了 M7130 型平面磨床的故障现象，将维修工作任务派给了中级电工小王，维修任务单见表 10-1。

表 10-1 维修任务单

某企业维修任务单　　　　编号——001

<table>
<tr><td>维修任务</td><td colspan="3">维修 0011 号 M7130 型平面磨床</td><td>派工日期</td><td>年 月 日</td></tr>
<tr><td>维修人员</td><td>小王</td><td>维修负责人</td><td>小王</td><td>完工日期</td><td>年 月 日</td></tr>
<tr><td>签收人</td><td colspan="3"></td><td>签收日期</td><td>年 月 日</td></tr>
<tr><td>故障现象</td><td colspan="5">操作员描述如下：
1. 砂轮电动机不能起动
2. 电磁吸盘能吸牢工作
3. 将充退磁转换开关转到“退磁”位置时，能起动砂轮机</td></tr>
<tr><td>工作内容</td><td colspan="5">1. 与操作员联系，进一步了解 0011 号 M7130 型平面磨床故障情况
2. 准备维修工具、仪表、器材和相关技术资料
3. 观察故障现象，分析故障范围，查找故障点，实施故障维修，维修任务完成后，进行检验和通电试验，合格后交付操作员使用
4. 将相关技术资料交付车间档案室归档保存</td></tr>
<tr><td>材料申领</td><td colspan="5">此项由维修负责人填写：

维修负责人：</td></tr>
<tr><td>任务验收</td><td colspan="5">此项填写验收时设备的主要验收技术参数，由维修负责人填写：

维修负责人：</td></tr>
<tr><td>车间负责人评价</td><td colspan="5">负责人签字：　　　　年 月 日</td></tr>
</table>

项目分析

磨床是用砂轮的周边或端面对工件的表面进行机械加工的一种精密机床。通过磨削，使工件表面的形状、精度、光洁度等达到预期的要求。磨床的种类很多，根据用途不同可分为平面磨床、内圆磨床、外圆磨床、工具磨床以及一些专用磨床（如螺纹磨床、齿轮磨床、球面磨床、花键磨床、导轨磨床与无心磨床）等，其中以平面磨床应用最为普遍。

平面磨床是用砂轮磨削加工各种零件的平面。平面磨床可分为立轴矩台平面磨床、卧轴矩台平面磨床、立轴圆台平面磨床、卧轴圆台平面磨床等。图 10-1 所示为 M7130 型平面磨床，它具有平面磨削精度和光洁度都比较高、操作方便的特点，适用磨削精密零件和各种工具，并可作镜面磨削。

图 10-1　M7130 型平面磨床

M7130 型平面磨床故障种类较多，一般情况下，操作员描述的故障现象可能不一定准确，或者所描述的故障现象比较简单，不够详细。这会对维修人员判断故障范围、准备维修器材等带来一定的困难。因此，有经验的维修人员会进一步向操作人员详细询问故障现象或指示操作人员进行某些操作，以便能够了解更详细的故障现象来判断故障范围，为准备维修工具、仪表、器材等提供方便。本项目任务中，车间主任通过电话指导操作员进行一些简单的操作，对故障现象了解更加详细，为维修人员小王判断故障范围等提供了比较充分的依据。

项目实施

任务 1　认识 M7130 型平面磨床

任务目标

1. 知道 M7130 型平面磨床的主要结构和运动形式。

2. 熟悉 M7130 型平面磨床的基本操作方法和各操作手柄的位置及作用。

3. 熟悉 M7130 型平面磨床对电力拖动系统的要求。

任务准备

1. M7130 型平面磨床的型号含义

M7130 型平面磨床的型号含义如下：

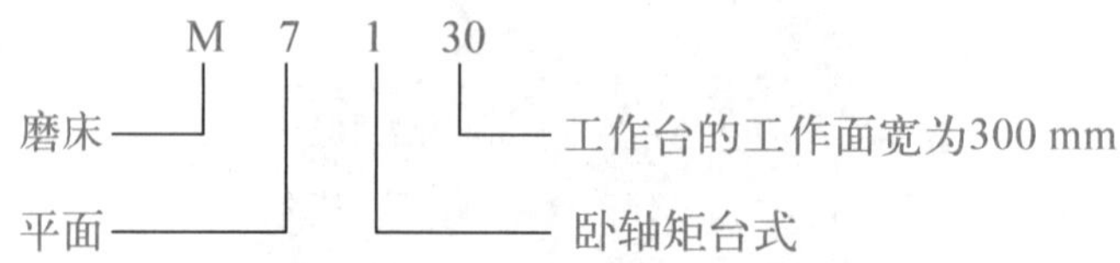

2. M7130 型平面磨床的主要结构

M7130 型平面磨床的结构如图 10-2 所示。主要由床身、工作台、电磁吸盘、砂轮架(又称磨头)、立柱等组成。砂轮和砂轮电动机均装在砂轮箱内，砂轮由砂轮电动机直接驱动；砂轮箱装在滑座上，滑座装在立柱上，并可沿立柱导轨上下运动。工作台表面上有 T 槽，可以用螺钉和压板直接将工件固定在工作台上，也可以在工作台上安装电磁吸盘，用以固定磁性小工件。

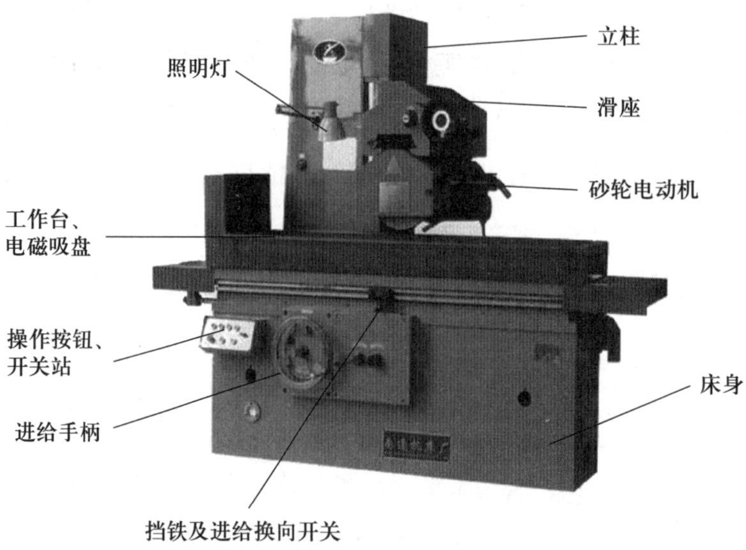

图 10-2 M7130 型平面磨床结构图

3. M7130 型平面磨床的主要运动形式及控制要求

M7130 型平面磨床的主要运动形式及控制要求见表 10-2。

表 10-2　M7130 型平面磨床的主要运动形式及控制要求

运动类型	运动形式	控制要求
主运动	砂轮的高速旋转	(1) 为保证磨削加工质量，要求砂轮有较高的转速，通常采用两极笼型异步电动机拖动 (2) 为提高主轴的刚度，简化机械结构，采用装入式电动机，将砂轮直接装到电动机轴上 (3) 砂轮电动机 M1 只要求单向运转，可直接起动，无调速和制动要求
进给运动	工作台的往复运动(纵向进给)	(1) 因液压传动换向平稳，易于实现无级调速，所以工作台的往复运动由液压传动 (2) 液压泵电动机 M3 拖动液压泵，工作台在液压作用下作纵向运动 (3) 由装在工作台前侧的换向挡铁碰撞床身上的液压换向开关控制工作台的进给方向
	砂轮架的横向(前后)进给	(1) 在磨削加工过程中，工作台每换向一次，砂轮架就横向进给一次 (2) 在修正砂轮或调整砂轮的前后位置时，可连续横向移动 (3) 砂轮架的横向进给运动可由液压传动，也可用手轮进行操作
	砂轮架的升降(垂直)进给	(1) 滑座沿立柱的导轨垂直上下移动，以调整砂轮架的上下位置，或使砂轮磨入工件，以控制磨削平面时的工件尺寸 (2) 垂直进给运动通过操作手轮由机械传动装置实现
辅助运动	工件的夹紧	(1) 工件可以用螺钉和压板直接固定在工作台上 (2) 在工作台上也可以安装电磁吸盘，将较小的磁性工件吸附在电磁吸盘上，此时要有充磁和退磁控制环节 (3) 为保证安全，电磁吸盘与电动机 M1、M2、M3 之间有电气联锁装置，即电磁吸盘吸牢工件后，这些电动机才能起动。电磁吸盘不工作或发生故障时，这些电动机均不能起动
	工作台的快速移动	工作台能在纵向、横向或垂直 3 个方向快速移动，由液压传动机构控制
	工件的夹紧与放松	由人力操作
	工件的冷却	冷却泵电动机 M2 拖动冷却泵旋转供给冷却液；要求砂轮电动机 M1 和冷却泵电动机 M2 实现顺序控制

任务操作

1. 选配工具、仪表、资料

根据任务操作要求，选配常用电工工具，万用表、钳形电流表、兆欧表等常用电工仪表和磨床使用说明书(手册)等相关技术资料。

2. 认识 M7130 型平面磨床

现场参观 M7130 型平面磨床，对照图 10-2 所示的平面磨床结构图和磨床使用说明书(手册)等相关资料，认真观察磨床的外形和结构，识别磨床的主要机械部件和电气部件。

3. 操作 M7130 型平面磨床

先观察指导教师对 M7130 型平面磨床的示范操作，然后在指导教师的监护下，完成对磨床的基本操作训练。

(1) 操作磨床前的检查

打开电气控制箱门，检查各电气元件是否完整，安装是否牢固，接线有无脱落、松动等现象，然后关好电气控制箱门；检查各操作开关、手柄是否完好、操作是否灵活；检查各电动机是否正常；特别应注意检查各机械部件是否处于适当位置，以免操作时相互碰撞而损坏机床。

(2) 接通电源

上述检查无误后，合上电源隔离开关 QS1，接通磨床电源。

(3) 起动砂轮电动机 M1

将充退磁转换开关 QS2 转到“退磁”位置，QS2(3-4)闭合。按下砂轮电动机 M1 起动按钮 SB1，细听、观察砂轮电动机的运转声音和运转情况。

按下砂轮电动机停止按钮 SB2，观察砂轮电动机 M1 的旋转方向是否符合要求。

(4) 起动液压泵电动机 M3

将充退磁转换开关 QS2 转到“退磁”位置，按下液压泵电动机 M3 起动按钮 SB3，观察液压泵电动机 M3 的运转情况，扳动工作台运动控制手柄，观察工作台的纵向往复进给运动是否正常。

(5) 起动冷却泵电动机 M2

插上接插器 X1 后，再起动砂轮电动机 M1，观察冷却泵电动机 M2 运行情况。

上述操作试验完成后，将所有电动机停转，并断开电源隔离开关 QS1。再进行磨床的全部操作过程。

(1) 开动电磁吸盘，吸牢工件

插上电磁吸盘插座，将磁性工件放在电磁吸盘上，合上电源隔离开关 QS1，将充退磁转换开关 QS2 转到“吸合”位置，检查电磁吸盘能否将工件牢固吸住。

（2）起动砂轮电动机 M1、液压泵电动机 M3

将充退磁转换开关 QS2 转到“吸合”位置，待工件吸牢后，再起动砂轮电动机 M1、液压泵电动机 M3，观察电动机运转情况。

（3）调节欠电流继电器 KA 的吸合电流

将一只 5 A 的直流电流表串入 KA 线圈回路中，合上电源隔离开关 QS1，将 QS2 转到“吸合”位置，调节欠电流继电器的调节螺母，使其吸合电流约为 1.5 A。

（4）停车操作

先按下各电动机停止按钮，待各电动机停止运转后，再切断电源隔离开关 QS1。

操作中注意事项可参考项目 9。

任务评价

任务评价表可参考表 9-3。

任务 2　识读 M7130 型平面磨床电气控制线路原理图

任务目标

1. 熟悉 M7130 型平面磨床电气控制线路的组成和各电气元件型号及功能。
2. 会分析 M7130 型平面磨床电气控制线路的工作原理。

任务准备

1. M7130 型平面磨床电气控制线路工作原理

M7130 型平面磨床电气控制线路原理图如图 10-3 所示。M7130 型平面磨床控制线路分为主电路、控制电路、电磁吸盘电路及照明电路四部分。

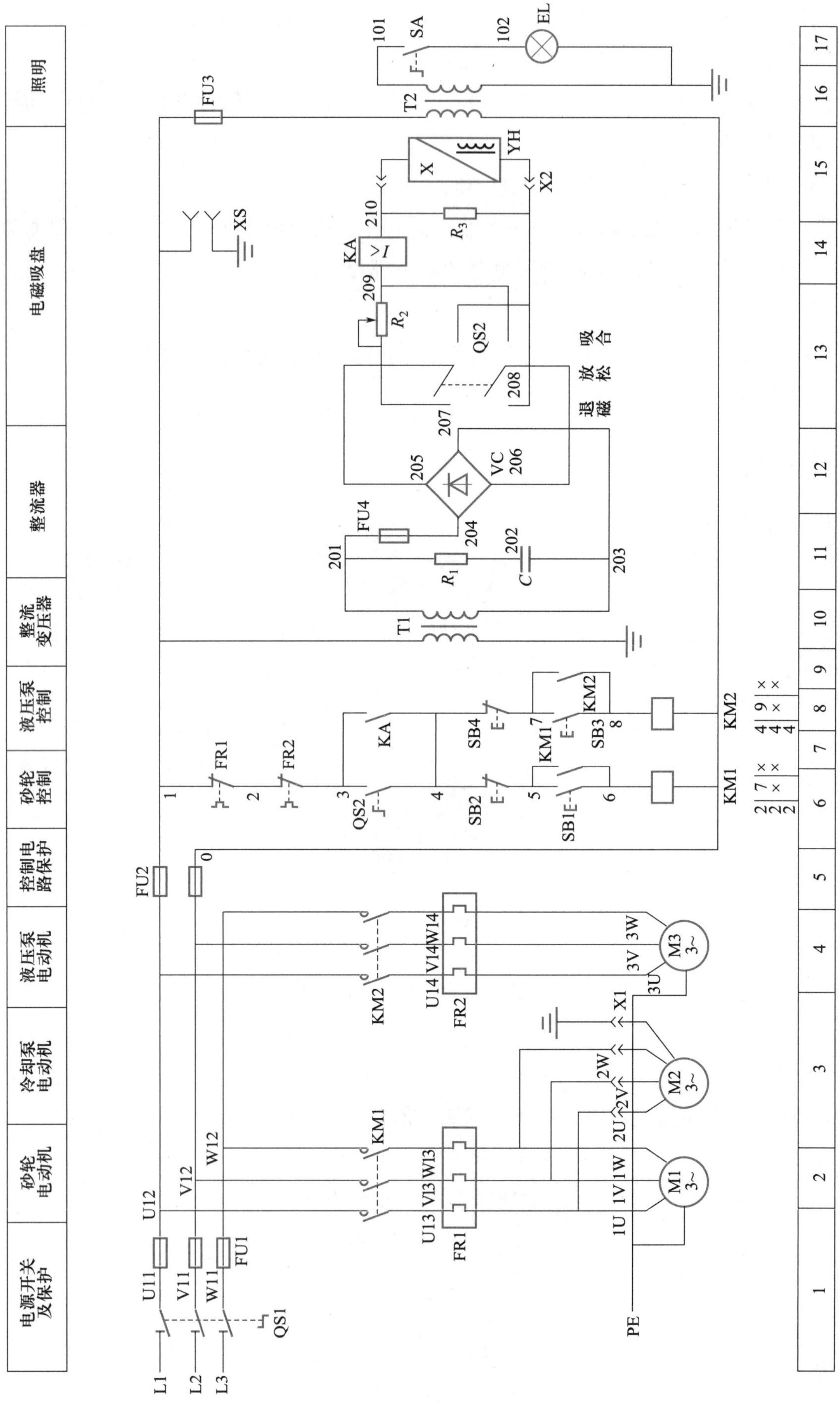

图 10-3 M7130 型平面磨床电气控制线路原理图

（1）M7130 型平面磨床主电路分析

M7130 型平面磨床主电路图如图 10-4 所示。三相交流电源由电源隔离开关 QS1 引入，熔断器 FU1 作短路保护，主电路中有 3 台电动机，分别是砂轮电动机 M1、冷却泵电动机 M2、液压泵电动机 M3，其主电路的控制和保护电器见表 10-3。

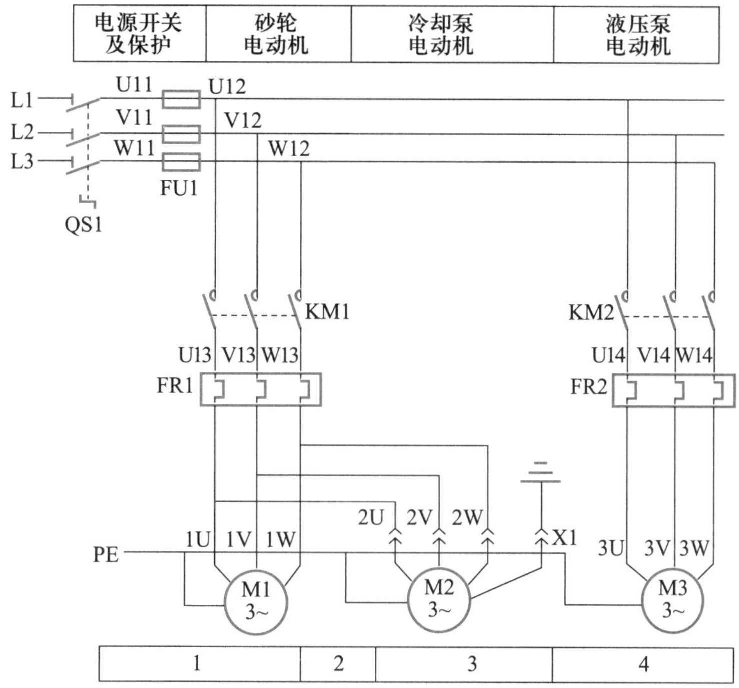

图 10-4　M7130 型平面磨床主电路图

表 10-3　主电路的控制和保护电器

名称与代号	作　　用	控 制 电 器	过载保护电器	短路保护电器
砂轮电动机 M1	驱动砂轮高速旋转	交流接触器 KM1	热继电器 FR1	熔断器 FU1
冷却泵电动机 M2	输送冷却液	交流接触器 KM1 和接插器 X1	无	熔断器 FU1
液压泵电动机 M3	为液压系统提供动力	交流接触器 KM2	热继电器 FR2	熔断器 FU1

（2）M7130 型平面磨床控制电路分析

M7130 型平面磨床控制电路中电气元件较少，直接采用交流 380 V 电压供电，由熔断器 FU2 作控制电路短路保护。

指点迷津　　电磁吸盘与 3 台电动机之间的电气联锁

在 M7130 型平面磨床中，要求电磁吸盘与 3 台电动机 M1、M2、M3 之间设置电气联锁保护，即只有电磁吸盘工作电流正常后，3 台电动机才能起动；当电磁吸盘突然断电或欠电压时，3 台电动机应立即停止。因此，在控制电路的 3-4 线号间并接了欠电流继电器 KA 的动合触点(8 区,3-4)，3 台电动机起动的前提条件是 KA 的动合触点闭合。

欠电流继电器 KA 的线圈(14 区)串接在电磁吸盘 YH(15 区)的工作回路中，所以只有当电磁吸盘通电工作时，欠电流继电器 KA 线圈通电吸合，才能接通砂轮电动机 M1 和液压泵电动机 M3 的控制回路，保证了在加工工件被电磁吸盘 YH 吸牢的情况下，砂轮电动机 M1 和液压泵电动机 M3 能起动，砂轮和工作台才能进行磨削加工，达到了安全的目的。

① 砂轮电动机 M1 的控制

合上电源隔离开关 QS1，将充退磁转换开关 QS2 转到“吸合”位置，欠电流继电器 KA 的动合触点(8 区,3-4)闭合，为起动砂轮电动机 M1 和液压泵电动机 M3 做好准备工作。

砂轮电动机 M1 采用接触器自锁正转控制线路。按下砂轮电动机 M1 起动按钮 SB1，接触器 KM1 线圈(6 区)通电吸合并自锁，砂轮电动机 M1 起动。若按下停止按钮 SB2，接触器 KM1 线圈断电释放，砂轮电动机 M1 断电后停转。

② 液压泵电动机 M3 的控制

液压泵电动机 M3 同砂轮电动机 M1 一样采用了接触器自锁正转控制线路，按下起动按钮 SB3，接触器 KM2 线圈(8 区)通电吸合并自锁，液压泵电动机 M3 起动，按下停止按钮 SB4，液压泵电动机 M3 断电后停转。

③ 冷却泵电动机 M2 的控制

冷却泵电动机 M2 与砂轮电动机 M1 在主电路中实现顺序控制。当砂轮电动机 M1 起动后，插上接插器 X1 后，冷却泵电动机 M2 即起动运行，当砂轮电动机停止运行时，冷却泵电动机 M2 同时停止。

(3) M7130 型平面磨床电磁吸盘电路分析

电磁吸盘是装夹在工作台上用来固定磁性小工件的一种夹具，其外形和结构示意图如图 10-5 所示。其外壳是钢制箱体，中部的芯体上绕有线圈，吸盘的盖板用钢板制成，钢制盖板用非磁性材料(如铅锡合金)隔离成若干个小块，当线圈通上直流电后，吸盘的芯体被磁化，产生磁场，磁通便以芯体和工件做回路，工件被吸牢。它与机械夹具相比较，具有夹紧迅速、操作快速简便、不损伤工件、一次能吸牢多个小工件，以及在磨削工件发热时可自由伸缩、不会变形等优点。其不足之处是只能吸牢铁磁材料的工件，不能吸牢非磁性材料的工件。

电磁吸盘电路如图 10-6 所示，包括整流电路、控制电路和保护电路三部分。

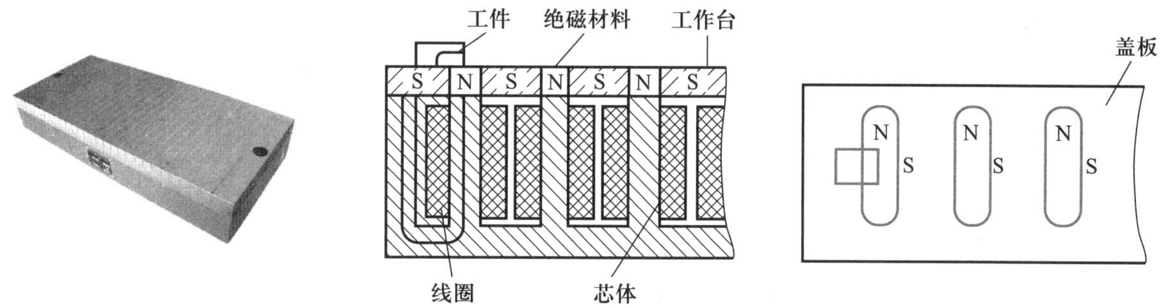

(a) 外形

(b) 结构示意图

图 10-5　M7130 型平面磨床电磁吸盘

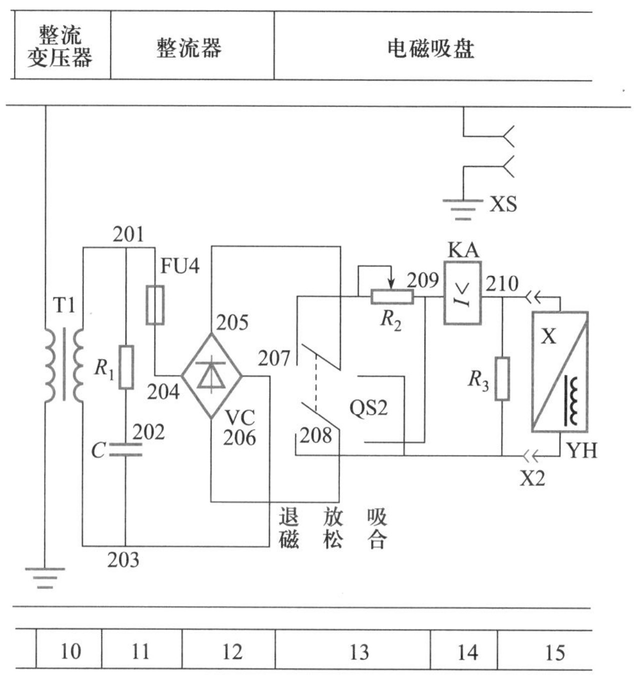

图 10-6　M7130 型平面磨床电磁吸盘电路图

① 整流电路

整流变压器 T1 将 220 V 的交流电压降为 145 V，经单相桥式全波整流器 VC 整流后输出 110 V 直流电压，作为电磁吸盘的直流电源。

② 电磁吸盘电路

吸合控制：当电磁吸盘上放上铁磁材料的工件后，将 QS2 转到“吸合”位置，其触点(205–208)和(206–209)闭合，直流电源接入电磁吸盘 YH，工件被吸牢。同时，欠电流继电器 KA 线圈通电，其动合触点(8 区,3–4)闭合，接通砂轮电动机和液压泵电动机的控制电路。

放松控制：当磨削加工完成后，为取下工件方便，先将 QS2 转到“放松”位置，其触点(205–208)和(206–209)断开，切断电磁吸盘 YH 的直流电源。但这时由于工件具有剩磁而不易取下，因此必须进行退磁。

退磁控制：将 QS2 转到“退磁”位置，其触点(205-207)和(206-208)闭合，由于退磁回路中串入了退磁电阻 R_2，电磁吸盘 YH 通入较小的反向电流进行退磁。调节退磁电阻 R_2 的阻值即可以改变退磁电流的大小，达到既能充分退磁又不至反向充磁的目的。当退磁结束时，将 QS2 转回到“放松”位置，即可将工件取下。

如果工件不易退磁时，可将附件退磁器的插头插入插座 XS，使工件在交变磁场的作用下进行退磁。

如果将工件直接夹在工作台上而不需要电磁吸盘时，则应将电磁吸盘 YH 的插头 X2 从插座上拔下，同时将转换开关 QS2 转到“退磁”位置，这时，接在控制电路中的 QS2 动合触点(6 区,3-4)闭合，接通砂轮电动机 M1 和液压泵电动机 M3 的控制电路。

③ 电磁吸盘保护电路

电磁吸盘的保护装置由放电电阻 R_3 和欠电流继电器 KA 构成。

由于电磁吸盘是一个大电感，工作时会存储大量的磁场能量。当电磁吸盘充退磁转换开关 QS2 从“吸合”状态转变为“放松”状态的瞬间，电磁吸盘 YH 线圈两端会产生很大的自感电动势，易使线圈或其他元件由于过电压而被击穿绝缘。放电电阻 R_3 的作用是在电磁吸盘断电瞬间，给线圈提供放电通路，吸收线圈释放的磁场能量。

欠电流继电器 KA 的作用是防止电磁吸盘发生断电或欠电压等故障时，工件吸持不牢，易被砂轮带飞而造成事故。其保护原理是：当电磁吸盘突然发生断电或欠电压等故障时，欠电流继电器 KA 因通过线圈的电流小于整定电流值而释放，KA 的动合触点(8 区,3-4)分断，切断 KM1、KM2 线圈支路，KM1、KM2 断电释放，砂轮电动机 M1 和液压泵电动机 M3 立即停转，从而避免发生工件飞出事故。

电阻 R_1 和电容 C 串联后组成阻容吸收电路，用以吸收电磁吸盘回路交流侧的过电压和直流侧通断时产生的浪涌电压，对整流器进行过电压保护。

熔断器 FU4 为电磁吸盘提供短路保护。

(4) M7130 型平面磨床照明电路分析

照明电路的电源由控制变压器 T2 将 380 V 交流电压降为 36 V 安全电压供给照明电路。EL 为照明灯，由转换开关 SA 控制，熔断器 FU3 作为照明电路的短路保护。

M7130 型平面磨床的电气元件明细表见表 10-4。

表 10-4　M7130 型平面磨床电气元件明细表

符号	名　　称	型　　号	规　　格	数量	作　　用
M1	砂轮电动机	Y100L-2	3 kW，6.4 A，2 880 r/min	1	驱动砂轮
M2	冷却泵电动机	JCB-22	125 W，220 V/380 V，2 790 r/min	1	提供冷却液
M3	液压泵电动机	Y90S-4	1.1 kW，2.7 A，1 400r/min	1	驱动液压泵
QS1	电源隔离开关	HZ10-25/3		1	引入电源
QS2	转换开关	HZ1-10P/3		1	控制电磁吸盘充磁、退磁
SA	照明灯开关			1	控制照明灯
FU1	熔断器	RL1-60/30	60 A，熔体 30 A	3	电源短路保护
FU2	熔断器	RL1-15/5	15 A，熔体 5 A	2	控制电路短路保护
FU3	熔断器	RL1-15/2	2 A	1	照明电路短路保护
FU4	熔断器	RL1-15/2	15 A，熔体 2 A	1	电磁吸盘短路保护
KM1	交流接触器	CJ10-10	线圈电压 380 V	1	控制砂轮电动机 M1
KM2	交流接触器	CJ10-10	线圈电压 380 V	1	控制液压泵电动机 M2
FR1	热继电器	JR16-20	整定电流 6.4 A	1	电动机 M1 过载保护
FR2	热继电器	JR16-20	整定电流 2.7 A	1	电动机 M3 过载保护
T1	整流变压器	BK-400	400 V · A，220 V/145 V	1	提供整流电路电压
T2	照明变压器	BK-50	50 V · A，380 V/36 V	1	提供照明灯电压
VC	桥式整流器	GZH	1 A，220 V	1	提供电磁吸盘直流电压
YH	电磁吸盘		1.2 A，110 V	1	工件夹具
KA	欠电流继电器	JT3-11L	1.5 A	1	电磁吸盘弱磁保护
SB1	起动按钮	LA2	绿色	1	起动电动机 M1
SB2	停止按钮	LA2	红色	1	停止电动机 M1
SB3	起动按钮	LA2	绿色	1	起动电动机 M3
SB4	停止按钮	LA2	红色	1	停止电动机 M3

续表

符号	名称	型号	规格	数量	作用
R_1	电阻	GF	6 W，125 Ω	1	与电容 C 组合，吸收浪涌电压
R_2	退磁电阻	GF	50 W，1 000 Ω	1	调节退磁电流
R_3	放电电阻	GF	50 W，500 Ω	1	保护电磁吸盘等
C	电容器		600 V，5 μF	1	与 R_1 组合，吸收浪涌电压
EL	照明灯	JD3	36 V，40 W	1	工作照明
X1	接插器	CY0-36		1	控制电动机 M2
X2	接插器	CY0-36		1	控制电磁吸盘 YH
XS	插座		250 V，5 A	1	退磁器用
附件	退磁器	TC1 TH/H		1	工件退磁用

2. M7130 型平面磨床的电气元件布置图

M7130 型平面磨床电气元件布置图如图 10-7 所示。

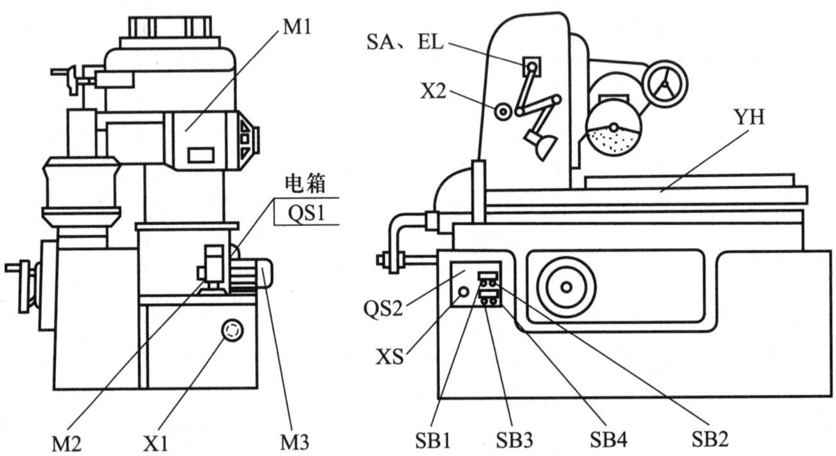

图 10-7 M7130 型平面磨床电气元件布置图

3. M7130 型平面磨床的接线图

M7130 型平面磨床的接线图如图 10-8 所示。

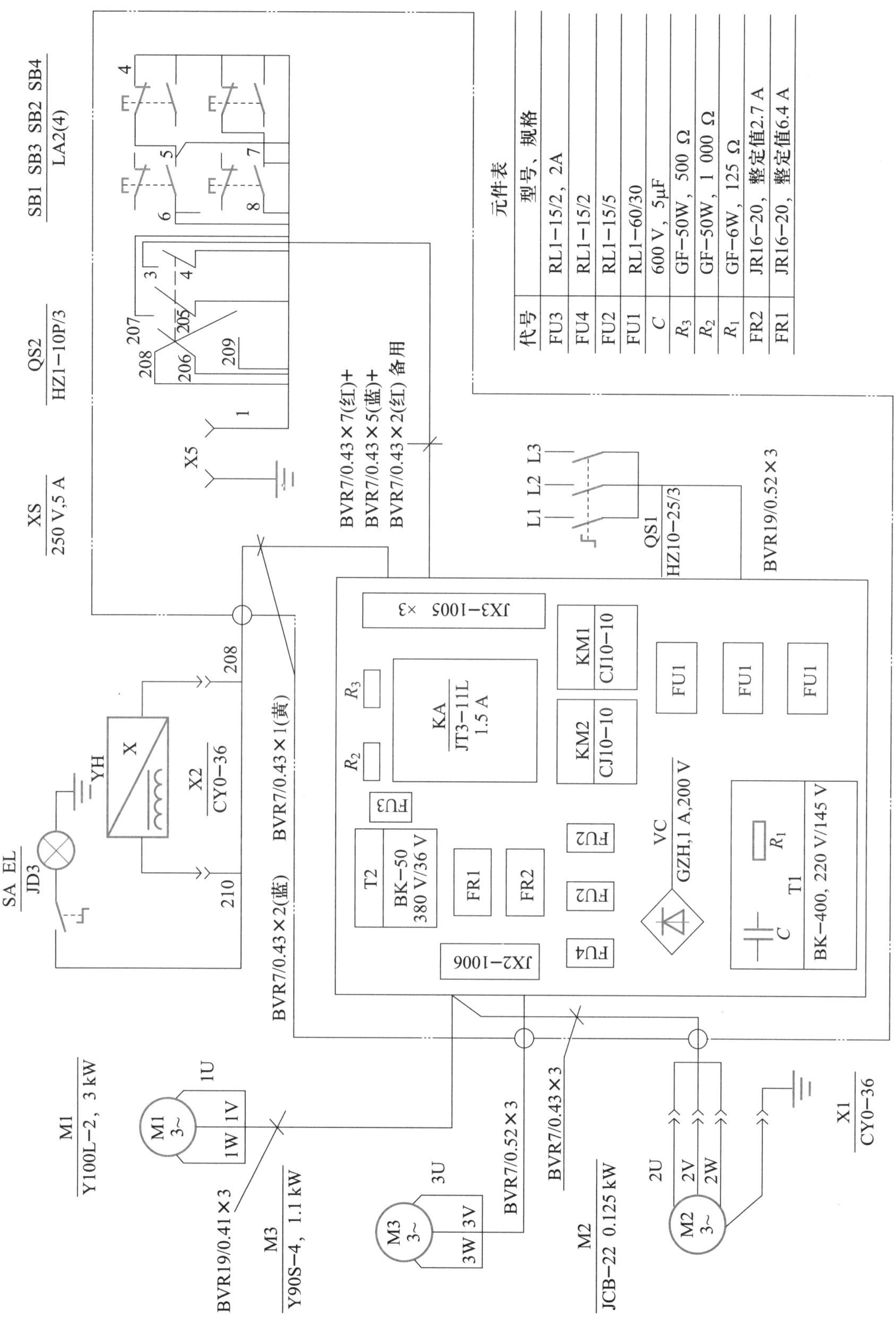

元件表

代号	型号、规格
FU3	RL1-15/2，2A
FU4	RL1-15/2
FU2	RL1-15/5
FU1	RL1-60/30
C	600 V，5μF
R_3	GF-50W，500 Ω
R_2	GF-50W，1 000 Ω
R_1	GF-6W，125 Ω
FR2	JR16-20，整定值2.7 A
FR1	JR16-20，整定值6.4 A

图10-8　M7130型平面磨床接线图

任务操作

1. 识读 M7130 型平面磨床电气控制线路原理图

识读 M7130 型平面磨床电气控制线路原理图，分析砂轮电动机 M1、冷却泵电动机 M2、液压泵电动机 M3、照明灯及电磁吸盘电路的工作原理；结合对机床的实际操作，进一步理解机床各部分的功能及工作原理。

2. 识读 M7130 型平面磨床电气元件布置图

根据图 10-7 所示的 M7130 型平面磨床电气元件布置图，结合机床，熟悉各电气元件的具体位置、用途和型号。

3. 识读 M7130 型平面磨床接线图

根据图 10-8 所示的 M7130 型平面磨床接线图和图 10-7 所示电气元件布置图，熟悉电气控制线路的布线情况，并通过测量等方法找出各控制线路的实际布线路径（通道）。

任务评价

任务评价表可参考表 9-9。

任务 3 M7130 型平面磨床电气控制线路的维修

任务目标

会排除 M7130 型平面磨床常见电气故障。

任务准备

M7130 型平面磨床电气控制线路常见故障的维修方法与车床相似。

1. 故障维修实例一

故障现象：砂轮电动机 M1 不能起动。

故障分析：对于“砂轮电动机 M1 不能起动”故障，运用逻辑分析法，可以初步确定引起故障的原因主要为电源电路故障、电动机 M1 故障、主电路故障、控制电路故障、电磁吸盘电路故障5个方面。

根据车间主任与操作员之间的对话，得到故障现象有：一是电磁吸盘能吸牢工件；二是充退磁转换开关转到“退磁”位置时，砂轮电动机M1能起动。运用逻辑分析法，可以基本排除电源电路、电动机M1、主电路3个方面的故障，因此，“砂轮电动机M1不能起动”的故障可以基本确定在控制电路、电磁吸盘电路范围内，这样大大缩小了故障范围，为提高维修效率创造了条件。

故障调研：电工小王到达现场后，将充退磁转换开关QS2转到“吸合”位置，在电磁吸盘上放置磁性小工件，合上电源隔离开关QS1，发现磁性小工件能够吸牢，再按下液压泵电动机M3起动按钮SB3，发现液压泵电动机M3也不能起动。

故障范围：根据故障调研，电工小王基本确定电磁吸盘电路正常，故障为控制电路中3-4线号间欠电流继电器KA动合触点接触不良或接线松脱的可能性较大，如图10-9所示的点画线框部分。

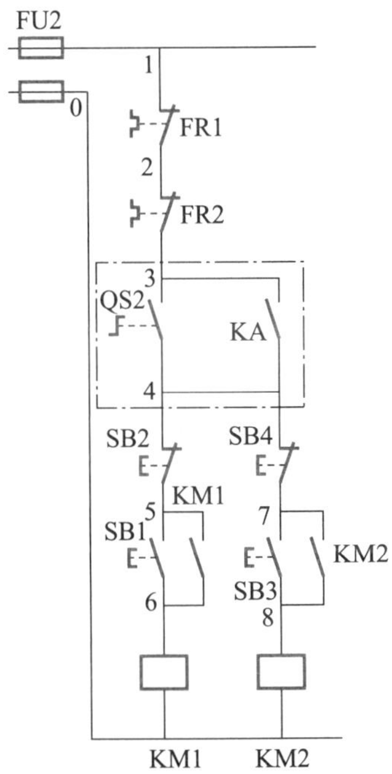

图10-9　故障维修实例一故障部位

查找故障点：切断电源，检查欠电流继电器KA动合触点3、4号线接线正常；将充退磁转换开关QS2转到“吸合”位置，合上电源隔离开关QS1，按下按钮SB1，用万用表电压挡测量3-4线号间电压为380 V，说明欠电流继电器KA动合触点接触不良。

故障维修：更换同规格的欠电流继电器KA。

善后工作：排除故障后，在确保人身和设备安全的条件下，进行试车，操作正常后，做好善后工作即可交付验收。

提示

针对操作员故障现象描述不够详细等情况，作为维修人员可指导操作员进行简单的操作，以便了解比较详细的故障现象。指导操作员进行操作的依据是维修人员对故障原因的逻辑分析，根据故障范围，可按从简单到复杂、从外到内的顺序进行操作。例如，本故障实例中，从电磁吸盘能否吸牢工件来判断电流继电器 KA 动作是否正常，从“退磁”状态下电动机能否起动来判断控制电路和主电路是否正常，以缩小故障范围。

2. 故障维修实例二

故障现象： 电磁吸盘无吸力。

故障分析： 对于“电磁吸盘无吸力”故障，说明电磁吸盘电路中没有电流通过。运用逻辑分析法，可以初步确定引起故障的原因主要为电磁吸盘电路中的整流电路电源故障、整流电路故障、控制电路故障、保护电路故障 4 个方面。需要电工进一步到现场调查故障现象，以进一步缩小故障范围。

故障调研： 电工小王到达现场后，先打开照明灯电源开关 SA，观察照明灯是否亮来判断整流变压器电源是否正常；当发现整流变压器电源正常后，拔下接插器 X2，将充退磁转换开关 QS2 转到“吸合”位置，用万用表检测放电电阻 R_3 两端直流电压是否正常来判断是电磁吸盘故障还是电磁吸盘整流电路、控制电路故障等。其故障调研流程如图 10-10 所示。

查找故障点并排除故障： 可根据故障调研过程中所观察到的故障现象，采用恰当的方法查找故障点，并采用正确的方法排除故障。

对于电磁吸盘 YH 故障，可用万用表电阻挡测量其线圈直流电阻值。当电磁吸盘 YH 线圈出现故障后，可打开电磁吸盘外壳检查维修。

对于电源电路故障，可用验电笔逐段检查 QS1、FU1、FU2 上、下接线柱是否有电，以查找故障点。当熔断器熔体熔断后，必须查明原因后更换相同规格的熔体，以防更换后再次熔断，甚至损坏电磁吸盘电路。

对于整流电路交流电源故障，可先用万用表检查整流变压器二次侧输出电压是否正常。若正常，则检查熔断器 FU4 和接线是否松脱、断线并排除；若不正常，则检查整流变压器一次侧交流 220 V 电压是否正常，若正常则用万用表检查整流变压器一次、二次绕组直流电阻值是否正常，若不正常可更换同规格的整流变压器。

对于整流电路故障，可先检查整流电路接线是否有松脱、断线等故障并排除，再用万用表检查整流器 VC 中各整流二极管是否损坏，若损坏，则更换同规格的整流二极管。

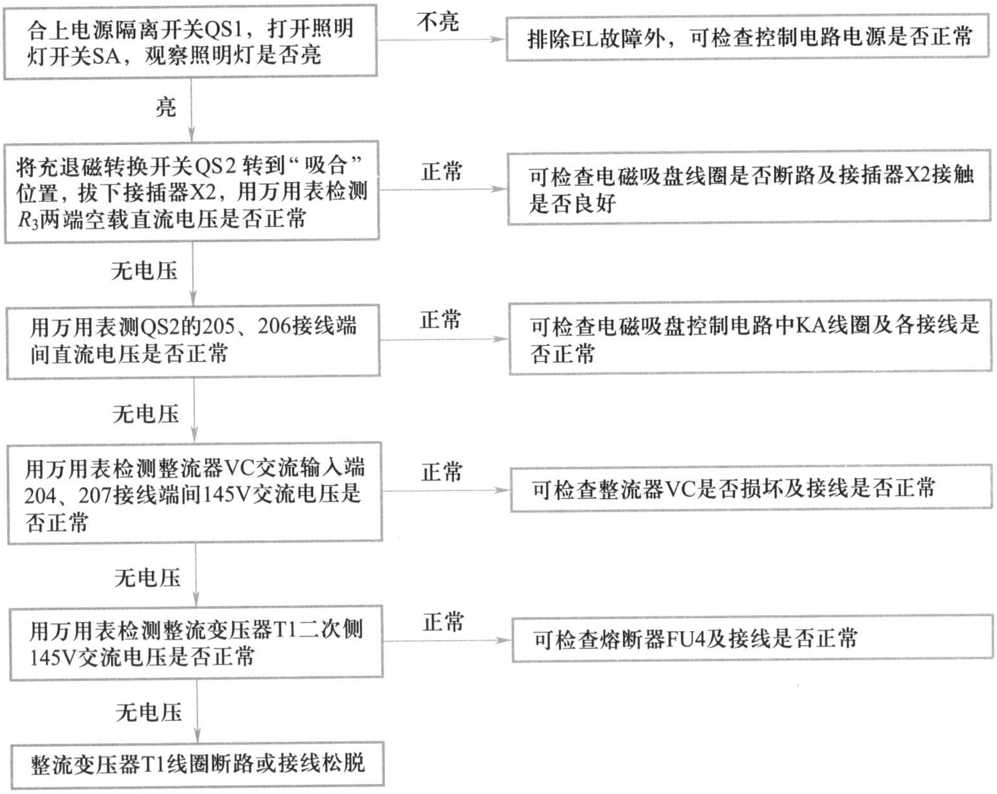

图 10-10　故障调研流程

对于控制电路故障，可先检查控制电路接线是否有松脱、断线等故障并排除，再用万用表检查欠电流继电器 KA 线圈是否开路，若开路则更换同规格的欠电流继电器 KA。

善后工作： 排除故障后，在确保人身和设备安全的条件下，进行试车，操作正常后，做好善后工作即可交付验收。

3. 故障维修实例三

故障现象： 电磁吸盘吸力不足。

故障分析： 电磁吸盘吸力不足，说明电磁吸盘电路中有电流通过，但电流过小，无法将工件吸牢，此故障也同时会造成欠电流继电器 KA 动合触点（8 区,3-4）不能吸合，而使砂轮电动机 M1、液压泵电动机 M2 等均不能起动。

根据图 10-6 所示的电磁吸盘电路，引起这种故障的原因可能是电磁吸盘线圈发生局部短路或整流器输出电压不正常造成的。由于电磁吸盘的电源电压是由整流器 VC 供给，空载时，整流器 VC 的直流输出电压应为 130 V 左右；接上负载（YH）后，应不低于 110 V。若整流器 VC 空载时输出电压正常，带负载时输出电压远远低于 110 V，则表明电磁吸盘线圈已局部短路，一般需更换电磁吸盘线圈。

故障调研： 电工小王到达现场后，先拔下电磁吸盘 YH 接插器 X2，将充退磁转换开关 QS2 转到“吸合”位置，用万用表检测放电电阻 R_3 两端直流电压是否超过

110 V 来判断是电磁吸盘故障还是电磁吸盘整流电路故障等。若发现整流器 VC 空载时输出电压低于 110 V，则检查整流变压器 T1 二次侧 145 V 交流电压是否正常来判断是整流器 VC 故障还是整流变压器 T1 故障。

查找故障点并排除故障： 可根据故障调研过程中所观察到的故障现象，采用恰当的方法查找故障点，并采用正确的方法排除故障。

若空载时电磁吸盘电源电压正常，可用万用表电阻挡检测电磁吸盘 YH 线圈直流电阻值，若发现不正常，应拆开电磁吸盘检查并更换线圈。

若空载时电磁吸盘电源电压不正常，可先用万用表检查整流变压器 T1 二次侧 145 V 交流电压。若不正常，排除电源故障后，应检查并更换同规格的整流变压器 T1；若正常，则为整流器 VC 故障，可用万用表电阻挡检查各整流二极管是否存在短路或断路故障，若损坏，则更换同规格的整流二极管。

善后工作： 排除故障后，在确保人身和设备安全的条件下，进行试车，操作正常后，做好善后工作即可交付验收。

提示

"电磁吸盘无吸力"和"电磁吸盘吸力不足"两个故障的故障范围相差比较大。"电磁吸盘无吸力"故障不仅涉及整流电路电源故障，而且涉及电磁吸盘的整流电路、控制电路和电磁吸盘本身的故障；而"电磁吸盘吸力不足"故障仅涉及整流电路故障和电磁吸盘本身的故障。在维修故障时，应针对电磁吸盘电路的工作原理，有针对性地区分故障现象和故障原因。

任务操作

1. 维修工具、仪表及技术资料

① 维修用工具、仪器仪表由学生自行选配，并进行检验。

② 维修用技术资料：主要包括与 M7130 型平面磨床相配套的电气控制线路原理图、布置图、接线图、维修记录单及机床其他相关技术资料。

2. 维修步骤及工艺要求

由指导教师在 M7130 型平面磨床电气控制线路上设置 3~5 处故障点。

可参考 CA6140 型车床维修步骤及工艺要求。

3. 维修注意事项

可参考 CA6140 型车床维修注意事项，特别应注意以下两个方面：

① 由于 M7130 型平面磨床电磁吸盘的工作环境恶劣，容易发生故障，维修时应特别注意检查电磁吸盘及其控制电路。

② 由于 M7130 型平面磨床电磁吸盘与 3 台电动机 M1、M2、M3 之间存在电气联锁关系，若电磁吸盘工作不正常，将引起电动机不能工作，因此在排除电动机不能起动故障时，应注意检查电磁吸盘电路是否正常。

任务评价

任务评价表可参考表 9-15。

项目 11

X62W 型卧式万能铣床电气控制线路的维修

项目目标

学完本项目后，你应当：

★ 知道 X62W 型卧式万能铣床的用途、主要结构和运动形式、电力拖动特点和控制要求。

★ 会识读 X62W 型卧式万能铣床控制线路原理图、布置图和接线图。

★ 会排除 X62W 型卧式万能铣床常见电气故障。

★ 能完成工作记录、技术文件存档。

项目描述

电工车间主任接到了 X62W 型卧式万能铣床操作员小张的电话，编号为 0012 的 X62W 型卧式万能铣床出现“整机无法起动”故障，要求派维修人员迅速维修。

电工车间主任将维修工作任务派给了电工小王，维修任务单见表 11-1。

表 11-1　维修任务单

某企业维修任务单　　　　编号——0011

维修任务	维修 0012 号 X62W 型卧式万能铣床			派工日期	年　月　日
维修人员	小王	维修负责人	小王	完工日期	年　月　日
签收人				签收日期	年　月　日
故障现象	操作员仅说明“整机无法起动”故障现象，没有详细说明该万能铣床其他故障现象				

续表

工作内容	1. 与操作员联系，进一步了解 0012 号 X62W 型卧式万能铣床故障情况 2. 准备维修工具、仪表、器材和相关技术资料 3. 观察故障现象，分析故障范围，查找故障点，实施故障维修，维修任务完成后，进行检验和通电试验，合格后交付操作员使用 4. 将相关技术资料交付车间档案室归档保存
材料申领	此项由维修负责人填写： 维修负责人：
任务验收	此项填写验收时设备的主要验收技术参数，由维修负责人填写： 维修负责人：
车间负责人评价	负责人签字： 年 月 日

项目分析

铣床的种类很多，有卧铣、立铣、仿形铣和各种专用铣等，万能铣床是一种通用的多用途机床，它可以用圆柱铣刀、圆片铣刀、角度铣刀、成形铣刀及端面铣刀等刀具对各种零件进行平面、斜面、螺旋面及成形表面的加工，还可以加装万能铣头、分度头和圆工作台等机床附件来扩大加工范围。常用的万能铣床有 X62W 型卧式万能铣床和 X53K 型立式万能铣床。其中，卧式的主轴是水平的，而立式的主轴是竖直的，它们的电气控制原理类似。图 11-1 所示为 X62W 型卧式万能铣床。

X62W 型卧式万能铣床故障种类较多，由于操作员小张只说明“整机无法起动”故障现象，没有详细说明其他故障现象，因此，电工小王接到任务后，为了能够初步判断该铣床电气故障范围、准备维修器材，于是通过电话向操作员小张询问详细

图 11-1　X62W 型卧式万能铣床

故障现象，他们之间的对话如下：

小王：张师傅，你操作的 X62W 型卧式万能铣床故障前有无异常声响、异常气味？

小张：该铣床在切削平面工作过程中突然整机停机，不能重新起动机床，无异常声响和气味。

小王：请你打开机床照明灯，观察机床照明灯能否正常工作。若能正常工作，请你按下工作台快速进给起动按钮 SB3 或 SB4，观察工作台能否快速进给。细听进给电动机 M2 有无异常声响。

小张：照明灯能正常工作，按下工作台快速进给起动按钮 SB3 或 SB4，工作台不能快速进给，进给电动机 M2 无异常声响。

小王：请你进行主轴电动机 M1 变速冲动控制，观察主轴电动机 M1 能否进行变速冲动控制。

小张：主轴电动机 M1 不能进行变速冲动控制。

电工小王通过与操作员小张的对话，比较详细地了解了该铣床电气故障的现象，通过分析，他能够基本确认该铣床的电源正常，故障大致在“控制主轴电动机 M1 的接触器和控制快速进给的接触器 KM2 的公共电路部分”。因此，他准备了以下常用电工工具、仪表、器材和维修资料：

① 验电笔、一字和十字螺丝刀、尖嘴钳等常用电工工具。

② 万用表、兆欧表等常用电工仪表。

③ 4A 熔体 2 个、JR36-20(整定电流 16 A)和 JR36-20(整定电流 3.4 A)热继电器各 1 只及常用螺钉、垫片、导线等维修器材。

④ X62W 型卧式万能铣床电气控制线路原理图、接线图等相关技术资料。

阅读材料　　世界最大加工直径的螺旋桨加工机床

海军潜艇的静音性能是衡量潜艇战斗力的核心指标之一，而造成潜艇噪声大的核心部件就是潜艇尾部的螺旋桨。

我国自主研制成功的世界最大加工直径“七轴六联动螺旋桨”加工机床，最大可加工直径 11 m 的螺旋桨，如图 11-2 所示。该机床是目前国际上最大型、最复杂的机床，它的研制成功，标志着我国机床企业已具备在国际市场上与世界机床强企同台竞技的实力，也将极大助力我国海军潜艇噪声性能的质变。

图 11-2　世界最大加工直径螺旋桨加工机床

项目实施

任务 1　认识 X62W 型卧式万能铣床

任务目标

1. 知道 X62W 型卧式万能铣床的主要结构和运动形式。
2. 熟悉 X62W 型卧式万能铣床的基本操作方法和各操作手柄的位置及作用。
3. 熟悉 X62W 型卧式万能铣床对电力拖动系统的要求。

任务准备

1. X62W 型卧式万能铣床的型号含义

X62W 型卧式万能铣床的型号含义如下：

2. X62W 型卧式万能铣床的主要结构

X62W 型卧式万能铣床的结构如图 11-3 所示。主要由床身、主轴、刀杆支架、悬梁、工作台、回转盘、横向溜板、升降台、底座及各种操作手轮和手柄等几部分组成。

① 床身　固定在底座上，用来安装和连接其他部件。床身内装有主轴的传动机构和变速操纵机构。在床身的前面有垂直导轨，升降台可沿导轨上下移动。在床身的顶部有水平导轨，悬梁可沿导轨水平移动，刀杆支架在悬梁上，用来支承铣刀心轴的外端，心轴的另一端装在主轴上。刀杆支架可以在悬梁上水平移动，悬梁又可以在床身顶部的水平导轨上水平移动，这样就能适应各种长度的心轴。

② 升降台　依靠下面的丝杠，可沿床身的导轨而上下移动。进给系统的电动机和变速机构装在升降台内部。

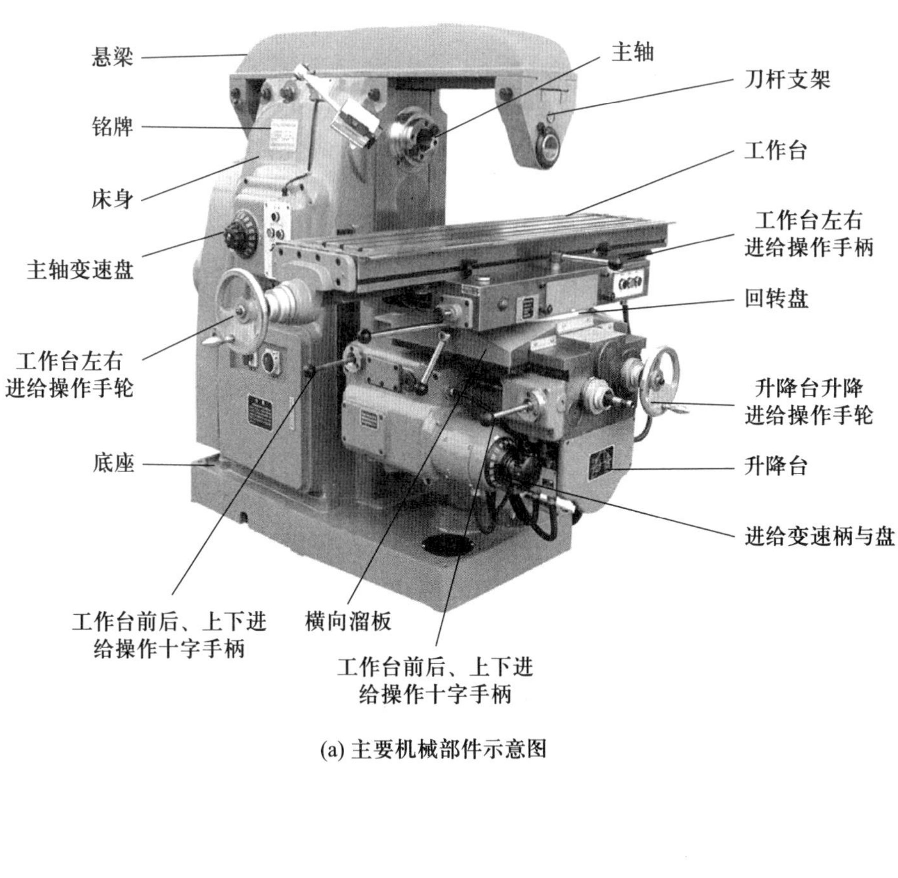

(a) 主要机械部件示意图

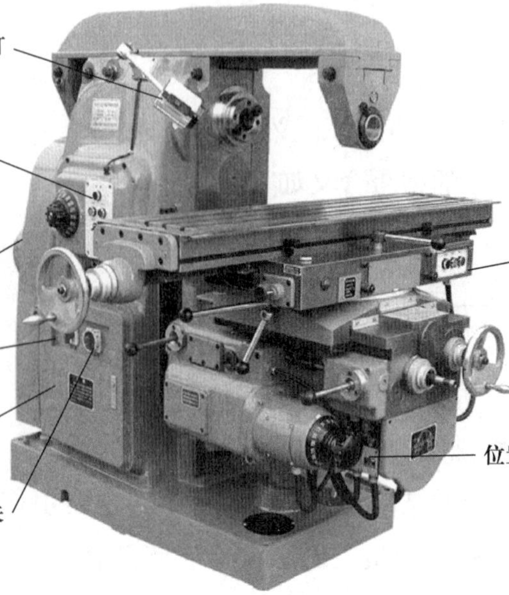

(b) 主要电气部件示意图

图 11-3 X62W 型卧式万能铣床结构图

③ 横向溜板 装在升降台的水平导轨上，可沿导轨平行于主轴轴线方向作横向移动。

④ 工作台 用来安装夹具和工件，安装在横向溜板上的水平导轨上，可沿导轨垂直于主轴线方向作纵向移动。万能铣床在横向溜板和工作台之间还有回转盘，可使工作台向左右转±45°，因此，工作台在水平面内除了可以纵向进给和横向进给外，还可以在倾斜的方向进给，以便加工螺旋槽等。

3. X62W 型卧式万能铣床的运动形式及控制要求

X62W 型卧式万能铣床的运行形式及控制要求见表 11-2。

表 11-2 X62W 型卧式万能铣床的运动形式及控制要求

运动种类	运动形式	控制要求
主运动	主轴带动铣刀的旋转运动	（1）铣削加工有顺铣和逆铣两种，所以主轴电动机 M1 要求能正、反转，但考虑到主轴电动机 M1 的正、反转不是很频繁(批量顺铣或逆铣)，因此在床身左侧的电气控制箱上设置一个转换开关 SA3 来改变电源相序，实现主轴电动机 M1 的正、反转 （2）铣削加工是一种不连续的切削加工方式，为减小振动，主轴上装有惯性轮，会造成主轴停车困难，因此要求主轴电动机 M1 采用电磁离合器(YC1)制动以实现迅速停车 （3）铣削加工过程中需要主轴调速，采用改变变速箱的齿轮传动比来实现，因此主轴电动机 M1 不需要调速。但主轴调速后，要求能瞬时冲动一下，以利于齿轮的啮合

续表

运动种类	运动形式	控制要求
进给运动	工件随工作台在前后、左右、上下6个方向以及圆工作台的旋转运动	（1）工作台要求有上下、左右、前后6个方向的进给运动和快速移动，所以也要求进给电动机 M2 能够正、反转，并通过操作手柄和位置开关配合的方式来实现6个运动方向的联锁 （2）为了扩大加工能力，在工作台上可加装圆形工作台，圆形工作台的回转运动由进给电动机 M2 经传动机构驱动 （3）为防止刀具和机床的损坏，要求只有主轴旋转后，才允许有进给运动；同时为了减小加工件的表面粗糙度，要求进给停止后，主轴才能停止或同时停止 （4）进给变速采用机械方式实现，进给电动机不需要调速
辅助运动	工作台快速移动	进给的快速移动是通过电磁离合器（YC3）和机械挂挡来实现的
	主轴和进给变速冲动	主轴正反转及变速后、进给变速后，要求能瞬时冲动一下，以利于齿轮的啮合

同时，为了使操作者能在铣床的正面、侧面方便地进行操作，对主轴电动机 M1 的起动、停止以及工作台进给运动的选向和快速移动，设置了多地点控制（两地）方案。

铣床中冷却泵电动机 M3 用来拖动冷却泵，有时需要对工件、刀具进行冷却润滑，采用转换开关控制其单方向旋转。

任务操作

1. 选配工具、仪表、资料

根据任务要求，选配常用电工工具，万用表、钳形电流表、兆欧表等常用电工仪表和铣床使用说明书（手册）等相关技术资料。

2. 认识 X62W 型卧式万能铣床

现场参观 X62W 型卧式万能铣床，对照图 11-3 所示的铣床结构图和铣床使用说明书（手册）等相关资料，认真观察铣床的外形和结构，识别铣床的主要机械部件和电气部件。

3. 操作 X62W 型卧式万能铣床

先观察指导教师对 X62W 型卧式万能铣床的示范操作，然后在指导教师的监护下，完成对铣床的基本操作训练。

（1）操作铣床前的检查

打开电气控制箱门，检查各电气元件是否完整，安装是否牢固，接线有无脱落、松动现象；检查各操作开关、手柄是否完好，操作是否灵活；检查各电动机是否正常；特别应注意检查各机械部件是否处于适当位置，以免操作时相互碰撞而损坏机床。

（2）接通电源

上述检查无误后，合上电源隔离开关 QS1，接通铣床电源。

（3）观察照明灯

铣床接通电源后，打开照明灯开关 SA4，机床局部照明灯应点亮。

（4）起动主轴电动机 M1

先在左侧电气控制箱将转换开关 SA3 转到顺铣或逆铣位置（即选择主轴的转向）。按下主轴电动机 M1 的起动按钮 SB1 或 SB2，细听、观察主轴电动机 M1 的运转声音和运转情况。按下停止按钮 SB5 或 SB6，主轴电动机 M1 应能迅速制动停转。

（5）操作主轴电动机 M1 换刀制动

待主轴停止运转后，将转换开关 SA1 置于“换刀”位置，主轴被电磁离合器 YC1 制动。此时，再按下主轴电动机起动按钮 SB1 或 SB2，主轴电动机 M1 不能起动。

（6）操作主轴电动机 M1 变速冲动

将主轴变速手柄下压并向外拉出，选定所需的转速，迅速推回变速手柄，观察主轴电动机 M1 能否瞬间点动；当手柄推回原位后，主轴电动机 M1 应立即停止，主轴变速冲动结束。

（7）操作工作台 6 个方向进给运动

在确定不影响正常工作的情况下，站在铣床正面或侧面，起动主轴电动机 M1。将左右进给手柄扳向左、中、右不同位置，观察工作台能否向左、右方向运动；将前、后、上、下进给手柄分别扳向前、后、上、下、中位置，观察工作台能否向前、后、上、下方向运动。

起动主轴电动机 M1 后，按下快速移动按钮 SB3 或 SB4，再分别操作左右进给手柄和前、后、上、下进给手柄，观察工作台能否快速向左、右、前、后、上、下 6 个方向快速移动；松开快速移动按钮 SB3 或 SB4 后，工作台应能以正常速度向 6 个方向运动。若在不先起动主轴电动机 M1 的情况下，按下快速移动按钮 SB3 或 SB4，再分别操作左右进给手柄和前、后、上、下进给手柄，工作台也应向左、右、前、后、上、下 6 个方向快速移动，但松开快速移动按钮 SB3 或 SB4 后，工作台应停止运动。

（8）操作圆工作台

起动主轴电动机 M1 后，将左右进给手柄和前、后、上、下进给手柄都置于中间位置（零位），然后操作转换开关 SA2，即将转换开关 SA2 扳到“圆工作台”（接通)位置，此时圆工作台应运转；若此时将左右进给手柄或前、后、上、下进给手柄扳向左、右、前、后、上、下6个方向中任意一个，圆工作台应立即停止运转。当将转换开关SA2扳向“非圆工作台”(断开)位置时，圆工作台停止运转。

(9) 操作进给变速冲动

起动主轴电动机M1后，拉出进给电动机M2变速盘，选择好速度后，再迅速推回变速手柄，观察进给电动机M2能否变速冲动。

(10) 起动冷却泵电动机M3

起动主轴电动机M1后，操作转换开关QS2，观察冷却泵电动机M3能否正常运行。

(11) 停车操作

为确保人身和设备的安全，停用机床时，应先将6个方向进给运动操作手柄置于中间位置(零位)，按下主轴电动机停止按钮SB5或SB6，待主轴电动机M1停止运转后，再关闭电源隔离开关QS1。

指点迷津 3台电动机的顺序控制关系和圆工作台与6个方向进给运动的电气联锁

(1) 三台电动机的顺序控制

在X62W型卧式万能铣床中，主轴电动机M1与进给电动机M2之间采用了控制电路顺序控制方式，只有在主轴电动机M1已起动运转的前提下，操作左右进给手柄和前、后、上、下进给手柄，进给电动机M2才能起动，工作台才能向左、右、前、后、上、下6个方向正常进给。此时，若将转换开关SA2扳向“圆工作台”(接通)位置，圆工作台才能运转。当按下主轴电动机M1的停止按钮SB5或SB6时，主轴电动机M1和进给电动机M2将全部停止。

主轴电动机M1与冷却泵电动机M3采用主电路顺序控制方式，即只有主轴电动机M1起动后，操作转换开关QS2，冷却泵电动机M3才能起动；当按下主轴电动机M1的停止按钮SB5或SB6时，主轴电动机M1和冷却泵电动机M3同时停止。

(2) 圆工作台与6个方向进给运动的电气联锁

要起动圆工作台，必须将6个方向进给运动的操作手柄全部置于中间位置(零位)，操作转换开关SA2，圆工作台才能运转。在圆工作台运转过程中，若操作6个方向进给运动的操作手柄中任意一个，圆工作台将立即停止。

任务评价

任务评价表可参考表9-3。

任务 2 识读 X62W 型卧式万能铣床电气控制线路原理图

◆ 任务目标

1. 熟悉 X62W 型卧式万能铣床电气控制线路的组成和各电气元件型号及功能。
2. 会分析 X62W 型卧式万能铣床电气控制线路的工作原理。

任务准备

1. X62W 型卧式万能铣床电气控制线路工作原理

X62W 型卧式万能铣床电气控制线路原理图如图 11-4 所示，它分为主电路、控制电路和照明电路三部分。

（1）X62W 型卧式万能铣床主电路分析

X62W 型卧式万能铣床主电路如图 11-5 所示。它共有 3 台电动机，分别是主轴电动机 M1、进给电动机 M2 和冷却泵电动机 M3，其主电路的控制和保护电器见表 11-3。

表 11-3 主电路的控制和保护电器

名称与代号	作 用	控 制 电 器	过载保护电器	短路保护电器
主轴电动机 M1	驱动主轴带动铣刀旋转	交流接触器 KM1 和组合开关 SA3	热继电器 FR1	熔断器 FU1
进给电动机 M2	驱动进给运动和快速移动	交流接触器 KM3、KM4	热继电器 FR3	熔断器 FU2
冷却泵电动机 M3	供给冷却液	交流接触器 KM1 和转换开关 QS2	热继电器 FR2	熔断器 FU1

（2）X62W 型卧式万能铣床控制电路分析

控制电路的电源由控制变压器 TC 输出 110V 交流电压供电。

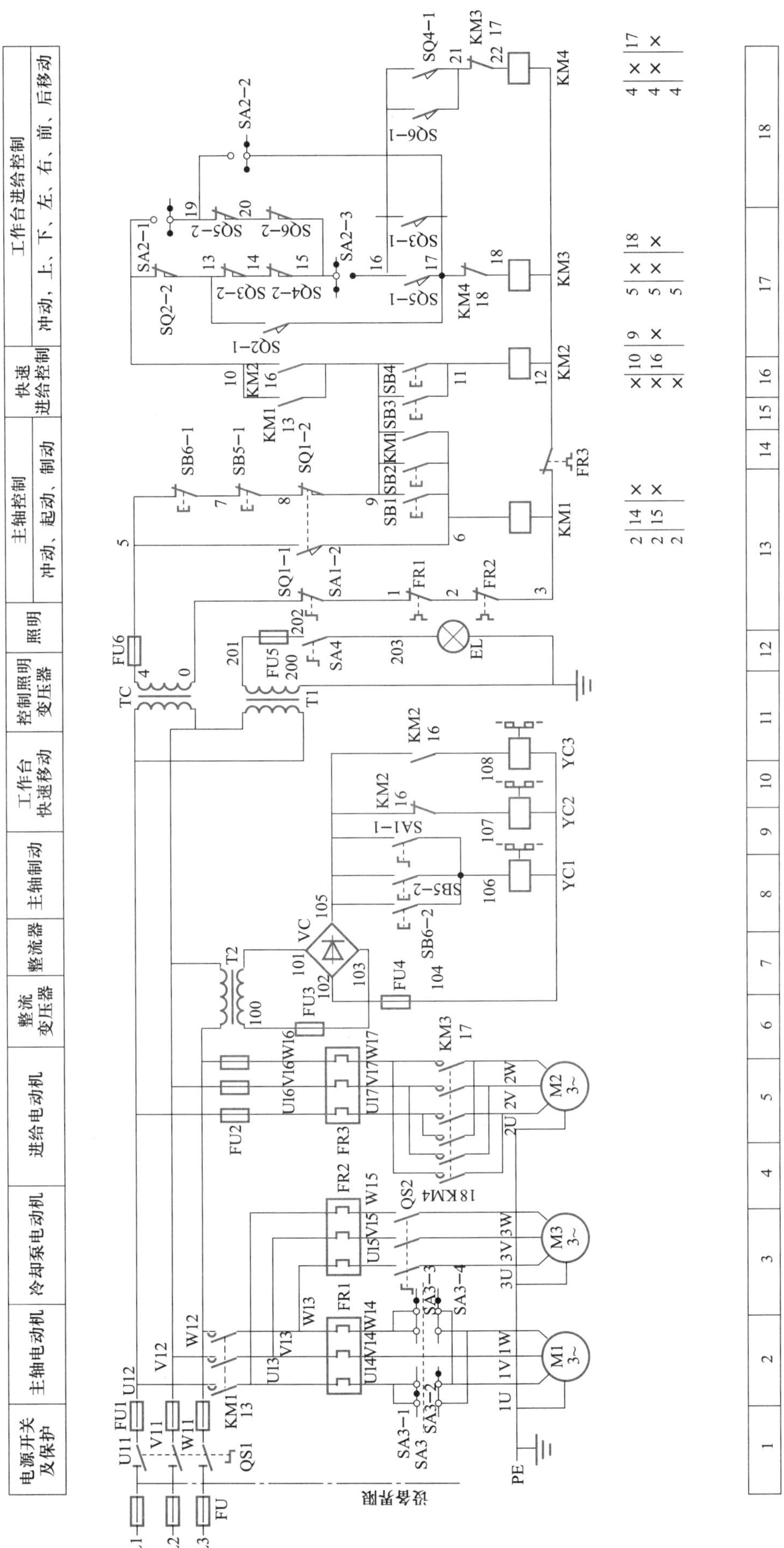

图11-4　X62W型卧式万能铣床电气控制线路原理图

① 主轴电动机 M1 的控制

为方便操作，主轴电动机 M1 采用两地控制方式，一组起动按钮 SB1 和停止按钮 SB5 安装在工作台上(机床正前方)，另一组起动按钮 SB2 和停止按钮 SB6 安装在左侧床身按钮控制站上。转换开关 SA3 是主轴电动机 M1 的电源换相开关，用以改变主轴电动机 M1 的旋转方向，以实现顺铣或逆铣；KM1 是主轴电动机 M1 的起动接触器；SQ1 是与主轴变速手柄联动的冲动位置开关，主轴电动机 M1 是经过弱性联轴器和变速机构的齿轮传动链来传动的，可使主轴获得 18 级不同的转速。

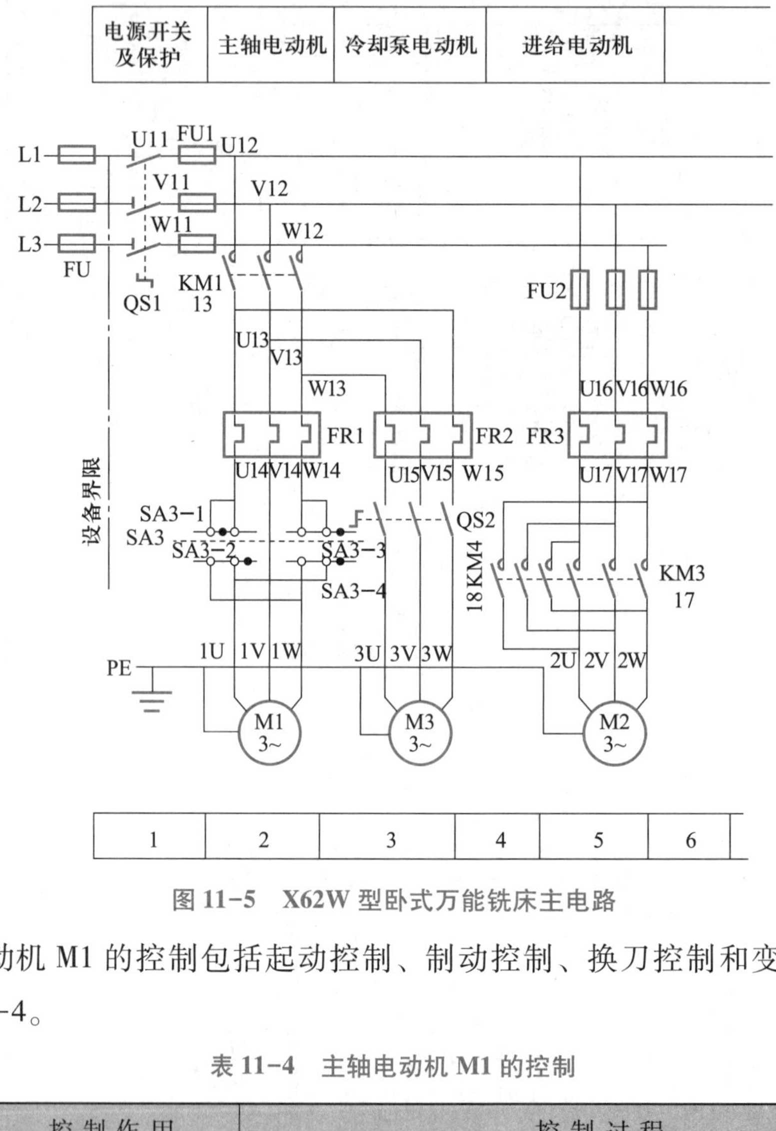

图 11-5　X62W 型卧式万能铣床主电路

主轴电动机 M1 的控制包括起动控制、制动控制、换刀控制和变速冲动控制，具体见表 11-4。

表 11-4　主轴电动机 M1 的控制

控制形式	控制作用	控制过程
起动控制	起动主轴电动机 M1	起动主轴电动机 M1 前，应先选择好主轴的转速，合上电源隔离开关 QS1，再把主轴换相转换开关 SA3(左侧电气控制箱上)转到主轴所需要的旋转方向；按下起动按钮 SB1 或 SB2，接触器 KM1 线圈(13 区)通电动作，主轴电动机 M1 起动运转，同

续表

<table>
<tr><th>控制形式</th><th>控制作用</th><th>控制过程</th></tr>
<tr><td>起动控制</td><td>起动主轴电动机 M1</td><td>时其辅助动合触点(16 区,9-10)闭合，为工作台进给电动机 M2 的控制电路提供电源，另一对辅助动合触点(14 区,9-6)闭合起自锁作用
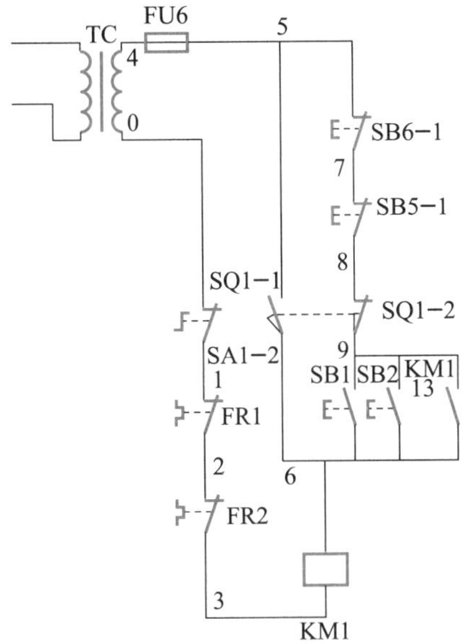
</td></tr>
<tr><td>制动控制</td><td>停车时使主轴迅速停转</td><td>按下停止按钮 SB5 或 SB6，其动断触点 SB5-1 或 SB6-1(13 区,5-7-8)断开，切断接触器 KM1 线圈电路，KM1 主触点分断，主轴电动机 M1 惯性运转；同时动合触点 SB5-2 或 SB6-2(8 区,105-106)闭合，电磁离合器 YC1 线圈通电，使主轴电动机 M1 迅速制动停转
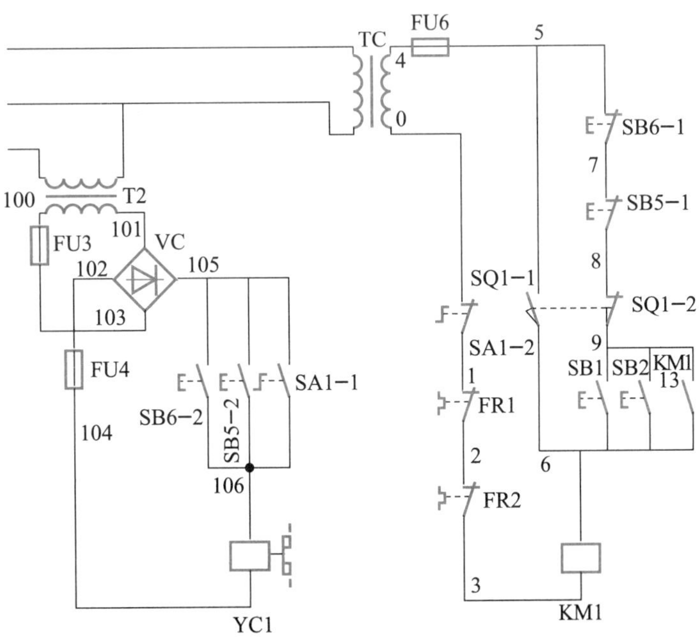
</td></tr>
</table>

续表

控制形式	控制作用	控制过程
换刀制动控制	更换铣刀时将主轴制动，以方便换刀	将转换开关 SA1 扳向换刀位置，其动合触点 SA1-1(8 区，105-106)闭合，电磁离合器 YC1 线圈通电将主轴制动；同时其动断触点 SA1-2(13 区,0-1)断开，切断控制电路，铣床主轴电动机 M1 不能通电运转，确保换刀时人身和设备的安全
变速冲动控制	保证主轴变速后齿轮能良好啮合	主轴变速冲动控制是利用变速手柄与冲动位置开关 SQ1 通过机械上的联动控制的，如图 11-6 所示 当主轴需要变速时，先把变速手柄向下压，使手柄的榫块从定位槽中脱出，然后外拉手柄使榫块落入第二道槽中，使齿轮组脱离啮合。转动变速盘选定所需转速后，再把变速手柄以连续较快的速度推回原来位置；当变速手柄推向原来位置时，其联动机构瞬时压合位置开关 SQ1，使动断触点 SQ1-2(13 区,8-9)分断，动合触点 SQ1-1(13 区,5-6)闭合，接触器 KM1 线圈瞬时通电动作，使主轴电动机 M1 瞬时转动一下，以利于变速后的齿轮啮合；当变速手柄推回原位后，位置开关 SQ1 各触点又复位，接触器 KM1 线圈断电释放，主轴电动机 M1 断电停转，变速冲动操作结束

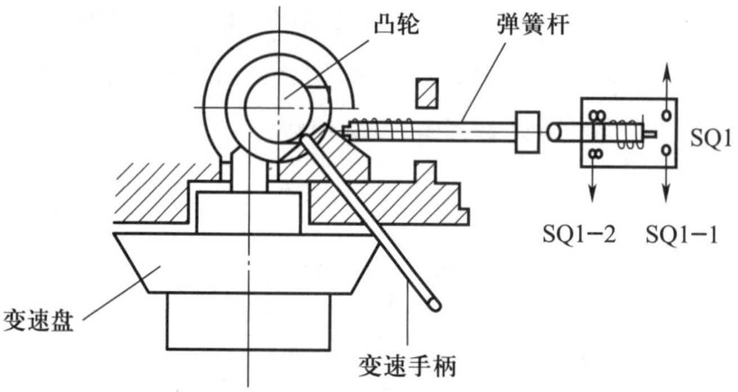

图 11-6　主轴变速的冲动控制示意图

② 进给电动机 M2 的控制

X62W 型卧式万能铣床工作台的进给运动有上和下(升降)、前和后(横向)以及左和右(纵向)6 个方向的进给运动和快速移动，并且可在工作台上安装附件圆工作台，进行对圆弧或凸轮的铣削加工，这些进给运动都是由进给电动机 M2 驱动。工作台的上下运动和前后进给运动是由工作台升降与横向手柄来控制的；工作台的左右进给运动是由工作台纵向操作手柄来控制的。

X62W 型卧式万能铣床的进给控制与主轴电动机的控制采用控制电路顺序控制，

只有在主轴电动机 M1 起动后，接触器 KM1 的辅助动合触点(16 区,9-10)闭合，才能接通进给电动机 M2 控制电路，进给电动机 M2 才可以起动。

转换开关 SA2 是控制圆工作台运动的，在不需要圆工作台运动时，转换开关 SA2 的触点 SA2-1 闭合，SA2-2 分断，SA2-3 闭合；在圆工作台运转时，SA2 的触点 SA2-1 分断，SA2-2 闭合，SA2-3 分断。

a. 工作台向上、向下、向前、向后进给运动的控制

工作台向上、向下、向前、向后进给运动操作手柄共有两个，均安装在床身左侧，每个手柄有 5 个位置(上、下、左、右、中)，而且是相互联锁的，各方向的进给运动不能同时进行。操作手柄的联动机构与位置开关 SQ3 和 SQ4 相连接，位置开关装在床身左下侧(如图 11-10 所示)，前面一个是 SQ4，控制工作台向上及向后运动；后面一个是 SQ3，控制工作台的向下及向前运动。工作台升降和横向运动与手柄位置间的控制关系见表 11-5。

表 11-5 工作台升降和横向运动与手柄位置间的控制关系

手柄位置	工作台运动方向	离合器接通丝杠	位置开关动作	接触器动作	电动机运转方向
上	向上进给或快速向上	垂直进给丝杠	SQ4	KM4	反转
下	向下进给或快速向下	垂直进给丝杠	SQ3	KM3	正转
中	升降或横向进给停止		—	—	停止
前	向前进给或快速向前	横向丝杠	SQ3	KM3	正转
后	向后进给或快速向后	横向丝杠	SQ4	KM4	反转

工作台向上、向下、向前、向后进给运动的控制见表 11-6。

表 11-6 工作台向上、向下、向前、向后进给运动的控制

运动方向	控制过程
工作台向上、向后运动	在主轴电动机 M1 起动后，将操作手柄扳到向上或向后位置，其联动机构一方面接通垂直传动丝杠的电磁离合器 YC2，为垂直传动丝杠的转动做好准备；另一方面它使位置开关 SQ4 动作，其动断触点 SQ4-2(17 区,14-15)分断，而动合触点 SQ4-1(18 区,16-21)闭合，接触器 KM4 线圈(18 区)通电，KM4 主触点闭合(4 区)，进给电动机 M2 反转，工作台向上或向后运动。接触器 KM4 的动断触点(17 区,17-18)断开起联锁作用，使接触器 KM3 线圈(17 区)不能同时通电动作

续表

<table>
<tr><th>运动方向</th><th>控制过程</th></tr>
<tr><td>工作台向上、向后运动</td><td>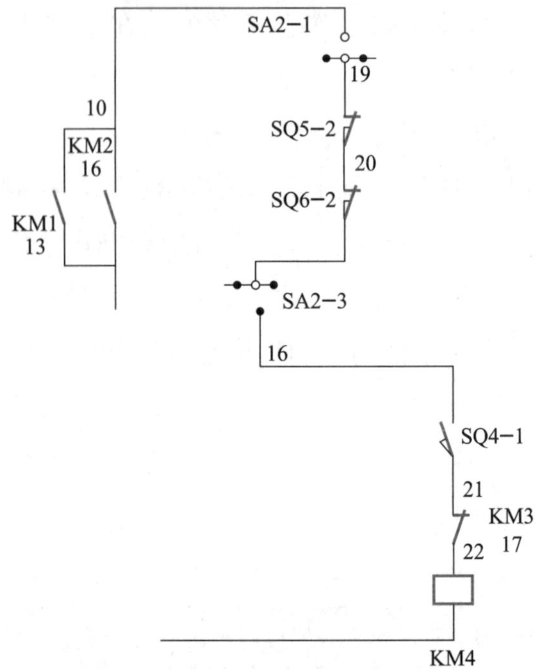
</td></tr>
<tr><td>工作台向下、向前运动</td><td>在主轴电动机 M1 起动后，将操作手柄扳到向下或向前位置，其联动机构一方面接通垂直传动丝杠的电磁离合器 YC2，同时压合位置开关 SQ3，使其动断触点 SQ3-2(17 区,13-14)分断，而动合触点 SQ3-1(17 区,16-17)闭合，接触器 KM3 线圈(17 区)通电，KM3 主触点闭合(5 区)，进给电动机 M2 正转，工作台向下或向前运动。接触器 KM3 的动断触点(18 区,21-22)起联锁作用，使接触器 KM4 线圈不能同时通电动作
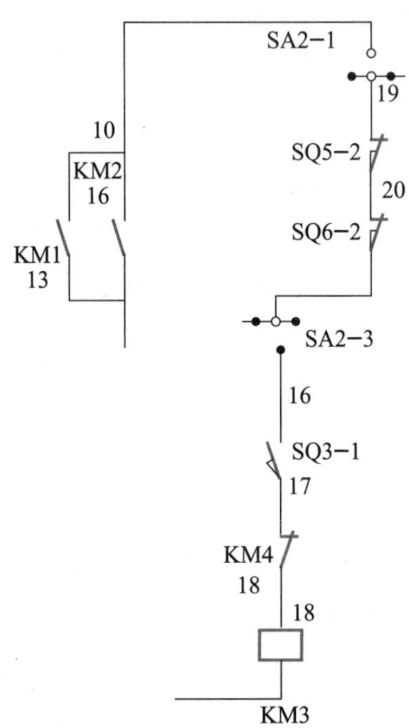
</td></tr>
</table>

b. 工作台的左右(纵向)进给运动的控制

工作台的左右进给运动操作手柄也有两个，一个装在工作台前面，一个装在床身左侧面，每个操作手柄都有左、中、右 3 个位置。左右进给操作手柄与位置开关 SQ5 或 SQ6 联动，其工作台左右进给运动与手柄位置间的控制关系见表 11-7。当将手柄扳到向左或向右运动位置时，手柄的联动机构压下位置开关 SQ5 或 SQ6(如图 11-9 所示)，使接触器 KM3 或 KM4 动作，来控制电动机 M2 的正反转。

表 11-7　工作台左右进给运动与手柄位置间的控制关系

手柄位置	工作台运动方向	离合器接通丝杠	位置开关动作	接触器动作	电动机运转方向
左	向左进给或快速向左	左右进给丝杠	SQ5	KM3	正转
中	停止	—	—	—	停止
右	向右进给或快速向右	左右进给丝杠	SQ6	KM4	反转

工作台的左右进给运动的控制见表 11-8。

表 11-8　工作台左、右进给运动的控制

运 动 方 向	控 制 过 程
工作台向左运动	当主轴电动机 M1 起动后，将操作手柄向左扳，其联动机构压合位置开关 SQ5，使其动断触点 SQ5-2(18 区,19-20)分断，而动合触点 SQ5-1(17 区,16-17)闭合，使接触器 KM3 线圈通电，其主触点闭合，进给电动机 M2 正转，拖动工作台向左运动，KM3 的辅助动断触点(18 区,21-22)断开，对接触器 KM4 起联锁作用 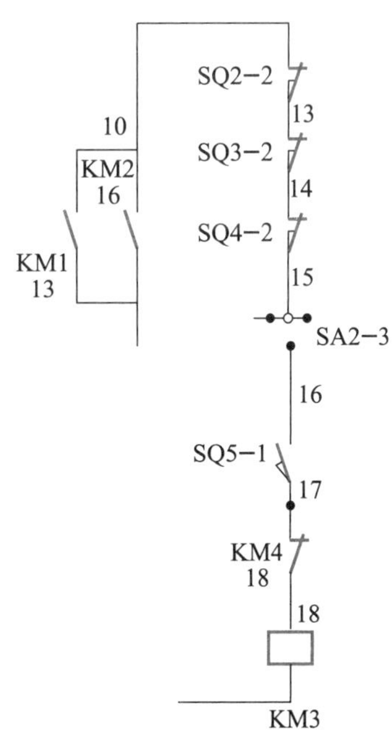

续表

运动方向	控制过程
工作台向右运动	当主轴电动机 M1 起动后，将操作手柄向右扳，其联动机构压合位置开关 SQ6，使其动断触点 SQ6-2(18 区,20-15)分断，而动合触点 SQ6-1(18 区,16-21)闭合，使接触器 KM4 线圈通电，其主触点闭合，进给电动机 M2 反转，拖动工作台向右运动，KM4 的动断触点(17 区,17-18)断开，对接触器 KM3 起联锁作用 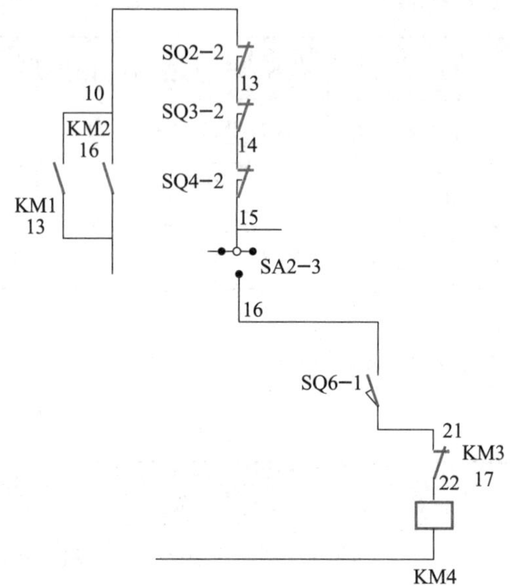

指点迷津　进给操作手柄之间联锁控制、左右进给与上下前后进给之间的联锁控制

在 X62W 型卧式万能铣床中，控制进给运动的 4 个操作手柄之间存在机械联锁关系，即将其中任何一个进给操作手柄置于某一进给运动方向时，其他进给操作手柄必须置于中间位置(不能置于某一进给运动方向)，否则将无法实现任何进给运动。这是因为在控制电路中对两者实行了联锁保护。例如，当把左右进给操作手柄扳向左时，若又将另一个进给操作手柄扳到向下进给方向，则位置开关 SQ5 和 SQ3 均被压下，它们的动断触点 SQ5-2 和 SQ3-2 均分断，断开了接触器 KM3、KM4 的通路，从而使电动机 M2 停转，保证了操作安全。

4 个进给操作手柄被置于某一进给运动方向后，只能压下 4 个位置开关 SQ3、SQ4、SQ5、SQ6 中的一个，接通进给电动机 M2 的正转或反转控制回路，同时通过机械机构将进给电动机 M2 的传动链与 3 根丝杠(左右丝杠、上下丝杠、前后丝杠)中的一根(且只有一根)丝杠搭合，驱动工作台沿选定的进给方向运动，而不会沿其他方向运动。

c. 工作台进给变速时的冲动控制

在改变工作台进给速度时，为了使齿轮易于啮合，也需要进给电动机 M2 瞬时冲动一下。变速时，必须先将全部进给变速操作手柄扳到中间位置，然后将进给变速盘(在升降台前面)向外拉出，使进给齿轮松开，转动变速盘选定进给速度后，再将变速盘快速推回原位。在推进过程中，其联动机构瞬时压合位置开关 SQ2，使动断触点 SQ2-2(17 区,10-13)分断，动合触点 SQ2-1(17 区,13-17)接通，接触器 KM3 线圈通电而动作，进给电动机 M2 起动；当手柄被快速推回到原位后，位置开关 SQ2 复位，接触器 KM3 线圈断电而释放，进给电动机 M2 断电停转。这样使进给电动机 M2 瞬时点动一下，齿轮系统产生一次抖动，从而保证变速齿轮易于啮合。其控制回路如图 11-7 所示。

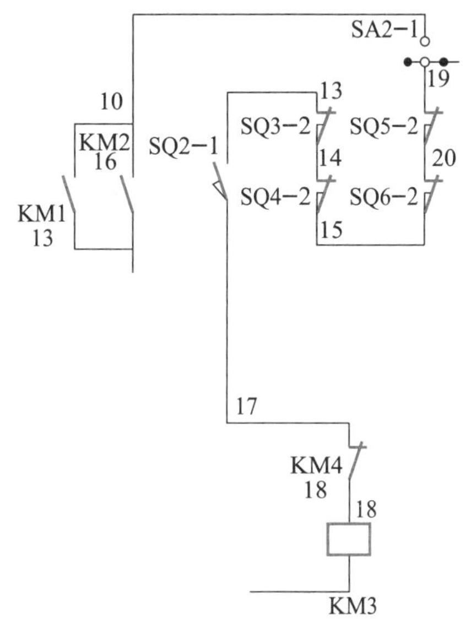

图 11-7　工作台进给变速冲动控制回路

d. 工作台的快速移动控制

为提高工作效率，减少进给运动时间，X62W 型万能铣床在加工过程中，若不进行铣削加工时，要求工作台可以快速移动。工作台的快速移动通过各个方向的操作手柄与快速移动按钮 SB3、SB4 配合，由工作台快速进给电磁离合器 YC3 和进给电动机 M2 来实现。其控制过程如下：

先将进给操作手柄扳到所需要的进给方向，按下快速移动按钮 SB3 或 SB4(它们为两地控制)，使接触器 KM2 线圈通电，KM2 的动断触点(9 区,105-107)分断，电磁离合器 YC2 断电，将齿轮传动链与进给丝杠分离，KM2 的一对动合触点(10 区,105-108)闭合，使电磁离合器 YC3 通电，将进给电动机 M2 与进给丝杠直接搭合；另一对动合触点(16 区,9-10) 闭合，使接触器 KM3 或 KM4 线圈通电动作，进给电动机 M2 通电正转或反转，带动工作台沿选定的方向快速移动。工作台的快速移动是点动控制，当松开 SB3 或 SB4，快速移动停止。工作台快速移动控制回路如图 11-8 所示。

e. 圆工作台运动的控制

圆工作台的运动由转换开关 SA2(床身右侧控制箱门上)控制。当需要圆工作台旋转时，必须先将 4 个进给操作手柄都扳到中间位置(零位)，使位置开关 SQ3、SQ4、SQ5、SQ6 全部处于正常位置(不动作)，然后将转换开关 SA2 转到“接通”位置，这时其触点 SA2-2 闭合，SA2-1、SA2-3 分断。按下主轴电动机 M1 的起动

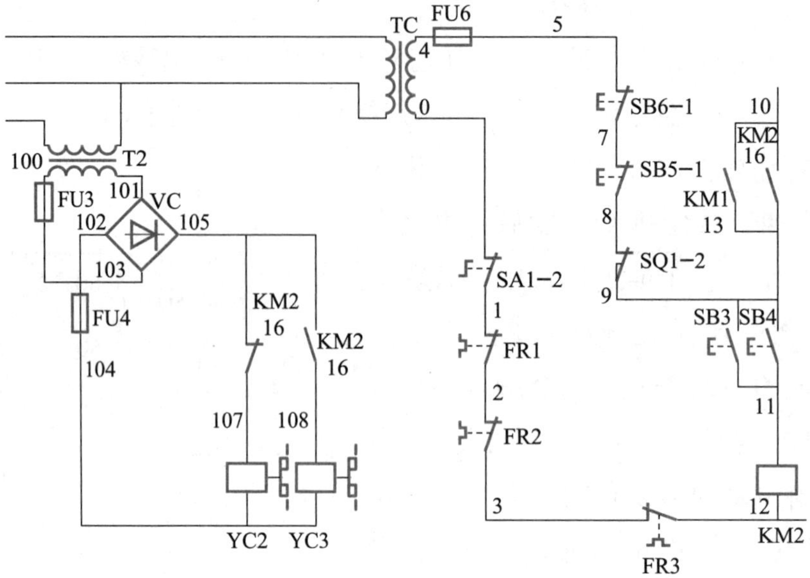

图 11-8 工作台快速移动控制回路

按钮 SB1 或 SB2，主轴电动机 M1 起动后，接触器 KM3 线圈通电动作，进给电动机 M2 起动，并通过机械传动使圆工作台按照需要的方向转动。

当不需要圆工作台旋转时，转换开关 SA2 转到“断开”位置，这时其触点 SA2-1、SA2-3 闭合，触点 SA2-2 断开，圆工作台不能工作，而工作台在 6 个方向的进给运动可以正常进给。

圆工作台运动控制回路如图 11-9 所示。

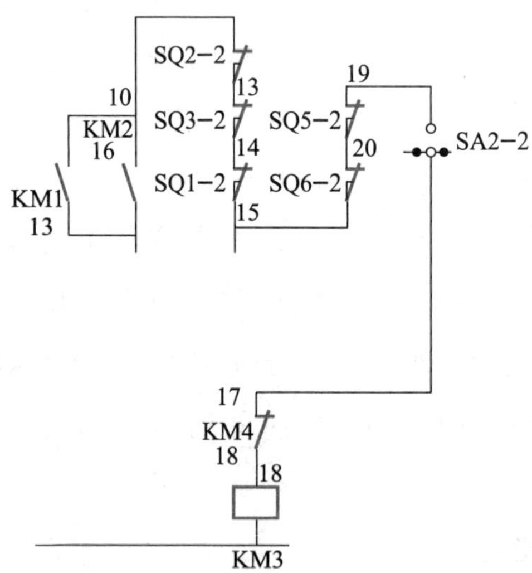

图 11-9 圆工作台运动控制回路

指点迷津　圆工作台和工作台 6 个进给运动之间的联锁关系

圆工作台不能反转，只能沿一个方向作回转运动。同时，圆工作台加工不需要调速。

由于圆工作台运动的控制回路需经过 SQ3、SQ4 、SQ5、SQ6 四个位置开关的动断触点，所以在圆工作台工作时，其余进给一律不准运动，必须将进给手柄置于零位。若出现误操作，即扳动工作台任一进给操作手柄，都将使圆工作台停止工作，这就保证了工作台的进给运动与圆工作台工作不可能同时进行。

若按下主轴电动机 M1 停止按钮，主轴停转，圆工作台也同时停止运动。

③ 冷却泵电动机 M3 的控制

冷却泵电动机 M3 和主轴电动机 M1 采用主电路顺序控制，只有在主轴电动机 M1 起动后才能起动，它由转换开关 QS2(床身右侧配电箱门上)控制。

④ 照明电路的控制

照明电路采用 24 V 安全电压，由控制变压器 T1 的二次侧输出。EL 为机床的低压照明灯，由转换开关 SA4 控制。FU5 为熔断器，作为照明电路的短路保护。

X62W 型卧式万能铣床电气元件明细表见表 11-9。

表 11-9　X62W 型卧式万能铣床的电气元件明细表

符号	名　称	型　号	规　格	数量	作　用
M1	主轴电动机	Y132M-4-B3	7.5 kW，380 V，1 450 r/min	1	驱动主轴转动
M2	进给电动机	Y90L-4	1.5 kW，380 V，1 400r/min	1	驱动工作台进给运动
M3	冷却泵电动机	JCB-22	125 W，380 V，2 790 r/min	1	驱动冷却泵转动，供给冷却液
QS1	转换开关	HZ10-60/3J	60 A，380 V	1	电源总隔离开关
QS2	转换开关	HZ10-10/3J	10 A，380 V	1	冷却泵电动机电源隔离开关
SA1	转换开关	LS2-3A		1	换刀制动开关
SA2	转换开关	HZ10-10/3J	10 A，380 V	1	圆工作台开关
SA3	转换开关	HZ3-133	10 A，500 V	1	电动机 M1 换向开关
SA4	开关			1	控制照明灯
FU1	熔断器	RL1-60	60 A，熔体 50A	3	主轴电动机短路保护
FU2	熔断器	RL1-15	15 A，熔体 10 A	3	进给电动机短路保护
FU3	熔断器	RL1-15	15 A，熔体 4 A	1	整流器短路保护
FU4	熔断器	RL1-15	15 A，熔体 2 A	1	电磁离合器短路保护

续表

符号	名 称	型 号	规 格	数量	作 用
FU5	熔断器	RL1-15	15 A，熔体 2A	1	照明电路短路保护
FU6	熔断器	RL1-15	15 A，熔体 4A	1	控制电路短路保护
FR1	热继电器	JR36-20	整定电流 16 A	1	电动机 M1 过载保护
FR2	热继电器	JR36-20	整定电流 0.43 A	1	电动机 M3 过载保护
FR3	热继电器	JR36-20	整定电流 3.4 A	1	电动机 M2 过载保护
T1	照明变压器	BK-50	50 V·A，380 V/24 V	1	提供照明电路电源
TC	控制变压器	BK-150	380 V/110 V	1	提供控制电路电源
T2	整流变压器	BK-100	380 V/36 V	1	提供整流电源
KM1	交流接触器	CJ10-20	20 A，线圈电压 110 V	1	控制主轴电动机 M1
KM2	交流接触器	CJ10-20	10 A，线圈电压 110 V	1	控制工作台快速移动电磁离合器
KM3 KM4	交流接触器	CJ10-20	10 A，线圈电压 110V	2	控制电动机 M2 正反转
SB1 SB2	起动按钮	LA2	绿色	2	主轴电动机 M1 起动
SB3 SB4	点动按钮	LA2	黑色	2	控制快速进给点动
SB5 SB6	停止按钮	LA2	红色	2	主轴电动机 M1 的停车及制动
YC1	电磁离合器	B1DL-III		1	主轴制动
YC2	电磁离合器	B1DL-II		1	正常进给
YC3	电磁离合器	B1DL-II		1	快速进给
SQ1	位置开关	LX3-11K	开启式	1	主轴变速冲动开关
SQ2	位置开关	LX3-11K	开启式	1	进给变速冲动开关
SQ3	位置开关	LX3-131	单轮自动复位式	1	工作台向下、向前运动
SQ4	位置开关	LX3-131	单轮自动复位式	1	工作台向上、向后运动
SQ5	位置开关	LX3-11K	开启式	1	工作台向左运动
SQ6	位置开关	LX3-11K	开启式	1	工作台向右运动
EL	照明灯				机床低压照明
VC	整流器	2CZ×4	5 A，50 V	1	整流后输出直流电压

2. X62W 型卧式万能铣床电气元件布置图

X62W 型卧式万能铣床电气元件布置图如图 11-10 所示。

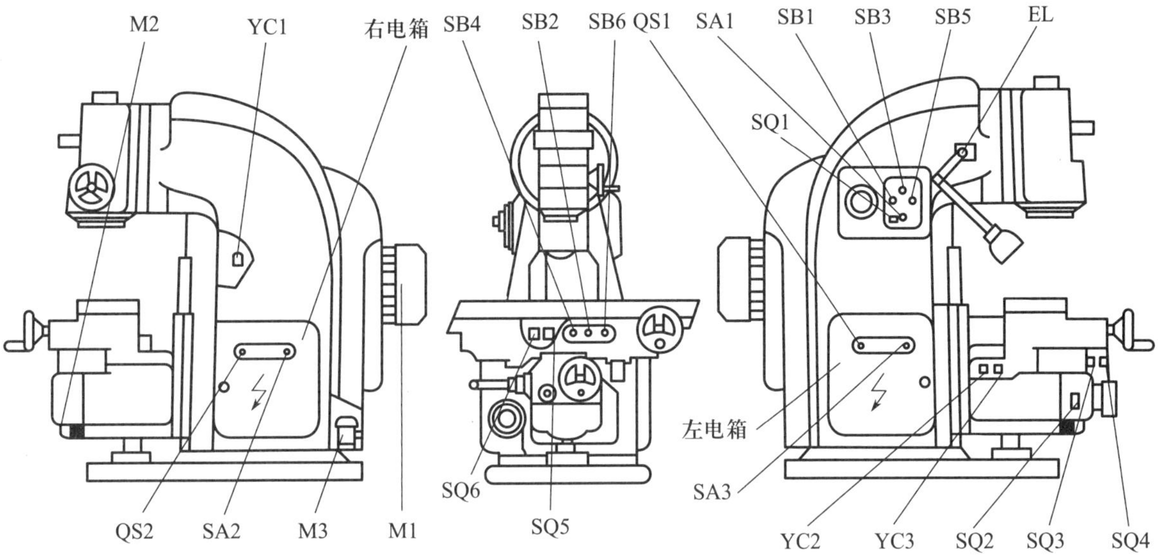

(a) 床身上的电气元件布置图

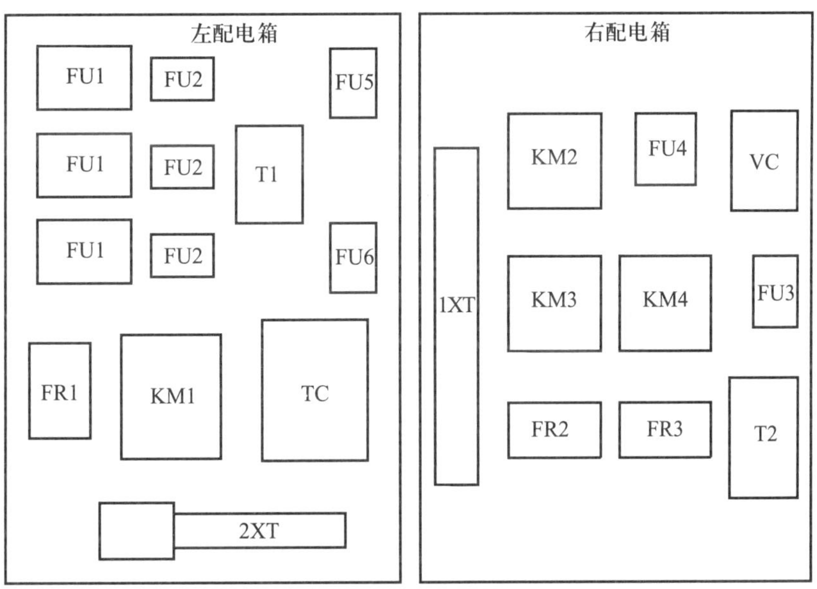

(b) 配电箱内的电气元件布置图

图 11-10　X62W 型卧式万能铣床电气元件布置图

3. X62W 型卧式万能铣床接线图

X62W 型卧式万能铣床接线图如图 11-11 所示。

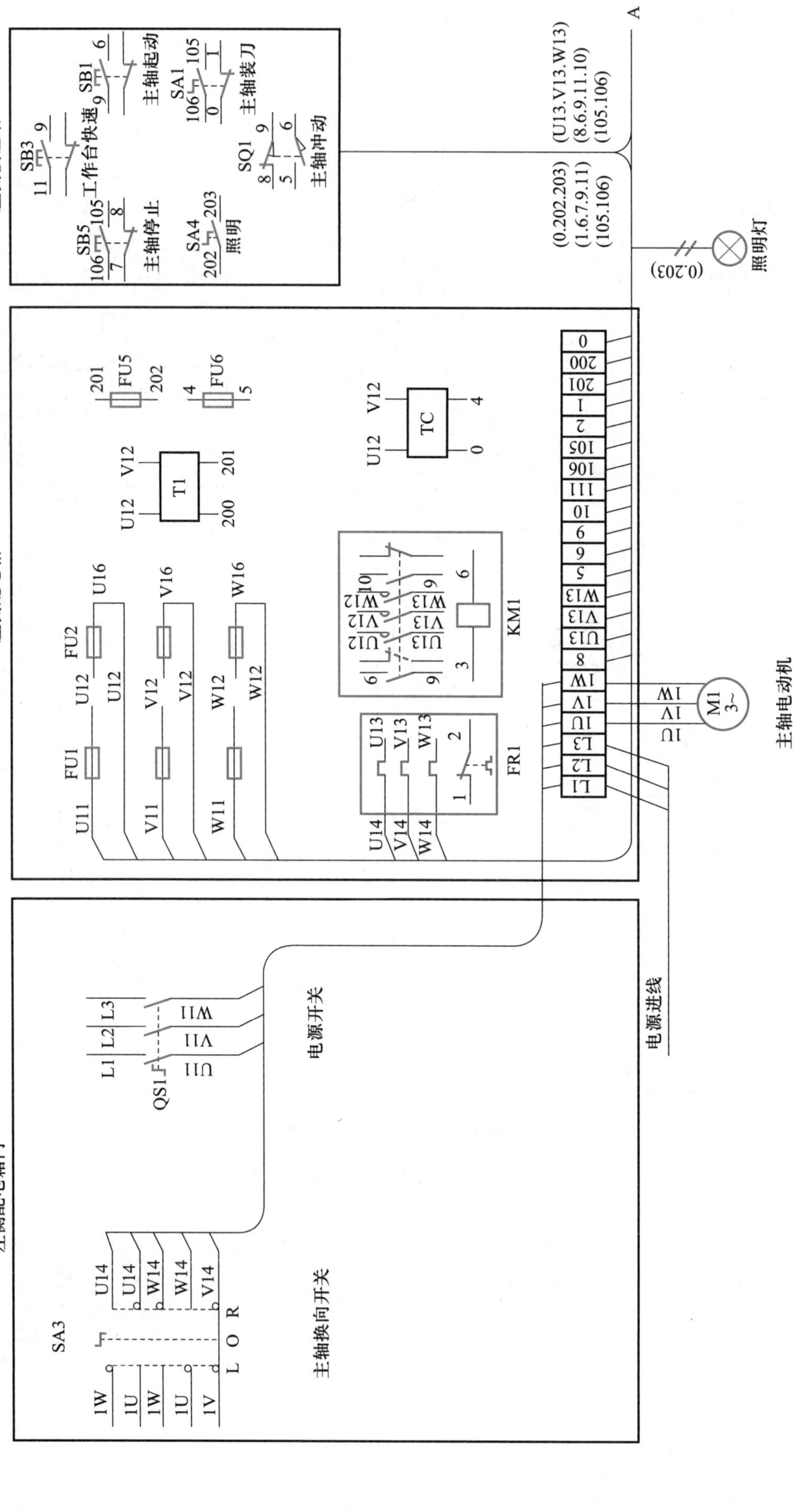
左侧按钮站
主轴停止
工作台快速
主轴起动
照明
主轴冲动
主轴装刀
照明灯
左侧配电箱
主轴电动机
左侧配电箱门
电源开关
电源进线
主轴换向开关

(a) 部分图一

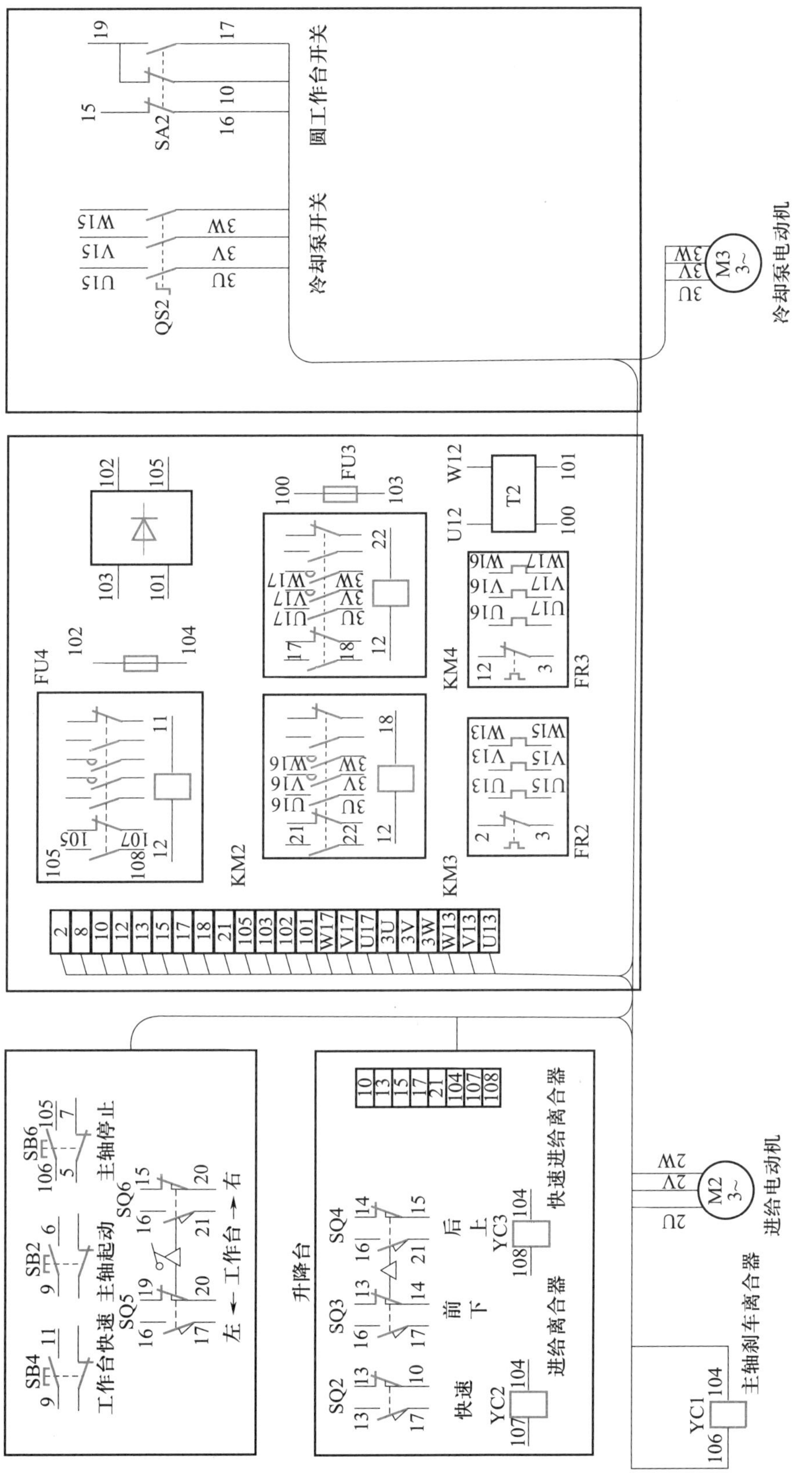

(b) 部分图二

图11-11　X62W型卧式万能铣床接线图

任务操作

1. 识读 X62W 型卧式万能铣床电气控制线路原理图

识读 X62W 型卧式万能铣床电气控制线路原理图，分析主轴电动机 M1、进给电动机 M2、冷却泵电动机 M3 及照明灯的工作原理；结合对机床的实际操作，进一步理解机床各部分的功能及工作原理。

2. 识读 X62W 型卧式万能铣床电气元件布置图

根据图 11-9 所示的 X62W 型卧式万能铣床电气元件布置图，结合机床，熟悉各电气元件的具体位置、用途和型号。

3. 识读 X62W 型卧式万能铣床接线图

根据图 11-11 所示的 X62W 型卧式万能铣床接线图和图 11-10 所示的电气元件布置图，熟悉铣床电气控制线路的布线情况，并通过测量等方法找出各控制线路的实际布线路径(通道)。

任务评价

任务评价表可参考表 9-9。

任务 3 X62W 型卧式万能铣床电气控制线路的维修

任务目标

会排除 X62W 型卧式万能铣床常见电气故障。

任务准备

X62W 型卧式万能铣床常见电气故障的维修方法与车床相似。但由于 X62W 型卧式万能铣床位置开关较多，且多与机械装置、机构联系在一起，因此在维修时，不仅要注意电气控制线路、电气元件的故障，还应注意机械装置、机构操作不当会造成电气控制不正常。

1. 故障维修实例一

故障现象： 整机无法起动。

故障调研：对于“整机无法起动”故障，其故障的原因可能涉及电源电路故障、主电路故障、控制电路故障等多个方面，难以判断故障具体部位或器件，必须进行故障调研，进一步观察故障现象。

根据小王与操作员小张之间的对话，得到故障现象有：一是机床是在工作过程中突然停机，重新起动整机无法起动，无异常声响和气味；二是照明灯工作正常，工作台不能快速进给，进给电动机 M2 无异常声响；三是主轴电动机 M1 不能变速冲动。

故障分析：电工小王运用逻辑分析法，进行了如下分析。

一是无异常声响和气味，可基本确认电动机、电气元件、导线等无烧毁现象。

二是照明灯工作正常，可基本确认该铣床的电源正常、控制变压器 TC 基本正常。

三是无快速移动且进给电动机 M2 无异常声响，可基本确认进给电动机 M2 无三相电源输入，可能为控制电路故障使接触器 KM3 或 KM4 不能通电。

四是主轴电动机 M1 无变速冲动，可基本确认接触器 KM1 控制电路故障，使接触器 KM1 不能通电。

故障范围：综合以上分析，电工小王认为故障大致在“主轴电动机 M1 和快速进给控制电路的公共电路部分”，如图 11-12 所示。

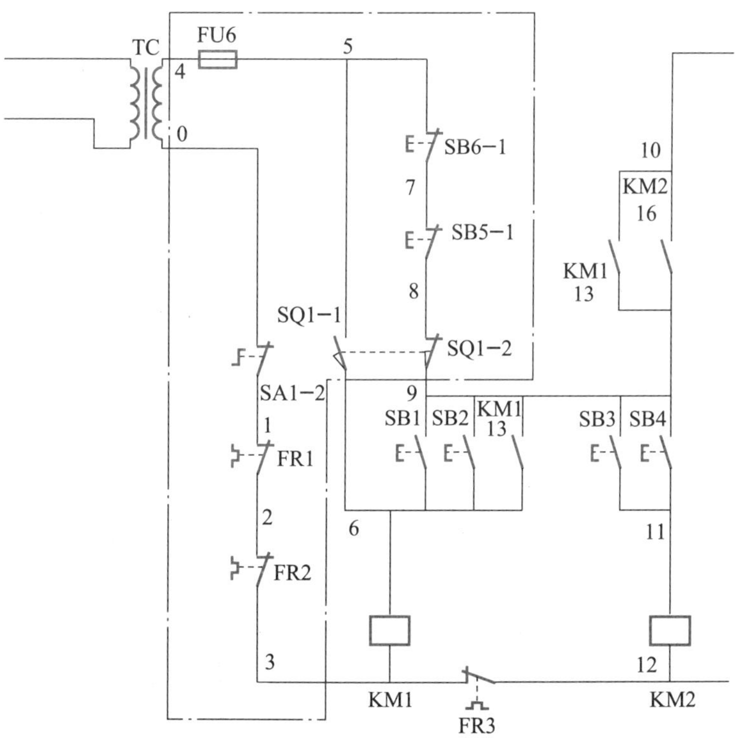

图 11-12　故障范围

查找故障点： 电工小王到达现场后，按图 11-13 所示的流程查找故障点。

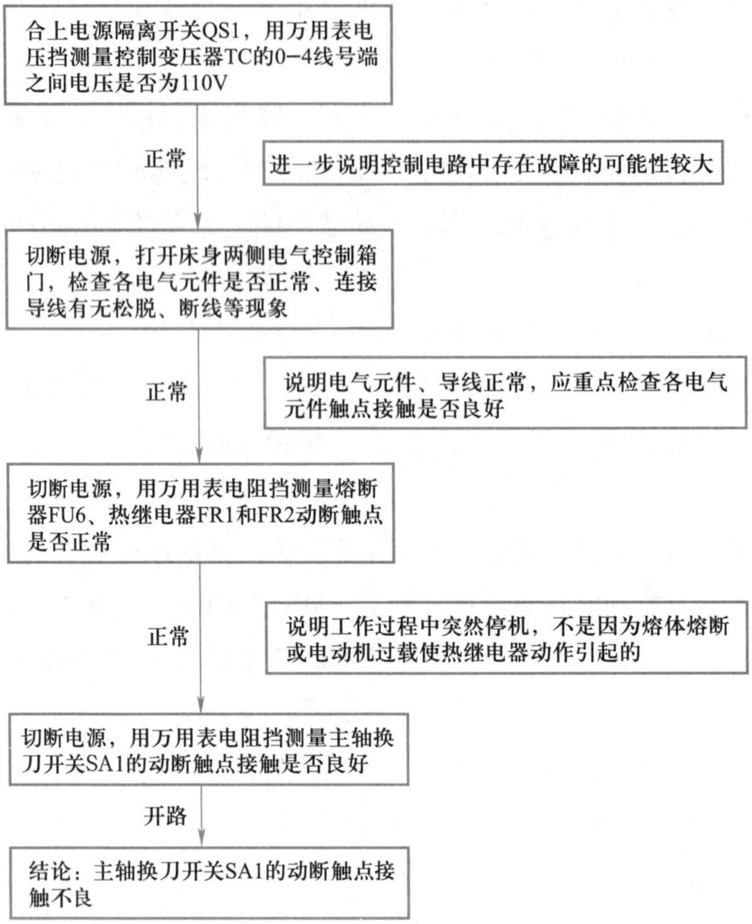

图 11-13 故障点查找流程

故障维修： 电工小王重新填写材料申领单，向企业材料仓库申领了型号为 LS2-3A 的转换开关，重新更换。

故障原因分析： 操作员小张在操作该铣床过程中突然停机，以后不能重新起动，可能是主轴换刀开关 SA1 使用时间过长，其动断触点接触不良。

善后工作： 排除故障后，在确保人身和设备安全的前提下，进行试车，操作正常后，做好善后工作即可交付验收。

提示

本故障实例中操作人员提供的“整机无法起动”故障现象过于简单，维修人员通过与操作员的对话，将故障范围缩小到“主轴电动机 M1 和快速进给控制电路的公共电路部分”。

维修人员在查找故障点时，遵循了“先简单、后复杂”的原则。从万用表检测控制电路电源是否正常，电气元件、导线等有无损坏，到检查公共电路部分各电气元件触点是否正常，比较顺利地判断出故障点。

对于机床等电气控制设备在运行中突然发生故障，维修人员可先通过“闻、听、看”等方法，排除电气元件损坏(外表现象)的情况，在此基础上，利用仪器仪表进行检测，以缩短维修时间。

2. 故障维修实例二

故障现象： 主轴不能旋转。

故障分析： X62W 型卧式万能铣床主轴是由主轴电动机 M1 驱动，对于“主轴不能旋转”故障，首先应判断主轴电动机 M1 能否起动。由于主轴电动机 M1 由转换开关 SA3 进行换向，它有“顺铣”“停”“逆铣”3 个位置，若转换开关 SA3 置于“停”位置，主轴就不能旋转。因此，应先检查转换开关 SA3 所在位置是否正确，然后观察主轴电动机 M1 能否起动、有无缺相运行等故障现象。

故障调研： 可按图 11-14 所示的流程进行故障调研。

故障范围： 可参考图 11-14 故障调研流程，分析不同故障现象所对应的故障范围。

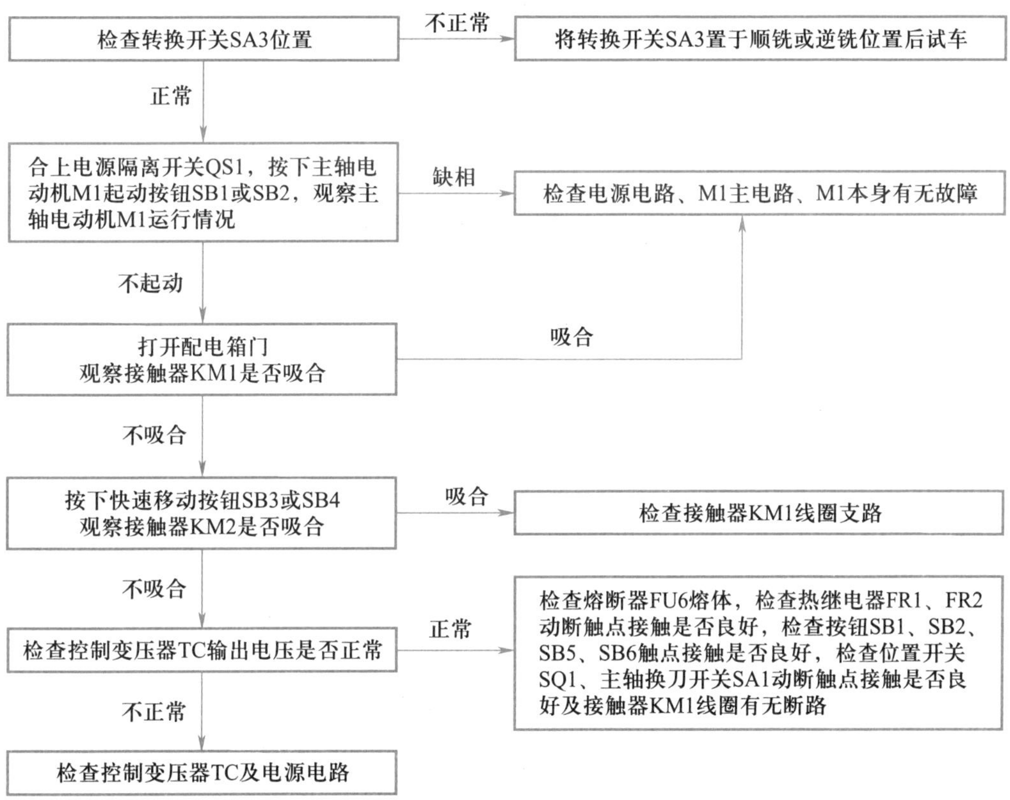

图 11-14　故障调研流程

查找故障点并排除故障： 可参考图 11-14 故障调研流程，针对不同故障现象，采用恰当的测量方法查找故障点，并排除故障。

对于接触器 KM1 控制回路故障查找方法可参考故障维修实例一。

对于电源电路、主电路、电动机 M1 故障，可用验电笔逐点检查电源隔离开关

QS1、熔断器 FU1、接触器 KM1、热继电器 FR1、转换开关 SA3 上、下接线柱电压是否正常来判断故障点，并根据故障情况查明原因后更换元件。

善后工作： 排除故障后，在确保人身和设备安全的条件下，进行试车，操作正常后，做好善后工作即可交付验收。

提示

本故障实例中“主轴不能旋转”的原因涉及“主轴电动机 M1 换相转换开关 SA3 位置”是否正确，对于这类由于操作人员操作不当引起的故障应先排除。同时，故障调研过程其实质又是查找故障点的过程，要求维修人员熟悉控制线路的工作原理，通过逻辑分析法，形成比较简捷的调研流程，以便缩短维修时间。

3. 故障维修实例三

故障现象： 主轴电动机 M1 停车时无制动。

故障分析： X62W 型卧式万能铣床在主轴电动机 M1 停车或换刀时，采用电磁离合器 YC1 进行制动。若无制动，主轴电动机 M1 停车时间将延长。主轴电动机 M1 停车时无法制动故障可能的故障范围在电磁离合器 YC1、整流电路和控制电路中，如图 11-15 所示。

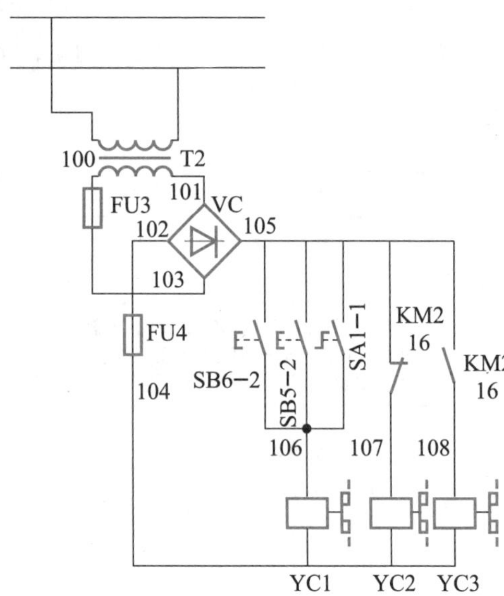

图 11-15 故障范围

故障调研： 发生故障后，可先转动换刀制动开关 SA1，观察换刀制动时电磁离合器 YC1 是否吸合，再根据具体情况进行分析，其故障调研流程如图 11-16 所示。

故障范围： 可参考图 11-16 故障调研流程，分析不同故障现象所对应的故障范围。

查找故障点并排除故障： 可参考图 11-16 故障调研流程，针对不同故障现象，采用恰当的测量方法查找故障点，并排除故障。

对于按钮 SB5-2、SB6-2 动合触点接触不良故障，可用万用表电阻挡测量，查出故障后更换元件或重新接线。

对于整流变压器 T2、熔断器 FU3 故障，可用万用表电压挡测量电压，查出故障后，分析引起故障的原因，排除原因后才能更换元件。

对于整流器 VC、熔断器 FU4 故障，可用万用表电阻挡测量，查出故障后，分析引起故障的原因，排除原因后才能更换元件或重新接线。

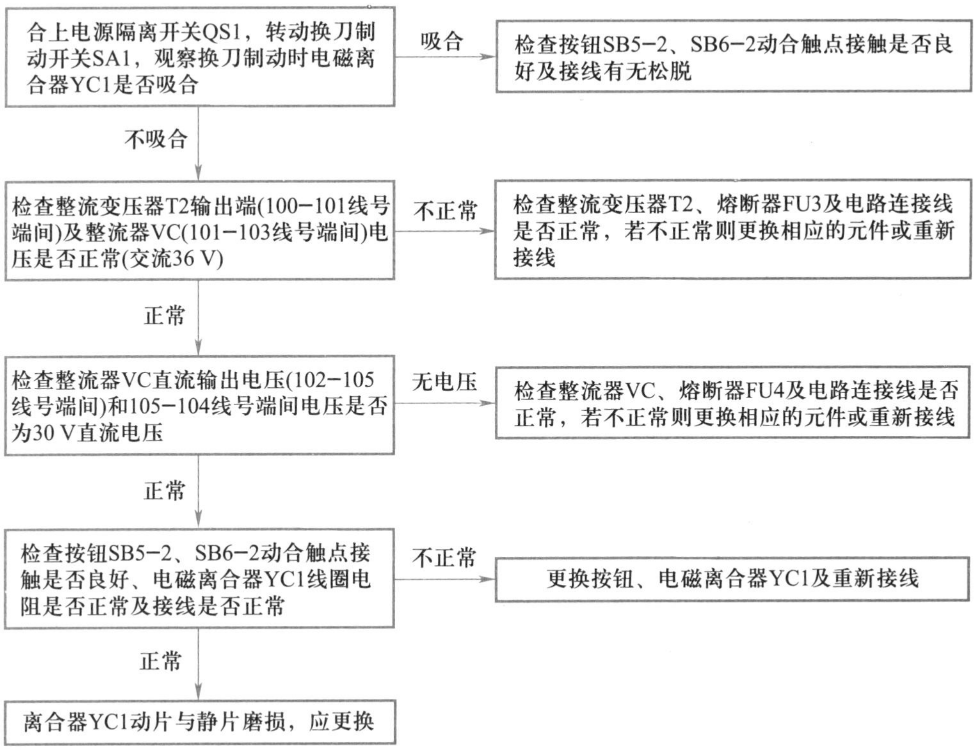

图 11-16　故障调研流程

善后工作： 排除故障后，在确保人身和设备安全的条件下，进行试车，操作正常后，做好善后工作即可交付验收。

提示

维修人员维修电气控制设备，不仅要能排除故障，使电气控制设备尽快恢复正常工作，而且要找出引起故障的原因。引起本故障的原因可能是整流电路熔断器熔断、整流器损坏等。对于这些故障，一定要找出引起故障的原因并排除，才能真正达到排除故障的目的。

4. 故障维修实例四

故障现象： 主轴电动机 M1 起动后，工作台向左、向右能进给，但向前、向后、向上、向下不能进给。

故障分析： X62W 型卧式万能铣床工作台进给运动是通过进给电动机 M2 的正、反转配合机械传动来实现的。

由于工作台能够向左、向右进给，根据图 11-17 所示工作台左右进给运动控制回路可知，可以确认控制电路电源正常，控制电路中 4-5-7-8-9-10 线号间电路以及 0-1-2-3-12 线号间电路正常，位置开关 SQ5、SQ6 在向左、向右进给运动时，它们的动合触点 SQ5-1、SQ6-1 动作正常，位置开关 SQ3、SQ4 动断触点 SQ3-2、SQ4-2 正常，接触器 KM3 线圈支路(17-18-12)和 KM4 线圈支路(21-22-12)正常，进给电动机 M1 正常。

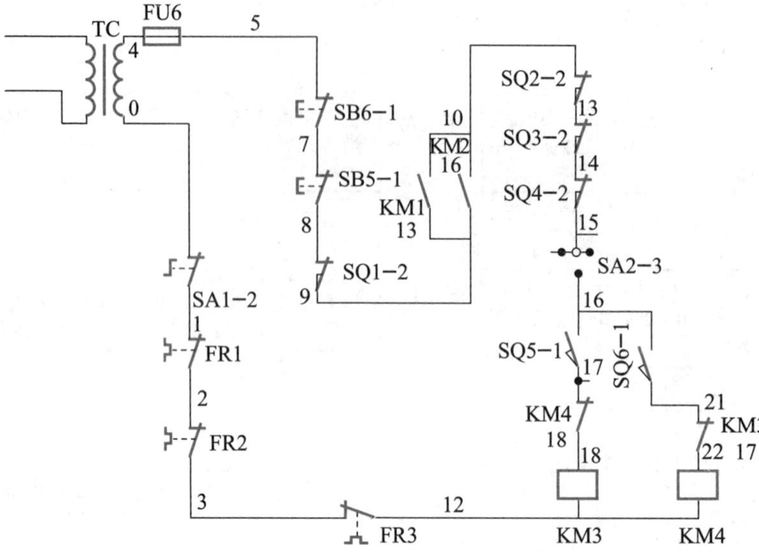

图 11-17 工作台向左、向右进给运动控制回路图

故障范围：根据图 11-18 所示的工作台向上、向下、向前、向后进给运动控制回路，对比工作台左、右进给运动控制回路，故障范围可基本确定在位置开关 SQ3、SQ4 动作不正常(位置开关移位,操作机构不能压合位置开关)，位置开关 SQ3、SQ4 动合触点 SQ3-1、SQ4-1 接触不良，位置开关 SQ5、SQ6 动断触点 SQ5-2、SQ6-2 接触不良，转换开关 SA2 的 SA2-1 触点接触不良以及相关控制回路接线松脱或断线。

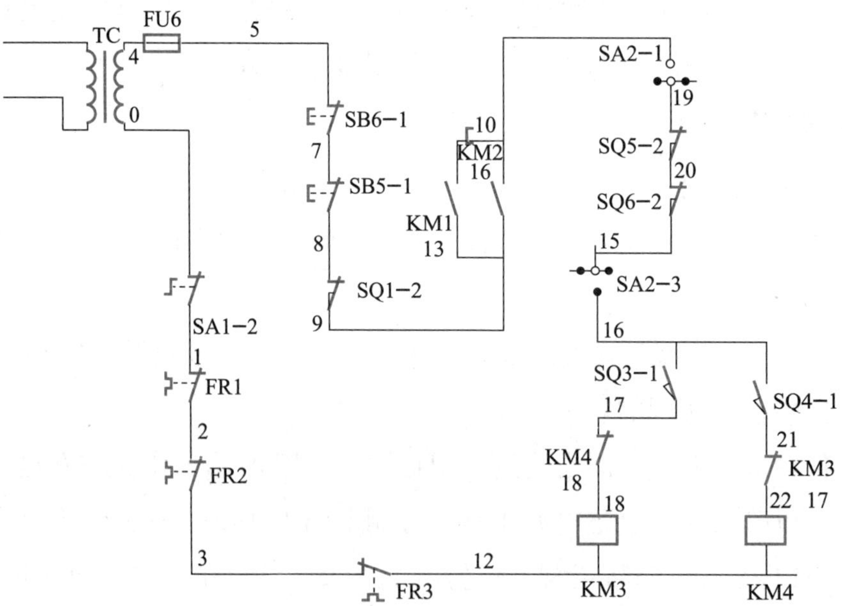

图 11-18 工作台向上、向下、向前、向后进给运动控制回路图

故障调研：根据上述故障分析，可先检查位置开关 SQ3、SQ4 安装位置有无松动；再检查位置开关 SQ3、SQ4 动作是否正常，即操作进给手柄，观察传动机构能否正确压合位置开关 SQ3、SQ4；上述检查正常后，再检查位置开关 SQ3、SQ4 动合触点和位置开关 SQ5、SQ6 动断触点接触是否良好和转换开关 SA2 触点接触是否良好。

查找故障点并排除故障：可按图 11-19 所示的流程进行。

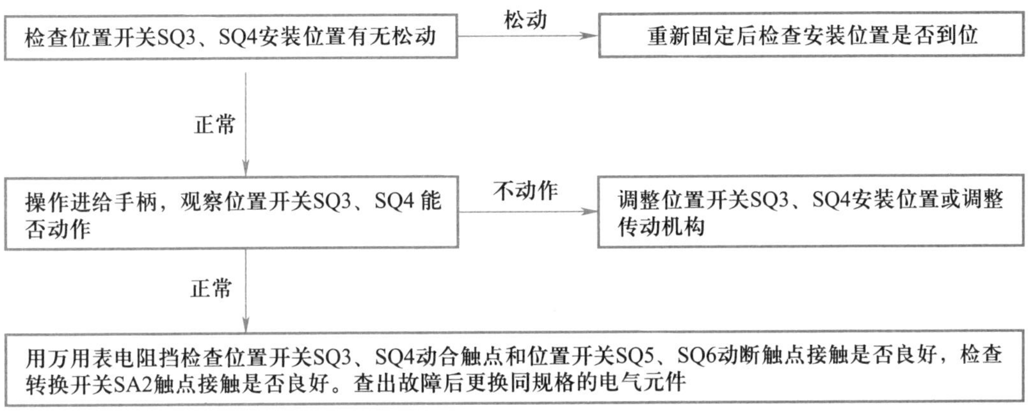

图 11-19　排除故障流程图

善后工作：排除故障后，在确保人身和设备安全的条件下，进行试车，操作正常后，做好善后工作即可交付验收。

提示

本故障实例中，维修人员通过对比工作台“左、右进给运动控制回路”和“上、下、前、后进给运动控制回路”，找出了两个控制回路中的公共部分，根据故障现象，可以确定故障不可能发生在公共部分，并将故障缩小到比较小的范围，其实质是通过逻辑分析法缩小了故障范围。

对于位置开关位置移动等涉及机械装置的故障，维修人员可与机修人员共同配合来完成。

任务操作

1. 维修工具、仪表及技术资料

① 维修用工具、仪器仪表由学生自行选配，并进行检验。

② 维修用技术资料：主要包括与 X62W 型卧式万能铣床相配套的电气控制线路原理图、布置图、接线图、维修记录单及机床其他相关技术资料。

2. 维修步骤及工艺要求

由指导教师在 X62W 型卧式万能铣床电气控制线路上设置 3~5 处故障点。

可参考 CA6140 型车床维修步骤及工艺要求。

3. 维修注意事项

可参考 CA6140 型车床维修注意事项。

任务评价

任务评价表可参考表 9-15。

项目 12

T68 型卧式镗床电气控制线路的维修

项目目标

学完本项目后，你应当：

★ 知道 T68 型卧式镗床的用途、主要结构和运动形式、电力拖动特点和控制要求。

★ 会识读 T68 型卧式镗床控制线路原理图、布置图和接线图。

★ 会排除 T68 型卧式镗床常见电气故障。

★ 能完成工作记录、技术文件存档。

项目描述

电工车间主任接到了 T68 型卧式镗床操作员小张的电话，编号为 0013 的 T68 型卧式镗床出现“主轴电动机 M1 能低速起动运行，但不能自动转到高速运行”电气故障，要求派维修人员迅速维修。

电工车间主任将维修工作任务派给了中级电工小王，维修任务单见表 12-1。

表 12-1　维修任务单

某企业维修任务单　　　　编号——0012

维修任务	维修 0013 号 T68 型卧式镗床			派工日期	年　月　日
维修人员	小王	维修负责人	小王	完工日期	年　月　日
签收人				签收日期	年　月　日
故障现象	主轴电动机 M1 能低速起动运行，但不能自动转到高速运行				

续表

工作内容	1. 与操作员联系，进一步了解 0013 号 T68 型卧式镗床故障情况 2. 准备维修工具、仪表、器材和相关技术资料 3. 观察故障现象，分析故障范围，查找故障点，实施故障维修，维修任务完成后，进行检验和通电试验，合格后交付操作员使用 4. 将相关技术资料交付车间档案室归档保存
材料申领	此项由维修负责人填写： 维修负责人：
任务验收	此项填写验收时设备的主要验收技术参数，由维修负责人填写： 维修负责人：
车间负责人评价	负责人签字： 年 月 日

项目分析

镗床是一种精密加工机床，主要用于加工高精确度的孔和孔间距离要求较为精确的零件。镗床可分为卧式镗床、立式镗床、坐标镗床和专用镗床等。常用的是卧式镗床，它的镗刀主轴水平放置，是一种多用途的金属切削机床，不但能完成钻孔、镗孔等孔加工，而且能切削端面、内圆、外圆及铣平面等。图 12-1 所示为 T68 型卧式镗床。

T68 型卧式镗床故障种类较多，由于操作员小张没有详细说明故障现象，因此，电工小王接到任务后，为了能够初步判断该镗床电气故障范围、准备维修器材，于是通过电话向操作员小张询问详细故障现象，他们之间的对话如下。

小王：张师傅，你操作的 T68 型卧式镗床主轴电动机 M1 高、低速选择开关是否在“高速”位置，开关操作是否灵活？

小张：已经将高、低速选择开关转到“高速”位置，主轴只能低速运行，还是不能转到高速运行。

小王：请你分别操作主轴电动机正、反转起动按钮，观察能否高速运行。

图 12-1 T68 型卧式镗床

小张：按下主轴电动机 M1 正转或反转起动按钮后，主轴电动机 M1 都只能低速运行不能自动转到高速运行。

电工小王通过与操作员小张的对话，比较详细地了解了该镗床电气故障的现象，通过分析，他能够基本确认该镗床主轴电动机 M1 的主电路和主轴电动机 M1 本身正常，故障原因可能为“控制主轴电动机 M1 从低速运行转到高速运行时，时间继电器 KT 不工作或工作后不能使其动合与动断触点延时动作，导致接触器 KM4、KM5 不能切换”。因此，他准备了以下常用电工工具、仪表、器材和维修资料：

① 验电笔、一字和十字螺丝刀、尖嘴钳等常用电工工具。

② 万用表、兆欧表等常用电工仪表。

③ JS7-2A 型时间继电器 1 只及常用螺钉、垫片、导线等维修器材。

④ T68 型卧式镗床电气控制线路原理图、接线图等相关技术资料。

阅读材料　　世界最大数控龙门镗铣床

我国制造生产的超重型数控龙门镗铣床是迄今为止世界上最大的数控龙门镗铣床，如图 12-2 所示。它被誉为“机床航母”，总高 15 m，总宽 22 m，总长 39 m，总重 900 t，可将篮球场大小的钢铁部件加工成任意形状。中国百万千瓦级核电站的低压内缸和高压外缸就是由这种机床加工而成的。

图 12-2 世界最大数控龙门镗铣床

项目实施

任务 1 认识 T68 型卧式镗床

任务目标

1. 知道 T68 型卧式镗床的主要结构和运动形式。
2. 熟悉 T68 型卧式镗床的基本操作方法和各操作手柄的位置及作用。
3. 熟悉 T68 型卧式镗床对电力拖动系统的要求。

任务准备

1. T68 型卧式镗床的型号含义

T68 型卧式镗床的型号含义如下：

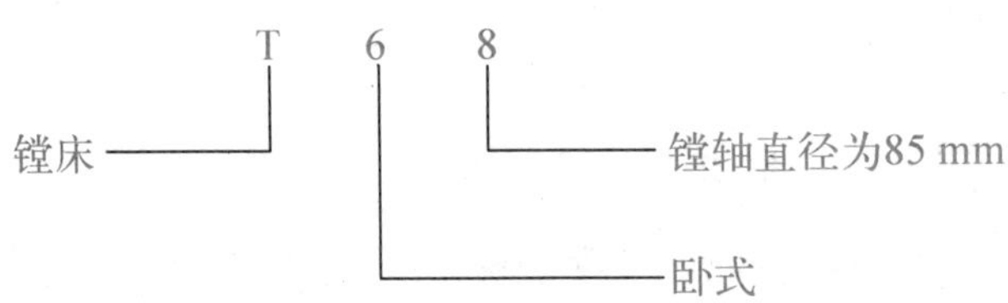

2. T68 型卧式镗床的主要结构

T68 型卧式镗床的结构如图 12-3 所示。它主要由床身、前立柱、镗头架、主轴、平旋盘(花盘)、工作台和后立柱等部分组成。

T68 型卧式镗床的床身是一个整体铸件，在它的一端固定有前立柱，在前立柱的固定导轨上装有可上下移动的镗头架。在镗头架里集中装有主轴、变速箱、进给箱和操纵机构等部件。切削刀具一般固定在主轴前端的锥形孔中，也可以固定在平旋盘上的刀具溜板上。在切削工作过程中，主轴可一面旋转，一面带动刀具沿轴向进给，而平旋盘只能旋转；装在其上面的刀具溜板可做垂直主轴轴线方向的径向进给运动；主轴和平旋盘轴分别通过各自的传动链传动，可以独立转动。在大部分工

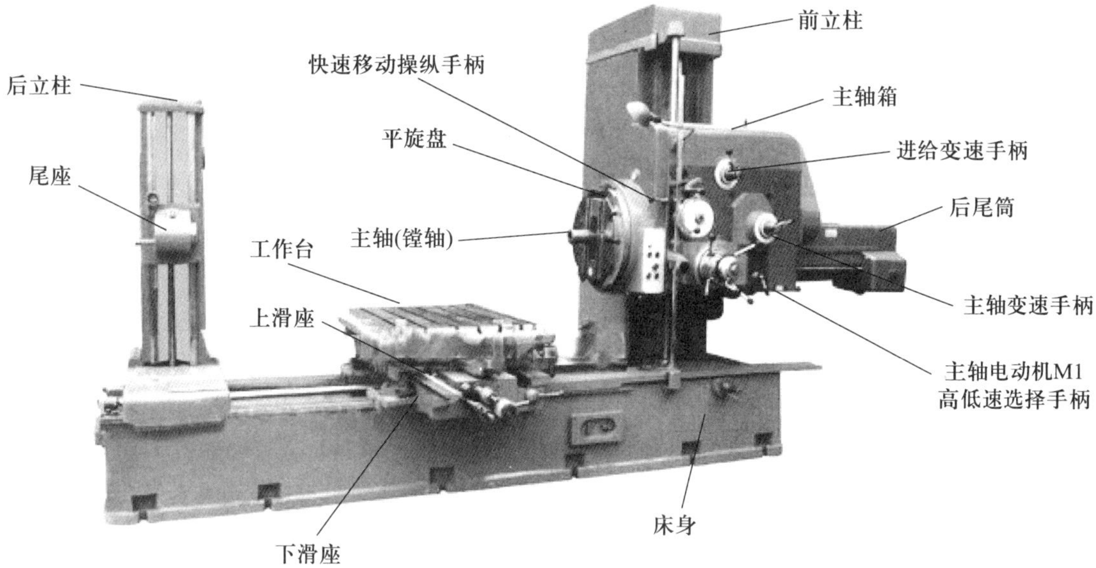

(a) 主要机械部件示意图

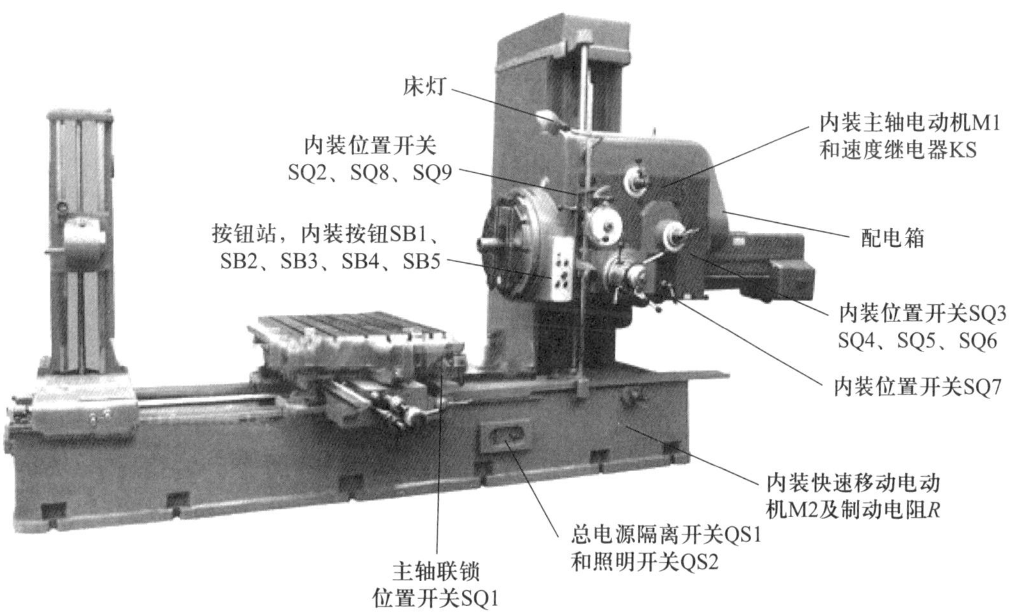

(b) 主要电气部件示意图

图 12-3　T68 型卧式镗床结构图

作情况下，使用主轴加工，只有在用车刀切削端面时才使用平旋盘。

镗床的后立柱装在床身的另一端，后立柱上的尾座用来支撑装夹在镗轴上的镗杆末端，它与镗头架同时升降，两者的轴线始终处于同一水平直线上。根据镗杆的长短，可通过后立柱沿床身水平导轨的移动来调整前、后立柱之间的距离。

固定工件的工作台安放在床身中部的导轨上，它有下滑座和上滑座，工作台相对于上滑座可回转。这样，通过主轴的垂直移动，工作台的横向、纵向移动和回转，就可以加工工件上的各种位置的孔。

3. T68 型卧式镗床的主要运动形式及控制要求

T68 型卧式镗床的主要运动形式及控制要求见表 12-2。

表 12-2 T68 型卧式镗床的主要运动形式及控制要求

<table>
<tr><th>运动种类</th><th>运 动 形 式</th><th>控 制 要 求</th></tr>
<tr><td>主运动</td><td>主轴或平旋盘的旋转运动</td><td rowspan="2">（1）镗床主轴调速范围较大，采用机电联合调速，即用变速箱进行机械调速和用双速电动机进行电气调速
（2）其主运动和进给运动共用一台双速笼型异步电动机 M1 驱动，低速运行时定子绕组接成 Δ 形，可直接起动；高速运行时定子绕组接成双星形（YY），高速运行须先低速起动，经一定时间延时后再自动转到高速运行，以减小起动电流
（3）主轴电动机 M1 要求可正反转连续运行，也可正反转点动控制，但点动时只能低速运行
（4）主轴停转时要求能快速准确地制动，故采用反接制动。为限制主轴电动机点动起动和反接制动时的电流，在点动和制动时，电动机定子绕组回路中须串入限流电阻 R
（5）主轴和进给变速均可在运行中进行，变速操作时，主轴电动机做低速断续冲动，变速完成后又恢复运行。主轴变速时，主轴电动机 M1 的缓慢转动是由位置开关 SQ3 和 SQ5 控制，进给变速时由位置开关 SQ4 和 SQ6 控制，并都与速度继电器 KS 配合完成
（6）主轴及进给变速可在开车前预选，也可在运行过程中进行变速。为便于变速时齿轮的顺利啮合，设有变速低速冲动环节</td></tr>
<tr><td>进给运动</td><td>主轴和平旋盘的轴向（进、出）进给，镗头架（主轴箱）的垂直（上、下）进给，平旋盘上刀具的径向进给，工作台的横向（左、右）和纵向（前、后）进给</td></tr>
<tr><td>辅助运动</td><td>工作台的回转运动、后立柱的水平移动和尾座的垂直移动及各部分的快速移动</td><td>为缩短调整工件和刀具间相对位置时间，机床各部分还可以用快速移动电动机 M2 来拖动，它们之间的进给有机械和电气联锁保护措施</td></tr>
</table>

任务操作

1. 选配工具、仪表、资料

根据任务操作要求，选配常用电工工具，万用表、钳形电流表、兆欧表等常用电工仪表和镗床使用说明书（手册）等相关技术资料。

2. 认识 T68 型卧式镗床

现场参观 T68 型卧式镗床，对照图 12-3 所示的镗床结构图和镗床使用说明书（手册）等相关资料，认真观察镗床的外形和结构，识别镗床的主要机械部件和电气部件。

3. 操作 T68 型卧式镗床

先观察指导教师对 T68 型卧式镗床的示范操作，然后在指导教师的监护下，完成对镗床的基本操作训练。

（1）操作镗床前的检查

关好电气控制箱门，检查各操作开关、手柄是否在停止位置或原位，特别应注意检查各锁紧装置的位置并置于松开位置，使镗床各部分处于适当位置，以防止操作时相互碰撞而损坏设备。

（2）接通电源

上述检查无误后，合上电源隔离开关 QS1，接通镗床电源。此时电源指示灯 HL 应亮，合上照明开关 QS2 后，机床工作照明灯 EL 应亮。

（3）选择主轴转速

拉出主轴变速手柄转动 180°，旋转手柄，选择好需要的转速后，再将手柄推到原位。

（4）选择进给速度

拉出进给变速手柄转动 180°，旋转手柄，选择好需要的转速后，再将手柄推到原位。

（5）调整主轴箱位置

将进给选择手柄置于“1”位置，向外拉出快速移动操作手柄，主轴箱向上运动，向里推快速移动操作手柄，主轴箱向下运动，松开快速移动操作手柄，主轴箱停止运动。

（6）调整工作台位置

① 工作台的左、右运动

将进给选择手柄从位置“1”顺时针扳到位置“2”，向外拉快速移动操作手柄，上溜板带动工作台向左运动；向里推快速移动操作手柄，上溜板带动工作台向右运动；松开快速移动操作手柄，工作台停止运动。

② 工作台的前、后运动

将进给选择手柄从位置“2”顺时针扳到位置“3”，向外拉快速移动操作手柄，下溜板带动工作台向前运动；向里推快速移动操作手柄，下溜板带动工作台向后运动；松开快速移动操作手柄，工作台停止运动。

（7）主轴电动机 M1 的点动控制

按下正向点动按钮 SB4，主轴电动机 M1 正向低速转动，松开 SB4，M1 停转；按下反向点动按钮 SB5，主轴电动机 M1 反向低速转动，松开 SB5，M1 停转。

（8）主轴电动机 M1 的低速转动控制

将主轴变速手柄置于低速挡位，按下正向起动按钮 SB2，主轴电动机 M1 低速正向转动，按下停止按钮 SB1，主轴电动机 M1 反接制动后迅速停车；按下反向起动按钮 SB3，主轴电动机 M1 低速反向转动，按下停止按钮 SB1，主轴电动机 M1 反接制动后迅速停车。

（9）主轴电动机 M1 的高速转动控制

将主轴变速手柄置于高速挡位，按下正向起动按钮 SB2，主轴电动机 M1 先低速正向起动，经一定时间延时后，自动转为高速运转；按下停止按钮 SB1，主轴电动机 M1 反接制动后迅速停车。

按下反向起动按钮 SB3，主轴电动机 M1 先低速反向起动，经一定时间延时后，自动转为高速运转；按下停止按钮 SB1，主轴电动机 M1 反接制动后迅速停车。

（10）主轴变速控制

主轴变速可在运行中进行，可将主轴变速手柄拉出转动 180°，旋转手柄选择好转速，将手柄推回原位。

（11）进给变速控制

进给变速可在运行中进行，可将进给变速手柄拉出转动 180°，旋转手柄选择好转速，将手柄推回原位。

（12）停车操作

先按下停止按钮 SB1，待电动机停止运转后，再切断电源隔离开关 QS1。

任务评价

任务评价表可参考表 9-3。

任务 2　识读 T68 型卧式镗床电气控制线路原理图

◆ 任务目标

1. 熟悉 T68 型卧式镗床电气控制线路的组成和各电气元件型号及功能。
2. 会分析 T68 型卧式镗床电气控制线路的工作原理。

任务准备

1. T68 型卧式镗床电气控制线路工作原理

T68 型卧式镗床电气控制线路原理图如图 12-4 所示，它分为主电路、控制电路和照明与指示灯电路三部分。

（1）T68 型卧式镗床主电路分析

T68 型卧式镗床主电路如图 12-5 所示。它有两台电动机，M1 是主轴和进给电动机，是一台 4/2 极的双速笼型异步电动机，定子绕组接法为 Δ/YY；M2 为快速移动电动机，因快速移动为短时工作，无须设置过载保护。其主电路的控制和保护电器见表 12-3。

（2）T68 型卧式镗床控制电路分析

T68 型卧式镗床的控制电路由控制变压器 TC 二次侧提供 110V 交流电压作为电源，由熔断器 FU3 作为短路保护。

① 主轴电动机 M1 的控制

主轴电动机 M1 能正反转，并且均有高速和低速两种运行状态，因此，主轴电动机 M1 的控制包括点动控制、正反转低速连续运转控制、停车制动控制、高低速转换控制和变速冲动控制。

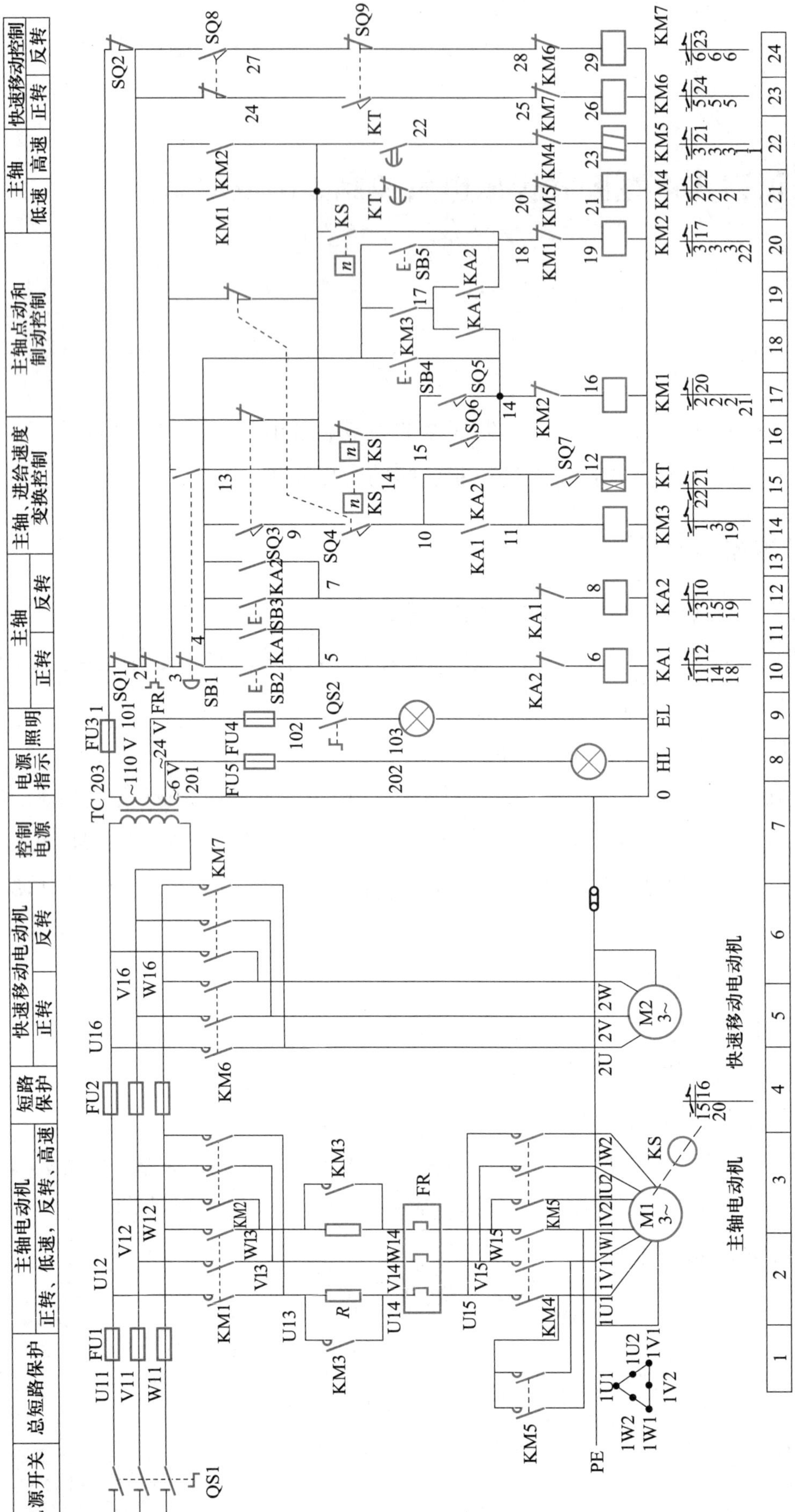

图12-4 T68型卧式镗床电气控制线路原理图

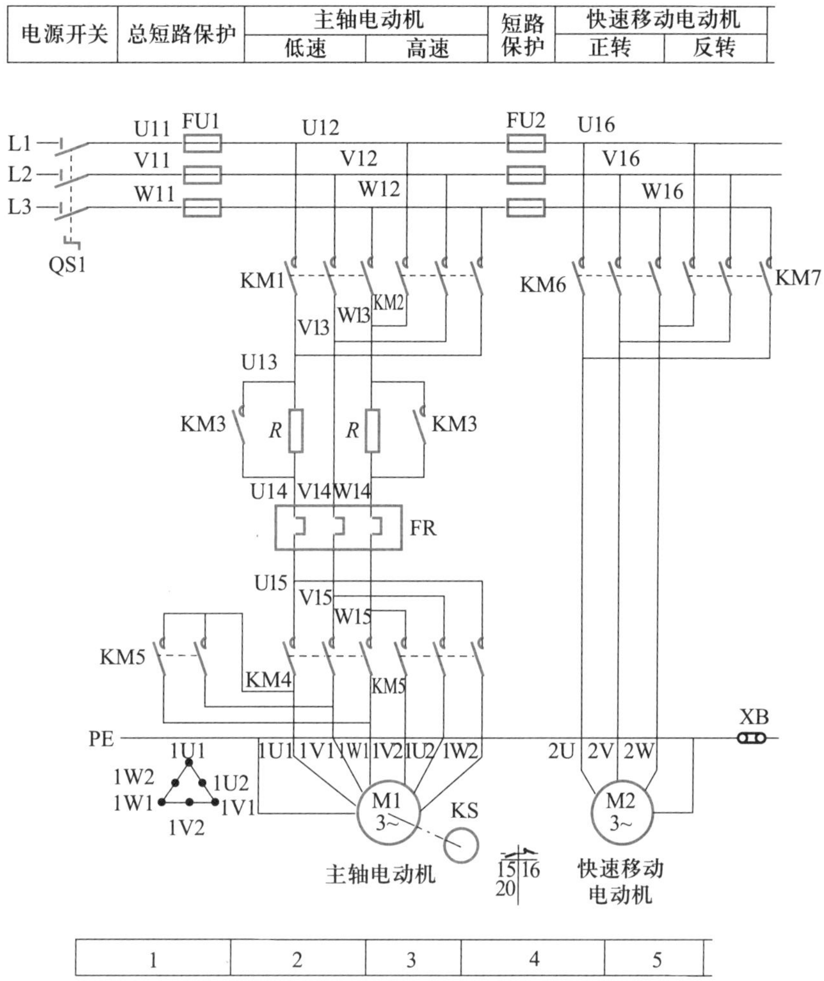

图 12-5　T68 型卧式镗床主电路

表 12-3　主电路的控制和保护电器

名称与代号	作　用	控 制 电 器	过载保护电器	短路保护电器
主轴电动机 M1	通过变速箱等传动机构带动主轴及平旋盘旋转和进给运动，同时还带动润滑油泵	交流接触器 KM1、KM2、KM3、KM4、KM5 和中间继电器 KA1、KA2	热继电器 FR	熔断器 FU1
快速移动电动机 M2	带动主轴的轴向进给、主轴箱垂直进给、工作台横向和纵向快速移动	交流接触器 KM6、KM7	无	熔断器 FU2

a. 主轴电动机 M1 的点动控制

主轴电动机 M1 的点动控制有正向点动和反向点动两种控制方式，分别由正向点动按钮 SB4 和反向点动按钮 SB5 控制。其控制回路如图 12-6 所示。

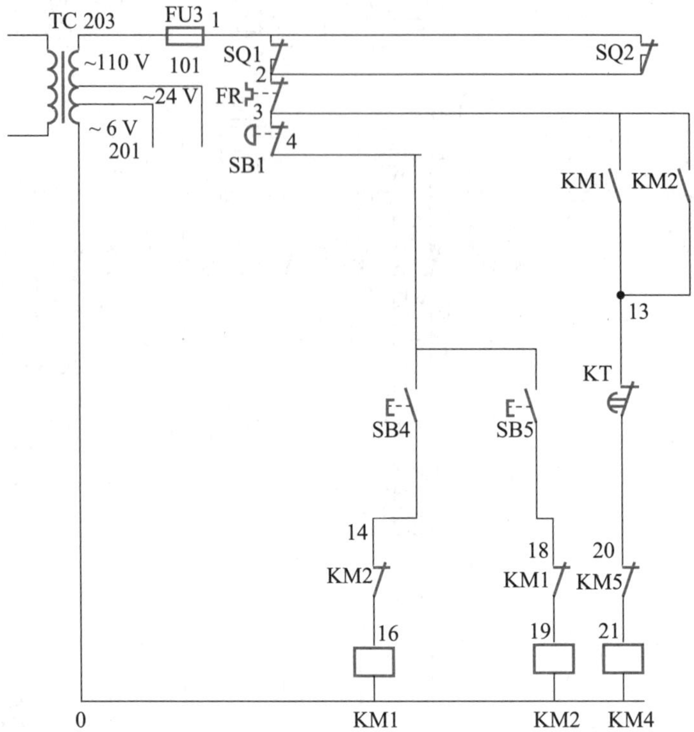

图 12-6　主轴电动机 M1 点动控制回路

按下点动按钮 SB4 或 SB5，接触器 KM1 或 KM2 线圈通电而吸合，KM1 动合触点(21 区,3-13)或 KM2 的动合触点(22 区,3-13)闭合，接触器 KM4 线圈通电而吸合，KM1 或 KM2 的主触点(2 区、3 区)和 KM4 主触点(2 区)闭合，电动机 M1 定子绕组接成 Δ 形联结，并且串电阻 R 进行低速正转或反转点动。

b. 主轴电动机 M1 的正反转低速连续运转控制

主轴电动机 M1 的高低速控制由主轴变速盘变速机构内的位置开关 SQ7 控制。当要求主轴电动机 M1 正反转低速连续运转时，可将速度选择手柄置于“低速”位置，与变速机构有关联的位置开关 SQ7 不受压，其动合触点 SQ7(15 区,11-12)处于断开状态；当要求主轴电动机 M1 正反转高速连续运转时，将速度选择手柄置于“高速”位置，与变速机构有关联的位置开关 SQ7 受压，其动合触点 SQ7(15 区,11-12)处于闭合状态。

由于主轴变速位置开关 SQ3 和进给变速位置开关 SQ4 已被操作手柄压合，它们的动合触点 SQ3(14 区,4-9)、SQ4(14 区,9-10)都处于闭合状态，动断触点 SQ3(16 区,3-13)、SQ4(19 区,3-13)都处于断开状态。

主轴电动机 M1 正、反转低速连续运转控制回路如图 12-7 所示。

主轴电动机 M1 正转低速连续运转控制过程：按下正转起动按钮 SB2，中间继电器 KA1 线圈(10 区)通电而吸合，KA1 动断触点(12 区,7-8)分断起联锁作用。而 KA1 的 3 对动合触点也同时闭合，其中 KA1 的动合触点(11 区,4-5)闭合起自锁作

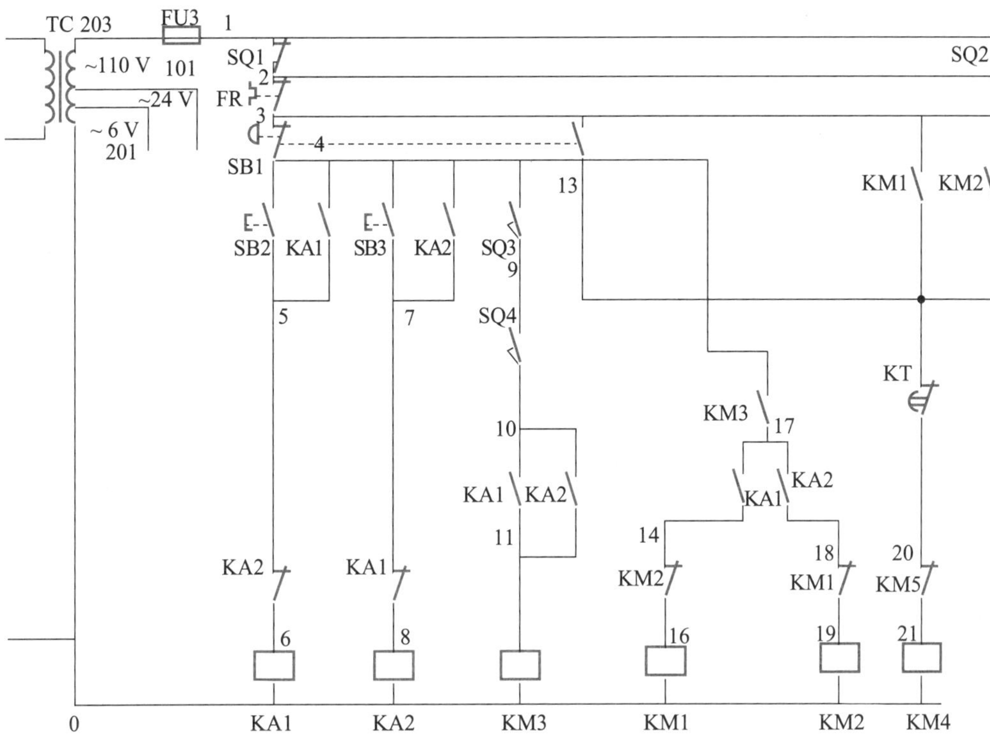

图 12-7　主轴电动机 M1 正、反转低速连续运转控制回路

用；KA1 的动合触点(18 区,14−17)闭合，为接触器 KM1 线圈(16 区)通电做准备；KA1 的动合触点(14 区,10−11)闭合，使接触器 KM3 线圈(14 区)通电而吸合，KM3 主触点(2 区)闭合，将限流电阻 R 短接，KM3 动合触点(19 区,4−17)闭合，使接触器 KM1 线圈(17 区)通电吸合，KM1 主触点闭合(2 区)，接通电源，KM1 动合触点(21 区,3−13)闭合，使接触器 KM4 线圈(21 区)通电吸合，KM4 主触点(2 区)闭合，主轴电动机 M1 定子绕组按 Δ 形联结低速正向起动，同步转速为 1 500 r/min。

主轴电动机 M1 反转低速连续运转控制过程与正转相似，只需按下反转起动按钮 SB3，中间继电器 KA2、接触器 KM3、接触器 KM2 和接触器 KM4 线圈通电，它们的主触点闭合后，使主轴电动机 M1 定子绕组按 Δ 形联结低速反向起动。

c. 主轴电动机 M1 的停车制动控制

主轴电动机 M1 在运行中可通过按下停止按钮 SB1 来实现自然停车或反接制动停车(将 SB1 按到底时)。由 SB1、KS、KM1 或 KM2 和 KM4 构成主轴电动机正、反转的反接制动停车控制环节。

当主轴电动机 M1 正转速度达到 120 r/min 以上时，速度继电器 KS 的正转动合触点(20 区,13−18)闭合，而动断触点(16 区,13−15)断开，为正转停车制动做好准备；而当主轴电动机 M1 反转速度达到 120 r/min 以上时，速度继电器 KS 的反转动合触点(15 区,13−14)闭合，为反转停车制动做好准备。当按下停止按钮 SB1 后，主轴电动机 M1 的电源反接，迅速反接制动，当转速下降到速度继电器 KS 的复位转速时，其动合触点断开，动断触点闭合，切断主轴电动机 M1 的三相电源，使主轴电动机 M1 迅速停转。

主轴电动机 M1 正转停车制动控制过程如下：

主轴电动机 M1 低速正转停车制动控制回路如图 12-8 所示。若要停车制动，按下停止按钮 SB1，SB1 的动断触点(8 区,3-4)先断开，使中间继电器 KA1 和接触器 KM3 线圈断电而释放，KM3 的动合触点(18 区,4-17)分断，接触器 KM1 线圈断电而释放，KM1 动合触点(19 区,3-13)分断，KM4 线圈断电而释放，由于 KM1 和 KM4 主触点(2 区)分断，主轴电动机 M1 断电后作惯性运转。与此同时，SB1 的动合触点(13 区,3-13)随后闭合，接触器 KM2 和 KM4 线圈通电而吸合，接触器 KM2 的动合触点(23 区,3-13)闭合，起自锁作用；而接触器 KM2 和 KM4 主触点(2、3 区)闭合，主轴电动机 M1 串电阻 R 反接制动，当速度下降到 120 r/min 以下时，速度继电器 KS 动合触点 KS(20 区,13-18)分断，使接触器 KM2 和 KM4 线圈断电而释放，停车反接制动结束。

主轴电动机 M1 反转停车制动控制过程如下：

主轴电动机 M1 低速反转停车制动控制回路如图 12-9 所示。反转时的停车制动过程与正转停车制动过程相似，但控制元件是 KM1、KM4 和 KS 的反转动合触点(15 区，13-14)。

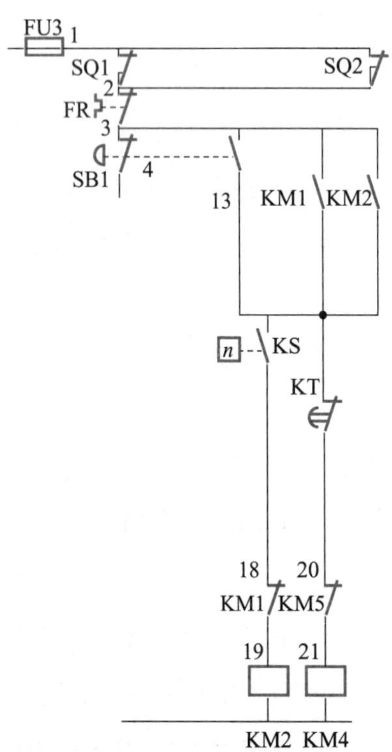

图 12-8　主轴电动机 M1 低速正转停车制动控制回路

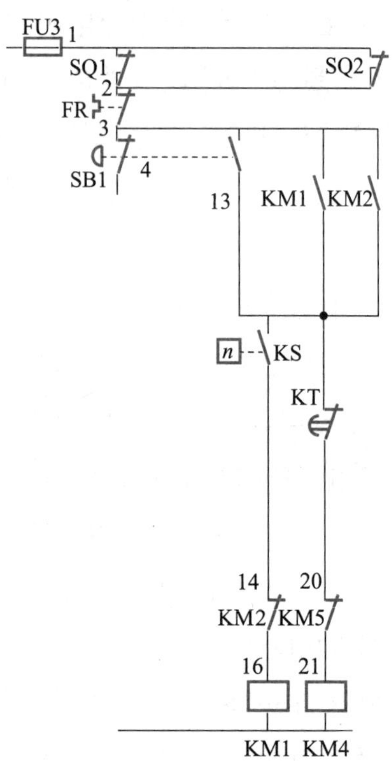

图 12-9　主轴电动机 M1 低速反转停车制动控制回路

主轴电动机 M1 在高速正转及高速反转时的停车制动过程可按以上方法自行分析。其中高速正转时停车制动所用的元件是 KM2、KM4 和 KS 的动合触点(20 区,13-18)；高速反转时停车制动所用的元件是 KM1、KM4 和 KS 的动合触点(15 区,13-14)。它们停车制动控制回路与正、反转低速停车制动控制回路相同。

d. 主轴电动机 M1 的高、低速转换控制

主轴电动机 M1 从低速运行切换到高速运行控制过程如下：

当主轴电动机 M1 处于低速(正转或反转)运行状态时，若需要主轴电动机 M1 高速运行，这时只需要将速度选择手柄转到“高速”位置，使变速位置开关 SQ7 的动合触点(15 区,11-12)处于闭合状态，时间继电器 KT 线圈(15 区)通电并开始延时，延时结束后，KT 动断触点(21 区,13-20)断开，使接触器 KM4 线圈断电，KT 动合触点(22 区,13-22)闭合，使接触器 KM5 线圈通电，其主触点闭合，主轴电动机 M1 定子绕组接成 YY 形联结高速(正转或反转)运行，主轴同时高速运转。

主轴电动机 M1 从高速运行切换到低速运行控制过程如下：

当主轴电动机 M1 处于高速(正转或反转)运行状态时，若需要主轴电动机 M1 低速运行，这时只需要将速度选择手柄转到“低速”位置，使变速位置开关 SQ7 的动合触点(15 区,11-12)处于分断状态，时间继电器 KT 线圈(17 区)断电，KT 动合触点(22 区,13-22)瞬时分断，动断触点(21 区,13-20)瞬时闭合，使接触器 KM5 线圈断电，接触器 KM4 线圈通电，主轴电动机 M1 定子绕组从 YY 形联结改接成 Δ 形联结，通过回馈制动，使主轴电动机 M1 从高速运行转到低速运行。

e. 主轴变速及进给变速控制

T68 型卧式镗床主轴或进给运动的变速是通过变速孔盘实现的，主轴或进给的变速既可以在停车时进行，也可以在镗床运行中进行。在运行中进行变速操作时，为使变速后齿轮更好地啮合，主轴电动机 M1 需要做低速断续冲动运动，变速完成后可自行恢复到变速之前的运行状态。主轴电动机 M1 做低速断续冲动是由位置开关 SQ3、SQ4、SQ5、SQ6 以及速度继电器 KS 配合完成的，它们在变速控制过程中的动作情况见表 12-4。

表 12-4　主轴变速和进给变速时位置开关动作情况

触　点	变速孔盘拉出(变速时)	变速后变速孔盘推回	触　点	变速孔盘拉出(变速时)	变速后变速孔盘推回
SQ3(4-9)	断开	闭合	SQ4(9-10)	断开	闭合
SQ3(3-13)	闭合	断开	SQ4(3-13)	闭合	断开
SQ5(15-14)	闭合	断开	SQ6(15-14)	闭合	断开

主轴变速控制过程如下：

在主轴旋转状况下，当需要变速(以正转为例说明)时，可不必按停止按钮 SB1，只要将主轴变速孔盘的操作手柄拉出，与变速手柄有机械联系的位置开关 SQ3 不再受压，其动合触点(14 区,4-9)断开，接触器 KM3 线圈断电而释放，主电路中接入限流电阻 *R*，KM3 的辅助动合触点(19 区,4-17)断开，使接触器 KM1 线圈断电，主轴电动机 M1 脱离三相电源。可见，该机床在运行中变速时，主轴电动机 M1 能自动停止。旋转变速孔盘，选择好所需的转速后，将孔盘推入。在此过程中，若滑移齿轮的齿和固定齿轮的齿发生顶撞时，则孔盘不能推回原位，位置开关 SQ3 的动断触点 SQ3(16 区,3-13)、SQ5 的动合触点(17 区,15-14)闭合，接触器 KM1、KM4 线圈通电吸合，接通瞬时点动控制电路，主轴电动机在定子绕组接成 Δ 形且串入限流电阻 *R* 的情况下低速正向起动。当主轴电动机 M1 的转速升高到速度继电器 KS 的动作值时，速度继电器 KS 的动断触点(16 区,13-15)断开，接触器 KM1 线圈断电，而 KS 正转动合触点(20 区,13-18)闭合，使接触器 KM2、KM4 线圈通电吸合，主轴电动机 M1 反接制动。当主轴电动机 M1 的转速降到速度继电器 KS 的复位转速后，KS 的动断触点(16 区,13-15)又闭合，动合触点(20 区,13-18)又断开，主轴电动机 M1 再次低速正向起动，以后重复上述过程。这种间歇性的起动、制动，使主轴电动机 M1 缓慢旋转，以利于齿轮啮合。若变速孔盘推回原位，则 SQ3 的动断触点 SQ3(16 区,3-13)和 SQ5 的动合触点(17 区,15-14)断开，切断缓慢转动电路；SQ3 的动合触点 SQ3(14 区,4-9)闭合，使接触器 KM3 线圈通电吸合，KM3 的动合触点(18 区,4-17)闭合，又使接触器 KM1 线圈通电吸合，主轴电动机 M1 在新的转速下重新起动运转。

进给变速控制时的操作和控制过程与主轴变速基本相同，只是进给变速时起控制作用的位置开关是 SQ4、SQ6。

② 快速移动电动机 M2 的控制

为缩短辅助时间，提高生产效率，T68 型卧式镗床由快速移动电动机 M2 经传动机构驱动主轴箱和工作台作快速移动。由装设在工作台前方的操作手柄选择运动部件及其运动方向，用主轴箱上的快速操作手柄操纵机床各部件的快速移动，其控制回路如图 12-10 所示。

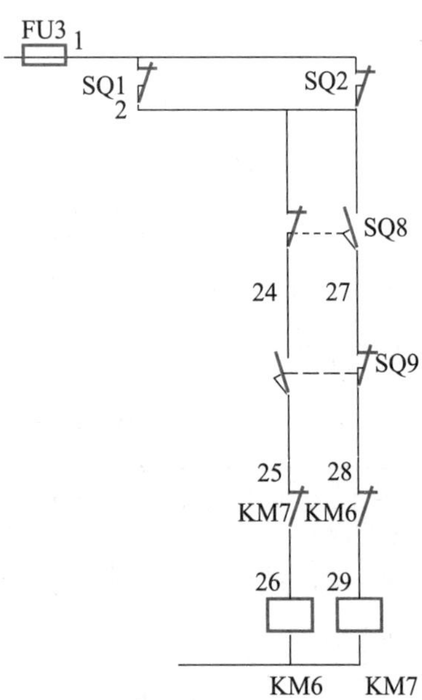

图 12-10 快速移动电动机 M2 控制回路图

将快速移动操作手柄向正向快速位置推动时，压合位置开关 SQ9，接触器 KM6 线圈(23 区)通电而吸合，快速移动电动机 M2 正转起动，驱动操作手柄预选的运动部件按选定的方向实现快速正向移动。同理，将快速移动操作手柄向反向快速位置推动时，压合位置开关 SQ8，接触器 KM7 线圈(24 区)通电而吸合，快速移动电动机 M2 反转起动，驱动操作手柄预选的运动部件向相反方向快速移动。

③ 镗床的安全保护联锁装置

由于 T68 型卧式镗床的运动部件较多，为了防止在工作台或主轴箱自动快速进给时又将主轴进给手柄扳到自动快速进给的误操作使镗床或刀具损坏，设置了工作台和主轴箱进给手柄有机械联动的位置开关 SQ1。当上述手柄扳在工作台(或主轴箱)自动快速进给位置时，使位置开关 SQ1 被压合，其动断触点(10 区,1-2)分断。同样在主轴箱上还装有另一个位置开关 SQ2，它与主轴进给手柄有机械联动，当这个手柄动作时，SQ2 也受压被分断，其动断触点(24 区,1-2)分断。控制线路中将 SQ1、SQ2 动断触点并联后串接在控制电路中，主轴电动机 M1 和快速移动电动机 M2 必须在位置开关 SQ1 和 SQ2 中有一个动断触点处于闭合状态时，才可以起动。如果工作台或主轴箱在自动进给位置(SQ1 动断触点分断)时，再将主轴进给手柄扳到自动进给位置(SQ2 动断触点也分断)，电动机 M1 和 M2 便都自动停转，从而达到联锁保护的目的。

(3) T68 型卧式镗床照明与指示灯电路分析

控制变压器 TC 的二次侧分别输出 24V 和 6V 交流电压，作为镗床照明灯与指示灯的电源。EL 为照明灯，由组合开关 QS2 控制，由熔断器 FU4 作短路保护；HL 为电源指示灯，HL 亮表示镗床接通电源可以工作，由熔断器 FU5 作短路保护。

T68 型卧式镗床的主要电气设备明细表见表 12-5。

表 12-5　T68 型卧式镗床的电气元件明细表

符号	名　称	型　号	规　格	数量	作　用
M1	主轴电动机	JD02-51-4/2	5.5/7.5 kW，1 460/2 880 r/min	1	主轴旋转及进给
M2	快速移动电动机	JO2-32-4	3 kW，1 430 r/min	1	各部件快速移动
QS1	组合开关	HZ10-60/3	60 A，380 V	1	电源总开关
QS2	组合开关	HZ10-10/3J	10 A，380 V	1	机床照明灯开关
KM1	交流接触器	CJ20-40	40 A，线圈电压 110 V	1	主轴电动机 M1 正转
KM2	交流接触器	CJ20-40	40 A，线圈电压 110 V	1	主轴电动机 M1 反转
KM3	交流接触器	CJ20-20	20 A，线圈电压 110 V	1	短接制动电阻 R
KM4	交流接触器	CJ20-40	40 A，线圈电压 110 V	1	主轴电动机 M1 低速运转

续表

符号	名　称	型　号	规　格	数量	作　用
KM5	交流接触器	CJ20-40	40 A，线圈电压 110 V	1	主轴电动机 M1 高速运转
KM6	交流接触器	CJ20-20	20 A，线圈电压 110 V	1	进给电动机 M2 正转
KM7	交流接触器	CJ20-20	20 A，线圈电压 110 V	1	进给电动机 M2 反转
KA1	中间继电器	JZ7-44	线圈电压 110 V	1	控制主轴电动机 M1 正转
KA2	中间继电器	JZ7-44	线圈电压 110 V	1	控制主轴电动机 M1 反转
FR	热继电器	JR16-20/3D	整定电流 16 A	1	主轴电动机 M1 过载保护
KT	时间继电器	JS7-2A	线圈电压 110 V	1	控制 M1 低速向高速自动转换
KS	速度继电器	JY1-1	500 V，2 A	1	控制主轴电动机 M1 反接制动
R	电阻器	ZB1-0.9	0.9 Ω	2	限制电动机 M1 反接制动电流
TC	控制变压器	BK-300	380 V/110 V、24 V、6 V	1	提供控制电路和照明、指示灯电路电源
FU1	熔断器	RL1-60	熔体 40 A	3	电动机 M1 短路保护
FU2	熔断器	RL1-15	熔体 15 A	3	电动机 M2 短路保护
FU3	熔断器	RL1-15	熔体 4 A	1	控制电路短路保护
FU4	熔断器	RL1-15	熔体 2 A	1	照明灯短路保护
FU5	熔断器	RL1-15	熔体 2 A	1	指示灯短路保护
SB1	停止按钮	LA2	380 V，5 A	1	主轴电动机 M1 停止
SB2	起动按钮	LA2	380 V，5 A	1	主轴电动机 M1 的正转起动
SB3	起动按钮	LA2	380 V，5A	1	主轴电动机 M1 的反转起动
SB4	点动按钮	LA2	380 V，5 A	1	主轴电动机 M1 的正转点动
SB5	点动按钮	LA2	380 V，5 A	1	主轴电动机 M1 反转点动
SQ1	位置开关	LX1-11H	防护式	1	主轴联锁保护
SQ2	位置开关	LX3-11K	开启式	1	主轴联锁保护
SQ3	位置开关	LX1-11K	开启式	1	主轴变速控制
SQ4	位置开关	LX1-114	开启式	1	进给变速控制
SQ5	位置开关	LX1-115	开启式	1	主轴变速控制
SQ6	位置开关	LX1-116	开启式	1	进给变速控制

续表

符号	名　称	型　号	规　格	数量	作　用
SQ7	位置开关	LX5-11		1	控制主轴电动机 M1 高低速运行
SQ8	位置开关	LX3-11K	开启式	1	反向快速进给
SQ9	位置开关	LX3-11K	开启式	1	正向快速进给

2. T68 型卧式镗床电气元件布置图

T68 型卧式镗床电气元件布置图如图 12-11 所示。

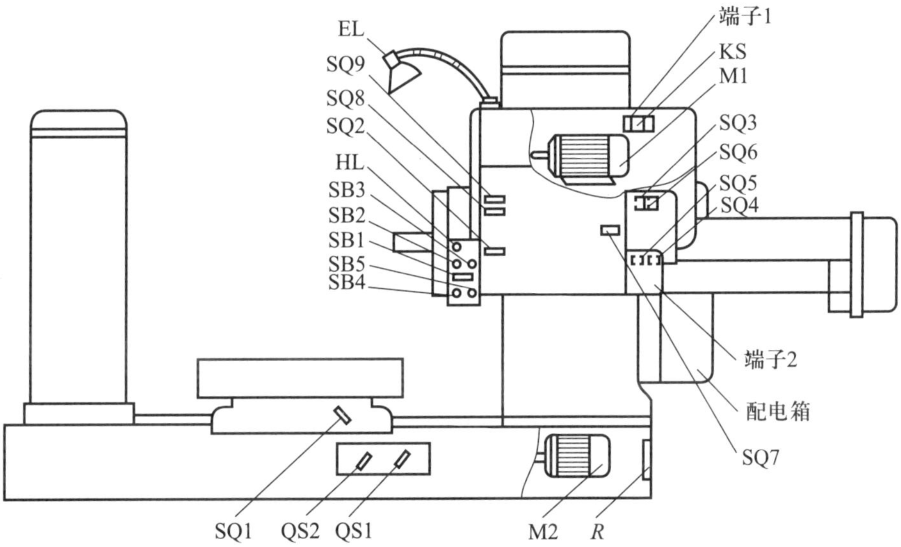

图 12-11　XT68 型卧式镗床电气元件布置图

3. T68 型卧式镗床接线图

T68 型卧式镗床接线图如图 12-12 所示。

任务操作

1. 识读 T68 型卧式镗床电气控制线路原理图

识读 T68 型卧式镗床电气控制线路原理图，分析主轴电动机 M1、快速移动电动机 M2 及照明与指示灯电路的工作原理；结合对机床的实际操作，进一步理解机床各部分的功能及工作原理。

2. 识读 T68 型卧式镗床电气元件布置图

根据图 12-11 所示的 T68 型卧式镗床电气元件布置图，结合机床，熟悉各电气元件的具体位置、用途和型号。

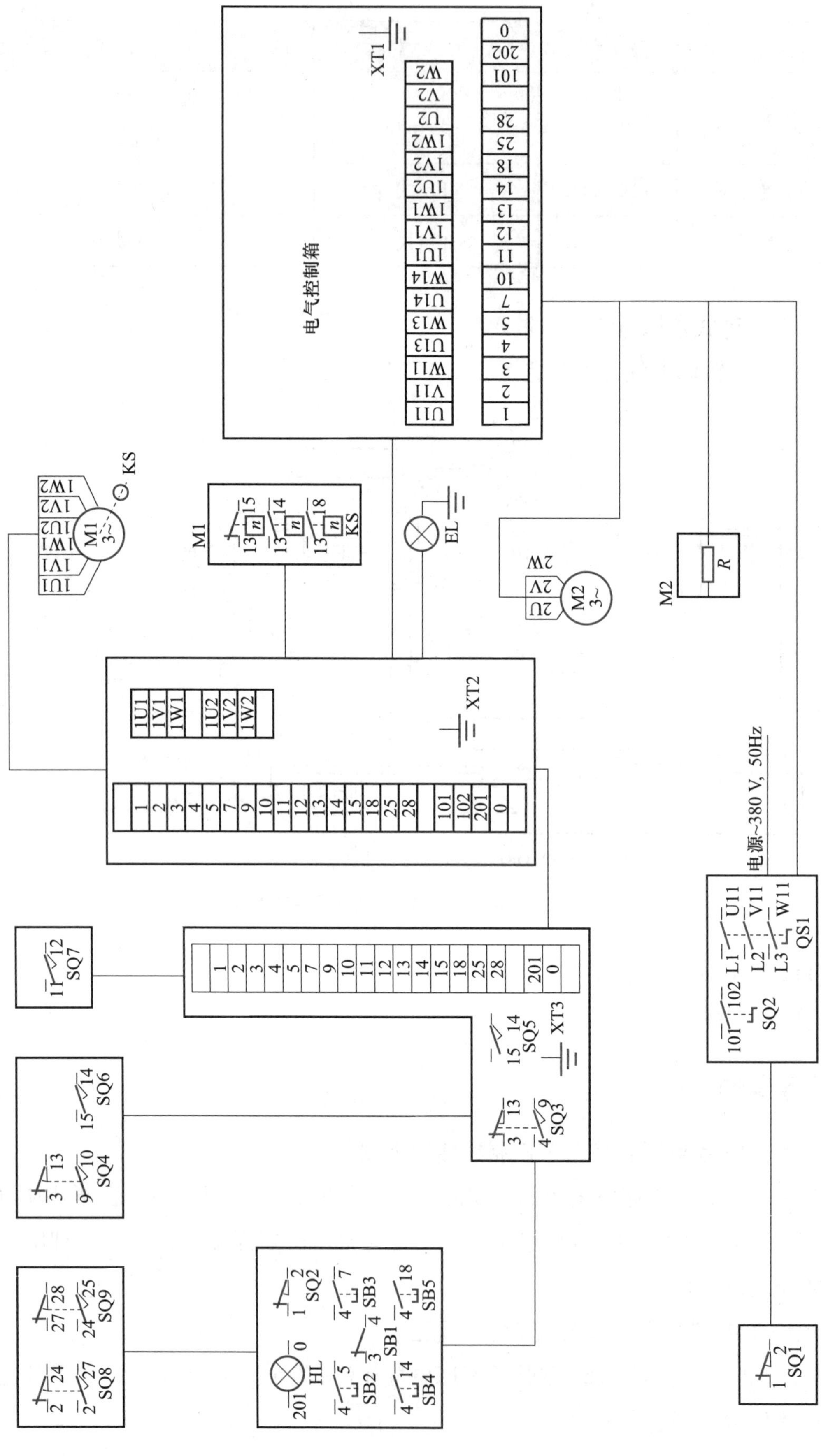

图12-12 T68型卧式镗床接线图

3. 识读 T68 型卧式镗床接线图

根据图 12-12 所示的 T68 型卧式镗床接线图和图 12-11 所示的电气元件布置图，熟悉镗床电气控制线路的布线情况，并通过测量等方法找出各控制线路的实际布线路径(通道)。

任务评价

任务评价表可参考表 9-9。

任务 3　T68 型卧式镗床电气控制线路的维修

任务目标

会排除 T68 型卧式镗床常见电气故障。

任务准备

T68 型卧式镗床电气控制线路比较复杂，涉及速度继电器、时间继电器、位置开关等电气元件，进行电气故障维修时，应熟悉控制线路的工作原理，运用逻辑分析法缩小故障范围，综合运用多种检测方法查找故障点，以提高维修速度。

1. 故障维修实例一

故障现象：主轴电动机 M1 能低速起动运行，但不能自动转到高速运行。

故障分析：对于“主轴电动机 M1 能低速起动运行，但不能自动转到高速运行”故障，根据电工小王与操作员小张之间的对话，了解到主轴速度选择手柄已处于“高速”位置，主轴电动机 M1 正、反转低速起动都正常，但都不能自动转到高速运行。

通过分析，主轴电动机 M1 低速起动正常，说明控制电路中中间继电器 KA1(KA2)和接触器 KM1(KM2)、KM3、KM4 动作正常；低速时主电路和主轴电动机 M1 正常。故障可能为“控制主轴电动机 M1 从低速运行转到高速运行时，时间继电器 KT 不工作或工作后不能使其动合与动断触点延时动作，导致接触器 KM4、KM5 不能切换”，但也有可能是接触器 KM4 主触点损坏而引起上述故障。

故障调研：电工小王到达现场后，按图 12-13 所示流程进行故障调研。

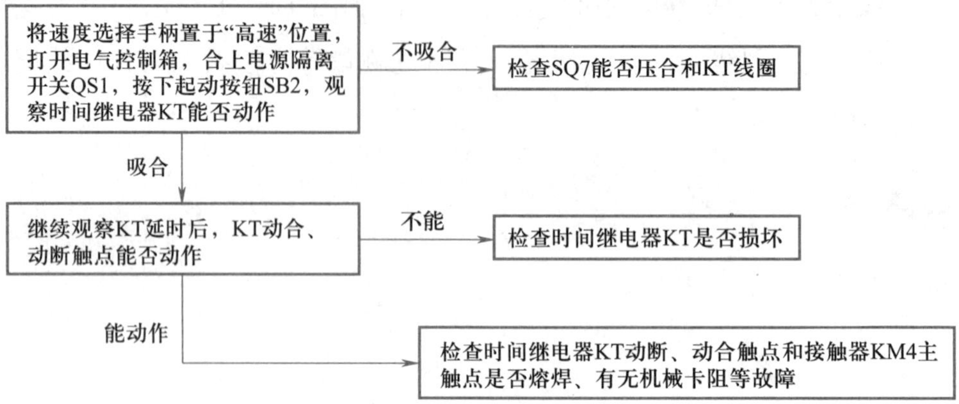

图 12-13 故障调研流程

调研结果发现时间继电器 KT 能吸合，但接触器 KM4、KM5 不能切换。

查找故障点：电工小王根据故障调研所发现的现象，先切断镗床总电源，打开接触器 KM4 灭弧罩，手动按下其触点架，发现 KM4 主触点无熔焊、无机械卡阻等现象；然后用万用表电阻挡检测时间继电器 KT 动断、动合触点接触是否良好。发现动断触点无法分断、动合触点无法闭合，怀疑 KT 损坏。

故障维修：电工小王将申领的时间继电器换上后镗床工作正常。

故障原因分析：该镗床使用时间已达 7 年，时间继电器 KT 可能因使用时间过长，导致其动断、动合触点损坏。

善后工作：排除故障后，在确保人身和设备安全的条件下，进行试车，操作正常后，做好善后工作即可交付验收。

2. 故障维修实例二

故障现象：主轴电动机 M1 能低速起动运行，但经过一段时间后，不能自动转入高速运行状态而自动停转。

故障分析：故障现象与故障维修实例一有相似之处，即均不能自动转入高速运行状态，主要区别是低速起动后，不仅不能自动转入到高速运行，而且自动停转。由于主轴电动机 M1 低速起动正常，说明控制电路中中间继电器 KA1(KA2)和接触器 KM1(KM2)、KM3、KM4 动作正常；低速起动延时后，不能自动转入高速运行状态而自动停转，说明时间继电器 KT 动作正常，其动断、动合触点能动作。

根据以上分析，造成主轴电动机 M1 自动停转的故障原因是接触器 KM5 不能吸合或主触点接触不良。其故障范围可缩小到接触器 KM5 线圈支路(13-22-23-0)和接触器 KM5 的主触点。

查找故障点：电工小王到达现场后，按图 12-14 所示流程查找故障点。

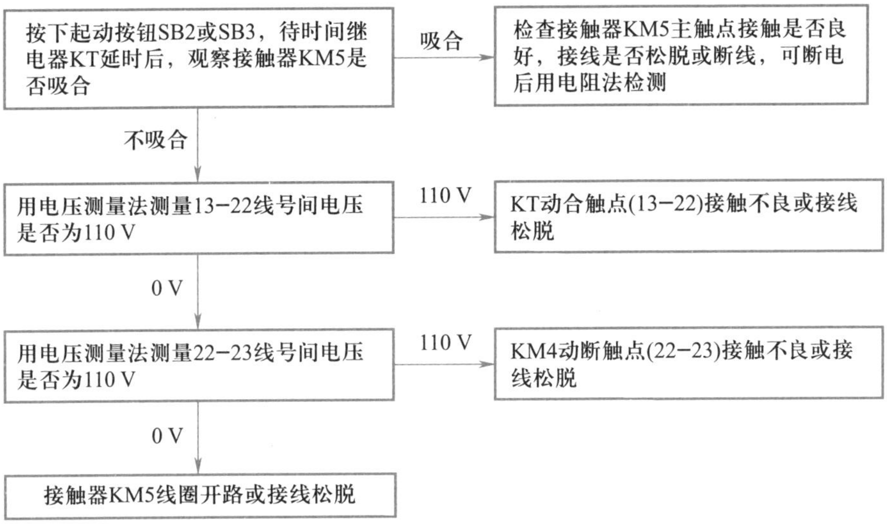

图 12–14　查找故障点流程

故障维修：电工小王查找故障点的结果为接触器 KM5 线圈开路，重新填写材料申领单，向企业材料仓库申领了型号为 CJ20–40 的交流接触器，重新更换。

故障原因分析：拆开旧接触器后，发现线圈与接线柱之间的连接线断开，怀疑为接触器质量问题。

善后工作：排除故障后，在确保人身和设备安全的条件下，进行试车，操作正常后，做好善后工作即可交付验收。

提示

故障维修实例一和实例二的故障现象基本相同，都是主轴电动机 M1 能低速起动，但区别在于主轴电动机 M1 低速起动后，主轴电动机 M1 是始终处于低速运行状态还是自动停转。

如果主轴电动机 M1 自动停转，则说明时间继电器 KT 一定动作，而且其动断触点已切断接触器 KM4 线圈支路，故障范围缩小到接触器 KM5 不能吸合或吸合后主触点接触不良。而对于主轴电动机 M1 始终处于低速运行状态，其故障范围相对较大，需要进一步观察故障现象，如观察时间继电器 KT 是否动作，若时间继电器 KT 能够动作，还应分析、检查其触点动作是否正常，接触器 KM4 主触点有无熔焊等故障。

上述两个故障实例给维修人员的启示是：分析电气故障范围的前提是详细了解故障现象，用逻辑分析法缩小故障范围，以避免走弯路，提高维修速度。

3. 故障维修实例三

故障现象：主轴电动机 M1 正向起动正常，但不能反向起动。

故障分析：主轴电动机 M1 正向起动正常，说明电源电路、主轴电动机 M1 的正转主电路和控制回路正常，故障应在主轴电动机 M1 的反转主电路或控制回路上。

查找故障点并排除故障：根据主轴电动机 M1 反转控制回路的特点，可按图 12-15 所示的流程一边进行故障调研，一边查找并排除故障。

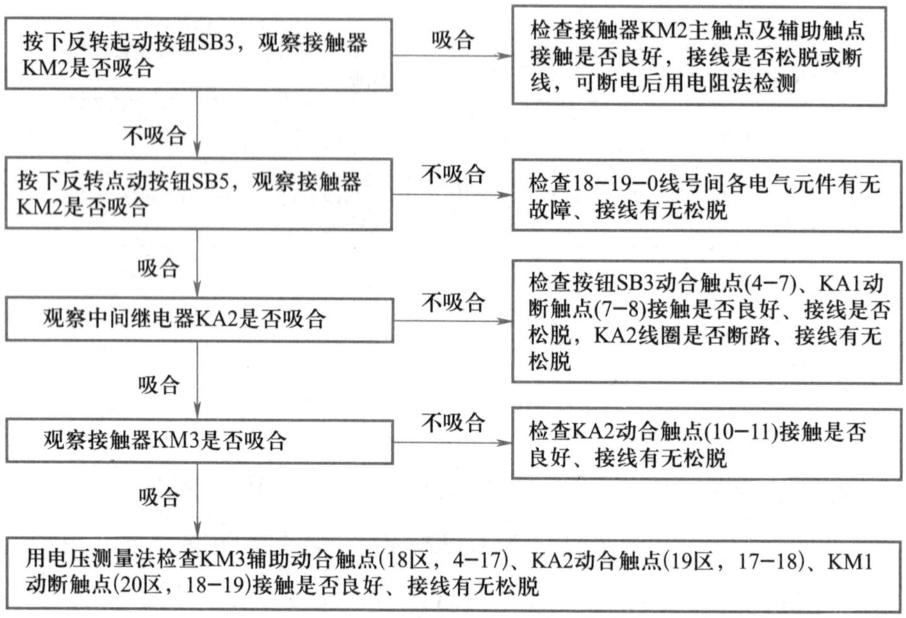

图 12-15 查找故障点流程

善后工作：排除故障后，在确保人身和设备安全的条件下，进行试车。操作正常后，做好善后工作即可交付验收。

提示

故障维修过程中，应尽量通过试车操作来缩小故障范围，以提高维修速度。例如，在维修本故障时，按下反转起动按钮 SB3，如果接触器 KM2 不能动作，此时可按下反向点动按钮 SB5，观察 KM2 能否动作，若不能动作，则可将故障范围缩小到 18-19-0 线号间电气元件故障。

对于一个具体控制线路，查找故障点流程和方法多种多样，维修人员可以根据自己的经验选择最熟悉的流程和方法。例如，本故障也可以从观察中间继电器 KA2、接触器 KM3 和接触器 KM2 有无动作顺序进行查找。

任务操作

1. 维修工具、仪表及技术资料

① 维修用工具、仪器仪表由学生自行选配，并进行检验。

② 维修用技术资料：主要包括与 T68 型卧式镗床相配套的电气控制线路原理图、布置图、接线图、维修记录单及机床其他相关技术资料。

2. 维修步骤及工艺要求

由指导教师在 T68 型卧式镗床电气控制线路上设置 3~5 处故障点。

可参考 CA6140 型车床维修步骤及工艺要求。

3. 维修注意事项

可参考 CA6140 型车床维修注意事项，并注意以下几点。

① T68 型镗床中电气元件较多，而且涉及速度继电器等电气元件，在处理停车无制动等故障时应注意速度继电器是否正常。

② 由于 T68 型镗床中主轴电动机 M1 不仅可以正、反转低速运行或低速起动高速运行，而且可以正反转点动控制。在维修时，为缩短维修时间，可以通过正、反转控制对比，连续运行控制与点动运行控制对比等方法来缩小故障范围。

③ 由于 T68 型镗床中位置开关较多，而位置开关与机械装置相互联系，因此故障维修时应注意机械装置是否正常，并与机修工配合维修。

任务评价

任务评价表可参考表 9-15。

附录

常用电器、电动机的图形与文字符号

类别	名　称	图形符号	文字符号
开关	单极控制开关		SA
	手动开关一般符号	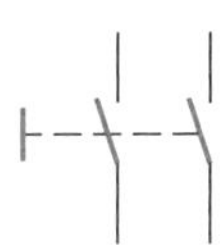	SA
	三极控制开关	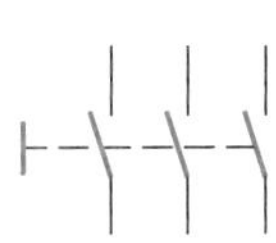	QS
	三极隔离开关	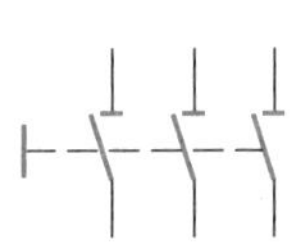	QS
	三极负荷开关	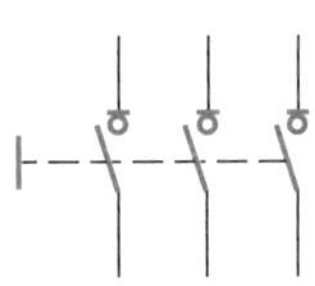	QS
	组合开关	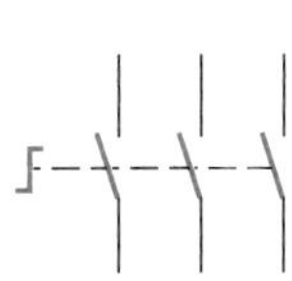	QS
	低压断路器	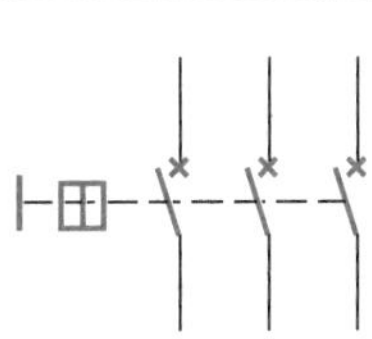	QF

类别	名　称	图形符号	文字符号
开关	控制器或操作开关	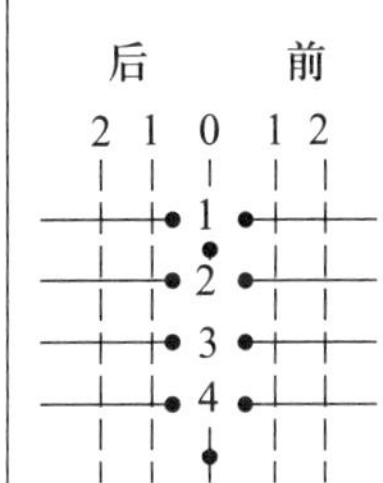	SA
位置开关	动合触点		SQ
	动断触点		SQ
	复合触点	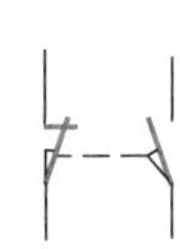	SQ
按钮	起动按钮		SB
	停止按钮		SB

续表

类别	名称	图形符号	文字符号	类别	名称	图形符号	文字符号
按钮	复合按钮	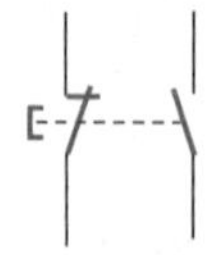	SB	时间继电器	通电延时（缓吸）线圈	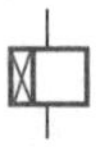	KT
	急停按钮		SB		断电延时（缓放）线圈	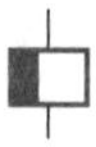	KT
	钥匙操作式按钮	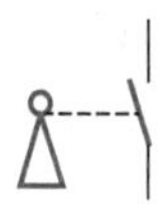	SB		瞬时闭合的动合触点		KT
接触器	线圈操作器件	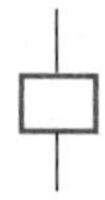	KM		瞬时断开的动断触点		KT
	动合主触点	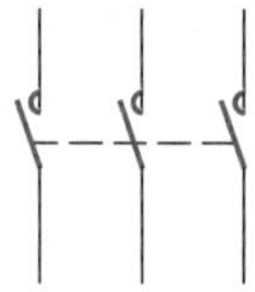	KM		延时闭合的动合触点		KT
	辅助动合触点		KM	时间继电器	延时断开的动断触点		KT
	辅助动断触点		KM		延时闭合的动断触点		KT
热继电器	热元件	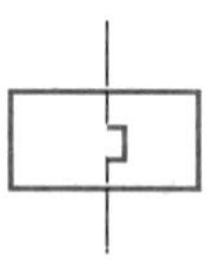	FR		延时断开的动合触点		KT
	动断触点		FR	中间继电器	线圈	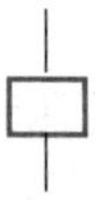	KA

续表

类别	名　称	图形符号	文字符号
中间继电器	动合触点		KA
	动断触点		KA
电流继电器	过电流线圈	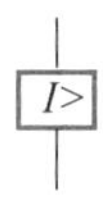	KA
	欠电流线圈	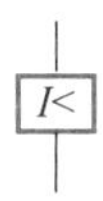	KA
	动合触点		KA
	动断触点		KA
电压继电器	过电压线圈	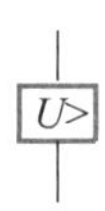	KV
	欠电压线圈	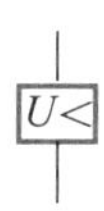	KV
	动合触点		KV
电压继电器	动断触点		KV
电磁操作器	电磁铁的一般符号	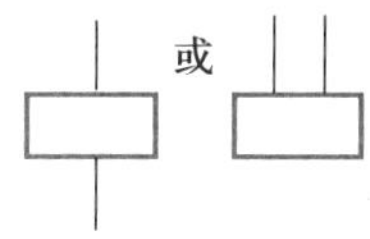	YA
	电磁吸盘	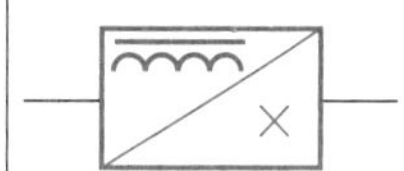	YH
	电磁离合器	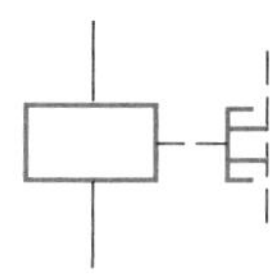	YC
	电磁制动器	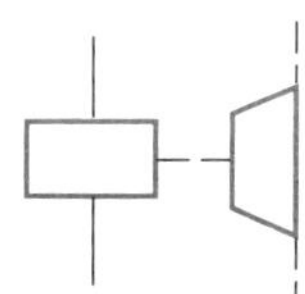	YB
	电磁阀	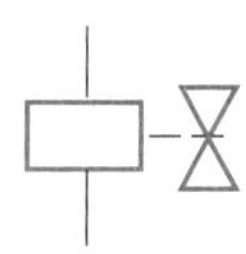	YV
电动机	三相笼型异步电动机	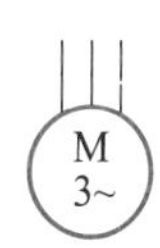	M
	三相绕线转子异步电动机		M

续表

类别	名　　称	图形符号	文字符号	类别	名　　称	图形符号	文字符号
非电量控制的继电器	速度继电器动合触点	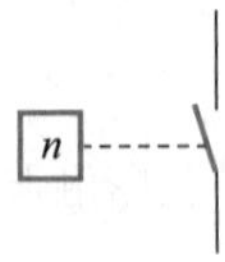	KS	灯	照明灯		EL
	压力继电器动合触点	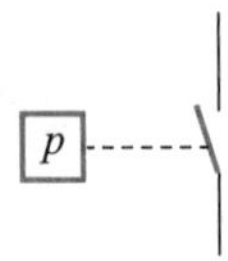	KP	接插器	插头或插座	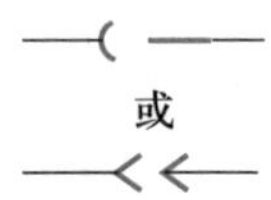	X 插头 XP 插座 XS
熔断器	熔断器		FU	电动机	他励直流电动机	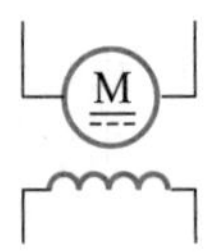	M
发电机	发电机	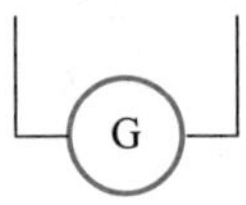	G		并励直流电动机	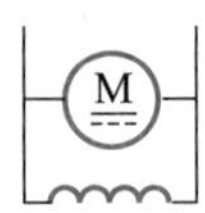	M
	直流测速发电机	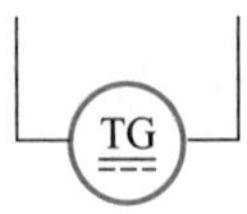	TG		串励直流电动机	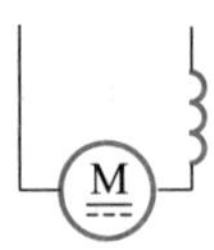	M
变压器	单相变压器	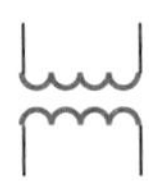	TC	互感器	电流互感器	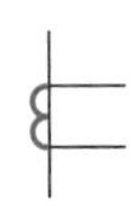	TA
	三相变压器	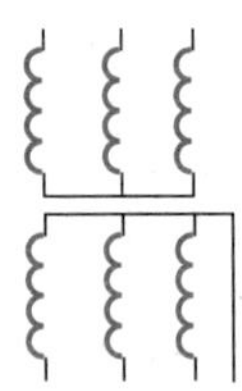	TM		电压互感器	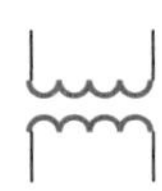	TV
灯	信号灯(指示灯)		HL	电感	电抗器		L

参考文献

［1］沈柏民. 工厂电气控制技术［M］. 2版. 北京：高等教育出版社，2012.

［2］沈柏民. 电气控制技术与技能训练［M］. 北京：电子工业出版社，2013.

［3］杜德昌，宋丽娜. 电气控制线路安装与检修［M］. 北京：高等教育出版社，2015.

［4］李敬梅. 电力拖动控制线路与技能训练［M］. 4版. 北京：中国劳动社会保障出版社，2007.

［5］田建苏，张文燕，朱小琴. 电力拖动控制线路与技能训练［M］. 北京：科学出版社，2009.

［6］赵淑芝. 电力拖动与自动控制线路技能训练［M］. 3版. 北京：高等教育出版社，2018.

郑重声明

高等教育出版社依法对本书享有专有出版权。任何未经许可的复制、销售行为均违反《中华人民共和国著作权法》，其行为人将承担相应的民事责任和行政责任；构成犯罪的，将被依法追究刑事责任。为了维护市场秩序，保护读者的合法权益，避免读者误用盗版书造成不良后果，我社将配合行政执法部门和司法机关对违法犯罪的单位和个人进行严厉打击。社会各界人士如发现上述侵权行为，希望及时举报，我社将奖励举报有功人员。

反盗版举报电话　（010）58581999　58582371

反盗版举报邮箱　dd@hep.com.cn

通信地址　北京市西城区德外大街4号　高等教育出版社法律事务部

邮政编码　100120

读者意见反馈

为收集对教材的意见建议，进一步完善教材编写并做好服务工作，读者可将对本教材的意见建议通过如下渠道反馈至我社。

咨询电话　400-810-0598

反馈邮箱　zz_dzyj@pub.hep.cn

通信地址　北京市朝阳区惠新东街4号富盛大厦1座
　　　　　高等教育出版社总编辑办公室

邮政编码　100029

防伪查询说明

用户购书后刮开封底防伪涂层，使用手机微信等软件扫描二维码，会跳转至防伪查询网页，获得所购图书详细信息。

防伪客服电话

（010）58582300

学习卡账号使用说明

一、注册/登录

访问http://abook.hep.com.cn/sve，点击“注册”，在注册页面输入用户名、密码及常用的邮箱进行注册。已注册的用户直接输入用户名和密码登录即可进入“我的课程”页面。

二、课程绑定

点击“我的课程”页面右上方“绑定课程”，在“明码”框中正确输入教材封底防伪标签上的20位数字，点击“确定”完成课程绑定。

三、访问课程

在“正在学习”列表中选择已绑定的课程，点击“进入课程”即可浏览或下载与本书配套的课程资源。刚绑定的课程请在“申请学习”列表中选择相应课程并点击“进入课程”。

如有账号问题，请发邮件至：4a_admin_zz@pub.hep.cn。